セーリングと艤装のすべて

ヨット百科
The Handbook of Sailing

高槻和宏 著

目次
CONTENTS

第1章 ヨットとはなんなのか

[ヨットとは]
- 4 ヨットの始まり
- 4 ヨットのいろいろ

[ヨットの構造]
- 8 ハル（船体）
- 10 船の大きさ
- 10 材質と構造
- 12 リグ
- 13 リグの種類
- 14 スループのいろいろ
- 16 セール
- 19 シート
- 21 ●こぼれ話「奥深いセールの世界」
- 22 ラダー
- 26 ●こぼれ話「揚力、神秘の力」

[ヨットはなぜ風上に進むのか？]
- 28 船の動揺とヒール
- 29 復原力
- 31 バラストキール
- 32 復原力こそパワーの源
- 34 風向とセーリング
- 36 クローズホールドの力学
- 38 センターボード
- 38 アペンデージ

[モノハルとマルチハル]
- 40 マルチハル
- 44 ●こぼれ話「カタログで遊ぶ」

第2章 艤装

[基本はロープ]
- 46 ロープ
- 52 ロープワーク
- 54 結びのいろいろ
- 62 結び付ける
- 63 ロープをさばく
- 64 ●こぼれ話「ロープにまつわる深淵」

[ロープを取り巻く脇役達]
- 66 留める、繋ぐ
- 70 増力装置
- 76 ウインチ

[マストとリギン]
- 82 リギン
- 86 スパー
- 90 スピネーカー艤装
- 96 セール交換、縮帆

[その他のデッキ艤装]
- 100 ハッチ
- 102 ベンチレーター
- 102 手すり
- 103 デッキ加工
- 104 インストルメンツ
- 108 セーリングコンピューター

第3章 セーリング

[まずは直進から]
- 110 帆走艤装
- 110 真っすぐ走る
- 112 ラフとベア
- 113 ウエザーヘルムとリーヘルム

[セールトリム]
- 114 セールトリムの基本要素
- 114 メインセールのトリム
- 116 ジブのトリム
- 117 リグチューニング

[アップウインドとダウンウインド]
- 120 アップウインド
- 122 アップウインドのセールトリム
- 125 タッキング
- 126 ポーラーダイアグラム
- 126 ダウンウインド
- 127 ダウンウインドでのセールトリム
- 130 リーチング

[レースとクルージング]
- 132 ヨットレース
- 135 クルージング

第4章 クルージング

[クルージングのための艤装]
- 136 クルージング
- 136 キャビン
- 140 アンカー設備
- 142 自動操舵装置
- 142 デッキを快適にするために
- 144 主機か補機か
- 148 電気設備

[船を舫う]
- 150 係留
- 152 離岸と着岸
- 154 錨泊
- 155 上架
- 156 ●こぼれ話「クルージングの魅力とは」

[ナビゲーション]
- 158 ナビゲーションの3要素
- 158 チャートワーク
- 161 航法
- 162 気象と海象
- 163 航海計画

第5章 安全

[海難]
- 164 荒天帆走
- 168 荒天対策
- 170 乗り上げ
- 171 衝突
- 172 故障
- 174 船検
- 174 ケガ
- 174 落水
- 176 落水救助

[個人装備]
- 177 個人用安全装備
- 179 衣類

- 182 **あとがき**

第1章｜ヨットとはなんなのか

[ヨットとは]

ヨットの始まり

　船の歴史は非常に古く、記録が残る以前の先史時代から、水上を移動する手段として存在した。それはやがて輸送や漁業、あるいは軍用として発達していったが、16世紀になるとヨーロッパの王族や貴族、あるいは裕福な商人たちが、遊びのための自家用の船を所有するようになる。

　仕事ではなく、単に遊ぶためだけに用いられる船。当時はたいそう贅沢なことだったのだろうが、それを「ヨット(yacht)」と呼ぶようになった。

　ヨットという言葉からは、帆を持つ船をイメージするが、産業革命によって蒸気船が実用化されたのが、18世紀末から19世紀に入ってからのこと。ヨットという言葉が生まれた16世紀には、エンジン付きの船舶は存在しない。手で漕ぐか、あるいは帆を持つ船ばかりの時代であった。したがって、当時の遊び専用で用いられていた船であるヨットにも、エンジンは付いていなかったことになる。

　その後、蒸気船が登場し、遊び専用の船にも機関付きのものが増えていく。これもヨット(スチームヨット)であり、内燃機関の発達とともにモーターヨットも生まれる。

　ということで、帆のあるなしにかかわらず、遊びで用いる船は、すべてヨットと呼ばれていたのだ。

ヨットのいろいろ

セールボートとモーターボート

　蒸気機関が誕生し、さらには内燃機関やスクリュープロペラが開発され、業務の世界で帆船は姿を消した。今では、練習船として残っているくらいだろう。しかし、ヨットの世界では、いまだに帆を持つ船が生き残っている。もちろん、エンジンを使って走る船もあるし、オールやパドル、中には自転車のように足でペダルを漕いで進む船もある。

　それらすべてをひっくるめて、遊びで用いる船をプレジャーボート(pleasure boat、pleasure craft)と呼んでいる。

　水上を走ることそのものを楽しむ、あるいは釣り、水上スキー、ヨットレースなどの競技を楽しむための道具として、さらには旅をするための移動手段および宿泊施設として、プレジャーボートでの遊び方はさまざまで、それに用いられる船の形状や大きさも多岐にわたる。

　そのなかで、主に帆(セール)を使って走る船を、セーリングボート(sailing boat)、あるいはセールボート(sailboat)と呼び、エンジンで走るものをモーターボート(motorboat)と呼び分けている。こちらはパワーボート(powerboat)とも呼ばれ、「セールか、パワーか」というようなくくりで、両者ははっきりと分類される。

キールボートとセンターボーダー

　セールボートのなかでも、船底部に重り(バラストキール)を持ち、ちょっとやそっとでは転覆しないようになっているものをキールボート(keelboat)と呼ぶ。

　これに対して、バラストキールを持たないセールボートがセンターボーダー(centerboarder)だ。

　センターボーダーは、風を受けたときに乗員がバランスを取らないと転覆してしまう。これをキャプサイズ(capsize)、日本語では「沈」と呼ぶ。なんだか変な語感だが、キャプサイズというより、沈と表現することのほうが多い。

　横倒しになるのが半沈、真っ逆さまになるのが完沈で、完全な沈という意味だ。

　沈といっても、センターボーダーの沈は、沈没するわけではない。船自体に浮力

ヨットとは、乗り物でもあるし住まいでもある。時には競技にも使われる。大きさや形はさまざまで、一言では表現しきれない多様な可能性を秘めた魅力的な存在だ

セーリングディンギーでは、乗員が体重を使ってバランスを取る。ハイクアウトやトラピーズなどと呼ばれるが、条件によっては風下側に体重をかけることもあるし、前後のバランスも重要だ。セーリングディンギーは、バランスのスポーツであるともいえる

セーリングクルーザーは、船底部に備え付けられたバラストによってバランスを保っている。したがって、たとえ乗員が寝ていても、自動操舵装置を付ければ船は走り続けることができる

セーリングクルーザーでも、ヨットレースを楽しむとなると話は違う。やはり乗員の体重は、船のバランスを左右する大きな要素となる。いかに速く走らせるかという点で、船の操縦やチームワークも大きなポイントになる

クルージングに特化したヨットの場合、長期的な生活に耐え得るキャビン（船室）を持っている

室を設けて不沈構造にしたり、エアバッグ（flotation bag、buoyancy bag）を搭載したりして、めったなことでは沈まないようになっている。沈しても、また起こして再帆走することができる。これを沈起こしという。

一方、キールボートの場合、船底部の重りで重心を下げ、起き上がりこぼしのようなバランスで風の力と釣り合いを取るようになっている。

とはいえ、転覆するときは転覆する。センターボーダーの沈は日常的に起こりうるものだが、キールボートの場合は、沈というより転覆。場合によっては、そのまま沈没してしまうこともある。

ディンギーとクルーザー

1人乗り、あるいは2人乗りの小型艇がセーリングディンギー（sailing dinghy）だ。日本では単にディンギーと呼ばれることが多いが、そもそもディンギー（dinghy）とは小舟のこと。マストやセールがなくて、オールや船外機で走るような船でもディンギーだ。これは、テンダー（tender）とも呼ばれる。錨泊した大型船から上陸するために、あるいは他船へ乗り移るための足船という意味でもあるし、またtenderという言葉自体は、ちょっとのことで船が傾く、腰の軽い船という意味もある。

こうした小型艇で、セールを持つものをセーリングディンギーという。セーリングディンギーには、キャビン（船室）はない。キャビンを持つキールボートは、セーリングクルーザー（sailing cruiser）と呼ぶ。

セーリングクルーザーとモータークルーザー

キャビンの付いたセールボートがセーリングクルーザーなら、マストやセールを持たないクルーザーをモータークルーザー（motor cruiser）という。

セーリングクルーザーとモータークルーザー、両者を合わせて単にクルーザーと呼ぶことも多いが、その性格は大きく異なる。

一般的にモータークルーザーのほうが、船速ははるかに速い。しかし、大量の燃料が必要になるため、主に風の力を使って走るセーリングクルーザーと比べ、航続距離が限られてしまう。

これに対して、セーリングクルーザーは、その長い航続距離を生かし、高い堪航性（船が航海に耐える総合的な能力）を求めて建造された艇種なら、海が続くかぎり小型の艇でも長距離航海が可能となる。

第1章 ヨットとはなんなのか

[ヨットとは]

レーサーとクルーザー

セーリングクルーザーのなかでも、主に旅をするための船を「クルージング艇」、レース用のものは「レース艇」と分けて呼ばれることも多い。

レース艇は、「外洋レーサー」あるいは単に「レーサー」とも呼ぶし、レースにも出られるようなクルージング艇を「レーサークルーザー」、あるいは「クルーザーレーサー」ということもある。なかには、外洋レーサー全体のことを、セーリングクルーザーのレーサーという意味で「クルーザーレーサー」と呼んでいる人もいるようだ。

このあたりの呼称はあいまいで、そもそも、どこがどうなったらレーサーなのかという定義はない。一度でもレースに出れば、それはもうレーサーといえることから、艇の構造上の違いというより、使い方の違いともいえる。

一方、クルージングというのは周遊航海のこと。船の中で寝泊まりし、沿岸部を転々と移動する旅のことだが、船中泊をしない日帰り航海(デイセーリング)をデイクルージングというし、何日も走り続けて大洋を渡る長距離クルージングもあれば、移動距離は短くても船上生活を長く続ける長期クルージングもあり、それぞれの用途によって、適した船も異なってくる。

クルージングには、セーリングクルーザーのみならず、モータークルーザーも用いられる。

ヨットかボートか

「ボート」という言葉は、そもそも小型の舟艇を指す。日本語では端艇、短艇などと訳されるようだ。

どこまでが小型なのかという決まりは特になく、豪華なキャビンを備えたモー

ヨット、ボートのいろいろ

1人乗りセーリングディンギーの代表格であるレーザークラス。シンプルで軽量、マストは2本つなぎになっていて、乗用車の屋根に積むこともできることから、カートップディンギーとも呼ばれている

2人乗りディンギーの470(よんななまる)クラス。スピネーカーを持ち、乗員はマストからぶら下がるようにして外へ体を出せることから、トラピーズディンギーとも呼ばれる

クルージング艇だが、レースもできる全長42ftのレーサークルーザー。このジャンルは、クルージングの用途に重きを置くか、レース用途に重きを置くかで、広いバリエーションを持つ

キャビンは付いていないが、バラストキールを有するイングリング級。一応セーリングディンギーの仲間とされ、キールボートと呼ばれる

純レース艇にもさまざまなクラスがあり、それぞれの規格に合わせて設計、建造される。一般的にマストは高く、セール面積も大きい。そのわりには船体は軽量で、なおかつ強靱だ。こちらは全長52ftのTP52クラス

33ftのレーサークルーザー。選手権というより、ヨットクラブで主催する内輪のレースで主に活躍することから、クラブレーサーとも呼ばれる

簡素なキャビンが付いたJ/24クラス。当初はセーリングクルーザーとして登場したが、どうもキールボートの部類と考える人も少なくない。分類が難しい艇種

純粋なクルージング艇。小型艇に属する全長24ft艇を描いてみたが、このサイズでも、大洋を渡る長距離航海は可能。外洋ヨットの堪航性は高い。ただし、単に大きさの問題ではなく構造や装備などで堪航性は大きく変わってくる

タークルーザーもモーターボートの範疇に入る。

さらに大きくなって、とてもボートの範疇に入らないようなものでも、個人所有で遊びに用いられる船を「メガヨット」と呼んでいる。中にはヘリコプターを搭載するような船もあり、ワンサイズ上の「ギガヨット」、あるいは「スーパーヨット」とも呼ばれるようだ。我が国ではほとんど見かけないが、海外に行くと決して珍しいものでもない。これらはマストとセールを持っていないが、やはりヨットと呼ばれている。

ボート（小型舟艇）サイズでも、生活できるレベルのキャビンを備えたモータークルーザーをモーターヨットと呼ぶことはあっても、簡単な船室を備える程度の船、あるいは船室がまったくない小型の船は、単にモーターボートと呼ばれ、これらをヨットと呼ぶことはない。

逆に、セーリングディンギーなど、小型のセールボートは、キャビンがなくてもヨットと呼ばれることが多い。

また、セーリングクルーザーのことを「外洋ヨット」ともいい、外洋ヨットといえばモータークルーザーのことは指さない。外洋ヨットは、あくまでもマストとセールを備えたセーリングクルーザーのことだ。

こうして考えると、冒頭で「帆のあるなしにかかわらず、遊びで用いる船はすべてヨット」と書いたが、実際は、ヨットというとマストとセールを備えた船を指す場合が多い。

現在の日本では、ヨットといえばセールを持ったプレジャーボートのこと。セールを持たず、エンジンで走るものをモーターボートとして呼び分けている。

ということで、この本「ヨット百科」は、セールボートの百科事典として、書き進めていくことにする。

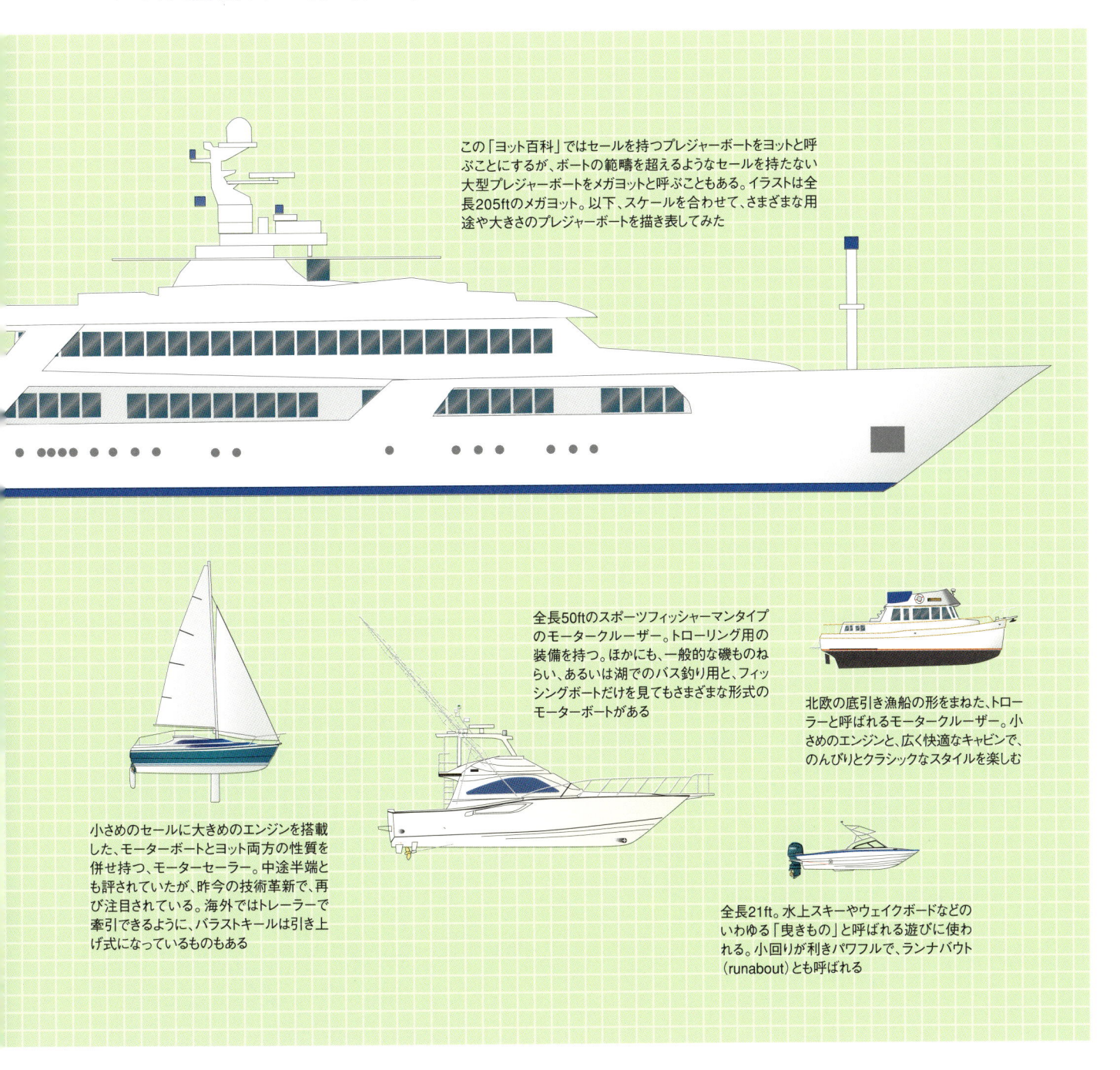

この「ヨット百科」ではセールを持つプレジャーボートをヨットと呼ぶことにするが、ボートの範疇を超えるようなセールを持たない大型プレジャーボートをメガヨットと呼ぶこともある。イラストは全長205ftのメガヨット。以下、スケールを合わせて、さまざまな用途や大きさのプレジャーボートを描き表してみた

全長50ftのスポーツフィッシャーマンタイプのモータークルーザー。トローリング用の装備を持つ。ほかにも、一般的な磯ものねらい、あるいは湖でのバス釣り用と、フィッシングボートだけを見てもさまざまな形式のモーターボートがある

北欧の底引き漁船の形をまねた、トローラーと呼ばれるモータークルーザー。小さめのエンジンと、広く快適なキャビンで、のんびりとクラシックなスタイルを楽しむ

小さめのセールに大きめのエンジンを搭載した、モーターボートとヨット両方の性質を併せ持つ、モーターセーラー。中途半端とも評されていたが、昨今の技術革新で、再び注目されている。海外ではトレーラーで牽引できるように、バラストキールは引き上げ式になっているものもある

全長21ft。水上スキーやウェイクボードなどのいわゆる「曳きもの」と呼ばれる遊びに使われる。小回りが利きパワフルで、ランナバウト（runabout）とも呼ばれる

第 1 章 | ヨットとはなんなのか

[ヨットの構造]

ハル（船体）

ヨットの主要構成部分となるのが船体だ。ハル（hull）、あるいは船殻ともいい、外板とフレーム（frame：補強の骨組み）、そして上部はデッキ（deck：甲板）でふさがれる形で構成される。

現在のプレジャーボートは、多くがFRP（繊維強化プラスチック）製だ。古い船になると、木造、あるいはアルミニウムやスチール製などもある。

バウとスターン

船体の船首部をバウ（bow）、あるいは舳、船尾はスターン（stern）、あるいは艫と呼ぶ。

バウの先端にある船首材を、ステム（stem）という。木船や鋼船では船首材の上に外板が張られるが、FRP製のヨットには構造上の船首部材はなく、外板と一体成型になっている。それでも、船首先端部分をステムと呼ぶことが多い。その上端は、ステムヘッド（stem head）だ。

片や、船尾端に付く板がトランサム（transom）。トランサムにはさまざまな形状があり、あるいは、トランサムを持たないものも含めて、ヨットそれぞれの形を特徴付ける要素となっている。

水面から上、デッキとの接続部までの船体部分がトップサイド（topside(s)：舷側）。水面下は船底（bottom：ボトム）。トップサイドとボトムの境界が喫水線（draft line）となる。

デッキ

船の床にあたるのがデッキ（deck）だ。甲板、甲板とも呼ばれる。一般商船では何層かのデッキがあるので、下層デッキから見れば上層デッキは天井でもある。

デッキの中でも、船体前端から後端まで貫いている物を全通甲板といい、最上層の全通甲板を乾舷甲板、あるいは上甲板（アッパーデッキ：upper deck）という。

ヨットの場合、デッキは1層で、すべてこのアッパーデッキにあたる。

船体とデッキの接合部をガンネル（gunwale, gunnel）といい、ガンネルを横から見たラインがシアーライン（sheer line）だ。シアーラインは、前後に大きく緩やかな弧を描く。ここから、舷弧ともいう。

ヨットのデッキには、濡れても滑らないようにノンスリップ加工が施されていたり、ノンスリップペイントが塗られたりしている。あるいはチークという木材を張り巡らせたチークデッキもある。

デッキを持たない小型のボートを、オープンボートという。セーリングディンギーでは、前半分のみデッキを持つハーフデッキも多い。

コクピット

デッキの掘り込み部分をコクピット（cockpit）という。ヨットの場合、主にここで操船することになるので、コクピット=操

船体(ハル)各部の呼び方
ヨットの船体は、外板とデッキ、そしてフレームなどの補強材からなる。各部は、以下のように呼ばれる

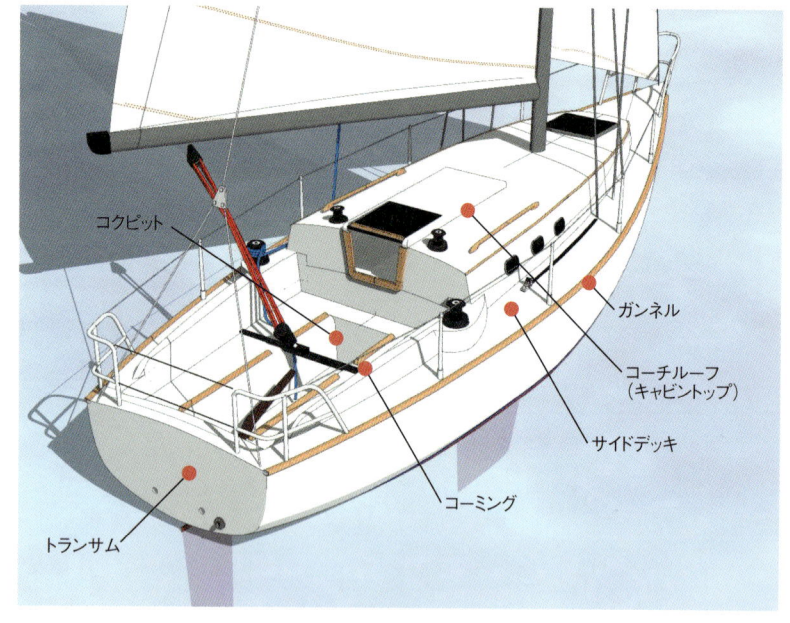

（ラベル：コクピット、ガンネル、コーチルーフ（キャビントップ）、サイドデッキ、コーミング、トランサム）

（ラベル：スターン、バウデッキ、ステムヘッド、ステム、バウ、トップサイド、ボトム）

喫水線は、一般商船では大きな意味を持つが、ヨットの場合、船底塗料とトップサイド塗料の境目付近に設けられたアクセント程度の意味で用いられることが多い

コクピットがそのまま船尾まで延びているオープントランサム。スポーツタイプのヨットに多い

トランサムを持たない船型もある。トランサム形状によって、スタイルのみならず性能や使い勝手も違ってくる

photo by Kurt Arrigo / Rolex

舵軸から後ろへ延びる張り出しをオーバーハングという。オーバーハングを持つ船尾形状をカウンタースターンと呼ぶ。写真はクラシックなカウンタースターンだが、多くのヨットはカウンタースターンとなっている

縦席という意味で使われることもあるが、本来は、デッキから一段低くなって周りを囲まれた場所という意味だ。

デッキから一段高くなって、開口部を囲う構造物をコーミング（coaming）という。コクピットの周りを囲うのが、コクピットコーミング。

通常、コクピットはデッキ後部にあるが、まれにコクピットが船体中央に位置するものもあり、これをセンターコクピットと呼ぶ。

コーチルーフ

キャビン（cabin：船室）の天井部分がデッキよりも一段高くなっている部分を、キャビントップ（cabin top）、あるいはコーチルーフ（coach roof）と呼ぶ。これでキャビンの室内高を稼ぐことができる。

この部分を、ドッグハウス（doghouse）と呼ぶこともあるが、本来ドッグハウスとはキャビントップ後部のさらに一段高くなっている部分を指すようだ。しかし、現在ではキャビントップ全体をドッグハウスと呼ぶ場合が多い。

コーチルーフを境にして、それより前のデッキがフォアデッキ、コーチルーフの横をサイドデッキという。

コーチルーフの後方は通常コクピットになっているが、センターコクピット艇では、その後ろにも後部コーチルーフが設けられるケースもある。その場合、そのさらに後ろがアフトデッキとなる。

船型

船殻設計というと構造設計が中心となるが、ヨットの場合、一般商船よりも船体形状（船型）は多様である。船首から船尾までにわたって複雑な三次曲面で構成され、その船型によって復原力（船が傾斜したときに、元に戻ろうとする傾向の大きさ）も異なってくるし、荒海を乗り越える能力、居住性、船速にも大きく影響する。また、ハンディキャップで競うヨットレースなら、ハンディキャップに合わせて有利になる船型を考慮して設計することもある。

そんな微妙なヨットの船型を、平面的に表したものが線図（lines）だ。

ラインズ

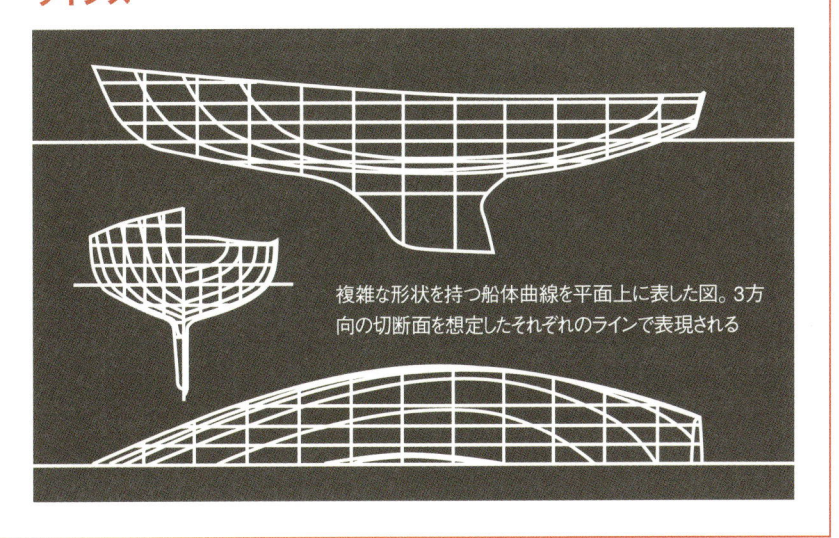

複雑な形状を持つ船体曲線を平面上に表した図。3方向の切断面を想定したそれぞれのラインで表現される

第1章 ヨットとはなんなのか
[ヨットの構造]

船の大きさ

ヨットの大きさは、次の主要諸元によって表される。

全長

ヨットやボートでは、長さが性能（最大船速）のある程度の目安になるため、ヨットのサイズを一つの数値で表す場合は、その全長が用いられることが多い。lengthの頭文字を取って「L」と表記する。

一言で長さといっても、船の長さにはいくつかある。

・全長（LOA: length overall）

船体の前端から後端までの長さ。略してLOAともいう。

ヨットの場合、船体そのものの全長を指し、船体に取り付けられた艤装品がはみ出ていたとしてもそれらは含まないことが多い。

一方、小型船舶検査機構（JCI）で扱う「全長」は、船に取り付けられたものすべてを含めたものが全長となる。

同じ全長でも解釈がさまざまなので、カタログを読み解く場合には注意を要する。

・水線長（LWL: waterline length, length on the waterline）

喫水線に沿って測った長さ。性能は全長である程度決まると書いたが、実際には水線長によってある程度の性能が決まる。しかし、当然ながら空荷の状態と、満載の場合では水線長は異なってくる。さらにはヨットはヒール（傾く）して走るが、ヒールすると水線長も変わってくるし、乗員が前後に乗艇位置を変化させるだけでも、水線長は変わってくる。

カタログに出てくる水線長は、燃料も含めて空荷で静止した状態での水線長をいう。

・長さ

一般商船では垂線間長さ（LPP: length between perpendiculars）や登録長（registered length）といった寸法も重視される。

ヨットでは通常使われないが、JCIで用いる「長さ」は、ほぼ登録長（船首材の前面から船尾材の後面までの水平距離）のことで、全長よりも短くなる。

幅

長さが「L」なら、幅は「B」と略記される。船の最も幅の広い部分の水平距離だ。本来は、breadthの「B」だが、ビーム（beam）と呼ばれることが多いようだ。

最大幅という意味から、B max（ビー・マックス）、Max Bとも略記されるが、このBもbreadthのB。しかし、ビーム・マックスと呼ばれることも多い。

長さのわりに幅が広い船を「ビーミー（beamy）な船」などと表現される。

排水量

一般商船では、その大きさを表す目安として総トン数という数値が用いられるが、これは重さではなく容積を表す単位。船の重量を表すのは、排水量（disp: displacement）だ。

同じ「トン」という単位を使うので混乱するかもしれないが、総トン数の「トン」と、排水量の「トン」は異なる「トン」である。

荷物を運ぶことが仕事の商船では、満載状態と軽荷時では重量は大きく異なる。船内のほとんどのエリアは荷物を積むためにあるので、全体の容積を表すことで船の大きさを知ることができる。これが総トン数だ。

一方、軍艦やプレジャーボートにとって、容積はあまり意味を持たない。船の重さ＝排水量が主要目となる。

アルキメデスの原理によって、船が水面下で押しのけた容積の水の重量（排水量）が、船の重さになる。プレジャーボートではkg単位で表されることが多い。

喫水（吃水）

水面から船底までの深さを喫水（ドラフト：draft）という。一般商船では、船首喫水、船尾喫水と分けて表現するが、ヨットの場合は、最も深いバラストキール下端までの距離となる。

乾舷

水面からデッキまでの高さが乾舷（フリーボード：freeboard）。船首と船尾では乾舷も異なる。また、乗員の乗る位置によっても前後の傾斜（トリム）が変わり、それに連れて前後のフリーボードは変化する。

材質と構造

船体の構造や材質は日々進化している。その一端を解説しておこう。

材質

・FRP

現在、プレジャーボートの多くは、FRP（繊維強化プラスチック）で造られている。これは、ガラス繊維をポリエステルやエポキシなどの樹脂で固めた工法だ。

軽量な木材やフォーム材をコア（心材）として、内外を繊維と樹脂で固めるサン

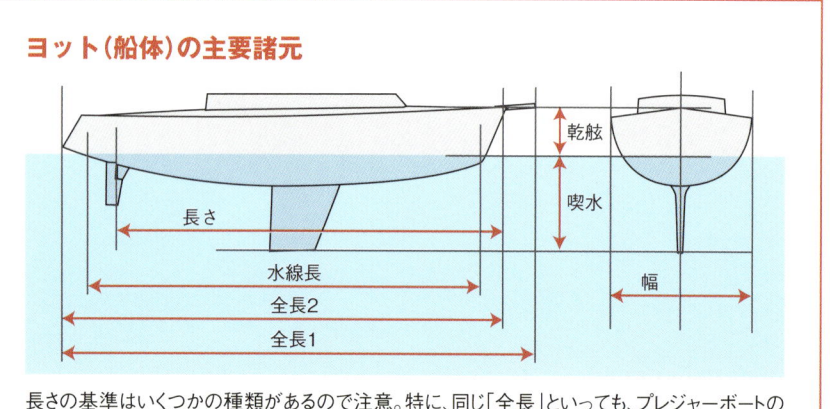

ヨット（船体）の主要諸元

長さの基準はいくつかの種類があるので注意。特に、同じ「全長」といっても、プレジャーボートの場合、船体そのものの長さを指す場合が多く、すべてを含めた全長とは数値が異なることもある

ドイッチ工法、あるいはカーボン繊維やアラミド繊維(ケブラーなど)を用いて強化するなど、その工法は日々進化している。

・**木**

FRP技術が出現するまでは、ヨットは木造が主流だった。現在では木造の新造船はほとんどみられないが、その風合いから、趣味の乗り物として存在するヨットの世界では、古い木造船にも価値が見いだされている。

・**金属**

鋼鉄(steel:鉄と炭素の合金)や、アルミニウム合金を用いたヨットも少なくない。錆や電食といった問題もあるものの、加工技術や塗料などの発達で再び注目されている。

構造

FRP艇の場合、メス型の内側にハンドレイアップ(手積み積層)で船体を成型し、樹脂の硬化後にメス型から抜き出すことで、同じ形の船体が量産できる。量産艇、プロダクション艇などと呼ぶ。

あるいは、オス型を造り、その外側に積層していく工法もある。新たな設計を基に1艇だけ建造するワンオフ艇でよく用いられる。

こうして成型された外板の内側には補強のためのフレームを配置する。通常、フレームというと、船首尾線に直角に配置される。さらに、船首尾線に沿ってロンジフレームを入れ、デッキと合わせて船体全体の強度部材を構成する。

メス型工法では、船体外面は型に沿って成型されるので円滑な仕上がりになる。しかし、内面は手作業によるため、表面をきれいに仕上げようと思うと手間がかかる。そこで、船体内側用のインナーモールドによって成型されたインナーハルを組み付け、キャビン壁面とする場合が多い。

船内を仕切る隔壁をバルクヘッド(bulkhead)という。特にヨットの場合マストの取り付け部付近に設置されるバルクヘッドは強度上も重要な部材となる。

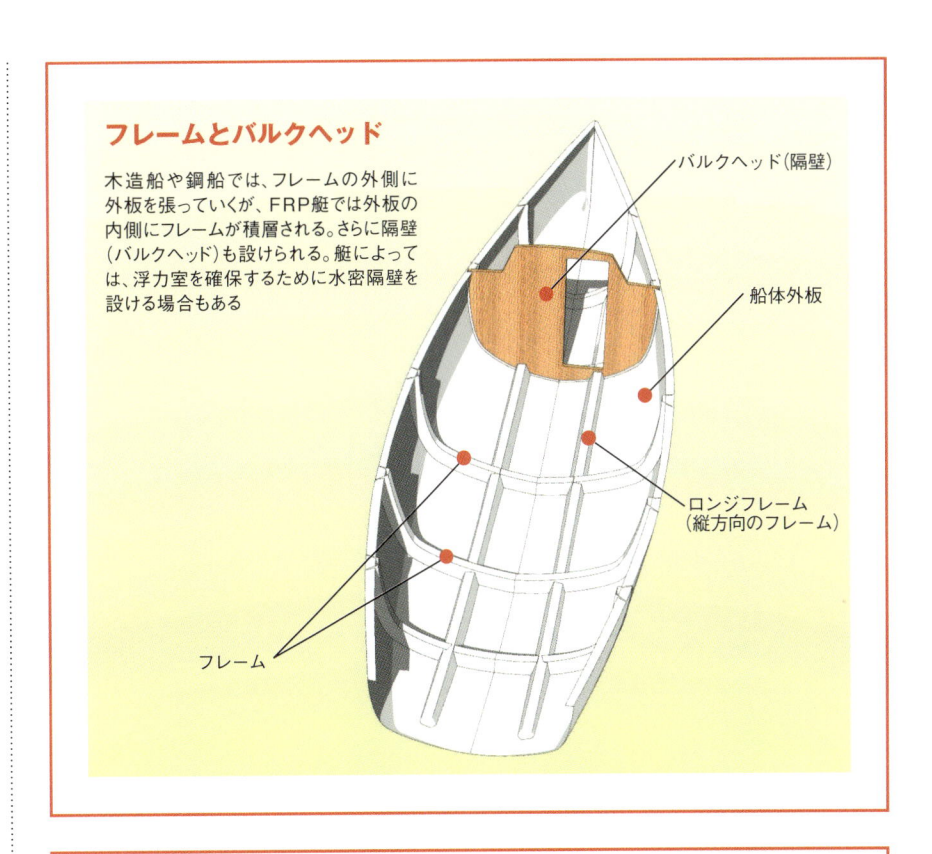

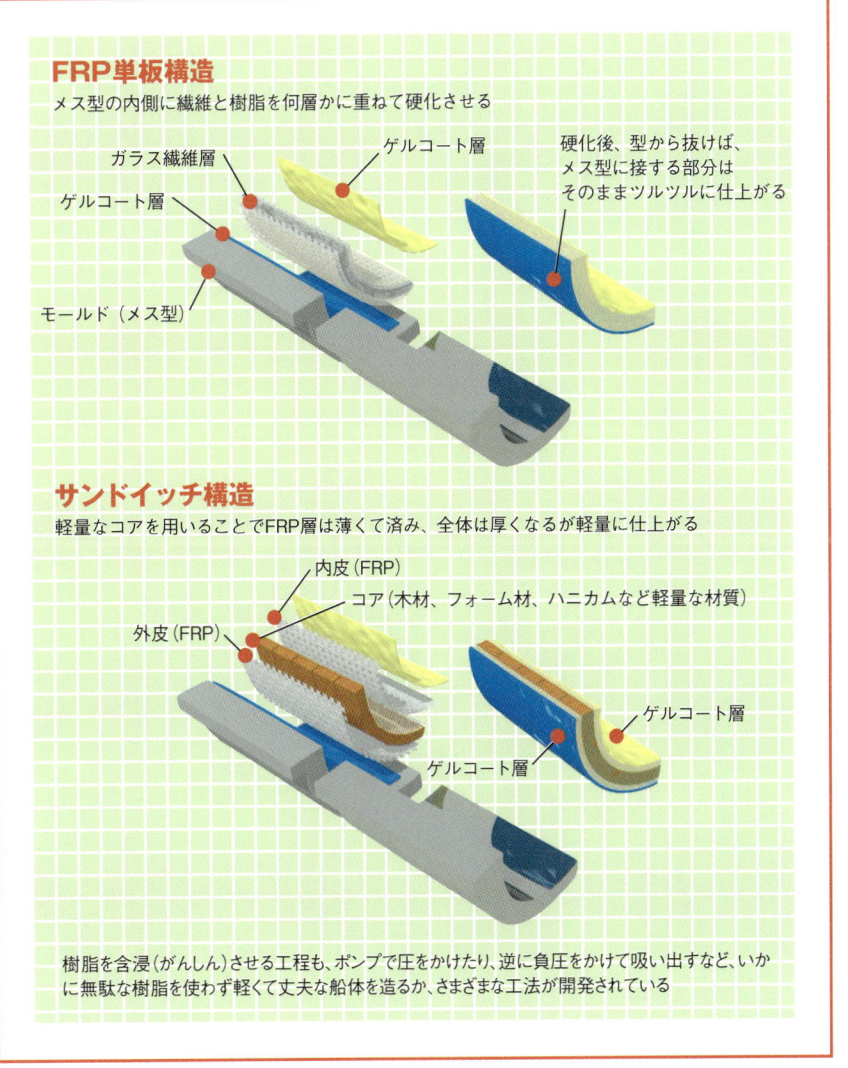

フレームとバルクヘッド

木造船や鋼船では、フレームの外側に外板を張っていくが、FRP艇では外板の内側にフレームが積層される。さらに隔壁(バルクヘッド)も設けられる。艇によっては、浮力室を確保するために水密隔壁を設ける場合もある

- バルクヘッド(隔壁)
- 船体外板
- ロンジフレーム(縦方向のフレーム)
- フレーム

FRP単板構造

メス型の内側に繊維と樹脂を何層かに重ねて硬化させる

- ガラス繊維層
- ゲルコート層
- ゲルコート層
- モールド(メス型)

硬化後、型から抜けば、メス型に接する部分はそのままツルツルに仕上がる

サンドイッチ構造

軽量なコアを用いることでFRP層は薄くて済み、全体は厚くなるが軽量に仕上がる

- 内皮(FRP)
- コア(木材、フォーム材、ハニカムなど軽量な材質)
- 外皮(FRP)
- ゲルコート層
- ゲルコート層

樹脂を含浸(がんしん)させる工程も、ポンプで圧をかけたり、逆に負圧をかけて吸い出すなど、いかに無駄な樹脂を使わず軽くて丈夫な船体を造るか、さまざまな工法が開発されている

第1章 ヨットとはなんなのか
[ヨットの構造]

リグ

リグ（rig）とは、帆装形式のこと。どういう形でセールを展開するか、マストの数やそれを支える索具の取り方、セールの展開の方法によって、さまざまな形式のリグがある。

マスト

リグを構成する部材の基本になるのが、マスト（mast）だ。古くは木材が使われていたが、アルミニウムのマストが登場し、細く、高く、そして軽くなり、より大きなセールを効率よく展開できるようになった。

アルミマストといっても、アルミニウム製の素管を加工し、ステンレスやプラスチックなどでできた部品によって動索、静索が取り付けられている。

素管にカーボンファイバーを用いたマストも登場している。軽くて強度のあるカーボン繊維を樹脂で固めたもので、繊維の方向や量を自由に配置できるため、必要なところを必要なだけ補強でき、より軽く高性能なリグを構成することができる。

マスト下端をマストヒール、上端をマストトップという。マストトップには、バックステイを取り付けるためのクレーン（crane）と呼ばれる支持桁が付く。

マスト下端のマストヒールは、船体側にあるマストステップ上に載る。マストステップが船内にあるものをスルーデッキ・マスト、マストステップがデッキ上にあるものをオンデッキ・マストという。

ブーム

メインセールの下部を支えるのがブーム（boom）だ。マスト同様、アルミニウムやカーボンでできたチューブを用いる。マストやブームなど、セールを展開するために用いる円材全般をスパー（spar）と呼ぶ。

リギン

マストが倒れないように前後左右から支える索具がスタンディングリギン（静索：standing rigging）。セールの揚げ降ろしに用いるロープやワイヤをランニングリギン（動索：running rigging）と呼んで区別する。単にリギンというと、通常スタンディングリギンを指す場合が多い。

・スタンディングリギン

スタンディングリギンの中でも、マストを前後に支えるのがステイ（stay）だ。前方から支えるのがフォアステイ、後方から支えるのがバックステイだ。

一方、マストを横方向に支えるのがシュラウド（shroud）。上部から延びるのがアッパーシュラウドで、これはキャップシュラウドともいう。マスト中央部付近から延びるものがロワーシュラウド。これらはサイドステイと呼ばれることもある。

ステイやシュラウドには、ワイヤロープ、あるいはより伸びの少ない金属製ロッドが使われる。最近は、ケブラーやスペクトラといった高張力の繊維が使われることもある。

・スプレッダー

リギンの支持角度が広いほど、強力にマストを支えることができる。ヨットは細長いので、前後には広い角度をとることができるが左右はこの角度を稼げない。そこで途中にスプレッダー（spreader）を入れて横方向の剛性を高めている。

スプレッダーが1対ならシングルスプレッダー、2対あるなら上がアッパースプレッ

マストとリギン

リグにはさまざまなタイプがある。イラストは、オーソドックスな1本マストに三角帆を展開するスループリグ艇。マスト後方にはメインセール、マストの前にはジブと、合計2枚のセールを展開する

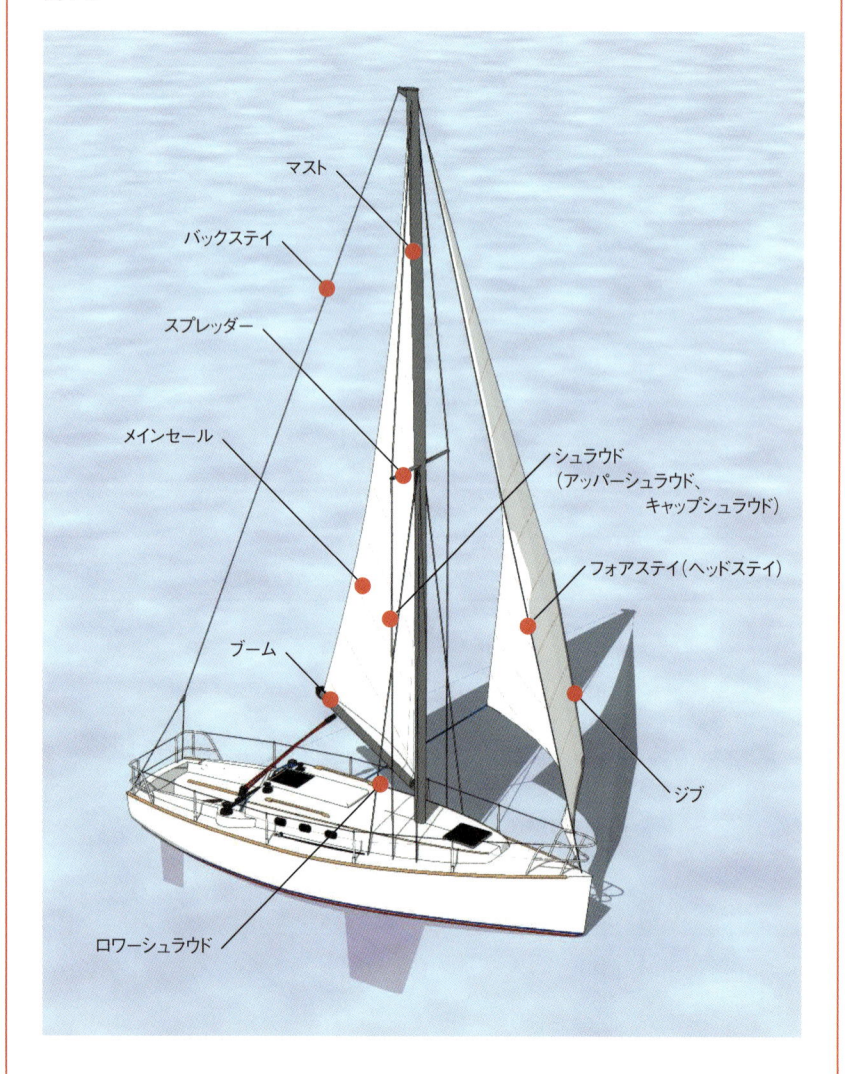

ダーで、下はロワースプレッダーという。

・**ランニングリギン**

　セールの揚げ降ろしに用いられるのがハリヤード（halyard）。メインセールならメインハリヤード、ジブならジブハリヤードだ。

　その他、シートやガイなど、マストに取り付けられていなくてもセールをコントロールするためのロープ類をすべて含めてランニングリギンという。

　ポリエステルやスペクトラなどの繊維からなるロープや、ワイヤロープが用いられることもある。

リグの種類

　リグにはさまざまな種類がある。効率良くセールを展開するために、材質や技術の進歩とともにリグも変遷している。

ガフ

　木製のマストを天然繊維のリギンで支えていたころは、高いマストを立てることが難しかった。そこで、セール面積を稼ぐためには横に広げることになる。

　ガフ（gaff）とは、セール上辺を支えるスパーで、四角い縦帆（ガフセール）を展開するために用いる。横帆から縦帆になって、それでもなお、低いマストに広いセールを展開するための工夫だ。

　ガフ、あるいはガフセールを持つリグをガフリグと呼んでいるが、正しくは以下に述べるカッターやケッチと合わせて、ガフカッター、ガフケッチなどと表す。

マルコーニリグ

　ガフリグの変形四角帆に対し、三角帆をマルコーニリグ（marconi rig）、あるいはバミューダリグ（bermuda rig）と呼ぶ。同じ面積のセールを展開するためにはガフリグより高いマストが必要になる。現在はほとんどがこのマルコーニリグなので、逆にあまりこの言葉自体は用いられない。

カッター

　2枚以上の前帆（ヘッドセール）を持つものをカッター（cutter）という。

　単にカッターといえばマルコーニリグ。ガフセールとの組み合わせならガフカッター。

　2枚にすることでセール面積を増やせるというより、セール面積が分けられているので操作が楽という長所があり、現在でも多く見られる。

　フォアステイが1本しかなくても複数のヘッドセールを展開することはできるが、この場合はカッターとは表現しないことが多い。このあたり、カッターリグのバリエーションは広いので表現は曖昧になっている。

ケッチ

　2本マストで前のマストが後ろのマストより高いものがケッチ（ketch）、前後のマストが同じ高さであるか、後ろのマストの方が高いものをスクーナー（schooner）と呼ぶ。かつては大型帆船でスクーナーが多く見られたが、現在のヨットではスクーナーはまれだ。

　一方、ケッチはいまだに見られ、前マスト（メインマスト）にメインセールとジブ、後ろの低い方のマスト（ミズンマスト）にミズンセールを展開する。これも、低いマストにセール面積を分散させることで、セールの扱いのみならず、前後方向の風圧中心をコントロールしやすいため、取り回しの自由度が高い。

　同じ2本マストに、ヨール（yawl）と呼ばれるものもある。ミズンマストが舵軸より後ろにあればヨール、前ならケッチと語り継がれてきたが、どうも明確な定義はないようだ。

キャットリグ

　ヘッドセールを持たない1枚帆の帆装を、キャットリグ（cat rig）という。古くはガフを持つものもあったようだが、現在はほとんどが三角帆だ。

　双胴船（catamaran）をキャット（cat）と略すこともあるが、こちらのキャットリグはあくまでもリグの種類である。

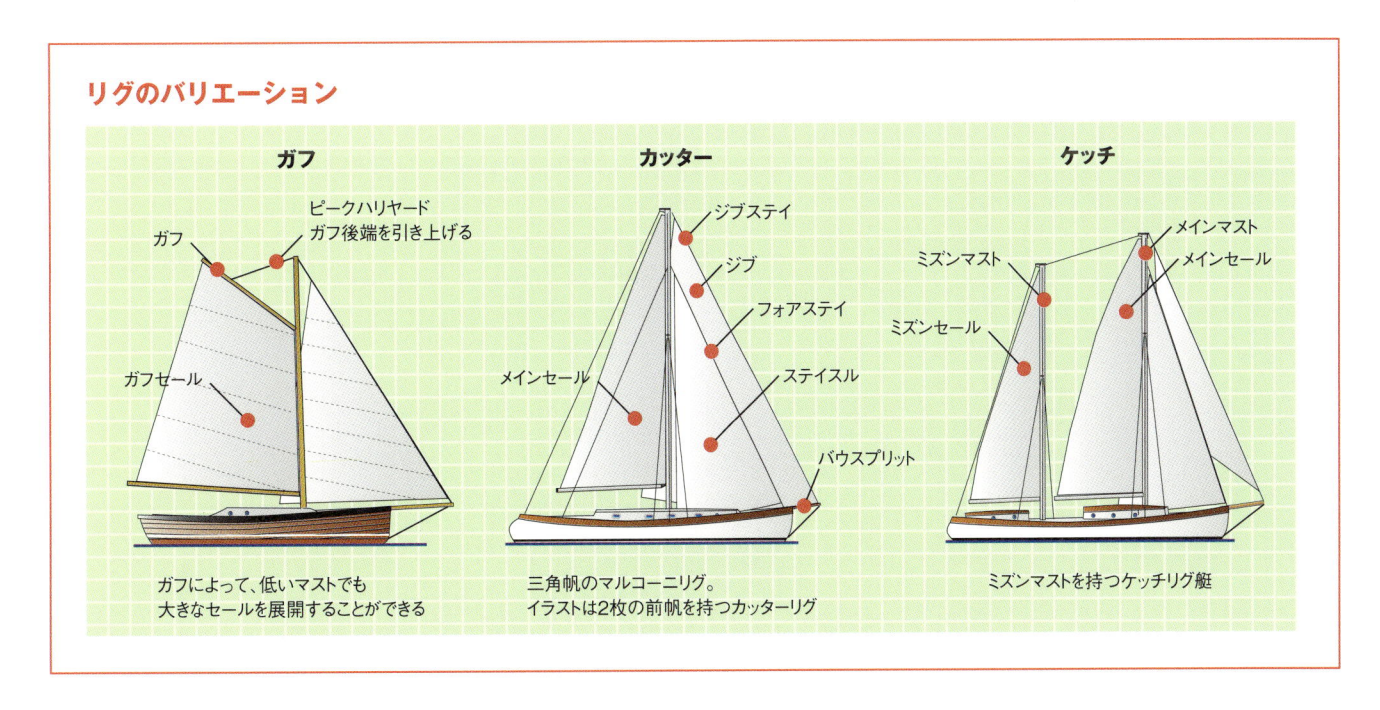

リグのバリエーション

ガフ
- ガフ
- ピークハリヤード　ガフ後端を引き上げる
- ガフセール

ガフによって、低いマストでも大きなセールを展開することができる

カッター
- ジブステイ
- ジブ
- フォアステイ
- メインセール
- ステイスル
- バウスプリット

三角帆のマルコーニリグ。イラストは2枚の前帆を持つカッターリグ

ケッチ
- メインマスト
- メインセール
- ミズンマスト
- ミズンセール

ミズンマストを持つケッチリグ艇

第1章 | ヨットとはなんなのか
[ヨットの構造]

スループのいろいろ

数あるリグの中で、現在最も一般的なのが1本マストで前後にジブとメインの2枚のセールを展開するスループリグ(sloop rig)だ。三角帆のスループリグということで、marconi-rigged sloopと呼ぶのが正式。

スループのリグサイズは、I、J、P、Eという四つの要素で表す(図参照)。Iの上端(フォアステイのマスト側取り付け部)をIポイントといい、Iポイントの位置などの違いから、スループにもいくつかのバリエーションがある。それぞれ扱い方も異なる。イラストで解説していこう。

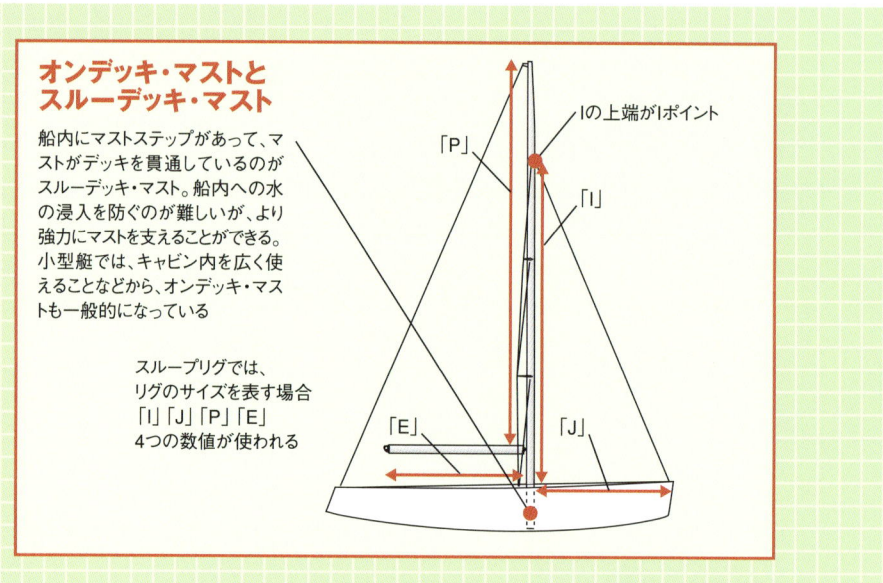

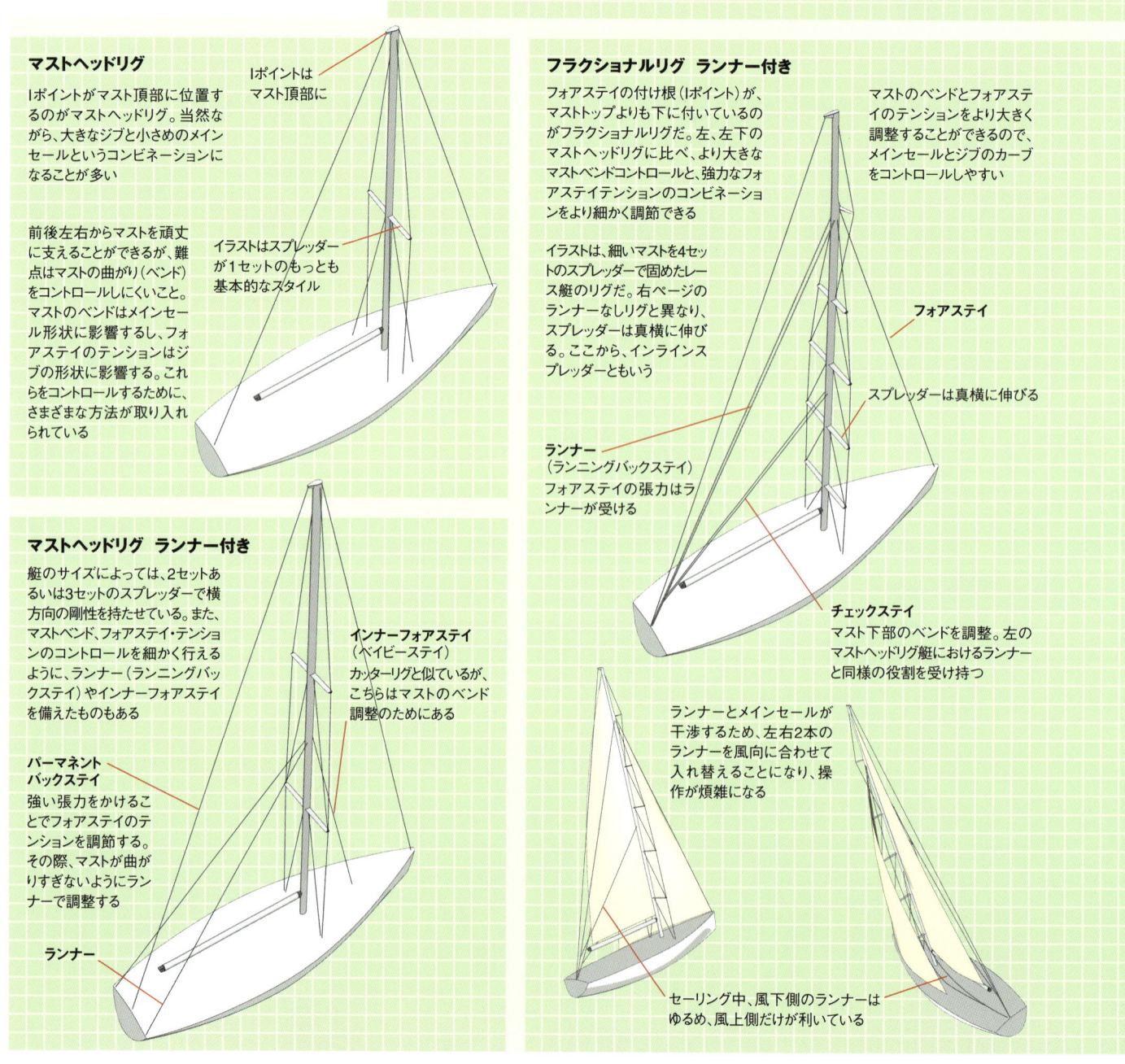

オンデッキ・マストとスルーデッキ・マスト

船内にマストステップがあって、マストがデッキを貫通しているのがスルーデッキ・マスト。船内への水の浸入を防ぐのが難しいが、より強力にマストを支えることができる。小型艇では、キャビン内を広く使えることなどから、オンデッキ・マストも一般的になっている

スループリグでは、リグのサイズを表す場合「I」「J」「P」「E」4つの数値が使われる

Iの上端がIポイント

マストヘッドリグ

Iポイントがマスト頂部に位置するのがマストヘッドリグ。当然ながら、大きなジブと小さめのメインセールというコンビネーションになることが多い

前後左右からマストを頑丈に支えることができるが、難点はマストの曲がり(ベンド)をコントロールしにくいこと。マストのベンドはメインセール形状に影響するし、フォアステイのテンションはジブの形状に影響する。これらをコントロールするために、さまざまな方法が取り入れられている

Iポイントはマスト頂部に

イラストはスプレッダーが1セットのもっとも基本的なスタイル

マストヘッドリグ ランナー付き

艇のサイズによっては、2セットあるいは3セットのスプレッダーで横方向の剛性を持たせている。また、マストベンド、フォアステイ・テンションのコントロールを細かく行えるように、ランナー(ランニングバックステイ)やインナーフォアステイを備えたものもある

パーマネントバックステイ
強い張力をかけることでフォアステイのテンションを調節する。その際、マストが曲がりすぎないようにランナーで調整する

ランナー

インナーフォアステイ(ベイビーステイ)
カッターリグと似ているが、こちらはマストのベンド調整のためにある

フラクショナルリグ ランナー付き

フォアステイの付け根(Iポイント)が、マストトップよりも下に付いているのがフラクショナルリグだ。左、左下のマストヘッドリグに比べ、より大きなマストベンドコントロールと、強力なフォアステイテンションのコンビネーションをより細かく調節できる

イラストは、細いマストを4セットのスプレッダーで固めたレース艇のリグだ。右ページのランナーなしリグと異なり、スプレッダーは真横に伸びる。ここから、インラインスプレッダーともいう

マストのベンドとフォアステイのテンションをより大きく調整することができるので、メインセールとジブのカーブをコントロールしやすい

フォアステイ

スプレッダーは真横に伸びる

ランナー(ランニングバックステイ)
フォアステイの張力はランナーが受ける

チェックステイ
マスト下部のベンドを調整。左のマストヘッドリグ艇におけるランナーと同様の役割を受け持つ

ランナーとメインセールが干渉するため、左右2本のランナーを風向に合わせて入れ替えることになり、操作が煩雑になる

セーリング中、風下側のランナーはゆるめ、風上側だけが利いている

フラクショナルリグ ランナーなし

左ページ下と同じIポイントが下部に付くフラクショナルリグだが、こちらはランナーを持たないもの。フォアステイにかかる張力を受けるため、シュラウドは後ろに振られている。それに合わせてスプレッダーにも後退角がつく。これをスウェプトバック・スプレッダーと呼ぶ

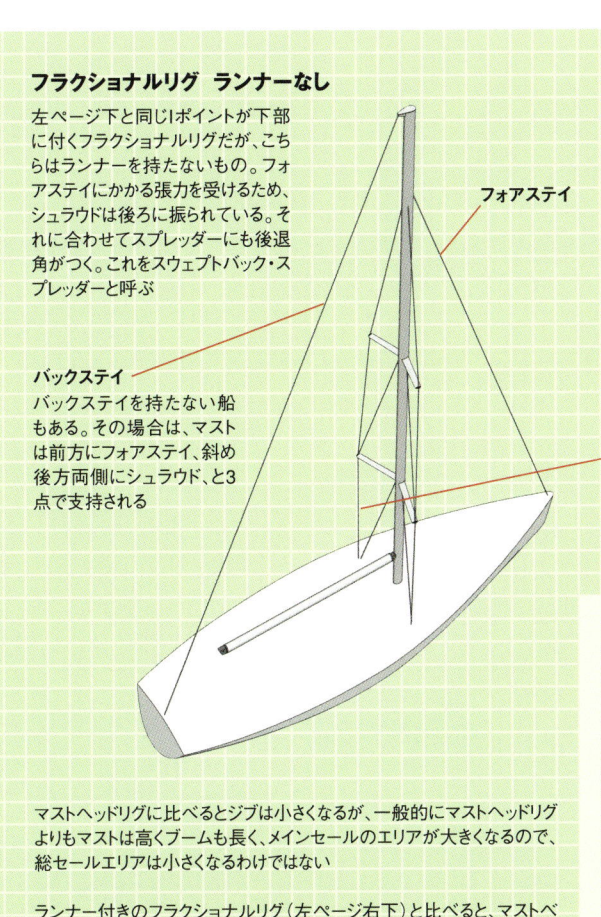

フォアステイ

バックステイ
バックステイを持たない船もある。その場合は、マストは前方にフォアステイ、斜め後方両側にシュラウド、と3点で支持される

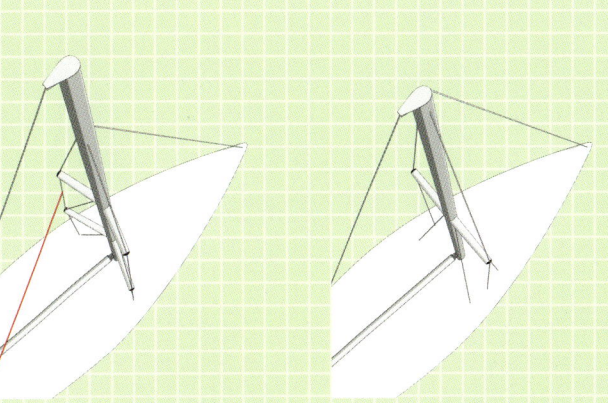

シュラウド
フォアステイの張力は、アッパーシュラウドが受ける。そのためシュラウド付け根は後方に位置し、スプレッダーにも後退角がつく

こちらは左ページのマストヘッドリグ。スプレッダーに後退角はつかない。ランナー付きのフラクショナルリグ艇も、スプレッダーに後退角はない

マストヘッドリグに比べるとジブは小さくなるが、一般的にマストヘッドリグよりもマストは高くブームも長く、メインセールのエリアが大きくなるので、総セールエリアは小さくなるわけではない

ランナー付きのフラクショナルリグ（左ページ右下）と比べると、マストベンド量、フォアステイ・テンションのコントロール量は少なくなるが、煩雑なランナーの操作の必要がなくなる。現在もっとも一般的なリグだ

7/8リグ

フラクショナルリグの中でも、Iポイントがやや高い位置にあるものを7/8リグと呼ぶ。このイラストでは、黒い線で正確に7/8の位置にフォアステイを描いてみた。実際には正確に7/8の位置というわけではなく、通常のフラクショナルリグよりもIポイントが高い位置にあるという意味だ。低い位置にあるフォアステイ（赤い線）に比べ、バックステイを引いたときに、よりフォアステイにテンションがかかる。マストヘッドリグと通常のフラクショナルリグの中間的な性格となる

最近のフラクショナルリグはIポイントが高い位置にあるものが増えているせいか、特に7/8リグという呼び分けはされなくなっている

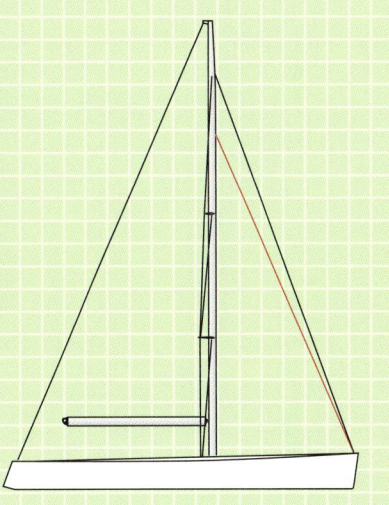

ノンオーバーラップ・ジブ

同様に、ランナーのないフラクショナルリグだが、こちらはジブがメインセールにオーバーラップしない。ノンオーバーラップタイプ

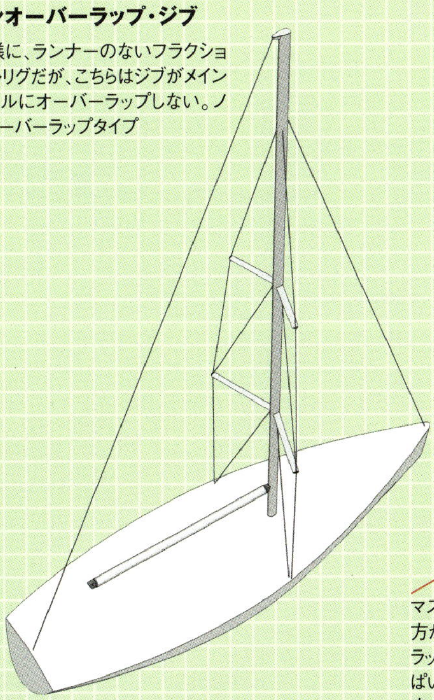

シュラウド付け根が、舷側いっぱいにとられているのが特徴。スプレッダーも長い

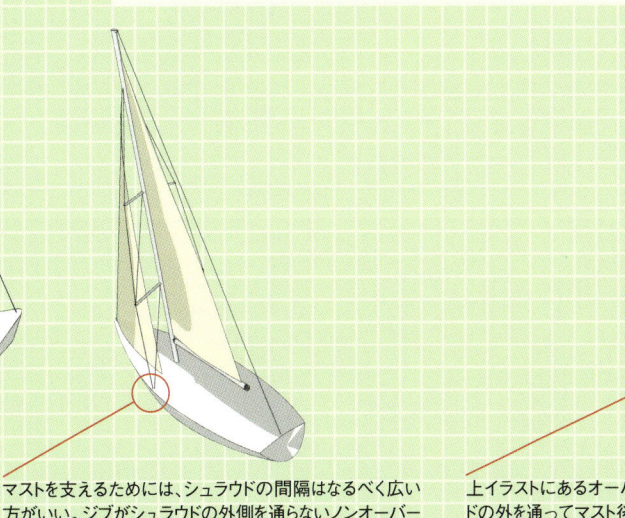

マストを支えるためには、シュラウドの間隔はなるべく広い方がいい。ジブがシュラウドの外側を通らないノンオーバーラップ・ジブしか使わないなら、シュラウドの付け根は舷側いっぱいまで広げることができる。となると、より高いマストを効率良く支持できるノンオーバーラップ・ジブではジブのセールエリアは当然小さくなるが、その分大きなメインセールを設け、総セールエリアはオーバーラップタイプのリグと変わらないことが多い

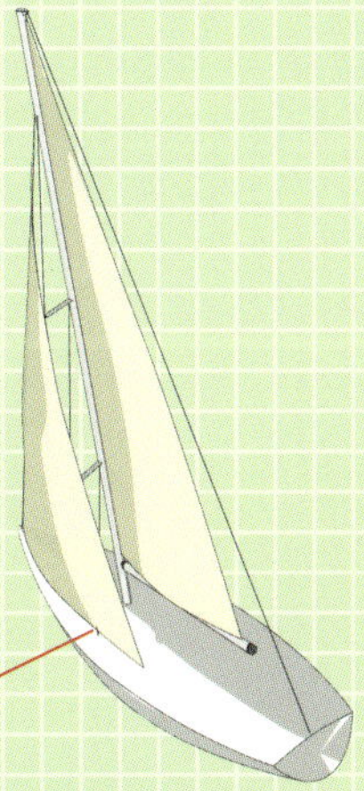

上イラストにあるオーバーラップジブは、シュラウドの外を通ってマスト後方まで引き込まれる。メインセールの風下側にオーバーラップさせることで、より効率よく揚力を引き出せると考えられてきたが、シュラウドの付け根をなるべく内側にいれないとジブの引き込み角度が稼げなくなってしまう（すなわち、風上航の上り角度が稼げない）

15

第1章 ヨットとはなんなのか
[ヨットの構造]

セール

ヨットは、セールに風を受けて走る。帆船時代から培ってきた知恵であるが、いかに効率よくヨットを走らせるか、セールの材質や形状には工夫が凝らされて今に至る。

そもそも近代ヨットが風上に向かって進むことができるのも、そうした技術の進化があってこそだ。

セールの素材、構造、そして各部の名称を説明していこう。

セールの材質、構造

古くは、「帆布」と呼ばれる天然繊維を用いた布地で作られていたが、現代のセールには化学繊維が用いられている。

ダクロンはその代表的なもので、保温着によく見られるフリースと同じポリエステル繊維の商品名だ。ダクロン繊維から作られた糸で布地を織り、表面に特殊なコーティングを施して、セール専用のセールクロスとして仕上げている。

繊維の伸びを考慮してセールクロスを配置し、ミシンで縫い合わせる。強度が必要なところには補強のクロスを当て、マストやブームへの取り付け用にボルトロープを仕込んで縁を仕上げる。

各頂点には、ハリヤード(揚げ綱)や、セールの開き角調整用のシートを取り付けるための鳩目(アイレット、グロメット、クリングル)を取り付ける。

メインセール

マストの後ろ側にセットするのがメインセール。文字通り、主要なセールだ。各部の名称は図のとおり。

メインセールは、セールのラフ(前縁)をマストに沿わせて展開する。

マストへの取り付け方法は、次のものがある。

・ボルトロープ

セールのラフに縫い込まれたボルトロープをマストのグルーブ(溝)に通すタイプ。

・スライダー

ラフに取り付けられたスライダーを、マストのグルーブに通すタイプ。カーテンを開閉するような感じだ。この方式の特長として、セールを降ろしたときにラフがばらけない。

・スライドカー

スライダーの抵抗を減らすために、ベアリングが入ったスライドカーがマスト側のレールに取り付けられたタイプ。

メインセールの面積を増やすために、セール後縁(リーチ)は膨らんでいる。これをリーチローチという。

ローチ部分が折れ込まないよう、リーチには薄い板状のバテンが入る。バテンを入れる部分をバテンポケットという。

また、バテンポケットの後端には、風の流れを見やすくするリーチリボンが付く。リーチリボンが風で流れるか否かで、風が目に見えるようになるというわけだ。

ラフ側にも膨らみがあり、こちらはラフローチと呼ばれる。膨らみのあるセール前縁を直線状のマストにセットすれば、セールに膨らみ(ドラフト)が生じる。マストをベンドさせる(曲げる)と、ラフロー

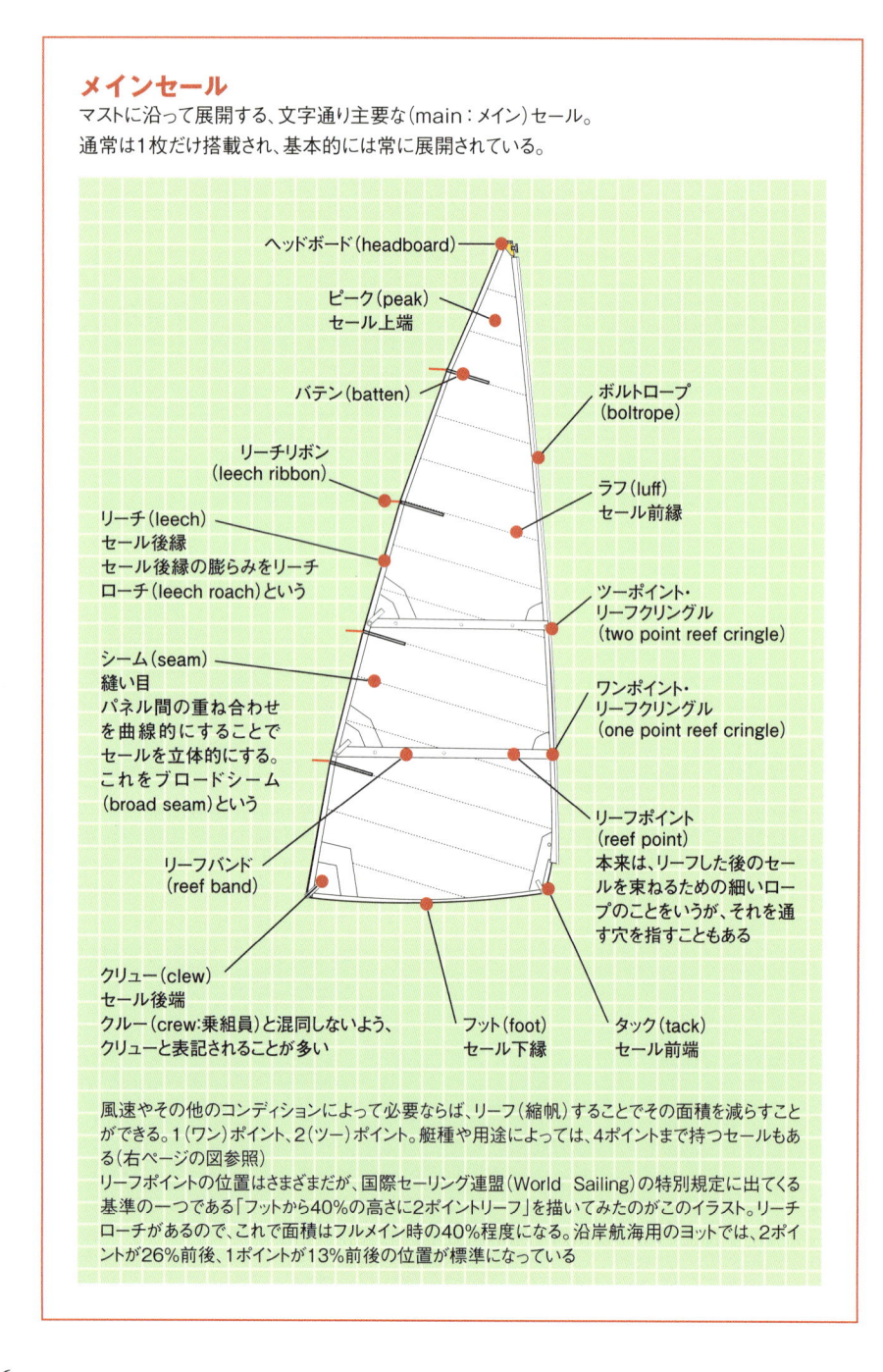

メインセール

マストに沿って展開する、文字通り主要な(main：メイン)セール。通常は1枚だけ搭載され、基本的には常に展開されている。

- ヘッドボード(headboard)
- ピーク(peak) セール上端
- バテン(batten)
- リーチリボン(leech ribbon)
- リーチ(leech) セール後縁 セール後縁の膨らみをリーチローチ(leech roach)という
- シーム(seam) 縫い目 パネル間の重ね合わせを曲線的にすることでセールを立体的にする。これをブロードシーム(broad seam)という
- リーフバンド(reef band)
- クリュー(clew) セール後端 クルー(crew：乗組員)と混同しないよう、クリューと表記されることが多い
- ボルトロープ(boltrope)
- ラフ(luff) セール前縁
- ツーポイント・リーフクリングル(two point reef cringle)
- ワンポイント・リーフクリングル(one point reef cringle)
- リーフポイント(reef point) 本来は、リーフした後のセールを束ねるための細いロープのことをいうが、それを通す穴を指すこともある
- フット(foot) セール下縁
- タック(tack) セール前端

風速やその他のコンディションによって必要ならば、リーフ(縮帆)することでその面積を減らすことができる。1(ワン)ポイント、2(ツー)ポイント。艇種や用途によっては、4ポイントまで持つセールもある(右ページの図参照)

リーフポイントの位置はさまざまだが、国際セーリング連盟(World Sailing)の特別規定に出てくる基準の一つである「フットから40％の高さに2ポイントリーフ」を描いてみたのがこのイラスト。リーチローチがあるので、これで面積はフルメイン時の40％程度になる。沿岸航海用のヨットでは、2ポイントが26％前後、1ポイントが13％前後の位置が標準になっている

チがマストのベンドに吸収されてセールのドラフト量は減る。

14ページで、セールカーブを調節するためにマストのベンド量をコントロールするのが重要だと説明したのは、こういう意味だ。

ヘッドセール

マストの前側に展開するセールを、ヘッドセールという。メインセールは1枚きりだが、ヘッドセールは風向や風速に合わせてさまざまな種類がある。

・ジブ（jib）

フォアステイに沿って展開する三角帆をジブという。

ハンク（hank）と呼ばれるスナップで、ラフをフォアステイに留める。マストトップから延びるジブハリヤードで引き上げ、ジブシートで開き角を調節する。

・ジェノア（genoa）

ジブのなかでも、フットがマストよりも後方まで延び、メインセールにオーバーラップするものを特にジェノアと呼ぶ。

ジブのサイズは、下図のように、Jに対するLPの長さの割合で表現される。通常、これが150％程度のものが最も大きなジェノアで、ナンバー1と呼ばれる。軽風用に、薄くて軽いセールクロスで作られたものをライトジェノアということもある。ほぼ同じサイズでも、より厚いクロスで、セールカーブもより強風用に設定されたものがヘビージェノア。その中間がミディアムジェノア。それ以外にも、ミディアムヘビーやミディアムライトなど、バリエーションは多い。

逆に、オーバーラップのないジブは、ナンバー3という。ナンバー3は、レギュラージブ、ワーキングジブとも呼ばれる。

ナンバー1（ジェノア）とナンバー3との中間サイズのジブを、ナンバー2といい、ナンバー3より一回り小さいジブをナンバー4という。

これらすべてを搭載しているとは限らない。レース艇では、ルールで搭載できる枚数が決まっている場合もある。

ストームセール

特に強風用に設計されたものをストームセールという。ジブのなかで、最小のものがストームジブだ。ナンバー1からナンバー3、そしてストームジブへと、風の強さに合わせてセールを交換する。

一方、メインセールは1枚しかなく、風の強さによってリーフ（縮帆）することで、その面積を減らしていく。

いよいよ大時化になったときには、メインセールはすべて降ろしてブームに縛り付け、代わりにストームトライスルを展開する。

さまざまなヘッドセールとコンビネーション

ヨットは、風の強さや海面状態によって、最適なセールに張り替えながら走り続ける。そのバリエーションを見てみよう。

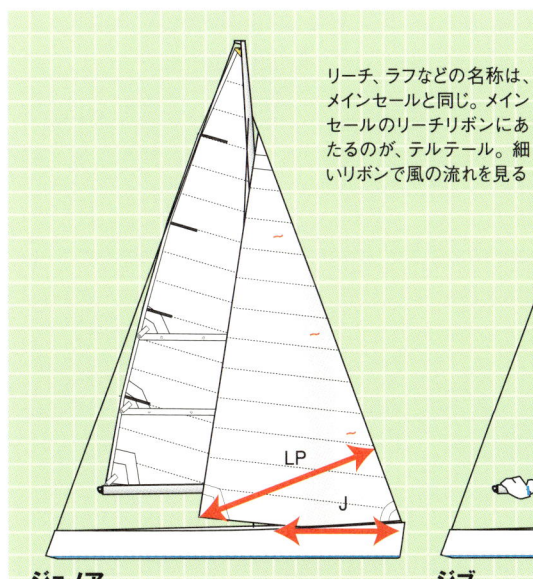

ジェノア
リーチ、ラフなどの名称は、メインセールと同じ。メインセールのリーチリボンにあたるのが、テルテール。細いリボンで風の流れを見る

ジブのうち、クリューがマストより後ろにあり、メインセールにオーバーラップするもの。サイズは、Jに対するLPの長さで表す。150％程度が標準。イラストのメインセールは、すべて展開したフルメインの状態で、このコンビネーションで最大のセールエリアとなる

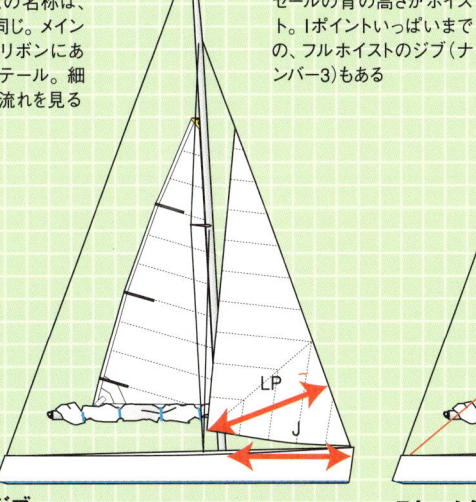

ジブ
セールの背の高さがホイスト1ポイントいっぱいまでの、フルホイストのジブ（ナンバー3）もある

メインセールにオーバーラップしていない、LPがJの100～110％程度の常用セール。ワーキングジブ、レギュラー、ナンバー3という呼び方もある。メインセールは、リーフすることで面積を減らすことができる。図は2ポイントリーフした状態

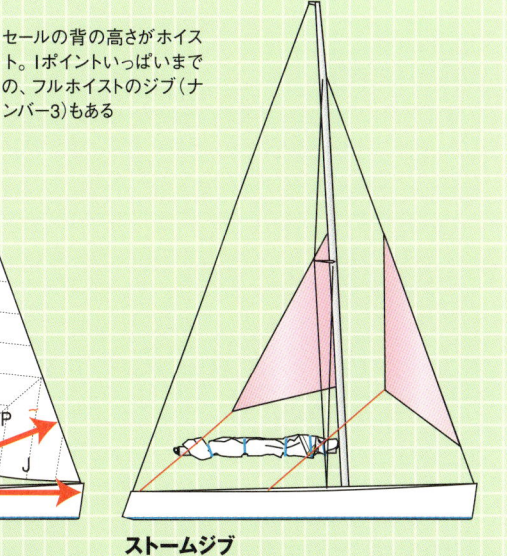

ストームジブ
荒天用の最も小さいジブ。メインセールはすべて降ろしてブームに固縛し、代わりにストームトライスルを展開している図。ストームセールは荒天下で目立つよう、蛍光ピンクやオレンジなどのカラーにする場合もある

第1章 ヨットとはなんなのか
[ヨットの構造]

トライスルは、メインセール同様マストに沿わせて展開するが、バテンもヘッドボードもなく、ブームも使わず、メインシートの代わりに左右両舷からシートを取って調整することになる。

スピネーカー

スピネーカーとは、追い風専用のセールで、ナイロンなど、ジブよりもずっと薄くて軽いセールクロスで作られている。日本では、略してスピンとも呼ばれる。

通常のスピネーカーは左右対称。ジブと異なり、タックはスピネーカーポールの先端からシーティングされる。凧揚げのように宙に浮いたような状態で展開することから、海外ではカイトと呼ばれることも多い。

左右非対称のスピネーカーは、非対称スピネーカーという。一般的には、ジェネカー(ジェノアとスピネーカーとの中間という意味)と呼ばれ、Aセールというセールメーカーの商品名で呼ばれることもある。

その他のセール

ジブをフォアステイに巻き込んで用いるジブファーラーに使用するセールを、特にファーリングジブと呼ぶことも多い。

サイズや形状的には150%ジェノアとほぼ同じだが、巻き込んだ状態で表に露出する部分に、紫外線に強い素材を張り、太陽光による劣化を防いでいる。また、きれいに巻き込むことができるようラフにパッドを当てるなどの工夫が凝らされているものもある。

そのほか、ジブの後ろ(かつマストの前)に展開するステイスル、あるいは同じジブでも、ジブシートを取り付けるクリューの位置が高いリーチャー(またはジブトップという)などがある。

少しややこしいが、横風用のスピネーカーをリーチャーと呼ぶこともあり、それ以外にもスピネーカーとともに使用するブルーパー、シューターなど、それぞれのセール形状や材質、用途はさまざまで、その名称も、慣用的に用いられているものや商品名になっているものなど、多岐にわたる。

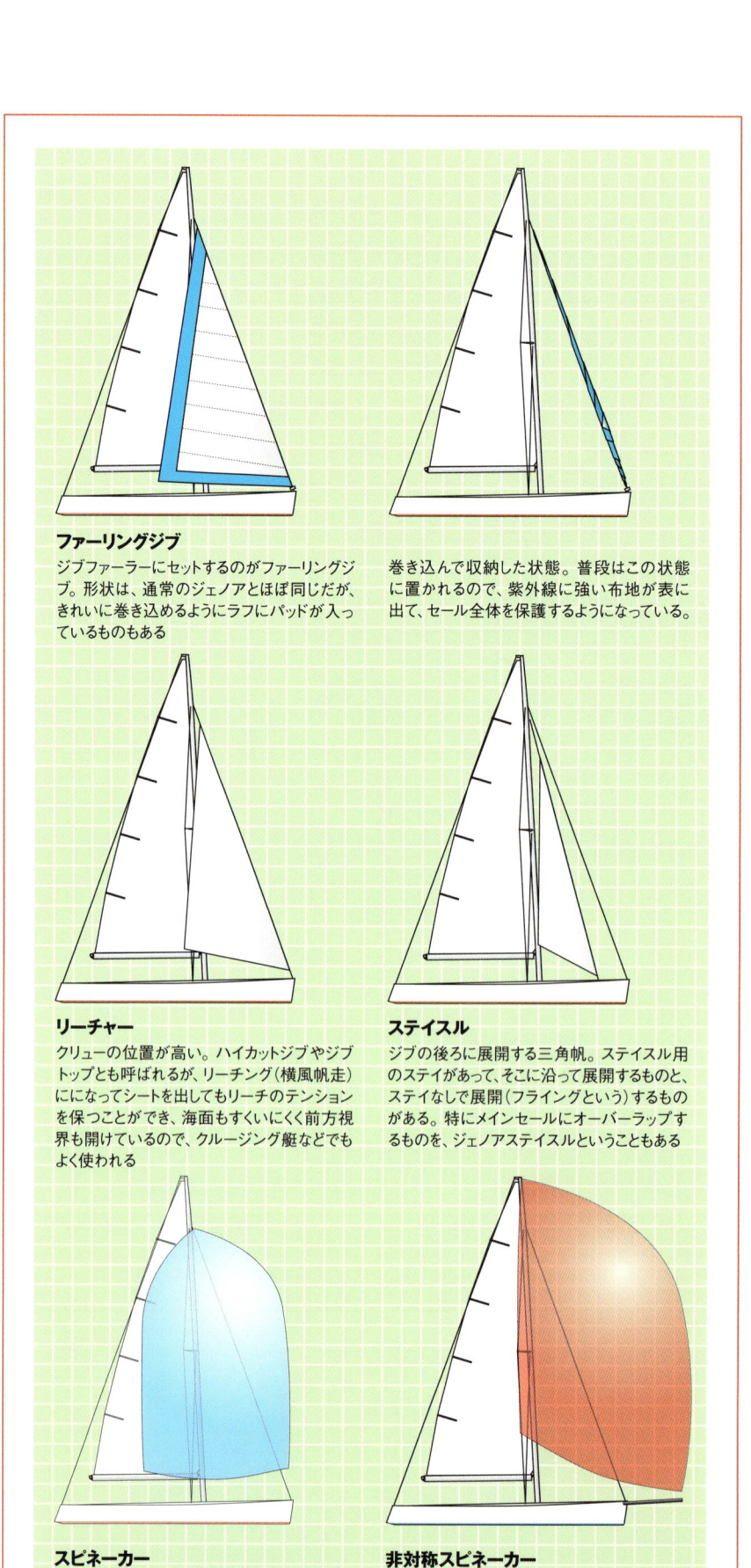

ファーリングジブ
ジブファーラーにセットするのがファーリングジブ。形状は、通常のジェノアとほぼ同じだが、きれいに巻き込めるようにラフにパッドが入っているものもある

巻き込んで収納した状態。普段はこの状態に置かれるので、紫外線に強い布地が表に出て、セール全体を保護するようになっている。

リーチャー
クリューの位置が高い。ハイカットジブやジブトップとも呼ばれるが、リーチング(横風帆走)にになってシートを出してもリーチのテンションを保つことができ、海面もすくいにくく前方視界も開けているので、クルージング艇などでもよく使われる

ステイスル
ジブの後ろに展開する三角帆。ステイスル用のステイがあって、そこに沿って展開するものと、ステイなしで展開(フライングという)するものがある。特にメインセールにオーバーラップするものを、ジェノアステイスルということもある

スピネーカー
追い風専用のセール。左右対称形で、ナイロンなどの軽量素材で作られている。セールクロスの厚みや形状、サイズによって軽風用から強風用、あるいはリーチング用とさまざまなものがある

非対称スピネーカー
一般的にはジェネカーと呼ばれることが多い。スピネーカー同様、軽量素材でできた追い風専用のセールだが、こちらは左右非対称。ステイスルと併用することもある。スピネーカーと見た目は似ているが、扱い方や艤装は異なる

シート

セールコントロールの要となるのがシート(sheet)だ。

メインシート

メインセールをマスト頂部まで引き上げるのがメインハリヤード。クリューを後ろへ引くのがクリュー・アウトホール(clew outhaul)。この「ホール」は、hole=穴ではなく、haul=引くという意味だ。セール下部の深さをコントロールする。

そして、メインセール全体の開きをコントロールをするのがメインシートだ。ブーム後方に取り付けたロープを、デッキ側から操作する。

シートを緩めれば、セールは風の力で出て行く。シートを引けば、セールを引き込むことができる。

そのほかにもさまざまなコントロールロープがあるが、特にセールの開き具合をコントロールするロープをシート(sheet)と呼ぶ。

このように、風向によってシートやその他のコントロールロープでセール形状を調節することをセールトリムという。

ジブシート

メインセールの調整索がメインシートなら、ジブの開きを調整するのがジブシートだ。

ジブシートは左右両舷に1本づつあり、風下舷のシートのみを使う。

ジブのタックは船体に直接セットし、ジブハリヤードで上方に引き上げられる。

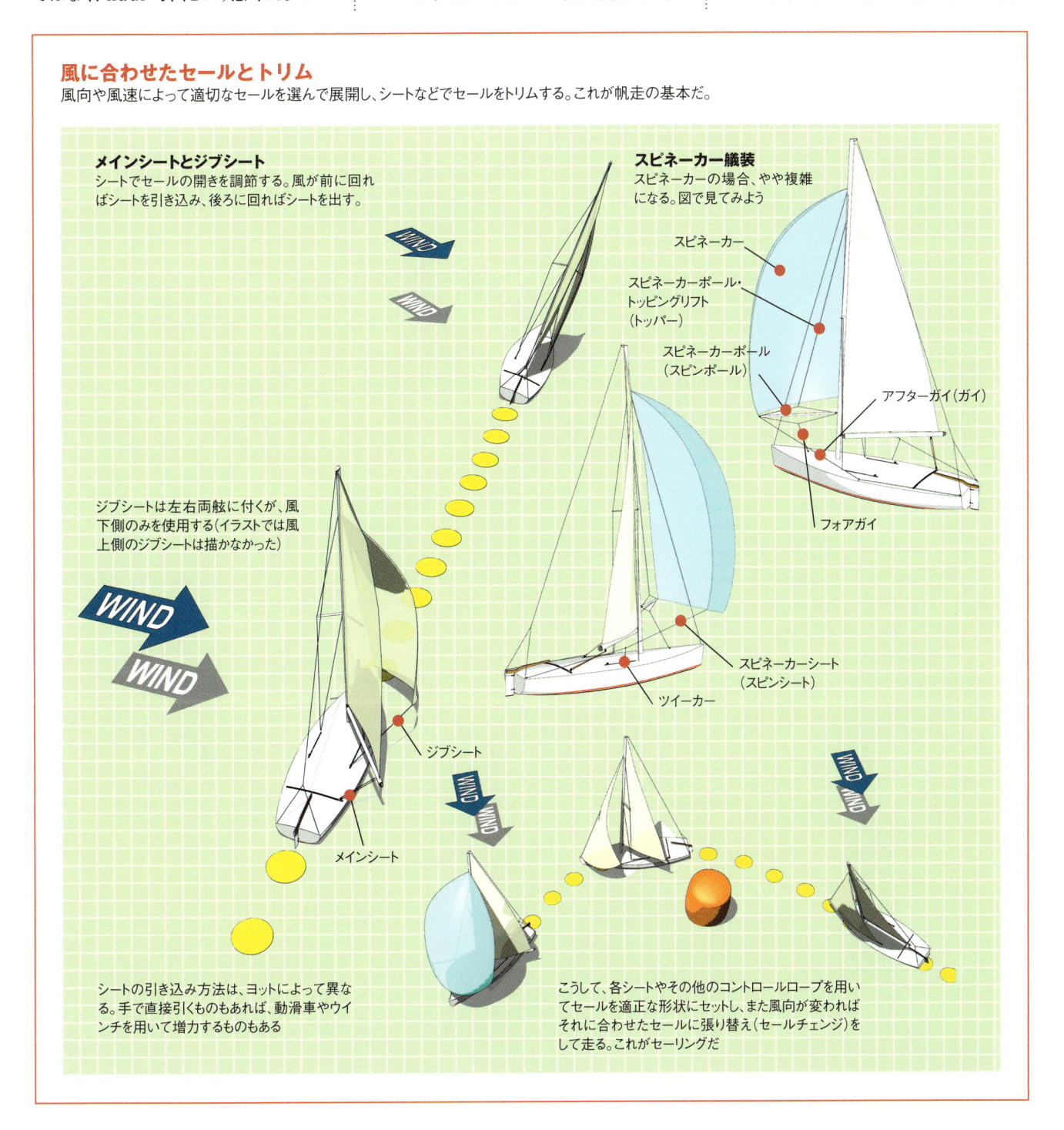

風に合わせたセールとトリム
風向や風速によって適切なセールを選んで展開し、シートなどでセールをトリムする。これが帆走の基本だ。

メインシートとジブシート
シートでセールの開きを調節する。風が前に回ればシートを引き込み、後ろに回ればシートを出す。

スピネーカー艤装
スピネーカーの場合、やや複雑になる。図で見てみよう

- スピネーカー
- スピネーカーポール・トッピングリフト(トッパー)
- スピネーカーポール(スピンポール)
- アフターガイ(ガイ)
- フォアガイ
- スピネーカーシート(スピンシート)
- ツイーカー
- ジブシート
- メインシート

ジブシートは左右両舷に付くが、風下側のみを使用する(イラストでは風上側のジブシートは描かなかった)

シートの引き込み方法は、ヨットによって異なる。手で直接引くものもあれば、動滑車やウインチを用いて増力するものもある

こうして、各シートやその他のコントロールロープを用いてセールを適正な形状にセットし、また風向が変わればそれに合わせたセールに張り替え(セールチェンジ)をして走る。これがセーリングだ

こぼれ話 Column
奥深いセールの世界

ジブとステイスル

リグの種類の項で簡単に触れたが、本来、ジブというのは、バウスプリットの先端から延びるジブステイに展開されるセールを指していたようだ。

バウスプリット(bowsprit)とは、船首から前方ほぼ水平に延びるスパー(円材)のこと。以前のヨット、帆船には多く見られた。小さな船体に大きなセールを展開するための工夫である。

これに対して、船体の先端から取るステイをフォアステイという。本来、バウスプリットがある船では、ステイにハンクを引っ掛け、ラフを沿わせて展開する三角帆はすべてステイスル(staysail)と呼ばれていたようだ。すなわち、フォアステイに沿って展開するなら、フォアステイスルである。

ところが現在では、バウスプリットのあるヨットのほうが少ない。ジブステイもなくなり、フォアステイに展開するセールをジブと呼ぶようになった(下図参照)。

そして、カッターリグなどフォアステイの後方にインナーフォアステイを有する場合、そこに展開するセールをステイスルと呼んでいる。

フォアセール(foresail)という呼称もあるようだが、これはスクーナーのフォアマストの後ろに展開するセールのこと。スクーナーの場合、後方のマストがメインマストになるので、こちらがメインセールになり、その前にあるからフォアセールということになる。

ちなみに、ジブのラフに付くハンク(hank)は、日本ではなぜか「ハンクス」と複数形で呼ばれる。正しくはjib hank(英)、あるいはjib snap(米)なのだそうだが、日本では「ハンクスが一つ壊れた」と、一つでもハンクスと呼び、誰もがそれを納得して何の問題もないのだが、知識として知っておいていただきたい。

バウポール

現在ではバウスプリットを持つヨットは少ないのか？ いや、逆に最近は増えてきているといってもいい。

ただし、以前のバウスプリットと異なり、近代的なバウスプリットでは、ここからジブステイは延びていない。マストヘッドから展開する大きな非対称スピネーカーのタックを、バウスプリットの先端から取る、というのが最近のリグの主流になってきている。

非対称スピネーカーのタックは、ダウンホール、あるいはボブステイ(bobstay)と呼ばれるロープでコントロールされる。

ボブステイとは、本来バウスプリットの先端から下に取られる索具の名称であったが、ジェネカーのタックコントロールラインをこう呼ぶことも多くなっている。

さらに、固定されたバウスプリットの代わりに、伸縮式のバウポールを備えた艇も多い。

フィルとワープ

セールを構成するパネル配置について、本編では「伸びを考慮してセールクロスを配置し」とあっさり書いたが、これがなかなか簡単なことではない。

まず、セールクロスは細長くロール状になっている。短辺方向の横糸と長辺方向の縦糸を互い違いに織り込むことで布状の織物にしているわけだが、このとき、横糸(fill：フィル)を直線状にして、そこに縦糸を絡ませるように織り込んだものをフィル・オリエンテッド(横糸本位、横糸重視という意味)のクロスという。

糸が直線状になった短辺方向のほうが伸びにくくなる。長辺方向の縦糸(warp：ワープ)は互い違いに織り込んであるわけだから、引っ張ればこれが直線に伸びようとする。その分、伸びが多くなる。

フィル・オリエンテッドのセールクロスを用い、最も伸びやすいリーチ部分にセールクロスの伸びにくい短辺を合わせたものが、ホリゾンタルカット、あるいはクロスカットと呼ばれるものだ。リーチにほぼ直角にクロスが配される。

逆に、縦糸本位で織り込まれたワープ・オリエンテッドクロスを用い、さらに細かくセールに生じるであろうストレスに沿ってパネルを組み合わせたものが、ラジアルカット。あるいはトライラジアルカットなどと呼ばれる。このあたりになると、セールメーカーごとにパネルレイアウトは工夫され、呼び方もさまざま。力のかかる部分には、強い繊維をより多く織り込んだセールクロスを、力のかからない部分に

古くは、ジブステイに沿って展開するセールをジブ、フォアステイに沿って展開するセールをステイスルと呼んでいたようだが、現在では右図のようにフォアステイに沿って展開するのがジブで、ステイスルはインナーフォアステイに沿って展開する。あるいはステイなしで、フライングで展開するステイスルもある。

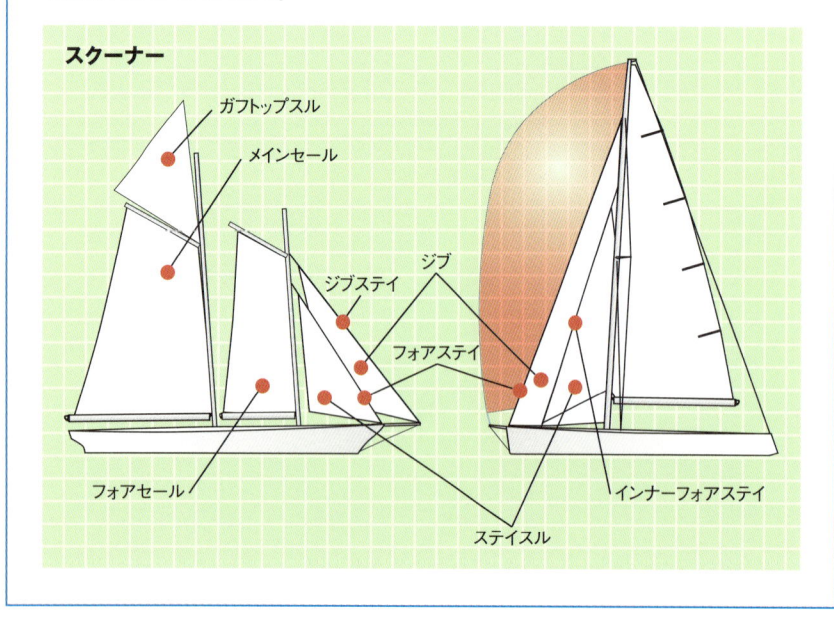

スクーナー

ガフトップスル
メインセール
ジブステイ
ジブ
フォアステイ
フォアセール
インナーフォアステイ
ステイスル

は、より軽いセールクロスを配置するなど、より軽く、より強くという工夫が込められている。

モールドセールとパネルセール

一般的なセールは、セールクロスを切り出し、パネル状にして縫い合わせたものだ。

これに対して、大きな型（モールド）にポリエステルのフィルムを敷き、その上にケブラーやカーボンなどの高張力繊維を配置してラミネートしたセールも普及している。こちらは、パネルを組み合わせたパネルセールに対して、モールドセールと呼ばれている。

単にモールドの上で製造するというだけではなく、使用されるのが、縦糸と横糸を織り込んだセールクロスではなく、繊維で強化したフィルムであるということから、伸びは格段に少なく、軽量化されている。

さらには、同様のラミネートパネルを張り合わせた製品もある。先に挙げたパネルセールには変わりないが、こちらはそれぞれのパネルごとに必要な繊維を配置したラミネートフィルムだ。また、パネルとパネルは糸で縫い合わせるのではなく、接着することでパネル間のずれも防いでいる。

バテン

バテンはメインセールのリーチ部分を補強するためにある。セールクロスが主役で、バテンはその機能を補うために存在しているおまけのような感じだ。

これが、ラフからリーチまで続くフルバテンになると、セールのなかに占める存在感は増す。バテンの数が増えれば、それは傘の骨のようなもので、バテンとバテンの間にセールクロスを張っているようにも見えてくる。

極端にいえば、バテン様の骨組みを作り、そこに外皮を張ったものがウイングセールだともいえ、こうなると主役はバテン（骨組み）で脇役がセールクロス（あるいは別の素材）と、立場は逆転する。

パネルの配置

パネルセールは、切り出した何枚かのセールクロスをつなぎ合わせて作られている。セールクロスの特性（伸びやすい方向と伸びにくい方向）を考慮してパネル配置することが重要だ。

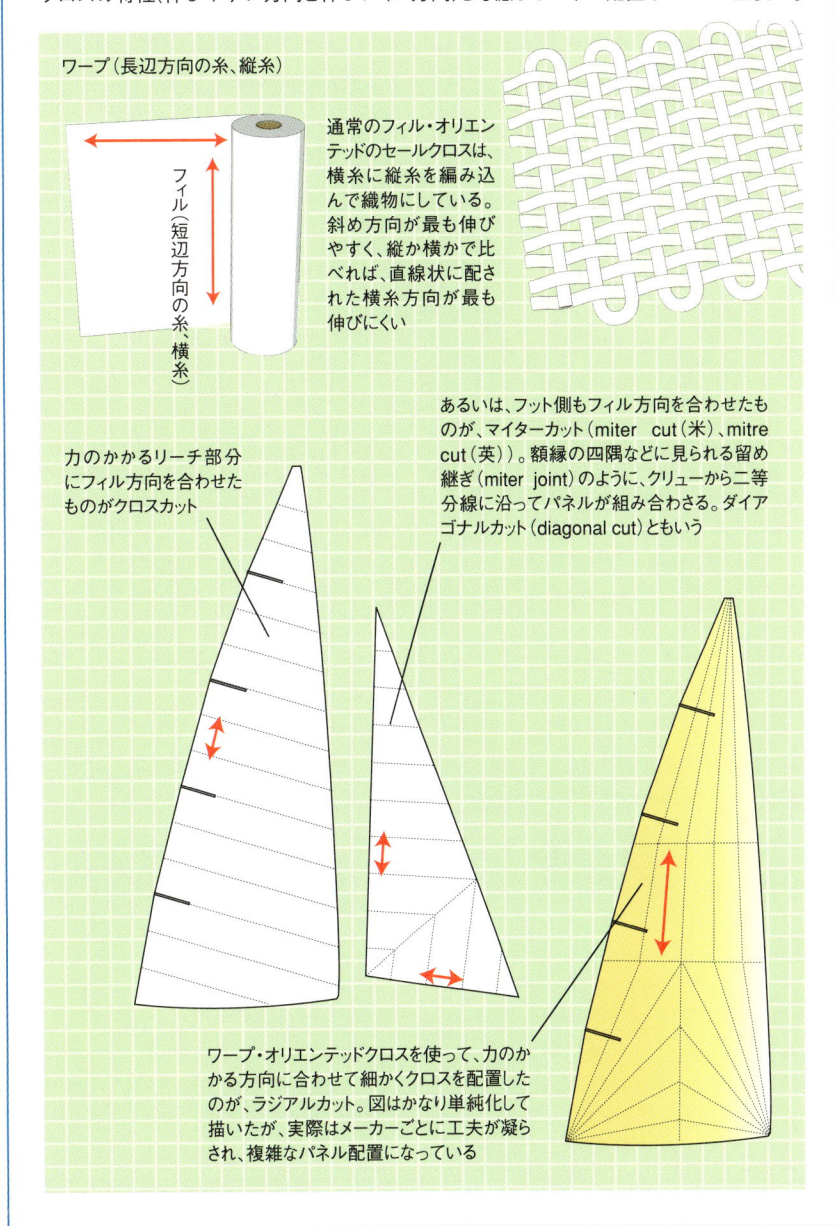

ワープ（長辺方向の糸、縦糸）

フィル（短辺方向の糸、横糸）

通常のフィル・オリエンテッドのセールクロスは、横糸に縦糸を編み込んで織物にしている。斜め方向が最も伸びやすく、縦か横かで比べれば、直線状に配された横糸方向が最も伸びにくい

力のかかるリーチ部分にフィル方向を合わせたものがクロスカット

あるいは、フット側もフィル方向を合わせたものが、マイターカット（miter cut（米）、mitre cut（英））。額縁の四隅などに見られる留め継ぎ（miter joint）のように、クリューから二等分線に沿ってパネルが組み合わさる。ダイアゴナルカット（diagonal cut）ともいう

ワープ・オリエンテッドクロスを使って、力のかかる方向に合わせて細かくクロスを配置したのが、ラジアルカット。図はかなり単純化して描いたが、実際はメーカーごとに工夫が凝らされ、複雑なパネル配置になっている

ウイングセールはまだまだきわめて特殊な部類だが、最近はセール頂部を頑丈なバテンで支えることで、昔のガフリグにも近いような四角いメインセールも登場している。

ジブも、一昔前からするとずいぶん雰囲気が変わってきている。タッキングするときにマストをかわす必要があるため、ジブにはバテンが入っていないのが当たり前だったが、最近のノンオーバーラップジブの場合、長いバテンが入る。

特にレース艇の場合は、ジブは1艇に何枚も搭載されており、使わないセールはキャビン内に収納される。それらのバテンをレースごとに入れたり抜いたりしなければならないので、これがかなり面倒な作業になっている。

バテンそのものの素材やそれを差し込むセール側の工夫なども含め、セールの進化は日進月歩で、レース用、クルージング用にかかわらず、まさに今この瞬間にも、新たな製品が生まれている。

第1章 ヨットとはなんなのか
[ヨットの構造]

ラダー

ラダー（rudder）とは水面下にある翼状の板のことで、ラダーブレード（rudder blade）ともいい、艇上からその向きを変えることができるようになっている。ラダーブレードと、それを操作するシステム全体を「舵（かじ）」と呼んでいる。

ラダーの役割は、ヨットを直進させること、あるいは、思う方向に向きを変えること。

さて、その仕組みはどうなっているのだろうか。

ラダーの役割

ヨットが進むと、ラダーの周りには水の流れが生じる。このとき、ラダーに角度をつけることで、ラダーの周りの流れが変化し、揚力が生じる。

揚力は、流れに対して直角の方向に生じる力だ。同時に、流れの方向には抗力（抵抗）が生じる。

ラダーに生じる揚力と抗力の合力によって、ヨットは向きを変える（下図）。

舵を操作する操舵手をヘルムスマン（helmsman）と呼び、操舵することを「ヘルムを取る」という。

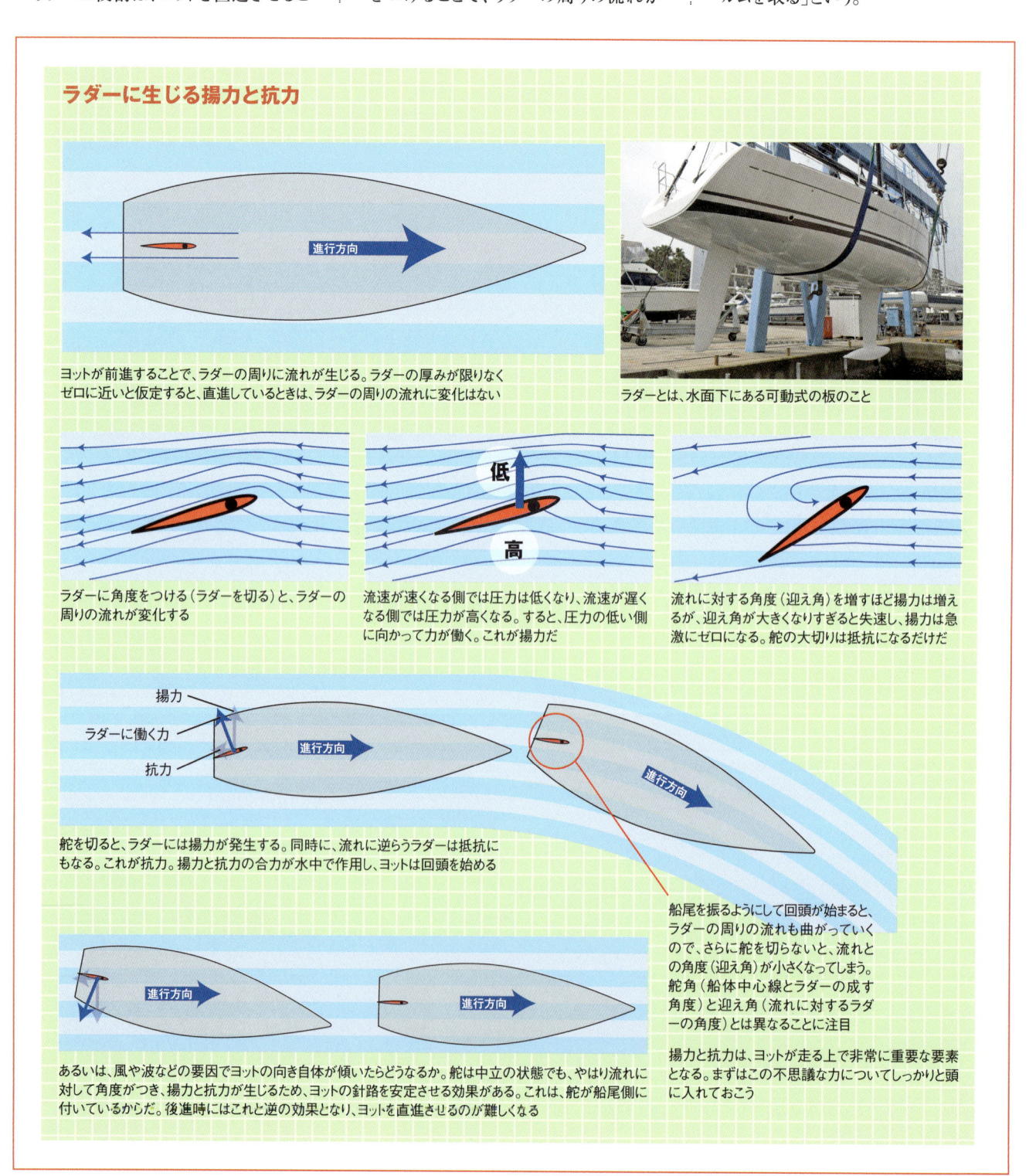

ラダーに生じる揚力と抗力

ヨットが前進することで、ラダーの周りに流れが生じる。ラダーの厚みが限りなくゼロに近いと仮定すると、直進しているときは、ラダーの周りの流れに変化はない

ラダーとは、水面下にある可動式の板のこと

ラダーに角度をつける（ラダーを切る）と、ラダーの周りの流れが変化する

流速が速くなる側では圧力は低くなり、流速が遅くなる側では圧力が高くなる。すると、圧力の低い側に向かって力が働く。これが揚力だ

流れに対する角度（迎え角）を増すほど揚力は増えるが、迎え角が大きくなりすぎると失速し、揚力は急激にゼロになる。舵の大切りは抵抗になるだけだ

舵を切ると、ラダーには揚力が発生する。同時に、流れに逆らうラダーは抵抗にもなる。これが抗力。揚力と抗力の合力が水中で作用し、ヨットは回頭を始める

船尾を振るようにして回頭が始まると、ラダーの周りの流れも曲がっていくので、さらに舵を切らないと、流れとの角度（迎え角）が小さくなってしまう。舵角（船体中心線とラダーの成す角度）と迎え角（流れに対するラダーの角度）とは異なることに注目

あるいは、風や波などの要因でヨットの向き自体が傾いたらどうなるか。舵は中立の状態でも、やはり流れに対して角度がつき、揚力と抗力が生じるため、ヨットの針路を安定させる効果がある。これは、舵が船尾側に付いているからだ。後進時にはこれと逆の効果となり、ヨットを直進させるのが難しくなる

揚力と抗力は、ヨットが走る上で非常に重要な要素となる。まずはこの不思議な力についてしっかりと頭に入れておこう

ラダーの種類と構造

・バランスラダー

ラダーブレードは、舵軸(rudder stock、rudder shaft)を中心にして回転する。

舵軸は、ラダーポスト(rudder post：舵柱)と混同しがちだが、ラダーポストは舵が取り付けられる船体側の柱のことをいう。これは古い木造船の構造部材で、現在のヨットにはラダーポストそのものはないが、ラダーストックが入る船体側のチューブをラダーポストと呼ぶことがある。

舵軸がラダーブレードの前端に付いていると、水流に逆らって舵を回転させるためには大きな力が必要になる。舵軸をやや後ろにずらせば、舵を切ったとき、ラダーブレードの前部には逆向きの力が加わるため、舵の操作はより軽くなる。

ただし、ヨットの操船にはラダーブレードが受ける抵抗をヘルムスマンが感じる必要もある。そこで、水流の抵抗感と舵の軽さのバランスが取れる位置に舵軸を付けた舵を、バランスラダー(balanced rudder)という。

バランスラダーは船底部にぶら下がるようにして取り付けられることから、ハンギングラダー、あるいは、その形状からスペードラダーともいわれる。

・セパレートラダー

バランスラダーが舵軸のみで強度を保っているのに対し、スケグ(skeg)と呼ばれる固定のフィンを船底部に設け、スケグに抱かせるような形で舵を取り付けるものもある。

かつては船首からキールが延び、そこに舵も付いていたものが、キールとスケグに分かれるような形で進化したため、これをセパレートラダー(separate rudder)と呼ぶ。

角度を変えられないラダーブレードがもう一つ付いているようなものなので、直進性は良くなるが、後進時には逆に、方向を調節するのが難しくなる。

先述のバランスラダーと異なり、舵軸がラダーブレードの前端に付くため、舵の操作は重くなる。

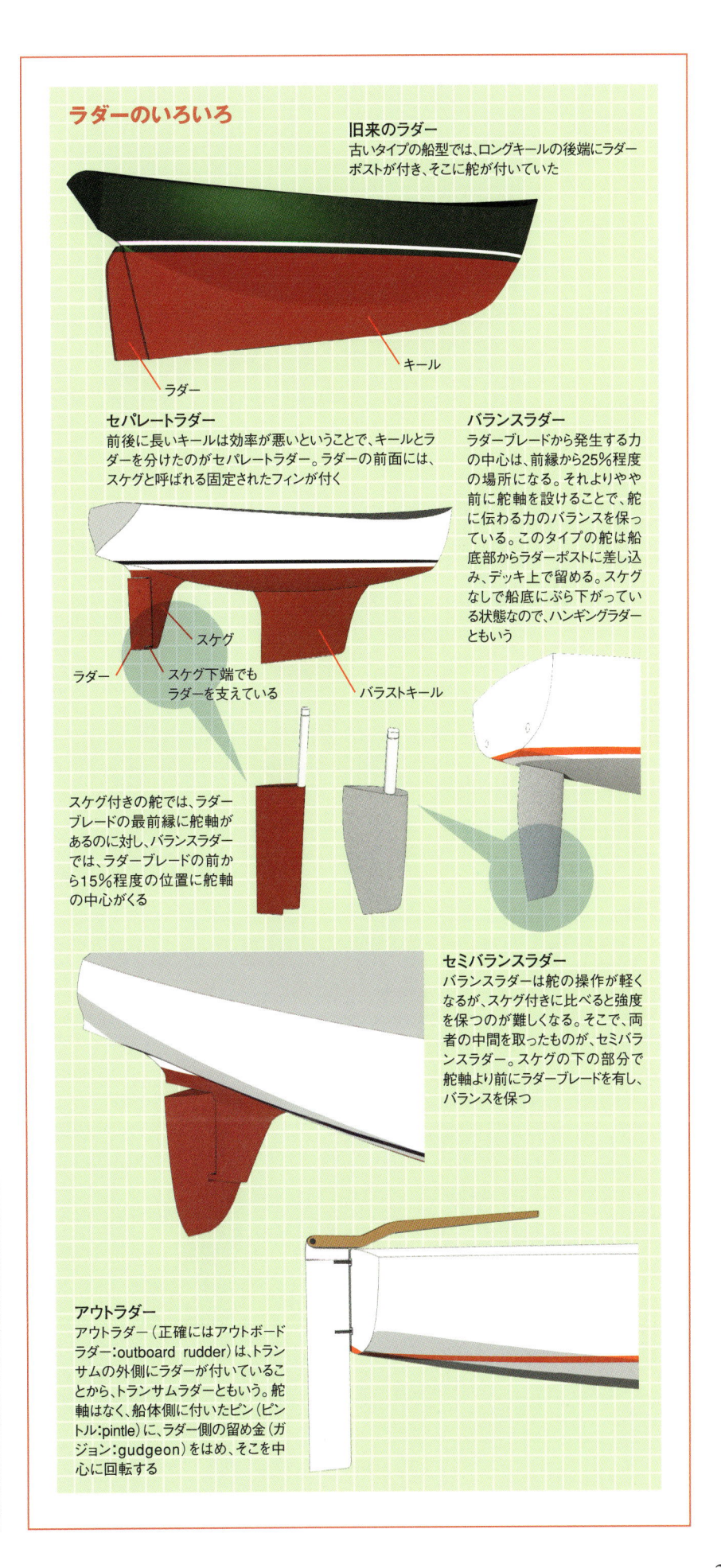

ラダーのいろいろ

旧来のラダー
古いタイプの船型では、ロングキールの後端にラダーポストが付き、そこに舵が付いていた

ラダー／キール

セパレートラダー
前後に長いキールは効率が悪いということで、キールとラダーを分けたのがセパレートラダー。ラダーの前面には、スケグと呼ばれる固定されたフィンが付く

ラダー／スケグ／スケグ下端でもラダーを支えている／バラストキール

スケグ付きの舵では、ラダーブレードの最前縁に舵軸があるのに対し、バランスラダーでは、ラダーブレードの前から15％程度の位置に舵軸の中心がくる

バランスラダー
ラダーブレードから発生する力の中心は、前縁から25％程度の場所になる。それよりやや前に舵軸を設けることで、舵に伝わる力のバランスを保っている。このタイプの舵は船底部からラダーポストに差し込み、デッキ上で留める。スケグなしで船底にぶら下がっている状態なので、ハンギングラダーともいう

セミバランスラダー
バランスラダーは舵の操作が軽くなるが、スケグ付きに比べると強度を保つのが難しくなる。そこで、両者の中間を取ったものが、セミバランスラダー。スケグの下の部分で舵軸より前にラダーブレードを有し、バランスを保つ

アウトラダー
アウトラダー(正確にはアウトボードラダー：outboard rudder)は、トランサムの外側にラダーが付いていることから、トランサムラダーともいう。舵軸はなく、船体側に付いたピン(ピントル：pintle)に、ラダー側の留め金(ガジョン：gudgeon)をはめ、そこを中心に回転する

第1章｜ヨットとはなんなのか
[ヨットの構造]

ティラー

舵軸の上端がラダーヘッド(rudder head)。ラダーヘッドには、舵を操作するためのティラー(tiller：舵柄、舵棒)が付く。ティラーの材質は、木、アルミニウム、ステンレスなどさまざま。形状も単なる棒状のものから、持ち手の部分をリング状にしたものなど、バリエーションは多い。

ティラーを手でつかんで左右に操作すれば、ラダーブレードもそれに従って角度を変える。きわめて単純なシステムだ。

風向や風速に合わせてさまざまな姿勢でティラーを持つことができるように、舵軸との接合部分を中心に、上下にも動くようになっている。また、ティラーの先端には、延長するティラーエクステンション(tiller extension)が付き、離れた位置からでも操作できるようになっている。

ティラーエクステンションにも、伸縮(テレスコピック)式のものや、取っ手が付いたものなど、さまざまな種類がある。

ステアリングホイール

ティラーはシンプルで故障が少なく、またさまざまな姿勢で操作できるのでヨットの操舵にはメリットが多いが、ラダーブレードの動きと一対一なので、大型艇になると操作に力が必要になる。特に強風下では操作しきれなくなってしまう場合もある。そこで、ステアリングホイール(steering wheel)を用いるヨットも多い。

仕組みは右図のようになっている。さほど複雑ではないが、コードラント(quadrant)などのシステムは船内後部の目の届きにくいところにあり、いざ故障したときにはすぐに修理するのが難しい。そこで、ラダーヘッドをコクピットフロアからアクセスできるようにして、そこに応急用ティラーを取り付けることもできるようになっている。

ステアリングホイール自体は、ステンレス製で、手で握る部分には布や皮を巻いて、滑り止め、あるいは冷たくないようにしている。レース艇では、カーボンファイバー製の軽量ホイールも多い。

ペデスタル

ステアリングホイールの台座をステアリン

ティラー
舵軸に直接取り付けられたティラーを左右に操作すれば、舵を切ることができる

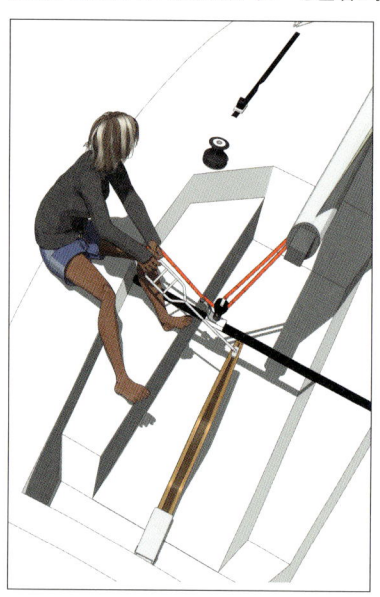

ティラーエクステンションを使えば、より風上舷(あるいは風下舷)に位置して舵を操作できる。もちろん、一段下に座って直接ティラーを持ってもいい

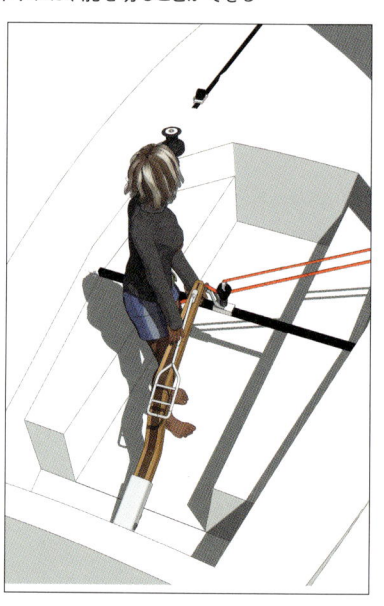

ティラー自体は上下にも動くので、立って操作することもできる。あるいはティラーを股に挟んで両手を空けることも可能だ

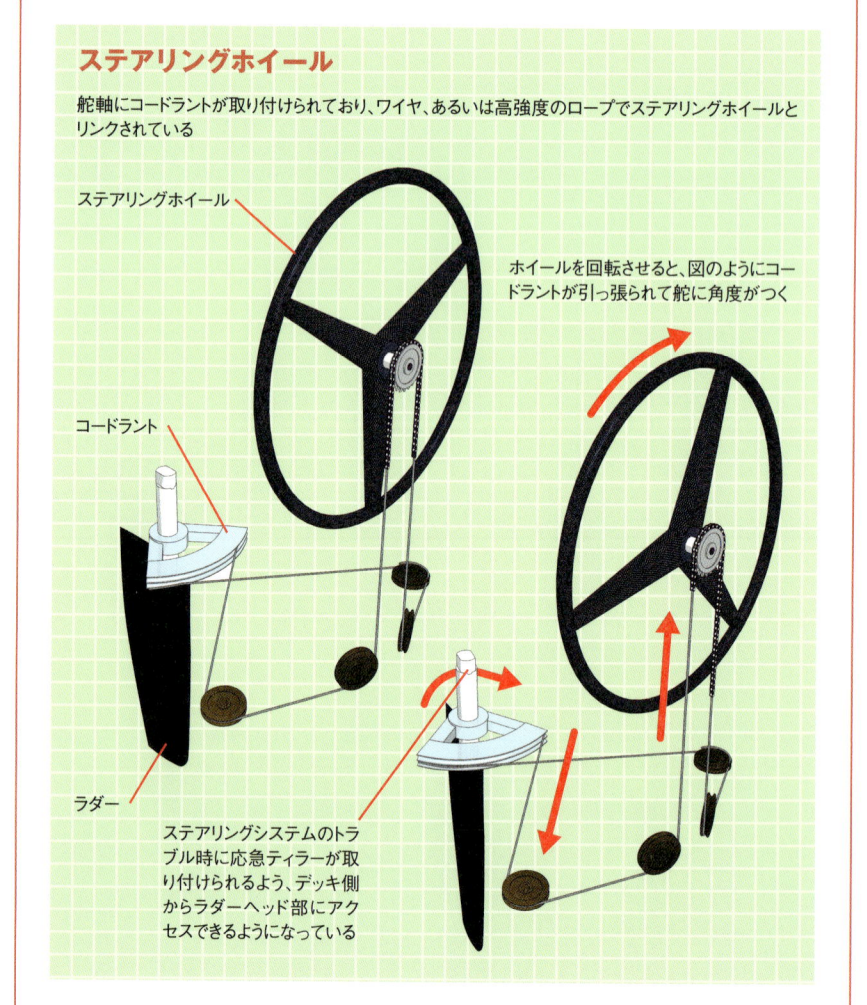

ステアリングホイール
舵軸にコードラントが取り付けられており、ワイヤ、あるいは高強度のロープでステアリングホイールとリンクされている

ホイールを回転させると、図のようにコードラントが引っ張られて舵に角度がつく

ステアリングホイール
コードラント
ラダー

ステアリングシステムのトラブル時に応急ティラーが取り付けられるよう、デッキ側からラダーヘッド部にアクセスできるようになっている

グペデスタル(steering pedestal)と呼ぶ。

ペデスタルというのは、デッキ上に立つ柱状の台座の総称だ。ほかにも、大型艇ではウインチのハンドルが取り付けられたペデスタルもある。単にペデスタルというと、ウインチハンドルペデスタルをイメージするほうが多いかもしれない。

ステアリングペデスタルの上部には、針路を示すステアリングコンパスや自動操舵装置の操作パネル、計器類が付いていたり、折り畳み式の小さなテーブルの台座を兼務していたりと、単なるステアリングホイールの台座以上の働きをしている場合も多い。

舵がない！

ヨットの針路を変えたり、一定の針路を保持する役目を受け持つのは、舵だけではない。セールと船体のバランス（前後左右の傾き）も重要だ。

ヨットの特性をよく考えて、舵をうまく使おう。

また、すべてのヨットには舵が付いているが、モーターボートには舵が付いていないものもある。この場合、スクリュープロペラ自体の向きを変えることによって、船の向きを変えたり、針路を保持させる。

ツインホイール

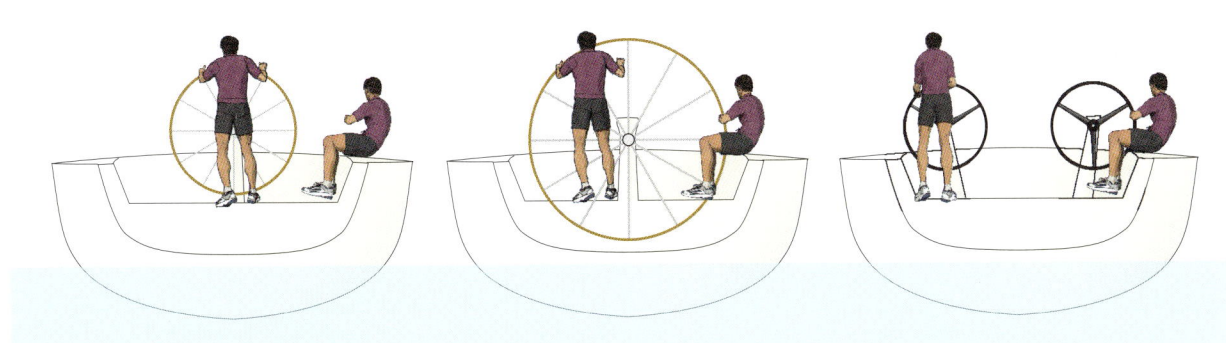

艇が大きくなると、中央部に設置されたステアリングホイールでは、ヘルムスマンが舷側に位置することができなくなってしまう。風上や風下からセールを見る、または前方を見るのが難しくなる

ホイールを大径にすることで、ヘルムスマンは舷側に立ったり、座ってホイールを持つことができるようになるが、コクピットフロアに溝を掘ることになり、そこに海水が溜まったり、ロープ類が入り込んでトラブルになることもある

そこで、ホイールを左右両舷に二つ設けることで、ヘルムスマンの姿勢にバリエーションが増える。また前後の移動も楽になる。これが、レース艇のみならず大型のクルージング艇でも採用されている、ツインホイールだ

ステアリングペデスタル（左）
ステアリングホイールの台座（ペデスタル）は、ステアリングコンパスやテーブル、手すりなど、さまざまな用途を兼ねるものが多い

ツインラダー（右）
通常、ラダーは船体中央に1枚しかないが、幅広の船尾を持ったヨットでは、大きくヒールしたときにラダーブレードが水面から出てしまうこともある。そこで、左右2枚のラダーブレードを設けて、ヒールしても風下側のラダーブレードは水面から出ないようにする。これが、ツインラダー(twin rudder)だ。写真では風上舷のラダーが水面上に出ているが、風下舷のラダーはしっかり利いている

こぼれ話 Column
揚力、神秘の力

揚力とは

なぜ飛行機が空を飛ぶのか？ それは翼に揚力が発生するから、というあたりまでは皆知っているが、ではなぜ揚力が生じるのか？ となると、説明はなかなか難しい。

ラダーの働きを考える上でも重要なのが揚力の存在なのだが、22ページでは、「流速が速くなる側では圧力が低くなり……揚力が生じる」と簡単に書いてしまった。しかし、なぜ片側だけ流速が速くなるのか？ これまで何度か雑誌などでも説明したけれど、どうしてもうまく説明できない。しかしこれは、ヨットが走る上で避けては通れない問題なので、あらためて解説しておこう。

・答えは循環

まず、分かりやすいのが野球のボール。あるいはサッカーでもゴルフでもいいが、ボールに回転をかけることでカーブやシュート、スライスやフックといった変化球となる。

これはなぜか。

下の図は一様な流れの中に置いた球体……いや、球だと話が難しくなるので、円柱、それも両端のない、限りなく長い円柱だと思っていただきたい。その断面を見ているところ。水色の線が流線で、流れを表している。

この円柱を回転させると、その回転につられて周りの流体も回転する。すると、本来の一様な流れはこの回転流の影響を受け、円柱の上と下で流速に差ができる。

右上の図が野球のボールを真上から見ている図だとするなら、その回転によって左向きの力（揚力）が加わり、カーブしていくというわけだ。

これをマグナス効果という。

今回はラダーに生じる揚力の話だ。ラ

揚力発生のポイントは「循環」

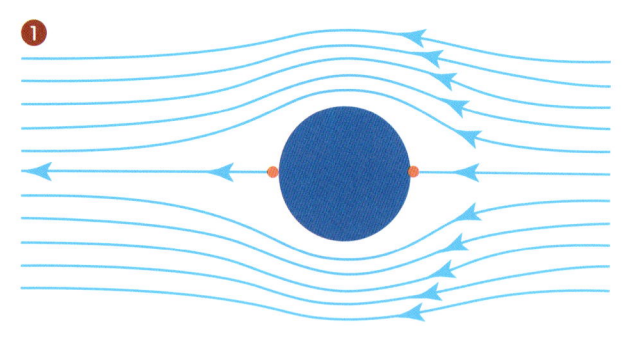

❶

1：一様な流れの中に置かれた円柱を断面方向から見たところ。流線は円柱に邪魔されて向きを変えている。流線の間隔が狭いということは、流速が大きいことを意味する。円柱の上下では流速は大きくなっているのが分かるが、上面と下面で流速に差はない。赤点の部分を淀み点という。その位置にも注目

❷

2：円柱を矢印の方向に回転させてみる。見やすいように上図にある一様な流れを消してみた。流体には粘性があるため、円柱の回転に引きずられるようにして円柱の周りを循環する流れが生じるはずだ

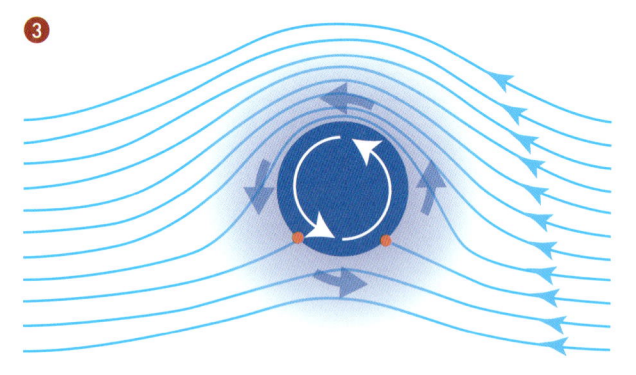

❸

3：元からあった一様な流れと、この循環流が合わさって、円柱の周りでは図のような流れに変化する。上面では循環流がプラスとなって流速は大きくなり、下面では循環流が逆方向に流れるため流速は小さくなる。淀み点の位置も変化している

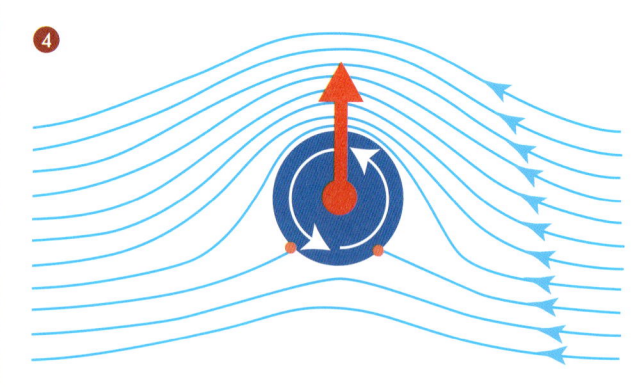

❹

4：圧力の大きな部分（流線間隔が粗）から圧力の小さな部分（流線間隔が密）に向かって力が生じる。これが揚力だ。図がボールを上から見たところなら、玉は左（図では上）にカーブしていくだろう

ダーの場合、左右どちら側にも揚力を発生させなければならないので、飛行機の翼のような断面（上面に、より厚みがある、あるいは反りのある翼型断面）ではない。前端は丸みを帯び、後端は鋭く薄い対称断面を持っている。小型艇なら、単なる平らな板状のラダーもあるだろう。

翼型断面を持たなくても、流れに対して角度を持たせることで、揚力は発生する。ここが重要なポイントだ。この流れに対する角度を「迎え角（attack angle）」という。

前述の円柱同様、ラダーの両面で流速に差が出るために圧力差が生じるのだが、円柱の例とは異なり、ラダーは回転しているわけではない。

しかし、平らな板をある角度で流れの中に置くことで、自然とラダーの周りに循環の流れが生じると考えられている。

詳しくは下図を見ていただきたい。この説明でもまだピンと来ないかもしれない。流速に違いが出ることを説明するのは難しい。ラダーが流れを曲げたことによる反作用によって横向きの力が生じるのだ、と説明している例もあるようだ。

ここで重要なのは、
○迎え角を増やせば揚力は増す
○同時に抗力も増す
○揚力が最大値になった直後に失速が始まる
○失速が始まると揚力は激減し、抗力のみが増え続ける
　——ということ。

したがって、舵を大切りしても、いいことはない。ラダーの形状にもよるが、水流との迎え角は15～20度程度が最大だと思っていい。

そしてこの揚力の存在は、次に説明する"ヨットが風上に進むことができる理由"を理解する上でも、非常に重要になってくる。

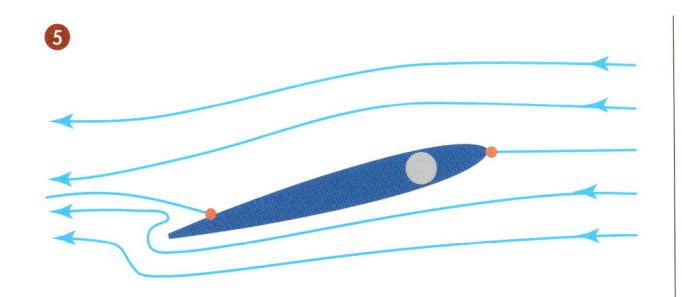

❺

5: こちらは、流れの中に、ある角度（迎え角）で置かれた翼（ラダー）。赤い点が淀み点だ。今まさに流体が流れだしたとする。まだ揚力が発生していない状態では、淀み点の出口は翼端にはない。一方、下面の流れは翼の後端を回り込もうとする。鋭い角を回り込もうとするとき、流速は大きくなる。逆に、淀み点では流速はゼロなので圧力は無限大となる

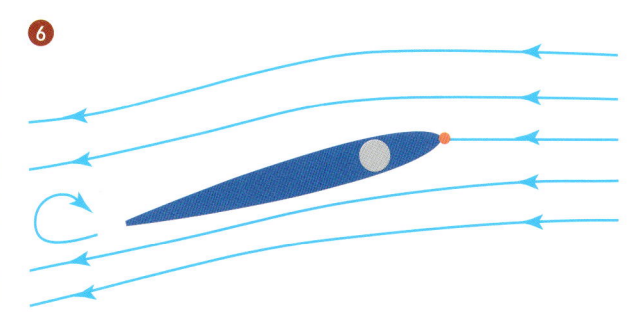

❻

6: と、この状態ではいられないので、ここで渦が生じる。これを出発渦という。この流れの中で、一つの渦ができたら、それと等価で逆回りの渦が存在しなければならないことになる

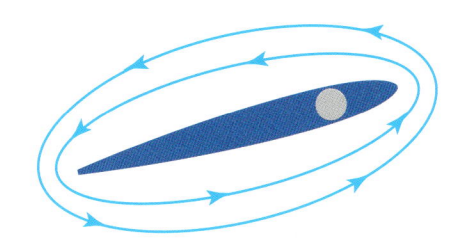

❼

7: それが翼の周りに生じていると説明すれば、つじつまが合う。先に挙げた円柱の例では、円柱そのものを回転させることで回転流を作ったが、翼の周りには自然と回転流（循環）が生じる、と考える

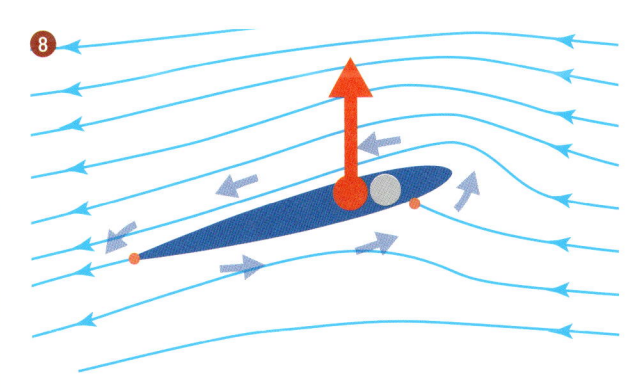

❽

8: となると、翼の周りでは、本来の流れにこの循環が加わった流れが生じることになる。先に挙げた円柱の例と同様、翼の上面では本来の流れに循環流がプラスされるので流速はより大きくなり、下面では循環流は逆方向になるので流速は小さくなる。そして圧力差が生じ、揚力となる

[ヨットはなぜ風上に進むのか？]

船の動揺とヒール

波にもまれ、風を受けて走るヨット。その揺れや傾きについて考えてみよう。

動揺

船の動揺は、その回転軸によって、ローリング、ピッチング、ヨーイングの三つに分けられる。

・ローリング（rolling）

X軸まわりのモーメント。いわゆる横揺れ。ピッチングやヒービング同様、自由周期があるもので、横傾斜（ヒール）と区別して考える。

・ピッチング（pitching）

Y軸まわりのモーメント。波を乗り越える際に船首が大きく上下するが、それがピッチングだ。静止時の前後の傾きは、トリム（trim）として区別している。

・ヨーイング（yawing）

Z軸まわりのモーメント。22ページで説明した「舵を切る」という動作は、ヨーモーメントを調節する手段の一つだ。

また、往復運動は、ヒービング(heaving)、スウェイング（swaying）、サージング(surging)の三つに分けられ、船の動揺はこれら六つの動きに分けて表現できる。

ヒール

ヒール（heel）とは、船の横傾斜の（横方向に傾く）こと。傾斜が元に戻ろうとする力が復原力だ。

復原力によって、ヒールしたヨットは起き上がろうとし、復原力がなくなれば船は転覆する。

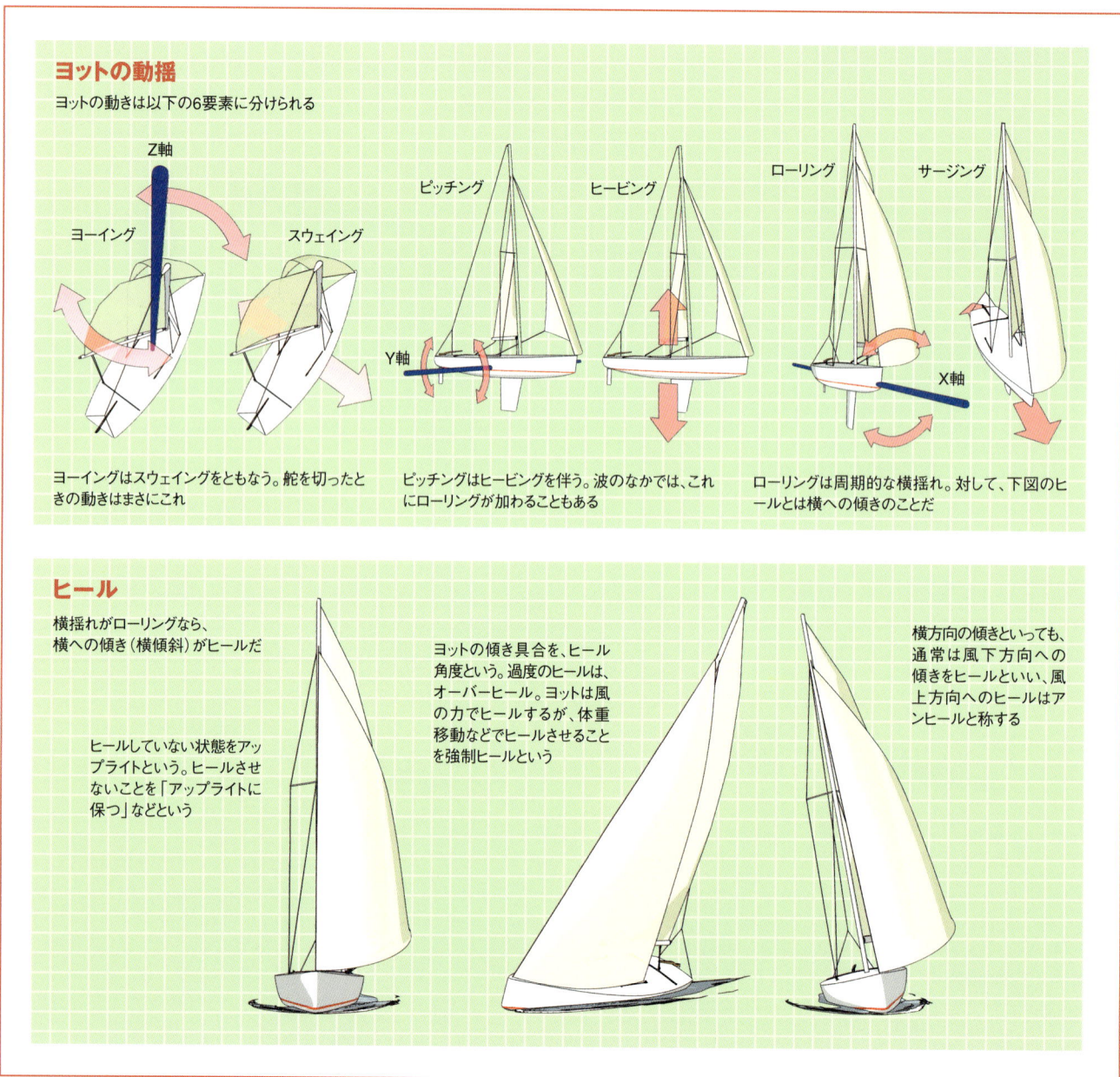

ヨットの動揺
ヨットの動きは以下の6要素に分けられる

ヨーイングはスウェイングをともなう。舵を切ったときの動きはまさにこれ

ピッチングはヒービングを伴う。波のなかでは、これにローリングが加わることもある

ローリングは周期的な横揺れ。対して、下図のヒールとは横への傾きのことだ

ヒール

横揺れがローリングなら、横への傾き（横傾斜）がヒールだ

ヒールしていない状態をアップライトという。ヒールさせないことを「アップライトに保つ」などという

ヨットの傾き具合を、ヒール角度という。過度のヒールは、オーバーヒール。ヨットは風の力でヒールするが、体重移動などでヒールさせることを強制ヒールという

横方向の傾きといっても、通常は風下方向への傾きをヒールといい、風上方向へのヒールはアンヒールと称する

風を受けて走るヨットは、ある程度のヒールを保ったまま、復原力とヒール力が釣り合った状態で走り続ける。ヒール角度は、セールの操作や乗員の体重移動などで調整することができる。

復原力

復原力(stability)は、フォームスタビリティーと、グラビテイショナル・スタビリティーに大別できる。

フォームスタビリティー
form stability 形状復原力

地球上にある物体には、地球の中心に向かって下向きに力が働いている。これが重力だ。重力があるから重さがある。

ヨットは、船体やマストをはじめとしたさまざまな重さの部品の集合体だが、それらすべてを合わせた重力の中心を重心(CG：center of gravity)という。

一方、水面下、船体表面には流体(この場合は海水)の圧力(水圧)がかかる。すべての面に加わる水圧の合計が、浮力となる。浮力の作用中心である浮心(CB：center of buoyancy)は、水面下にある体積の中心にある。

重力と浮力が釣り合うことで、ヨットは浮いている。浮力よりも重力が大きい物体は、水面上に浮かぶことができない。

浮心よりも重心が上にあれば、その物体はすぐにひっくり返ってしまいそうなものだが、傾いたときに浮心が移動することで重心との横位置がずれ、この傾きを戻そうとする力が働く。これがその物体の形状から発生する復原力(フォームスタビリティー：形状復原力)だ(下図)。

グラビテイショナル・スタビリティー
gravitational stability 重量復原力

このように、復原力は、浮心と重心の横方向の位置のずれ(GZ：復原てこ)によって生じる。ずれが大きければ大きいほど、復原力は大きくなる。

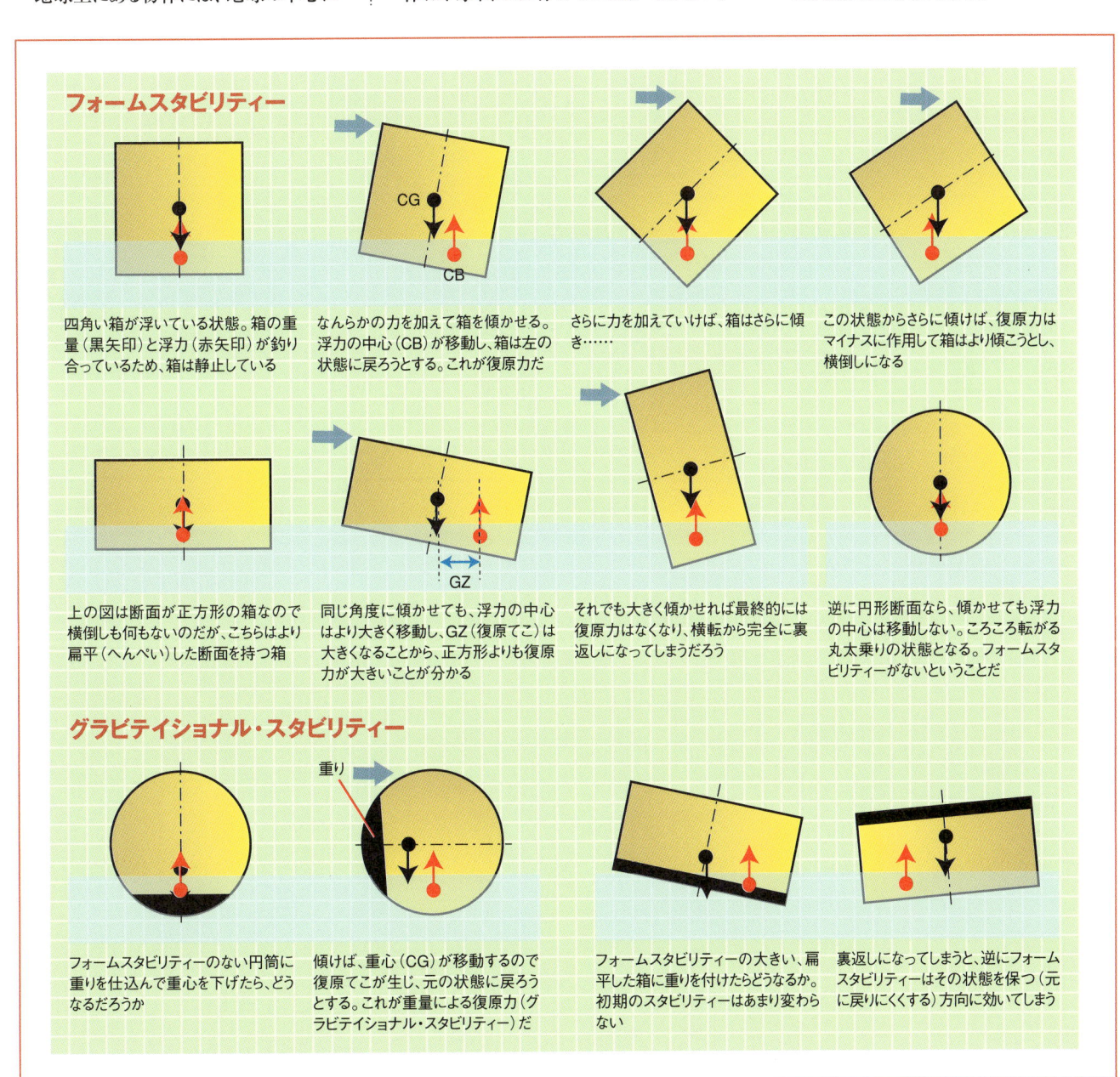

フォームスタビリティー

四角い箱が浮いている状態。箱の重量(黒矢印)と浮力(赤矢印)が釣り合っているため、箱は静止している

なんらかの力を加えて箱を傾かせる。浮力の中心(CB)が移動し、箱は左の状態に戻ろうとする。これが復原力だ

さらに力を加えていけば、箱はさらに傾き……

この状態からさらに傾けば、復原力はマイナスに作用して箱はより傾こうとし、横倒しになる

上の図は断面が正方形の箱なので横倒しも何もないのだが、こちらはより扁平(へんぺい)した断面を持つ箱

同じ角度に傾かせても、浮力の中心はより大きく移動し、GZ(復原てこ)は大きくなることから、正方形よりも復原力が大きいことが分かる

それでも大きく傾かせれば最終的には復原力はなくなり、横転から完全に裏返しになってしまうだろう

逆に円形断面なら、傾かせても浮力の中心は移動しない。ころころ転がる丸太乗りの状態となる。フォームスタビリティーがないということだ

グラビテイショナル・スタビリティー

フォームスタビリティーのない円筒に重りを仕込んで重心を下げたら、どうなるだろうか

傾けば、重心(CG)が移動するので復原てこが生じ、元の状態に戻ろうとする。これが重量による復原力(グラビテイショナル・スタビリティー)だ

フォームスタビリティーの大きい、扁平した箱に重りを付けたらどうなるか。初期のスタビリティーはあまり変わらない

裏返しになってしまうと、逆にフォームスタビリティーはその状態を保つ(元に戻りにくくする)方向に効いてしまう

第1章 | ヨットとはなんなのか
[ヨットはなぜ風上に進むのか？]

幅広の断面なら、わずかに傾いただけで浮心は大きく移動し、より大きな復原力を持つことになり、逆に、円筒では傾いても浮心が移動しないので、フォーム・スタビリティーはゼロ。少しでも力を加えれば、クルクル回ってしまうだろう。

そこで、円筒の底に重りを仕込んでみる。話が難しくなるので、ここでは重りを仕込んでも全体の重さは同じ（他の部分が軽くなった）と考えてイラストを描いてみた（29ページ下図）。

重りを入れたことで重心の位置は下がる。重心の位置が下がったことで、この円筒は傾くと重心が横にずれ浮心と離れて「復原てこ」が生じる。これがグラビテイショナル・スタビリティー（重量復原力）だ。

復原力消失角

形状復原力と重量復原力の双方が作用して、ヨットの復原力は成り立っている。

右上図は、あるヨットの復原力をヒール角ごとにグラフにしたものだ。

直立状態では、重心（黒点）と浮心（赤点）は釣り合っている。この状態で何かしらの力を加えると、浮心が移動し、重心との横距離が生まれ、これが「復原てこ」となって復原力が生じる。この段階での復原力を、初期復原力という。主に形状復原力によるので、幅広の船体ほど初期復原力は大きい。これを腰の強いヨット（stiff）と称する。丸太のように幅が狭く丸みを帯びた船体形状のヨットは、初期復原力は小さい。腰の軽い（弱い）ヨット（tender、tippy）と称される。

さらに力を加えてヒール角が90度になっても、重心が低い位置にあれば、ここでも復原てこが生じ、正の復原力（ヨットを直立させようとする力）がある。

図の例では、ヒール角130度で重心と浮心が垂線上に重なり、復原力がなくなったことを示している。これを復原力消失角という。

以降、復原力は負となり、さらに転覆させる方向へと働いてしまう。そして完全に裏返しになったところで、重心と浮心は再

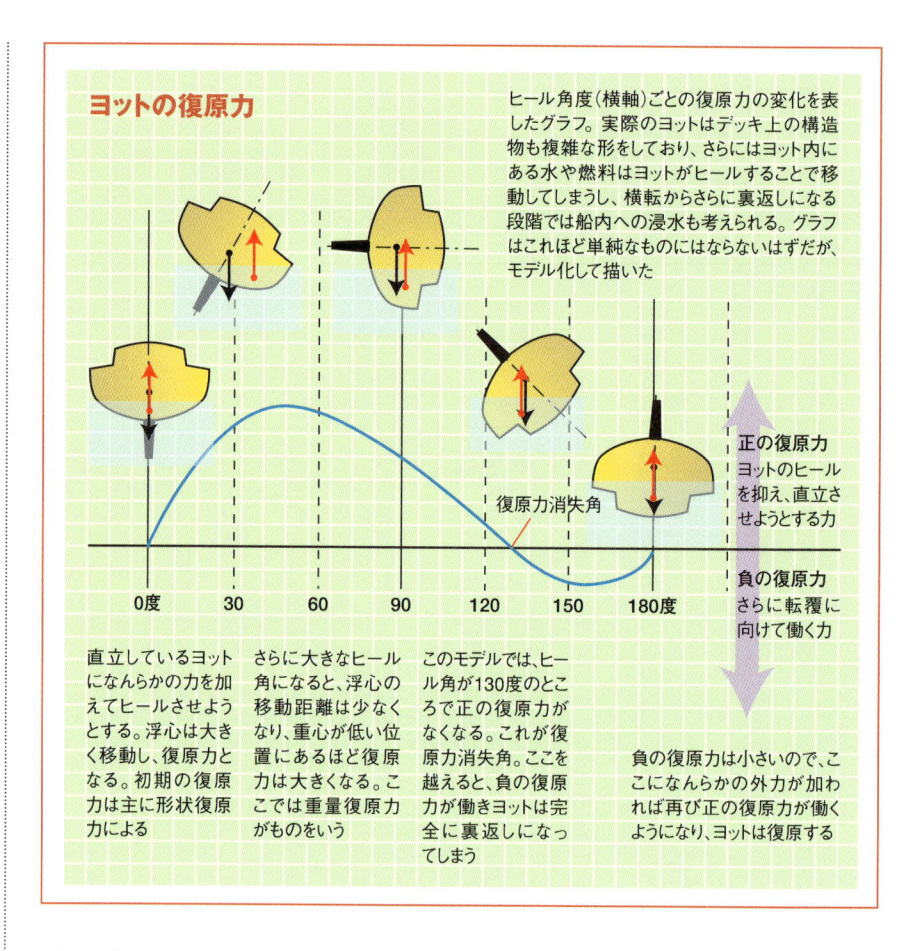

ヨットの復原力

ヒール角度（横軸）ごとの復原力の変化を表したグラフ。実際のヨットはデッキ上の構造物も複雑な形をしており、さらにはヨット内にある水や燃料はヨットがヒールすることで移動してしまうし、横転からさらに裏返しになる段階では船内への浸水も考えられる。グラフはこれほど単純なものにはならないはずだが、モデル化して描いた

正の復原力
ヨットのヒールを抑え、直立させようとする力

負の復原力
さらに転覆に向けて働く力

直立しているヨットになんらかの力を加えてヒールさせようとする。浮心は大きく移動し、復原力となる。初期の復原力は主に形状復原力による

さらに大きなヒール角になると、浮心の移動距離は少なくなり、重心が低い位置にあるほど復原力は大きくなる。ここでは重量復原力がものをいう

このモデルでは、ヒール角が130度のところで正の復原力がなくなる。これが復原力消失角。ここを越えると、負の復原力が働きヨットは完全に裏返しになってしまう

負の復原力は小さいので、ここになんらかの外力が加われば再び正の復原力が働くようになり、ヨットは復原する

ビルジとチャイン
ヨットの断面形状によって、形状復原力に違いがでる

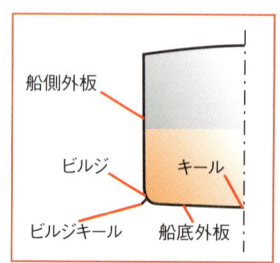

船側外板／ビルジ／キール／ビルジキール／船底外板

大型船では、船底外板と船側外板がつながる部分は大きく湾曲しており、この部分をビルジ（bilge）と呼ぶ。ここに取り付けた細長いヒレ状の突起をビルジキール（bilge keel）という。ヨットでも、これに似たビルジキールを設けたものもあった

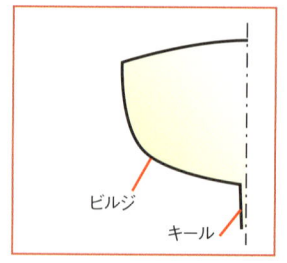

ビルジ／キール

ヨットでは、船底外板と船側外板の接続部がはっきり分かれていない場合が多いが、それでもだいたいそのあたりをビルジと呼ぶことが多い。また、船底に溜まる水をビルジ（あるいはアカ）と呼ぶが、これはビルジウオーター（bilge water）の略だ

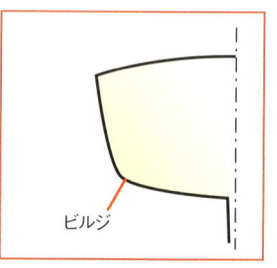

ビルジ

ビルジがハッキリした船体形状を「ハードビルジ」、「ビルジが張っている」などと称することも多い。これまで説明してきたように、形状復原力が大きくなる。逆に丸みを帯びたビルジを「スラックビルジ」という

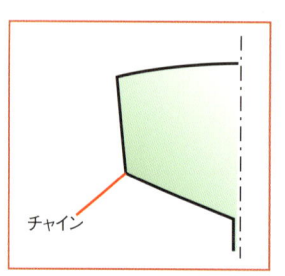

チャイン

ビルジが角になっていれば、その線をチャイン（chine）と呼ぶ。チャインがあれば「チャイン艇」という。モーターボートなどではチャインがあるものが多いが、ヨットでもチャイン艇はある

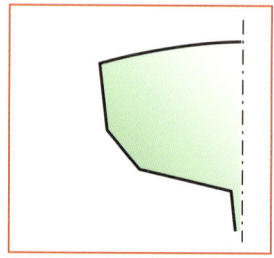

チャインが二つあればダブルチャイン。スチールヨットや合板製ヨットなどでは工作のしやすさからチャインを設けることも多い。あるいは、形状復原力を増す目的でチャインを設けた船形もある

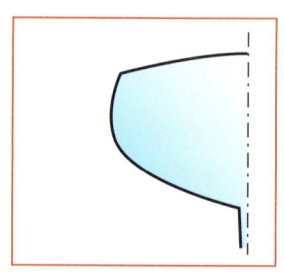

デッキより船腹が外にでている船型をタンブルホーム（tumblehome）という。船体が丸みを帯びているほど、水面下の表面積は少なくなり、摩擦抵抗が減る

び垂線上に重なり釣り合ってしまう。

波がない穏やかな海面なら、ヨットはこの状態で安定してしまうが、これは直立していたときよりもずっと不安定で、波の力などでヨットが傾き、再び正の復原力が生じるようになれば、直立状態に戻ろうとする。

復原力消失角が大きいヨットはより転覆しにくいといえ、また反転状態での負の復原力が小さいヨットは、より復原しやすいといえるが、それには重心が低いことが重要だ。幅広で初期復原力の大きな船形は、逆に倒立状態での負の復原力が大きくなってしまう。

バウ沈

復原力がなくなって転覆してしまうことを沈という。横倒しになれば半沈。完全に裏返しなら完沈で、英語ではキャプサイズ（capsize）という。

ここまで説明してきたのは横方向への復原力だが、前後方向にもまったく同じ理屈で復原力が働いている。船は前後方向に長いので形状復原力が大きく、横方向へ転覆する可能性の方が高いが、状況によっては前後方向に大きく傾いて転覆に至るケースもある。これをバウ沈と呼んでいる。

バラストキール

重量復原力を増すためにあるのが、バラストキールだ。

キール（keel）

本来、キールとは竜骨のこと。船体中心線上にある強度部材で、動物に例えれば背骨にあたる。キールに沿ってフレームが取り付けられ、内側にはキールソン（keelson）と呼ばれる縦通材が付く。

現在の主流であるFRP製ヨットには、キールにあたる構造部材はないが、船体中心線にあたる部分をキールと呼んでいる。そしてそこにバラスト（ballast：重り）を仕込んだものが、バラストキールだ。

重心を下げ、重量復原力を増す。バラストキールを持つヨットをキールボート（keelboat）と呼んでいる。

フィンキール（fin keel）

通常のキールを深くしたものがディープキール。ここにバラストを仕込んで重心を下げている。対して、船底に取り付けられたひれ（フィン）状のバラストをフィンキールという。

外洋ヨットでは、排水量の20％から50％の重量のバラストを備え、重心を下げ復原力消失角が大きくなるように（転覆しにくく）している。

バラストとして重心を下げることのみならず、水中の翼として揚力を発生させヨットの横流れを防ぐ役割もある。

フィンキールは、鉛や鋳鉄で作られている。同じバラスト重量でも、比重の重い鉛の方が薄くできるがコストは増す。

バルブキール（bulb keel）

フィンキールの下端に球状（bulb）の鉛を付け、同じ総重量でもより重心を下げる効果を狙ったのがバルブキールだ。バルブの形状によってはフィンキールの下端に生じる渦をなくす効果もある。

バルブの材質は鉛、それを支える翼部分（キールストラット：keel strut）は鋳鉄のものが多い。

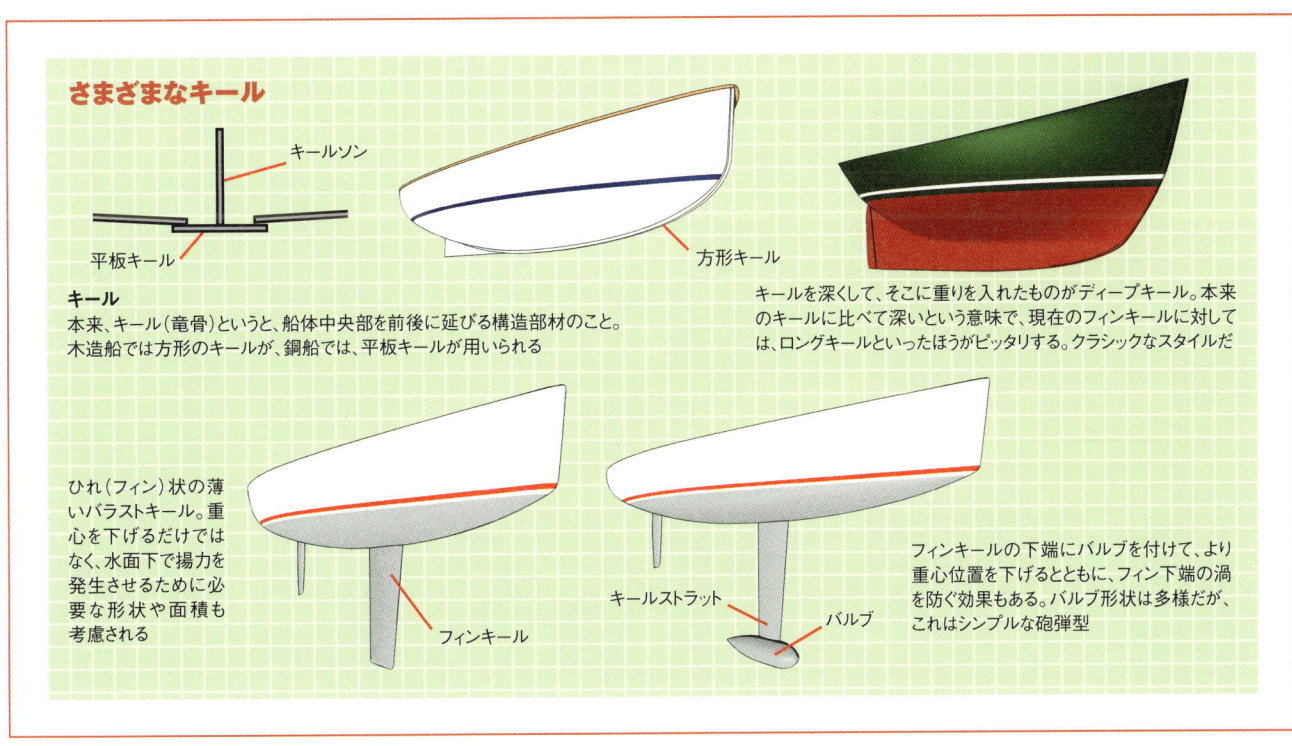

さまざまなキール

キール
本来、キール（竜骨）というと、船体中央部を前後に延びる構造部材のこと。木造船では方形のキールが、鋼船では、平板キールが用いられる
（キールソン、平板キール、方形キール）

キールを深くして、そこに重りを入れたものがディープキール。本来のキールに比べて深いという意味で、現在のフィンキールに対しては、ロングキールといったほうがピッタリする。クラシックなスタイルだ

ひれ（フィン）状の薄いバラストキール。重心を下げるだけではなく、水面下で揚力を発生させるために必要な形状や面積も考慮される（フィンキール）

フィンキールの下端にバルブを付けて、より重心位置を下げるとともに、フィン下端の渦を防ぐ効果もある。バルブ形状は多様だが、これはシンプルな砲弾型（キールストラット、バルブ）

第1章｜ヨットとはなんなのか
[ヨットはなぜ風上に進むのか？]

復原力こそパワーの源

セールに風を受けて走るヨットの場合、いくら高いマストを立てて大きなセールを展開しても、オーバーヒールしてしまえば意味がない。大きなセールに見合うだけの復原力がなければ、そのセールは展開できないことになる。ということは、復原力こそ、ヨットのパワーの源であるともいえる。

バラスト重量を増せば、復原力は大きくなる。しかし、単にバラスト重量を増しただけでは排水量も増えてしまい、となると十分な帆走スピードを得るためには、より大きなセールが必要になってしまう。セールが大きくなれば復原力もさらに必要になり……と、これではセールエリアと復原力のいたちごっこだ。

体重移動

バラストキールを持たないセーリングディンギーでは、形状復原力と乗員の体重移動によって復原力を稼いでいる。

たとえば、470クラスのヨットの総重量は約120kg。乗員2人の合計体重は120kg程度あるわけだから、乗員を含めた総重量のうち50%以上は乗員体重ということになる。

バラストキールは水面下にあるが、乗員は水面より上にいる。それでも乗員の体重がバラストとなり、ヨット全体の重心を下げる効果があり、さらにこのバラストは自由に動くことができる。乗員が風上側に移動することで、重心は横に移動。浮心との横距離が増すことで、復原力は大きくなる。

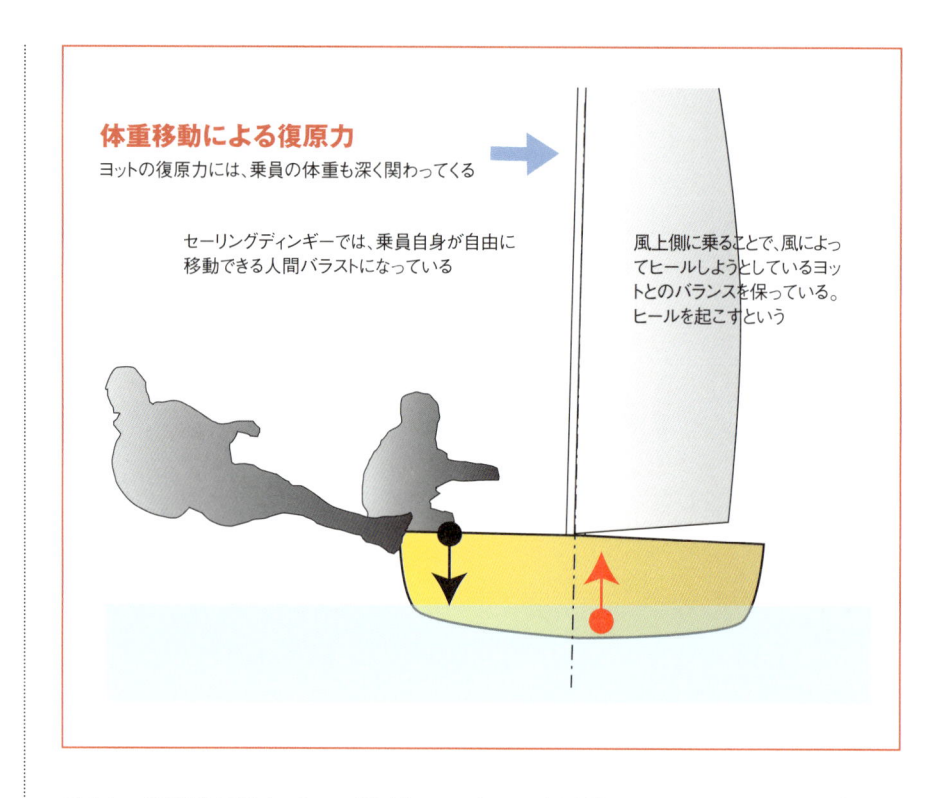

セーリングディンギーの艇体が横に広く扁平な横断面を持っているのは、形状復原力を増すことに加えて、乗員の体重移動による重心移動効果を大きくする意味もある。ハイクアウト（船外に体を乗り出す）によって、さらに復原力は大きくなる。

移動バラスト

こう考えていくと、復原力には、ヨットそのものが持つ復原力と、乗員の体重によって作り出される復原力の二つがあるといえる。

これはバラストキールを持つ外洋ヨットでも同様で、30ページの上図は乗員の体重を無視したものだが、実際にセーリングしている時には乗員が乗っている。乗員が風上舷に乗ることで、その体重は復原力として働く。

特に外洋レース艇では乗員の数も多く、たとえば全長30ftクラスのヨットでも、軽い艇なら排水量1,800kg程度のところに、650kgほどの乗員が乗り込んでおり、彼らが風上舷でハイクアウトすることで大きな復原力が生まれることは想像にかたくない。

さらには、30ページの下図で紹介したタンブルホームとは逆に、デッキ面を広く張り出したような船形にすることで、クルー体重をより有効に復原力につなげ

体重移動による復原力
ヨットの復原力には、乗員の体重も深く関わってくる

セーリングディンギーでは、乗員自身が自由に移動できる人間バラストになっている

風上側に乗ることで、風によってヒールしようとしているヨットとのバランスを保っている。ヒールを起こすという

セーリングディンギーのハイクアウト。クルーはトラピーズハーネスを用い、完全に艇外に出てバランスをとっている

バラストキールを持つ外洋艇でも、乗員体重はバカにならない。ただし、無理なハイクアウトは危険でもあり、クラスルールなどでハイクアウトの体勢が決まっていることが多い

るなどの工夫がされている。

これらの工夫は、逆にいえばその分バラストキールを軽くすることができるということでもある。

これで、重量を増すことなく復原力を増やし、より大きなセールを展開できることになる。

さらには、乗員の体重だけではなく、バラスト自体を移動させてしまおうという方法もある。

両舷側に海水タンクを設け、風上側のみ海水で満たすことで復原力を増そうというアイデアが、ウオーターバラスト（water ballast）だ。

あるいは、本来、船底中央部に固定されているバラストキールを左右に傾けることにより、より大きな復原力を得ようというのがカンティングキール（canting keel）だ。

これも重心が横に移動することによって復原てこが大きくなり復原力を稼いでいる。

復原力の二つの意味

注意しなければならないのは、ここでいう復原力とは、比較的ヒール角度が小さい時点での復原力であるということ。

ヨットはセールが受ける風の力でヒールしている。大きくヒールすれば——極端にいえば90度ヒールすれば、それ以上は風の力でヒールしないはずだ。しかし実際には強風時には波も大きく、またヒールするときには勢いも付く。ここで復原力消失角を越えてしまうと、ヨットは転覆してしまう。

幅広で形状復原力が大きく、バラストキールの軽いヨットは、クルーの体重移動を含めた初期の復原力は大きいが、復原力消失角は小さくなり転覆しやすく、いったん裏返しになってしまった時にはその状態で安定しやすい。

復原力には、速く走るための復原力と、転覆しにくくするため（あるいは転覆した状態から起き上がりやすくするため）の、二つの復原力があると考えよう。

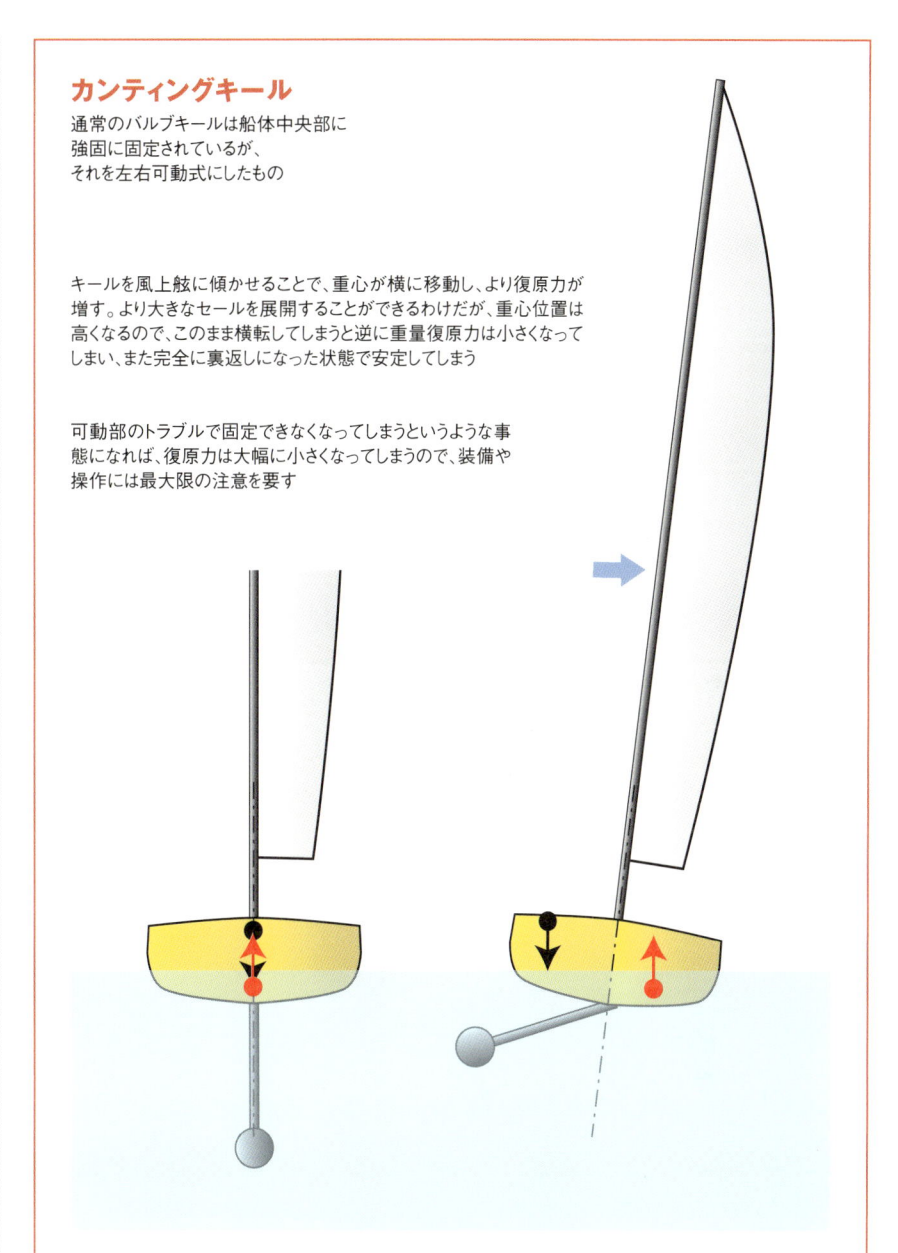

カンティングキール

通常のバルブキールは船体中央部に強固に固定されているが、それを左右可動式にしたもの

キールを風上舷に傾かせることで、重心が横に移動し、より復原力が増す。より大きなセールを展開することができるわけだが、重心位置は高くなるので、このまま横転してしまうと逆に重量復原力は小さくなってしまい、また完全に裏返しになった状態で安定してしまう

可動部のトラブルで固定できなくなってしまうというような事態になれば、復原力は大幅に小さくなってしまうので、装備や操作には最大限の注意を要す

風上舷側に透けて見えるのがカンティングキール。強大な復原力を生むが、細心の注意を払って操船し続けなければ転覆してしまう

第1章 | ヨットとはなんなのか
[ヨットはなぜ風上に進むのか？]

風向とセーリング

ヨットは、走る方向とそのときに受ける風の向きによって走り方が違ってくる。ヨットの走り方は風向ごとに呼び分けられる。これを、ポイント・オブ・セーリング（point of sailing）と表現する。

アップウインド

風上にある目的地に向かって進むことをアップウインド（風上航）という。

風上に進むといっても、せいぜい風向に対して40〜45度程度。これをクローズホールドという。

右から風を受けていればスターボードタック。左舷側からの風ならばポートタックと呼び、左右のタックのクローズホールドを繰り返し、ジグザグに風上を目指す。これがアップウインドだ。風上航、あるいは真上りともいう。

フリー

クローズホールド以外の走りを、フリーという。クローズホールドでは、それ以上は風上には進めないが、クローズホールド以外のときは自由（左右）に舵が切れるという意味だ。

同じフリーでも、そのとき受ける風向によってリーチングからランニングまでそれぞれ名前がつけられている。

風向や風速ごとに異なるセールを用いる場合もあるし、それぞれのセールの調整法（トリム）も異なる。

真の風と見掛けの風

風向といっても走るヨットの上で感じる風向は、実際に吹いている風とは異なる。どういうことか？

まったく風が吹いていない無風状態の

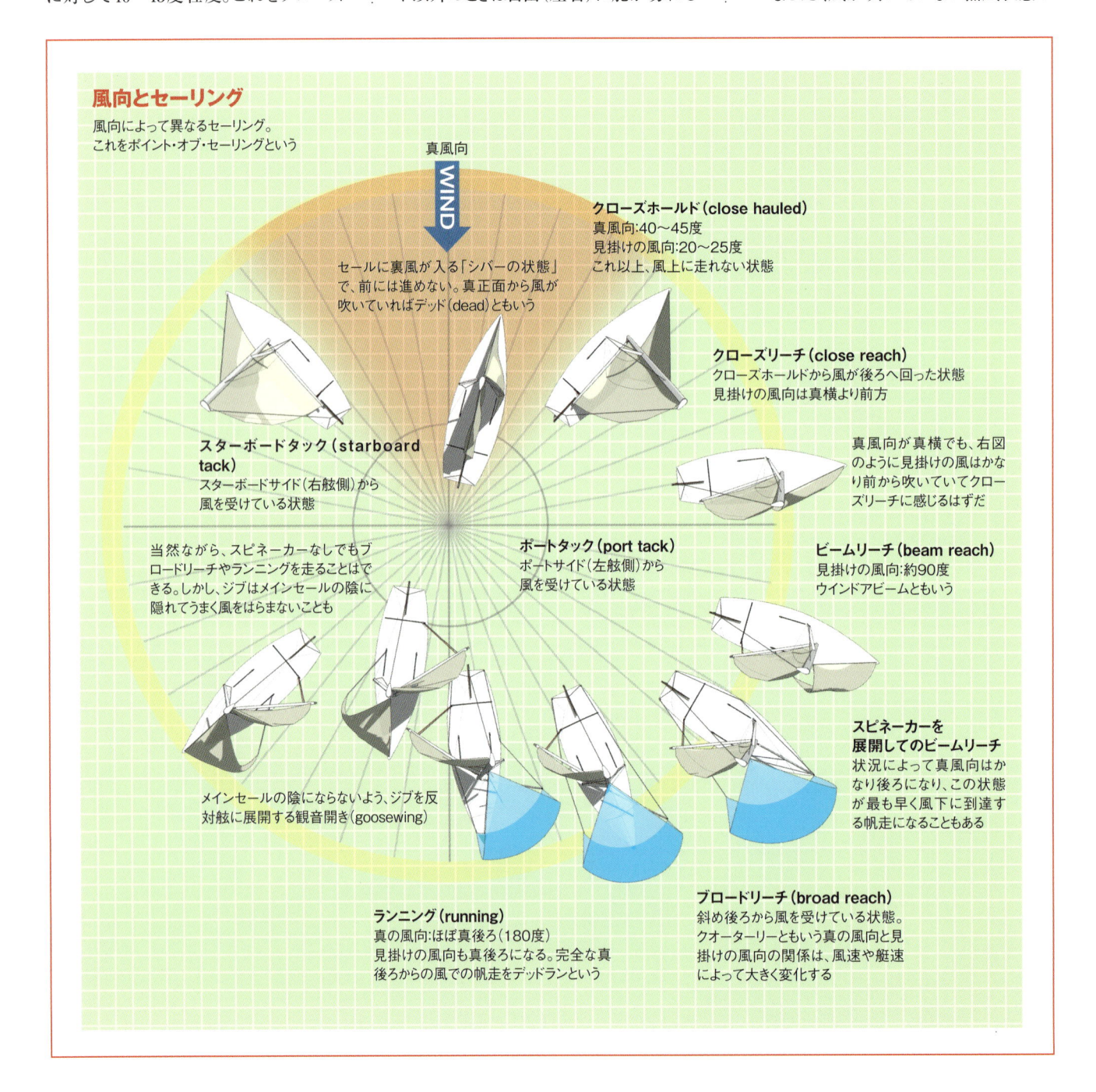

風向とセーリング

風向によって異なるセーリング。これをポイント・オブ・セーリングという

WIND 真風向

クローズホールド（close hauled）
真風向:40〜45度
見掛けの風向:20〜25度
これ以上、風上に走れない状態

セールに裏風が入る「シバーの状態」で、前には進めない。真正面から風が吹いていればデッド（dead）ともいう

クローズリーチ（close reach）
クローズホールドから風が後ろへ回った状態
見掛けの風向は真横より前方

スターボードタック（starboard tack）
スターボードサイド（右舷側）から風を受けている状態

真風向が真横でも、右図のように見掛けの風はかなり前から吹いていてクローズリーチに感じるはずだ

ポートタック（port tack）
ポートサイド（左舷側）から風を受けている状態

ビームリーチ（beam reach）
見掛けの風向:約90度
ウインドアビームともいう

当然ながら、スピネーカーなしでもブロードリーチやランニングを走ることはできる。しかし、ジブはメインセールの陰に隠れてうまく風をはらまないことも

メインセールの陰にならないよう、ジブを反対舷に展開する観音開き（goosewing）

スピネーカーを展開してのビームリーチ
状況によって真風向はかなり後ろになり、この状態が最も早く風下に到達する帆走になることもある

ランニング（running）
真の風向:ほぼ真後ろ（180度）
見掛けの風向も真後ろになる。完全な真後ろからの風での帆走をデッドランという

ブロードリーチ（broad reach）
斜め後ろから風を受けている状態。クオーターリーともいう真の風向と見掛けの風向の関係は、風速や艇速によって大きく変化する

とき、モーターボートが10kt（時速18.52km）で走ったらどうなるか？ 無風であるにもかかわらず、前方から10ktの風が吹いているように感じるはずだ。

その後、実際に風が吹いてきたらどうなるか？ 5ktの風が進行方向から吹いてくれば、走るモーターボートの上では前方から15ktの風が吹いているように感じるはずだ。

逆に、真後ろから5ktの風が吹いてきたら、モーターボートの上では10ktで走っているにもかかわらず、前方から5ktの風しか吹いていないように感じるはずだ。

このときボートが止まれば、後ろから5ktの風が吹いていることになる。

ヨットの上でも同じだ。実際に吹いている風と走るヨットの上で感じる風は異なる。

実際に吹いている風を真の風（true wind）、走るヨットの艇上で感じる風を見掛けの風（apparent wind）という。

風向次第で艇上の雰囲気は一変する

クローズホールドで風上に向かっているときは、見掛けの風向は前に回り、見掛けの風速も増す。波は風向に沿ってできるので、クローズホールドでは波も前から来ることになる。

逆に、ランニングでは見掛けの風速は弱くなる。波も追い波となり、海は穏やかに感じるかもしれない。

同じ風速でも、ヨットが走る方向によって艇速も変わればヒールや揺れ方も異なり、艇上の雰囲気は大きく違ってくる。

kt（kt: knot）とは

1時間に1ノーティカル・マイル（nautical mile、海里）進む速力。1ノーティカル・マイルは1,852m

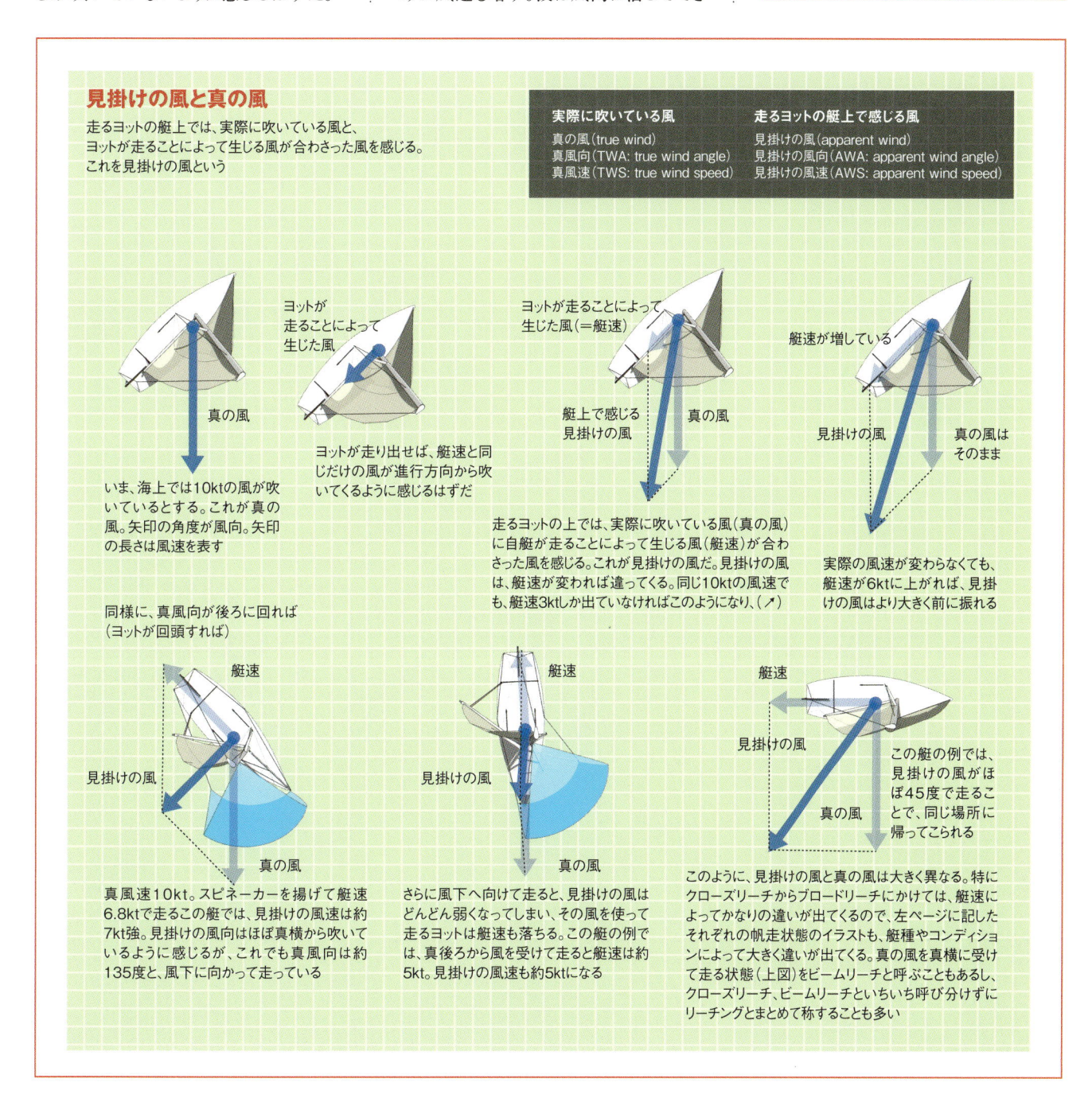

見掛けの風と真の風

走るヨットの艇上では、実際に吹いている風と、ヨットが走ることによって生じる風が合わさった風を感じる。これを見掛けの風という

実際に吹いている風	走るヨットの艇上で感じる風
真の風（true wind）	見掛けの風（apparent wind）
真風向（TWA: true wind angle）	見掛けの風向（AWA: apparent wind angle）
真風速（TWS: true wind speed）	見掛けの風速（AWS: apparent wind speed）

いま、海上では10ktの風が吹いているとする。これが真の風。矢印の角度が風向。矢印の長さは風速を表す

ヨットが走ることによって生じた風

ヨットが走り出せば、艇速と同じだけの風が進行方向から吹いてくるように感じるはずだ

ヨットが走ることによって生じた風（＝艇速）

走るヨットの上では、実際に吹いている風（真の風）に自艇が走ることによって生じる風（艇速）が合わさった風を感じる。これが見掛けの風だ。見掛けの風は、艇速が変われば違ってくる。同じ10ktの風速でも、艇速3ktしか出ていなければこのようになり、（↗）

艇速が増している

真の風はそのまま

実際の風速が変わらなくても、艇速が6ktに上がれば、見掛けの風はより大きく前に振れる

同様に、真風向が後ろに回れば（ヨットが回頭すれば）

真風速10kt。スピネーカーを揚げて艇速6.8ktで走るこの艇では、見掛けの風速は約7kt強。見掛けの風向はほぼ真横から吹いているように感じるが、これでも真風向は約135度と、風下に向かって走っている

さらに風下へ向けて走ると、見掛けの風はどんどん弱くなってしまい、その風を使って走るヨットは艇速も落ちる。この艇の例では、真後ろから風を受けて走ると艇速は約5kt。見掛けの風速も約5ktになる

この艇の例では、見掛けの風がほぼ45度で走ることで、同じ場所に帰ってこられる

このように、見掛けの風と真の風は大きく異なる。特にクローズリーチからブロードリーチにかけては、艇速によってかなりの違いが出てくるので、左ページに記したそれぞれの帆走状態のイラストも、艇種やコンディションによって大きく違いが出てくる。真の風を真横に受けて走る状態（上図）をビームリーチと呼ぶこともあるし、クローズリーチ、ビームリーチといちいち呼び分けずにリーチングとまとめて称することも多い

第1章 | ヨットとはなんなのか
[ヨットはなぜ風上に進むのか？]

クローズホールドの力学

近代ヨットは風上に向かって進むことができる。風の力で走るヨットが風に向かって走る。いったいどういう仕組みになっているのだろうか。

風上に向かうという意味

風上側へのコース変更を「上る」、あるいは「ラフィング」、縮めて「ラフ」という。

ヨットが風に向かってラフィングしていくと、徐々に艇速は落ちていく。限界を超えるとセールに裏風が入り、艇速は急激に低下しやがて止まってしまう。限界は、風に対して40度程度だ。

上れば上るほどいいというわけではない。

風に対する角度を「高さ」と表現する。高さを稼げば、スピードは落ちる。低く走ればスピードはつくが高さを稼げない。

風上に向かって走るための最適な角度はヨットの種類や風速、波の高さなどのコンディションにもよるが、だいたい40度から45度程度になる。

この状態からタッキングを繰り返し、ジグザグに風上を目指していくことになる。

セール力

ヨットの推進力は風だ。セールに風を受けることで推進力を得る。

風を後ろから受けて走るランニング時のメインセールには、ほぼ直角に風が当たり、大きな抵抗となる。この抵抗（抗力）が推進力となる。風に吹き飛ばされているようなものだ。

抗力は風下側に向かって発生するわけだから、これではヨットは風上へ進むことができない。

そこで揚力だ。

揚力とは、風がセールの周りを流れるときに流れの向きが変化し、セールの風上側と風下側で圧力差が生じることによって生まれる力だ。

揚力は流れに直角の方向に生じる。

右下図のように、クローズホールドでの見掛けの風は20度から25度程度。これに直角ということは、揚力が生じるのは70

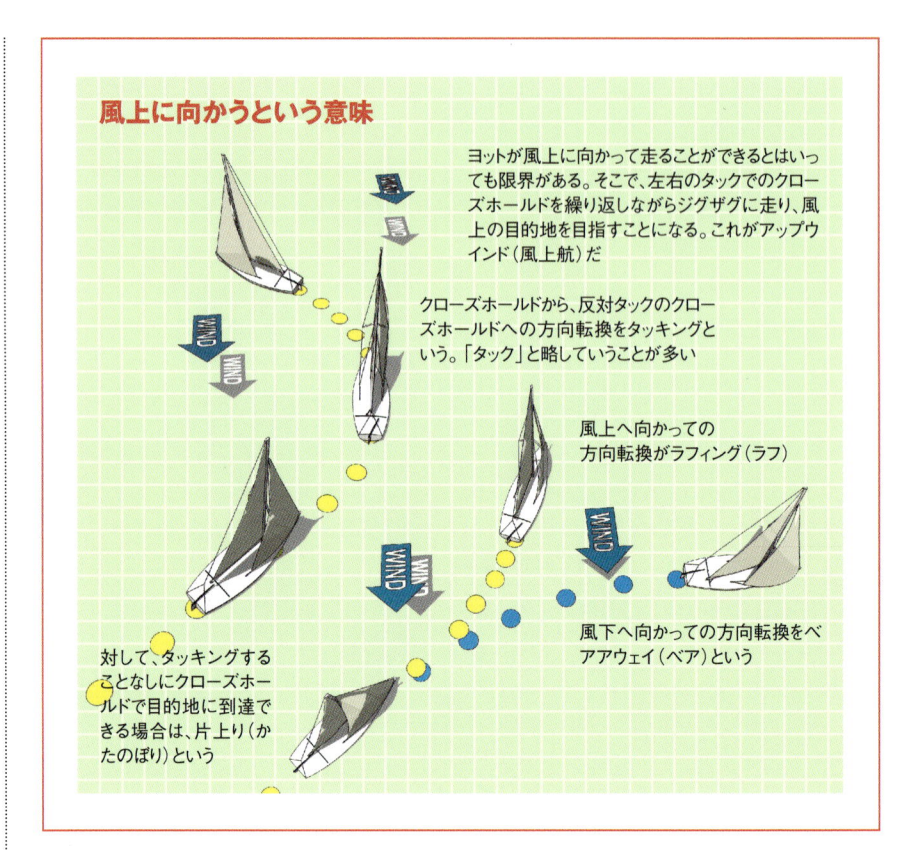

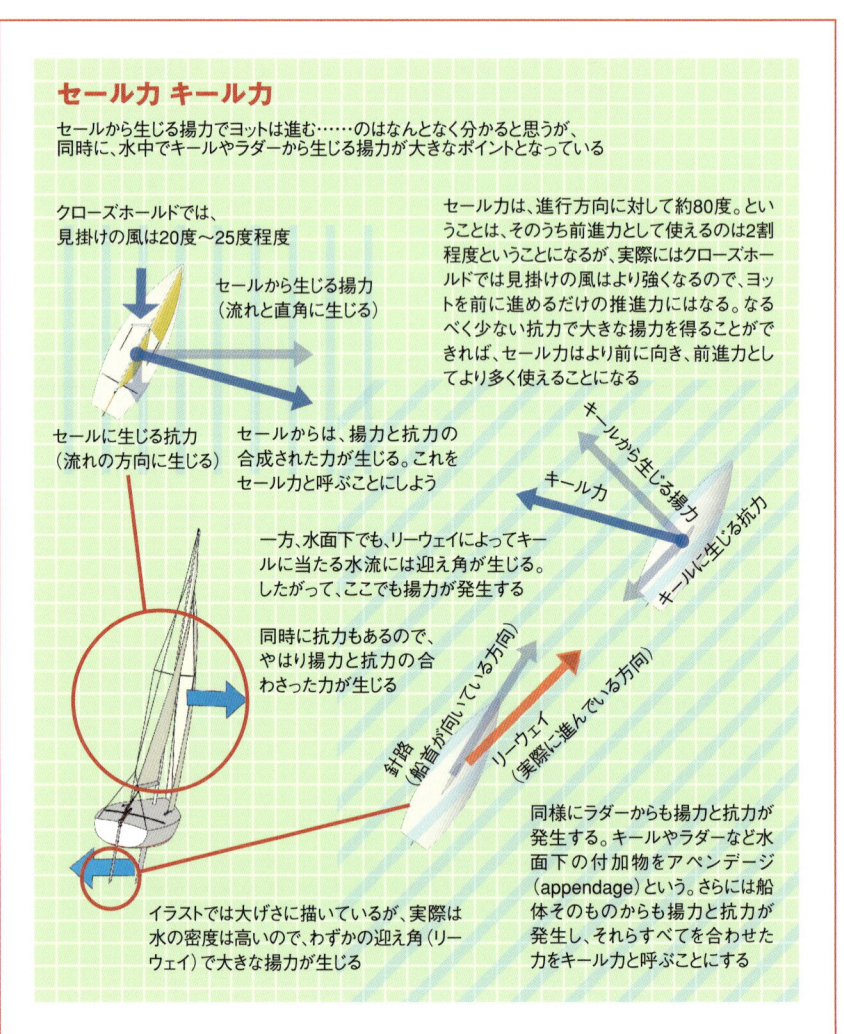

風上に向かうという意味

ヨットが風上に向かって走ることができるとはいっても限界がある。そこで、左右のタックでのクローズホールドを繰り返しながらジグザグに走り、風上の目的地を目指すことになる。これがアップウインド（風上航）だ

クローズホールドから、反対タックのクローズホールドへの方向転換をタッキングという。「タック」と略していることが多い

風上へ向かっての方向転換がラフィング（ラフ）

風下へ向かっての方向転換をベアアウェイ（ベア）という

対して、タッキングすることなしにクローズホールドで目的地に到達できる場合は、片上り（かたのぼり）という

セール力 キール力

セールから生じる揚力でヨットは進む……のはなんとなく分かると思うが、同時に、水中でキールやラダーから生じる揚力が大きなポイントとなっている

クローズホールドでは、見掛けの風は20度～25度程度

セールから生じる揚力（流れと直角に生じる）

セールに生じる抗力（流れの方向に生じる）

セールからは、揚力と抗力の合成された力が生じる。これをセール力と呼ぶことにしよう

セール力は、進行方向に対して約80度。ということは、そのうち前進力として使えるのは2割程度ということになるが、実際にはクローズホールドでは見掛けの風はより強くなるので、ヨットを前に進めるだけの推進力にはなる。なるべく少ない抗力で大きな揚力を得ることができれば、セール力はより前に向き、前進力としてより多く使えることになる

一方、水面下でも、リーウェイによってキールに当たる水流には迎え角が生じる。したがって、ここでも揚力が発生する

同時に抗力もあるので、やはり揚力と抗力の合わさった力が生じる

キールから生じる揚力

キール力

キールに生じる抗力

針路（船首が向いている方向）

リーウェイ（実際に進んでいる方向）

イラストでは大げさに描いているが、実際は水の密度は高いので、わずかの迎え角（リーウェイ）で大きな揚力が生じる

同様にラダーからも揚力と抗力が発生する。キールやラダーなど水面下の付加物をアペンデージ（appendage）という。さらには船体そのものからも揚力と抗力が発生し、それらすべてを合わせた力をキール力と呼ぶことにする

度から75度。かなり横向きの力だ。

同時に、ここでも抗力は生じており、揚力と抗力を合わせた力の方向は、船首から約80度の角度になる。これをセール力と呼ぶことにする。

約80度ということは、セール力のうち、前進力として使えるのは2割程度ということになる。

キール力

それでは、セール力のうち、残り8割にもあたる横方向への力はどうやって打ち消せばいいのか？

ここで重要なのが、水中にある翼、キールだ。セーリングディンギーでは、センターボードが同じ役目をする。

31ページでは、ヨットの復原力を増すためにキールが必要であることを説明したが、同時に、セーリングクルーザーのキールには、水中で揚力を発生させるという大きな役目がある。

キールはラダーブレード同様、左右対称断面だが、ヨットはわずかに風下側に流されながら走るため、流れに対して迎え角が生じる。これがリーウェイだ。（左下図）

ラダーの項目で説明したように、平らな板でも、迎え角さえあれば揚力は発生する。

また、ラダーからも同様に揚力が発生し、こちらはわずかに舵を切った状態で真っすぐ走るようにヨーバランスを保てば、迎え角はより大きくなり、大きな揚力を得ることができる。また船体そのものからも多少は揚力が発生する。

もちろん、それぞれ抵抗（抗力）も発生し、揚力と抗力を合わせた力が水面下で生まれている。これをキール力と呼ぶことにする。

神秘の釣り合い

このように、水面上では風によってセール力が、水面下では水の流れでキール力が、同時に発生している。

ここで、セール力の方が大きければヨットは加速し、セール力の方が少なくなれば減速する。両方が釣り合った状態ならば、ヨットは一定速度で走り続ける。

セールに対してキールの面積は小さいので頼りなく感じるかもしれないが、水の密度は空気の800倍もあるため、小さな面積と小さな迎え角（リーウェイ）でも大きな揚力を発生させることができる。

セール力とキール力の作用点が前後や左右にずれれば、ヨットは真っすぐ走らない。舵やセールのトリムでバランスを保たなければならない。また、セール力はヨットをヒールさせる力ともなる。これは前項で説明した復原力と釣り合っている。あるいはセール力のうちの前進力となる成分は、ヨットの船首を沈めるモーメントにもなるが、これもヨットの前後方向の復原力で釣り合いをとっている。

ヨットに働くさまざまな力はすべて絶妙なバランスで釣り合っている。それがゆえに、水に浮き、前進し、そのバランスを調整することで左右に変針するのだ。

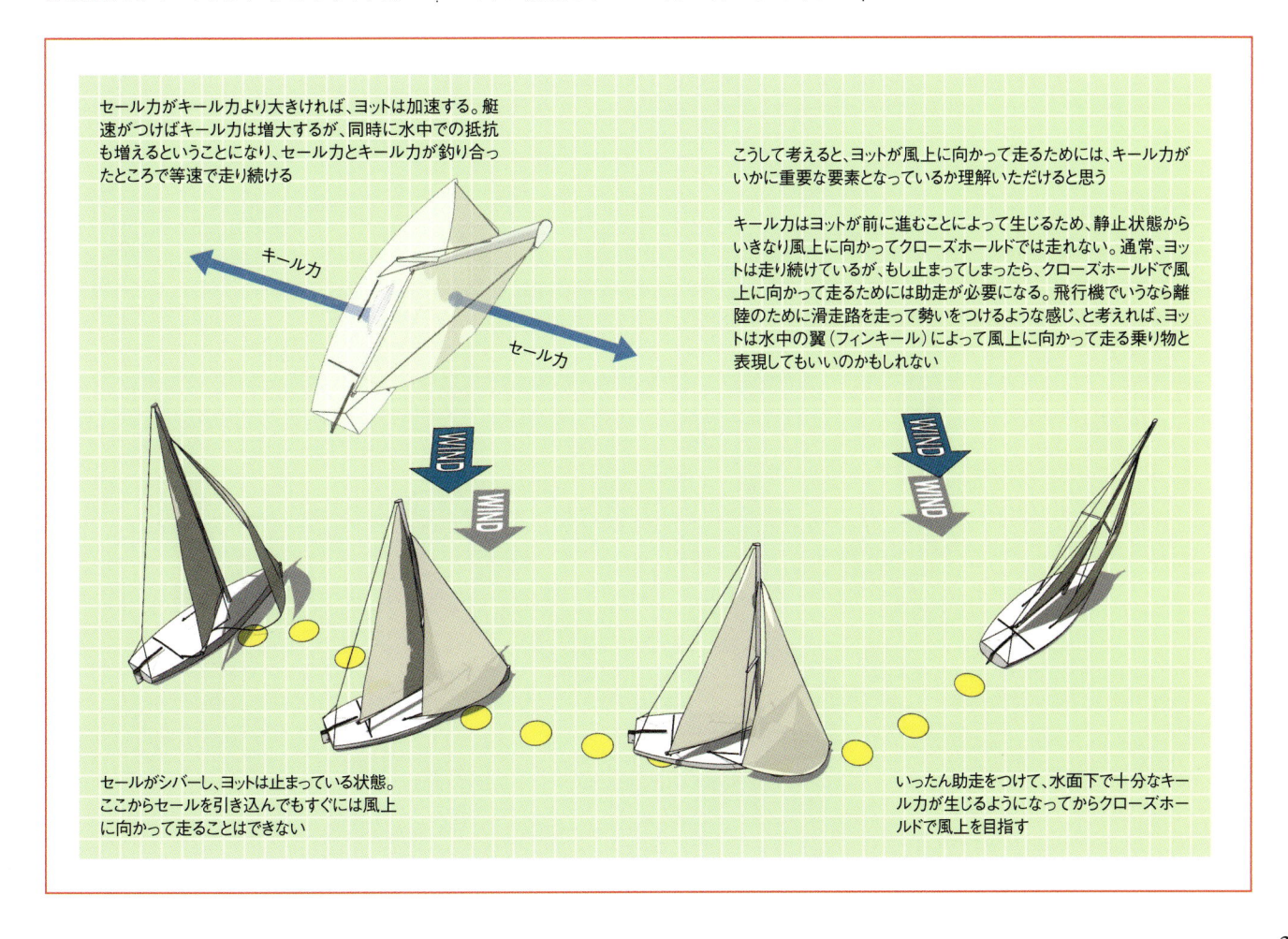

セール力がキール力より大きければ、ヨットは加速する。艇速がつけばキール力は増大するが、同時に水中での抵抗も増えるということになり、セール力とキール力が釣り合ったところで等速で走り続ける

こうして考えると、ヨットが風上に向かって走るためには、キール力がいかに重要な要素となっているか理解いただけると思う

キール力はヨットが前に進むことによって生じるため、静止状態からいきなり風上に向かってクローズホールドでは走れない。通常、ヨットは走り続けているが、もし止まってしまったら、クローズホールドで風上に向かって走るためには助走が必要になる。飛行機でいうなら離陸のために滑走路を走って勢いをつけるような感じ、と考えれば、ヨットは水中の翼（フィンキール）によって風上に向かって走る乗り物と表現してもいいのかもしれない

セールがシバーし、ヨットは止まっている状態。ここからセールを引き込んでもすぐには風上に向かって走ることはできない

いったん助走をつけて、水面下で十分なキール力が生じるようになってからクローズホールドで風上を目指す

第1章 | ヨットとはなんなのか
［ヨットはなぜ風上に進むのか？］

センターボード

ヨットが風上に向かって進むためには、水中でも揚力を発生させる必要があることは分かった。

キールの説明で、バラストキール（フィンキール）による復原力（重量復原力）について説明してきたが、バラストキールには揚力を発生させるという非常に重要な役目もあったということだ。

それでは、バラストキールを持たないセーリングディンギーではどうするのか。やはり同様に、揚力を発生させる何かが必要になる。それがセンターボードだ。

ピボット式

セーリングディンギーのセンターボードは、キールボートのフィンキールと形状は似ているが、こちらはバラスト（重り）としての機能を持たないものがほとんどだ。木材や軽い心材の表面を、FRPなどで固めたものが多い。

風下に向かって走るランニング時には必要なくなるので、引き上げられるようになっている。ここがキールボートのバラストキールとの大きな違いだ。引き上げることで余計な抵抗がなくなるほか、ヨットを陸上に引き上げるときにも便利だ。

センターボードはセンターボードケースに収まる。取り付けられたロープを引いたり緩めたりして出し入れするようになっている。

ダガーボード

センターボードは固定軸（ピボット）を中心とした回転式のものが多いが、上下に抜き差しするタイプのものを、特にダガーボードという。構造がシンプルなので、小型のセーリングディンギーに多い。

あるいは、バラストキールを持つ外洋艇でも、トレーラーでの運搬を前提に設計された艇（トレーラブルボート）などでは、バラストキールをそのまま引き上げられるようになっている。

アペンデージ

フィンキールやラダーなど、水面下にある付加物をアペンデージ（appendage）と呼ぶ。

ヨットが前進する際、アペンデージは抵抗になるが、そこから得られる揚力によって風下に流されずにすんでいる。揚力を英語でリフト（lift：持ち上げる）というが、まさにヨットを風上側にリフトさせているのが、アペンデージだ。

となると、より少ない抗力でより大きな揚力が得られるような工夫が必要になる。

アスペクト比

揚力と抗力の比を、揚抗比という。揚抗比が高いということは、少ない抗力で大きな揚力を生むという意味で、セール力はより前に向き、キール力はより多く横力に使えることになる。いいことずくめだ。

揚抗比を高めるためには、アスペクト比が大きな要素になる。

アスペクト比（AR）とは、縦と横の長さ

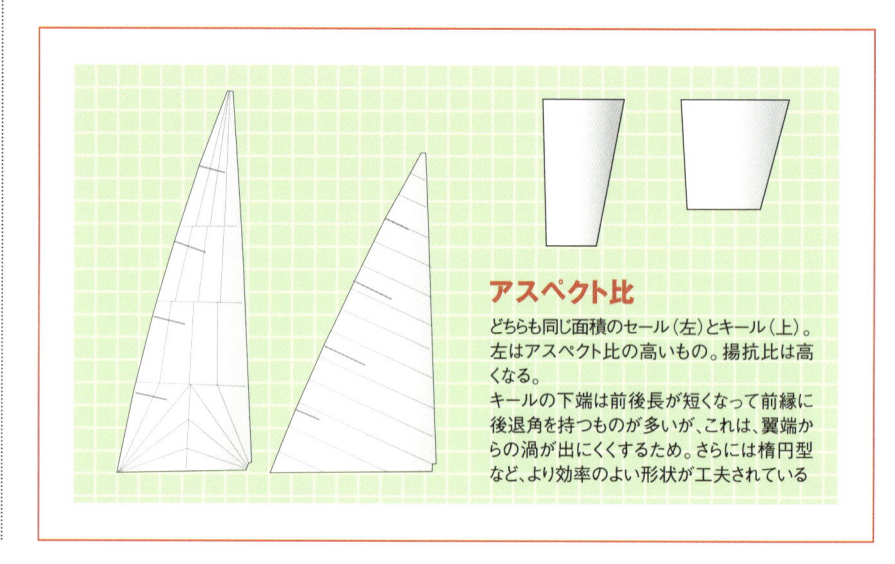

アスペクト比
どちらも同じ面積のセール（左）とキール（上）。左はアスペクト比の高いもの。揚抗比は高くなる。
キールの下端は前後長が短くなって前縁に後退角を持つものが多いが、これは、翼端からの渦が出にくくするため。さらには楕円型など、より効率のよい形状が工夫されている

セーリングディンギーのセンターボード。これは後ろに回転させて引き上げた状態

上下に抜き差しするダガーボード。セーリングディンギーではラダーも引き上げることができ、容易に陸上に上げることができる

の比のこと。

アスペクト比が高いほど細長い形状ということになり、揚抗比も高くなる。レース艇のラダーブレードが細長いのも、より少ない抵抗で、より大きな揚力を生み出したいがための形状だ。

ただし、アスペクト比が大きくなると失速しやすくなる。失速とは、翼面から流れがはがれてしまうことで、失速が始まると揚力は急激に低下し抵抗のみが増大していく。

アスペクト比の高いラダーでは、より繊細な操作が必要になる。

ウエザーヘルム

わずかに風上に舵を切った状態でまっすぐ走るバランスを、ウエザーヘルムという。

舵角がついているということは、ラダーブレードと水流とにリーウェイ以上に大きな迎え角が付くわけで、ラダーからもより大きな揚力を得られることになる。

迎え角に比例して揚力は大きくなるが抗力も増す。適度なウエザーヘルムで適度な舵角(2度〜5度程度)を保つために、セールのトリムやヒール角でヨーモーメントを調整する。

さらなる工夫

飛行機の翼は、常に上方向に揚力を発生させていればよい。しかし、ヨットのラダーやセンターボードでは、左右両舷に揚力を発生させなければならない。そのため、その断面は左右対象の翼型になっているのだが、それをさらに揚抗比が高く揚力係数の大きなものにする工夫もされている。

例えば、バラストキールを横に振り上げてより大きな復原力を持たせるカンティングキール艇では、左右2枚のダガーボードを装備して風下側だけを用いることで、飛行機の翼のような非対称断面にすることができる。

あるいは、キールストラット後部に可動式のトリムタブを備えたヨットもある。

アペンデージは、次々と新たなアイデアが導入され技術革新が進んでいる。

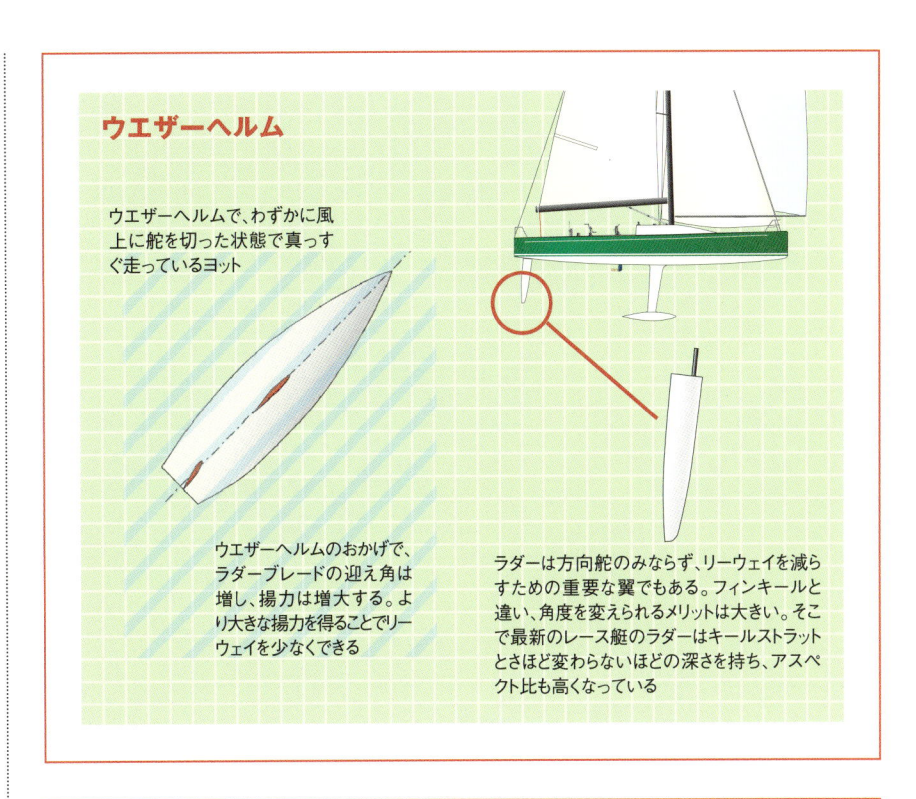

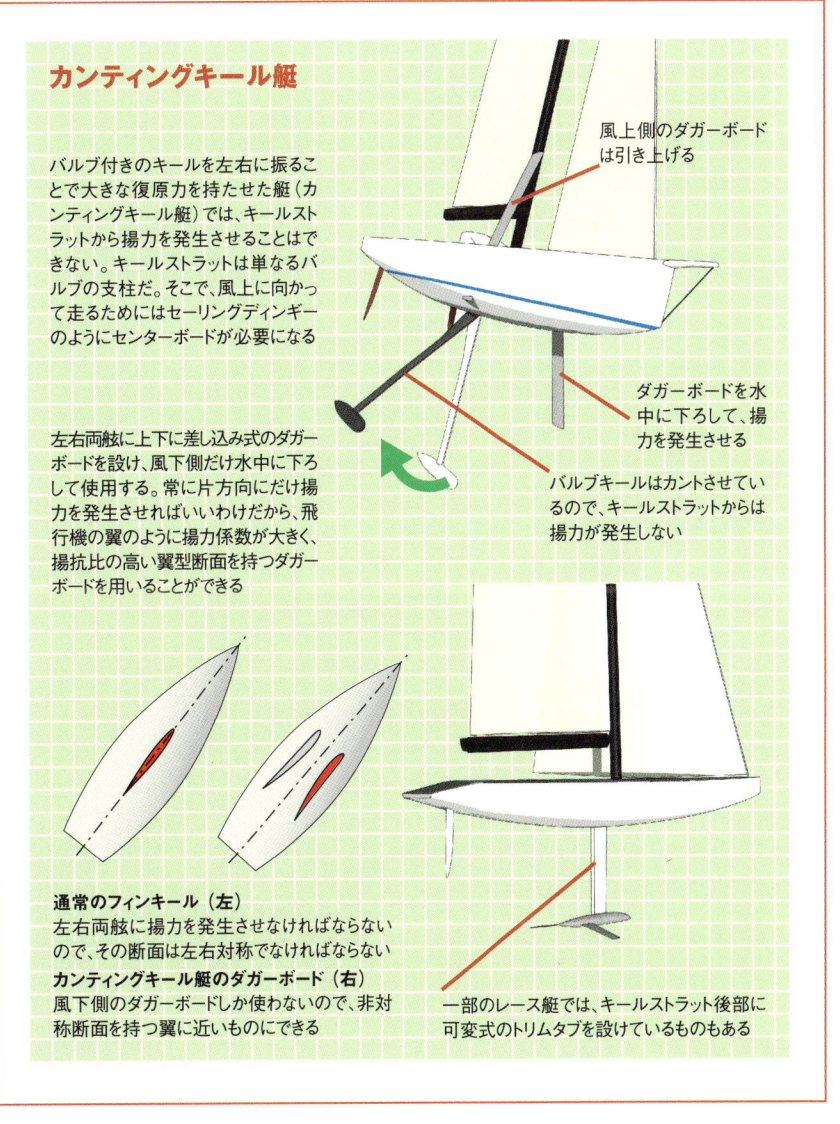

ウエザーヘルム

ウエザーヘルムで、わずかに風上に舵を切った状態で真っすぐ走っているヨット

ウエザーヘルムのおかげで、ラダーブレードの迎え角は増し、揚力は増大する。より大きな揚力を得ることでリーウェイを少なくできる

ラダーは方向舵のみならず、リーウェイを減らすための重要な翼でもある。フィンキールと違い、角度を変えられるメリットは大きい。そこで最新のレース艇のラダーはキールストラットとさほど変わらないほどの深さを持ち、アスペクト比も高くなっている

カンティングキール艇

バルブ付きのキールを左右に振ることで大きな復原力を持たせた艇(カンティングキール艇)では、キールストラットから揚力を発生させることはできない。キールストラットは単なるバルブの支柱だ。そこで、風上に向かって走るためにはセーリングディンギーのようにセンターボードが必要になる

左右両舷に上下に差し込み式のダガーボードを設け、風下側だけ水中に下ろして使用する。常に片方向にだけ揚力を発生させればいいわけだから、飛行機の翼のように揚力係数が大きく、揚抗比の高い翼型断面を持つダガーボードを用いることができる

風上側のダガーボードは引き上げる

ダガーボードを水中に下ろして、揚力を発生させる

バルブキールはカントさせているので、キールストラットからは揚力が発生しない

通常のフィンキール(左)
左右両舷に揚力を発生させなければならないので、その断面は左右対称でなければならない

カンティングキール艇のダガーボード(右)
風下側のダガーボードしか使わないので、非対称断面を持つ翼に近いものにできる

一部のレース艇では、キールストラット後部に可変式のトリムタブを設けているものもある

第1章 | ヨットとはなんなのか

［モノハルとマルチハル］

photo by Hobie Cat Company

双胴のセーリングディンギー。大きなセールを展開してスピーディーな走りが楽しめる

マルチハル

　細身の船体を二つ、あるいは三つ横に並べて接続した形態の船舶をマルチハル（multihull：多胴艇）という。

　これまで見てきた、モノハル（monohull：単胴艇）とは特性が異なり、用途や操作も違ってくる。

カタマランとトライマラン

　丸木舟を二つ横につなげば、それはもうマルチハルであるともいえ、その起源は先史時代に遡る。

　細身の船体を二つ横につないだ形態の船をカタマラン（catamaran）というが、これはタミル語のkatta-maramが語源である。kattaは縛った、maramは材木。つまり、いくつかの材木を縛り合わせた舟という意味だ。先史時代、舟を転覆しにくくするにはどうすればいいかと考えれば、横につなぐというのは当然の成り行きだったのだろう。インド南東部海域でそれを目撃した西洋人の記述を元に、後に双胴船をカタマランと呼ぶようになる。

　ポリネシアでも、二つの船体を横につないだカタマラン型カヌーは見られる。カタマランの場合、左右の船体は対称形だが、主船体より小さい船体を浮力体として張り出したものをアウトリガーと呼ぶ。

　本来、アウトリガーというと、舷側から張り出すように設けられた棒状の構造物をいい、例えば曳き釣りの際、流す釣りイトを左右に広げるために用いる長いサオをアウトリガーというが、ここでは、浮力体となる小船体とそれをつなぐアーム部を含めてアウトリガーと呼んでいる。

　太平洋諸島では古くからプロア（proa）と呼ばれる帆走カヌーが用いられてきたが、これも主船体の風上側に主船体より小さいアウトリガーが取り付けられたもの。

　プロアではメインの船体をヴァカ（vaka）。アウトリガーのフロート部をアマ（ama）、それらをつなぐ棒状の構造物をアカ（aka）と呼んでいたことから、現在のマルチハルでもこの用語を使うことがあるようだ。

　主船体となるセンターハル（vaka）の左右にアウトリガー（ama）を持つものをトライマラン（トリマラン）（trimaran）と呼んでいる。主船体と左右のアウトリガーを合わせて、船体が三つ（tri-）あるということだ。

　カタマランやトライマランのように、複数の船体を持つ船を総じてマルチハルと呼び、小型のセーリングディンギーから外洋

これは両舷にアウトリガーが付いているが、太平洋諸島に古くから伝わる帆走カヌーはアウトリガーは一つで常に風上側にあり、タッキングごとに舟の前後が入れ替わる

同じアウトリガーでも、こちらはトローリング用のアウトリガー。左右に展開し、釣りイトをより外側に導くためのサオで、今回のテーマである「マルチハル」とは関係ない

帆走可能なもの、あるいはモーターボート、大型のフェリーや作業船にいたるまで、さまざまな種類のマルチハル艇が存在する。

マルチハル艇の特徴

細い船体を二つ、あるいは三つ横につなぐと全体の船幅が広くなる。幅が広いということは、復原力（29ページ参照）の項で説明した形状復原力（フォームスタビリティー）が増すということ。さらに、船幅が広くなれば、乗員も大きく横に移動でき、バラストとしての乗員重量の移動も大きくなって、ここからもより大きな復原力が得られる。そのため、マルチハル艇では同サイズのモノハル艇より大きなセールが展開できる。

しかも、それぞれの船体の幅は狭いので、抵抗も少ない。少ない抵抗で大きなセールを展開することで、艇速は速くなる。これがマルチハルの一番の魅力だ。

ただし、ここでいう復原力とは初期復原力で、32ページでも解説したように初期復原力と転覆のしにくさは、また別だ。強風下では、船首が波に突っ込むなどしてバランスを崩し、前後につんのめるようにして転覆することもある。これをバウ沈、ピッチポール（pitchpole）と呼ぶ。転覆した後は、その船幅の広さが災いし、完沈状態で安定してしまう。

レーシング・マルチハル

大きな初期復原力を生かして、より大きなセールを展開して疾走する。そのスピードが魅力のマルチハルは、セーリングディンギーのみならず、外洋艇としても活躍している。

モノハルの外洋艇は、バラストキールが船体重量の30～50％もの重さを占める

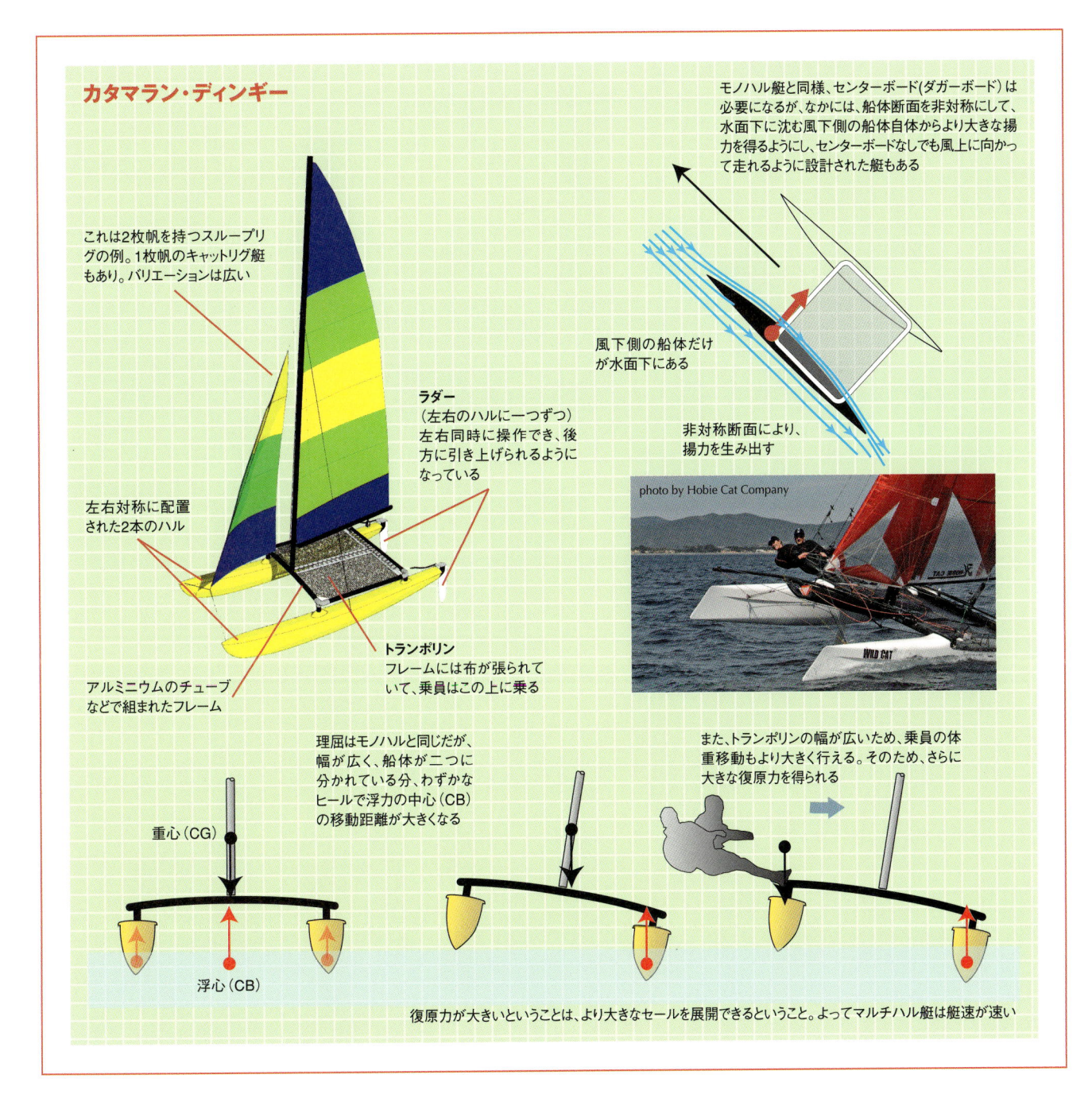

カタマラン・ディンギー

これは2枚帆を持つスループリグの例。1枚帆のキャットリグ艇もあり。バリエーションは広い

ラダー
（左右のハルに一つずつ）左右同時に操作でき、後方に引き上げられるようになっている

左右対称に配置された2本のハル

トランポリン
フレームには布が張られていて、乗員はこの上に乗る

アルミニウムのチューブなどで組まれたフレーム

モノハル艇と同様、センターボード（ダガーボード）は必要になるが、なかには、船体断面を非対称にして、水面下に沈む風下側の船体自体からより大きな揚力を得るようにし、センターボードなしでも風上に向かって走れるように設計された艇もある

風下側の船体だけが水面下にある

非対称断面により、揚力を生み出す

photo by Hobie Cat Company

重心（CG）
浮心（CB）

理屈はモノハルと同じだが、幅が広く、船体が二つに分かれている分、わずかなヒールで浮力の中心（CB）の移動距離が大きくなる

また、トランポリンの幅が広いため、乗員の体重移動もより大きく行える。そのため、さらに大きな復原力を得られる

復原力が大きいということは、より大きなセールを展開できるということ。よってマルチハル艇は艇速が速い

第1章 ヨットとはなんなのか
[モノハルとマルチハル]

外洋での長距離スピード記録を狙うマルチハル艇。写真はトライマランだが、カタマランもある

バラストキールがなくて済むため、軽量で俊足。しかし、いったん転覆してしまうと復原は絶望的だ

2010年に行われた第33回アメリカズカップでも、巨大なマルチハル対決となった。カタマラン対トライマランの対決はトライマランの勝ちに終わった

が、船幅の広さから得られる形状復原力の大きいマルチハルなら、バラストは非常に軽い、あるいはまったくバラストを持たないものもある。ということは、マルチハル外洋艇の場合、排水量はモノハル艇の半分近くで済むことになり、外洋艇においてマルチハル艇のメリットは、さらに大きくなるといえる。

まず、その高速性を生かして大洋横断レースや世界一周などで記録を打ち立てているのは、みなマルチハル艇だ。

無寄港世界一周記録のジュールベルヌトロフィーでは、全長30mを越える巨大なカタマランで、50日を切る記録が次々と打ち立てられており、30kt近い平均スピードで外洋を走り抜ける。

ただし、ここで用いられる外洋マルチハル艇は極めて特殊なもの。ギリギリのバランスを保ち続けて走らなければならず、復原力消失角も90度ほどで、いざ転覆してしまうと起き上がることは不可能だ。多くは、転覆した際に船底部から脱出可能なようにハッチが設けられている。

こちらは一般的なキャビン付きトライマラン。センターハルの上部は幅を広く取れるため、細身の艇体ながらキャビンスペースは意外と広い

左右のアウトリガーをたためば、通常の幅の泊地にも係留できる。海外ではトレーラーで牽引移動できるタイプもある

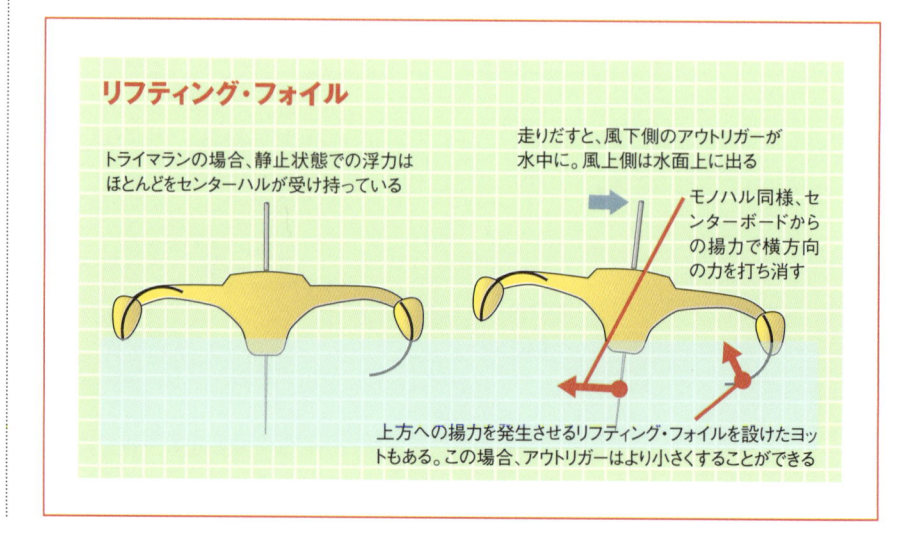

リフティング・フォイル

トライマランの場合、静止状態での浮力はほとんどをセンターハルが受け持っている

走りだすと、風下側のアウトリガーが水中に。風上側は水面上に出る

モノハル同様、センターボードからの揚力で横方向の力を打ち消す

上方への揚力を発生させるリフティング・フォイルを設けたヨットもある。この場合、アウトリガーはより小さくすることができる

あるいは、沿岸部でのヨットレースでは、世界最古のスポーツトロフィーといわれるアメリカズカップでも、2010年大会ではカタマランの〈アリンギ〉とトライマランの〈BMWオラクル〉が戦った。巨大なマルチハルに、セールも飛行機の翼のようなウイングセールが用いられ、まったく新しいヨットレースが展開された。

クルージング・マルチハル

レース用、記録達成用の外洋マルチハル艇は特殊なものといえるが、沿岸部でのスポーツセーリングや一般的な外洋渡航を可能にしたマルチハルヨットもある。

全長30ft前後の小型艇では、カタマランよりもトライマランのほうがキャビンスペースを広く取りやすい。センターハルにセンターボードを装備することで、クローズホールドやタッキング性能もモノハル艇と比べて遜色ないものになる。マルチハル艇は幅が広いので泊地の確保に苦労するが、小型のトライマランなら、アウトリガー部を折りたたみ式にすることで同サイズのモノハル艇と同じか、より狭い幅で済むよう工夫しているものもある。

バラストキールがないから軽量で、トレーラーでの搬送も容易。喫水も浅く、安定するのでビーチに乗り上げる(ビーチング)ことも可能、と、軽さを生かしたスポーティーな遊びに対応する艇種も多い。

これに対して、ある程度のサイズになれば、カタマランのほうが、より広いキャビン空間を設けることができるようになる。ハルとハルの間をブリッジデッキというが、この部分に十分なヘッドクリアランスが取れるからだ。

大型のクルージング・カタマランでは、軽量ゆえのスピードもさることながら、同じ全長でも、よりボリュームのあるキャビンが実現でき、帆走時にもヒールしにくいなど、浮かぶ別荘としての魅力を追求した艇種も多い。

これら、クルージングタイプのカタマランは、先に挙げたレーシング・カタマランとは根本的に考えが異なり、片ハルを水面上に上げて帆走することはまずない。

40ftクラスのクルージング・カタマラン。速くて揺れにくいというのが、大きな魅力。吃水が浅いというメリットを生かして、水深の浅い海域でのクルージングにも大いに活躍する

同じカタマランでも、その設計理念が全く異なるということだ。

*

単にマルチハルといっても、スピードを追求したものから、充実したキャビンを求めるものまで、サイズも用途も実にバリエーションに富み、荒天時の対処なども大きく異なる。また、バラストキールを持つモノハル艇ともまったく違った世界だということがわかる。

カタマランでも、ブリッジデッキ部でのヘッドクリアランスが確保できる全長40ftくらいの大型艇では、キャビン容量は格段にアップする

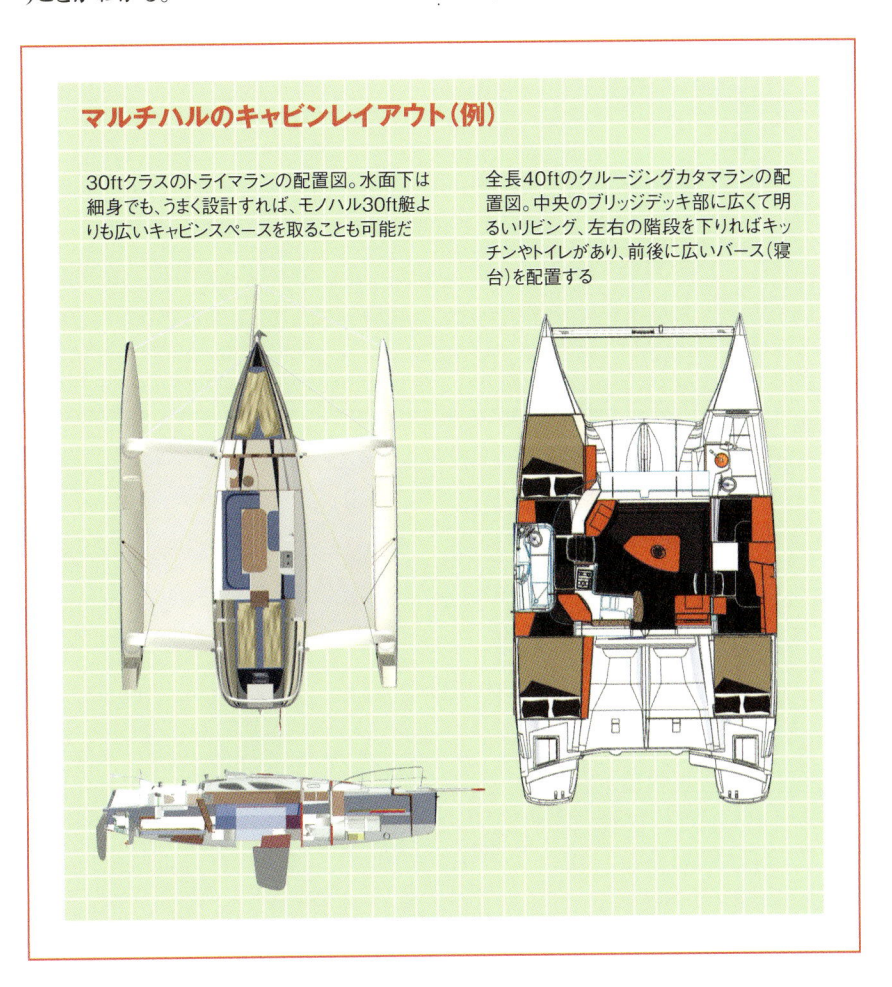

マルチハルのキャビンレイアウト(例)

30ftクラスのトライマランの配置図。水面下は細身でも、うまく設計すれば、モノハル30ft艇よりも広いキャビンスペースを取ることも可能だ

全長40ftのクルージングカタマランの配置図。中央のブリッジデッキ部に広くて明るいリビング、左右の階段を下りればキッチンやトイレがあり、前後に広いバース(寝台)を配置する

こぼれ話 Column
カタログで遊ぶ

ヨットの大きさ

一般的に物の大きさを表す場合は、その嵩（体積）で表すことが多い。バックパックなら40リットルとか80リットルなどという容積の単位が使われるし、船で用いられる総トン数というのも、簡単に言えば容積を表す単位だ。

ところが、プレジャーボートの場合は、総トン数で言われてもピンとこない。

艇種の多くは、「ファースト40」とか「X-35」などと、その全長をフィート単位で表した数値が名称に付けられる。これは、長さによって、大きさとともに、その性能がだいたい判断できるからだ。

・キャビンの広さ

では、キャビンの広さとなるとどうだろう。

同じ長さでも、幅が広い船のほうがよりボリュームがあることになる。

船体の深さとコーチルーフの高さもキャビンの大きさを示す要素になるが、この数値はカタログにはなかなか出てこない。喫水は水に浸かっている部分の深さだが、ヨットの場合はバラストキールがあるので、船体そのものの深さを表すものではない。

ヘッドルーム（キャビン内の高さ）がカタログに記される場合もあるが、これも、キャビンの一部でこの高さがあるという意味で、キャビン内全体の高さを表しているわけではない。

コクピットの大きさも、カタログスペックには出てこないが、ヨットの性格を表す大きな要素になる。

コクピットの前後長はデータとして特に定義されているわけではないが、これを「コクピット長」と表現すると、同じ長さ、幅のヨットなら、コクピット長が短いものほどキャビンは広く取れることになる。

小人数での帆走なら、コクピットが狭いほうが、舵やウインチ、クリートなどに手が届きやすく、操作性が良くなるともいえるし、逆に大勢乗り込んでレースに出るときなどは、コクピットが狭いと動きにくい。

コクピットは広い、狭いのほかにも、その深さが重要な要素になる。また、同じキャビンボリュームでも、船内配置の妙で広く見えたり、狭いが使いやすかったりもする。

こうしたキャビンやコクピットの広さは、カタログに出てくる数値ではなかなかつかみにくいので、やはりボートショーなどで実艇を自分の目で見て感じる必要がある。

ヨットの性能

ヨットの性能といっても、多くの要素がある。

・重さの目安（排水量／長さ比）

単純に考えて、軽量な船体に大きなセールを展開したヨットのほうがスピードは出る。

ヨットの重さは「排水量」として表現されるが、重いか軽いかは、単純に比較してもあまり意味がない。全長が長い（大きな）船は当然重くなるわけだから、長さに対する重量という数値でとらえることで、そのヨットが大きさの割に重いか軽いかを判断することができる。

これが「排水量／長さ比」だ。代表的な公式を右ページに紹介しておくので、自分で計算してみよう。

ただし、カタログに表示される排水量は、あくまでもメーカーが発表したもので、プロダクション艇の場合、完成時の重量にはばらつきがあるので注意が必要だ。

・セールエリア（帆走係数）

重さと同様、セールエリアも、単にその面積を比べてもあまり意味がない。

いくら大きなセールを展開しても、重い船ならスピードは出ないし、逆に、重い船でも大きなセールを展開すればスピードは増す。

ということで、船の重量（排水量）あたりのセールエリアで表したものが帆走係数だ（右図）。

セールエリアはカタログに表示されているが、セールから得られるパワーは単純にその面積に比例するわけではないので、ここでも話は少し難しくなる。

例えば、同じ面積でも、よりアスペクト比（縦横比）の高いセールのほうが、効率よく揚力を発生させることができる。カタログ値としてはI、J、P、Eの四つの数値が出てくることもあるので、ここからアスペクト比を計算することはできるが、この数値はそれぞれジブとメインを展開できる部分の大きさ（右図）で、セールのエリアというよりもリグの大きさを表す数値というのが正しい。同じIとJを持つリグでも、オーバーラップジブかノンオーバーラップジブのリグかで、展開できるセールの面積は違ってくるわけだから。

I、J、P、Eの数値から計算上の実効セールエリア（RSAT）を求める方法もあるので紹介しておこう。式は複雑だが、表計算ソフトなどを使えば決して難しいものではない。

・腰の強さ

セールエリアが大きくても、ちょっと風速が上がっただけでオーバーヒールしてしまうようでは意味がない。ヒールしにくいか否かを腰の強さという。

腰の強さをカタログスペックから判断するのは難しいが、全幅が広いほうが腰は強く、同じ全幅なら水線幅の広いほうが腰は強いであろうと想像できる。

バラスト重量、あるいはバラスト比も、復原力の大きな要素となる。バラスト形状によってそのヨットの性格が変わるため、同じ船体に何種類かのパターンのキールが用意されている場合もある。

浅いキールなら水深の浅い海面に入りやすいが、この場合は復原力を稼ぐためにバラスト重量は重くしてあることが多い。逆にキールを深くすればキール重量は少なくて済み、あるいはバルブキールにすればさらに重心が下がるので、同じ復原力を持たせるためには重量は軽くて済む。同じ重さなら、より復原力は増す。

こう考えていくと、単にバラスト重量やバラスト比が高いほど復原力が大きくなるとも限らない。

そこで、最近はカタログに、復原力消失角やスタビリティーカーブ（30ページ参照）といった、復原力に関するより具体的なデータが示されている場合も多い。

また、風上航ではキールから得られる揚力が重要なため、その形状によって帆走性能そのものも左右される。

・総合バランス

こうしてカタログの数値を追って比べていけば、そのヨットの性格が見えてくる。表計算ソフトを使って比較表を作ってみるのも楽しいし、縦軸に帆走係数、横軸に排水量／長さ比を取ってグラフ化してみるのもおもしろい。

ただし、ヨットの性能は、非常に複雑で微妙なバランスの上に成り立つものなので、数字だけでは追えない何かがあることも事実。

それがまた、ヨットの興味深い部分なのだ。

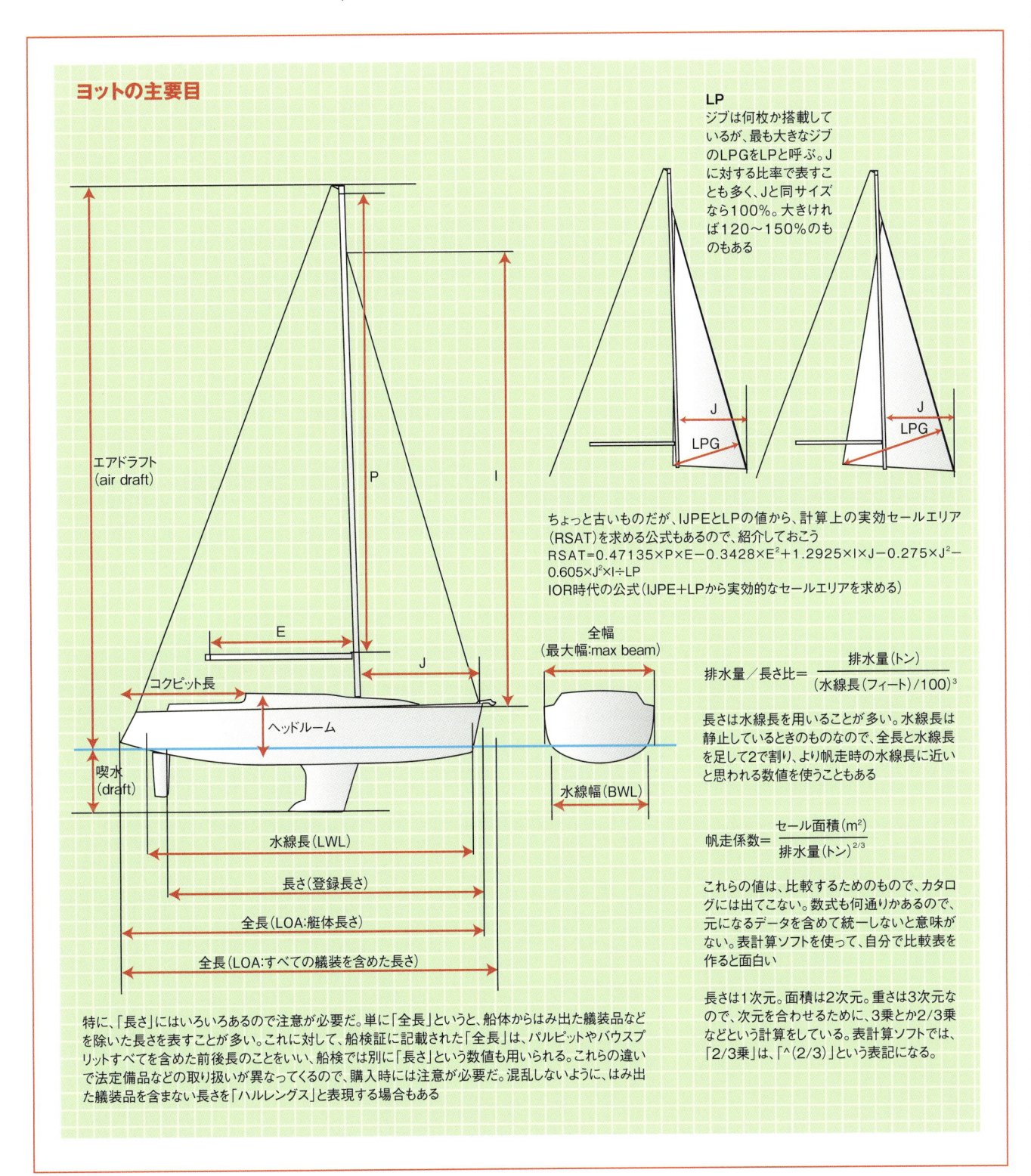

ヨットの主要目

LP
ジブは何枚か搭載しているが、最も大きなジブのLPGをLPと呼ぶ。Jに対する比率で表すことも多く、Jと同サイズなら100％。大きければ120～150％のものもある

ちょっと古いものだが、IJPEとLPの値から、計算上の実効セールエリア（RSAT）を求める公式もあるので、紹介しておこう

$RSAT = 0.47135 \times P \times E - 0.3428 \times E^2 + 1.2925 \times I \times J - 0.275 \times J^2 - 0.605 \times J^2 \times I \div LP$

IOR時代の公式（IJPE＋LPから実効的なセールエリアを求める）

$$排水量／長さ比 = \frac{排水量（トン）}{(水線長（フィート）/100)^3}$$

長さは水線長を用いることが多い。水線長は静止しているときのものなので、全長と水線長を足して2で割り、より帆走時の水線長に近いと思われる数値を使うこともある

$$帆走係数 = \frac{セール面積（m^2）}{排水量（トン）^{2/3}}$$

これらの値は、比較するためのもので、カタログには出てこない。数式も何通りかあるので、元になるデータを含めて統一しないと意味がない。表計算ソフトを使って、自分で比較表を作ると面白い

長さは1次元。面積は2次元。重さは3次元なので、次元を合わせるために、3乗とか2/3乗などという計算をしている。表計算ソフトでは、「2/3乗」は、「^(2/3)」という表記になる。

特に、「長さ」にはいろいろあるので注意が必要だ。単に「全長」というと、船体からはみ出た艤装品などを除いた長さを表すことが多い。これに対して、船検証に記載された「全長」は、パルピットやバウスプリットすべてを含めた前後長のことをいい、船検では別に「長さ」という数値も用いられる。これらの違いで法定備品などの取り扱いが異なってくるので、購入時には注意が必要だ。混乱しないように、はみ出た艤装品を含まない長さを「ハルレングス」と表現する場合もある

第2章 艤装

[基本はロープ]

ロープ

繊維を撚ったり編んだりして作られた綱をロープという。

一般的な生活では、ロープを使うことはあまり多くないかもしれない。しかしヨットの上では、さまざまな用途に各種のロープが用いられている。

材質や製法の違いによってロープの性質は異なり、用途によって、それに適したロープを用いることになる。

その構造、材質の違いを見ていこう。

構造

ロープは、大きく分けると、撚りロープと編みロープとの二つに大別できる。

繊維を紡いで糸を作り、糸を撚り合わせて束にする。これをストランド(strand)という。

3本のストランドを撚り合わせたものが「三つ撚りロープ」だ。さらに多くのストランドを織り込んだものが「編みロープ」(ブレードロープ)となる。

「撚る」とは、交えてねじり合わせること。これに対して「編む」とは、交互に打ち違えて組むこと。布地では縦糸と横糸を交互に織り込むが、ロープの場合は斜め方向に編み込んでいく(右写真)。

8本のストランドを編み込めば「八つ打ち」、16本なら「十六打ち」と呼ぶ。

さらに、編みロープのなかでも、コア(芯)と外皮とに分かれているのがダブルブレード(二重打ち)、外皮がないものがシングルブレードとなる。

ダブルブレードロープのなかには、コアと外皮の材質を変え、コアで強度を持たせ、外皮で紫外線や擦れを防ぐものもある。

コアと外皮との間にずれ止めの中間層を持つものや、外皮は編みロープでもコアは撚りロープになっていたり、繊維をストレートに束ねただけのものなど、外見は同じに見えても、さまざまな構造のロープがある。それぞれの特性を生かして適材適所で使いたい。

性能

ロープは、その構造や繊維の性質によって、さまざまな性能を持っている。では、ヨットで用いるロープに求められる性能にはどのようなものがあるだろうか。

・強度と伸び、あるいは変形

物に力が加わることを荷重(load)という。ロープにかかる荷重は、主に引っ張り荷重だ。

ロープを引っ張ればそれにつれて伸びが生じ、荷重を取り除けば元の形状

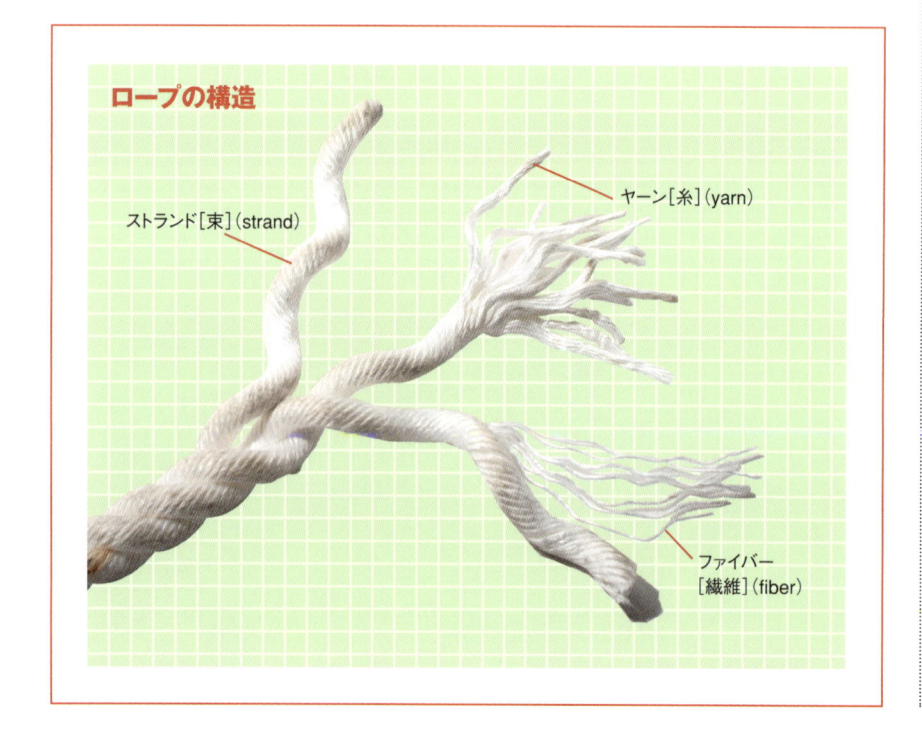

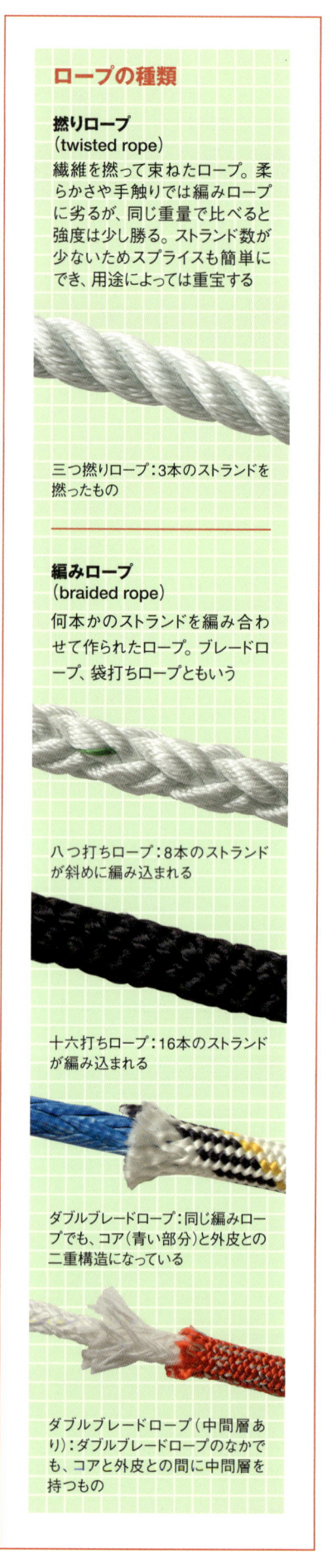

ロープの構造

ストランド[束](strand)
ヤーン[糸](yarn)
ファイバー[繊維](fiber)

ロープの種類

撚りロープ (twisted rope)
繊維を撚って束ねたロープ。柔らかさや手触りでは編みロープに劣るが、同じ重量で比べると強度は少し勝る。ストランド数が少ないためスプライスも簡単にでき、用途によっては重宝する

三つ撚りロープ:3本のストランドを撚ったもの

編みロープ (braided rope)
何本かのストランドを編み合わせて作られたロープ。ブレードロープ、袋打ちロープともいう

八つ打ちロープ:8本のストランドが斜めに編み込まれる

十六打ちロープ:16本のストランドが編み込まれる

ダブルブレードロープ:同じ編みロープでも、コア(青い部分)と外皮との二重構造になっている

ダブルブレードロープ(中間層あり):ダブルブレードロープのなかでも、コアと外皮との間に中間層を持つもの

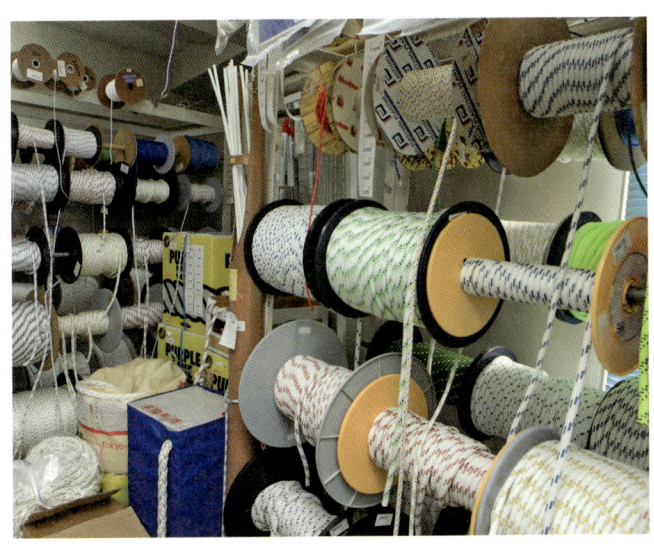

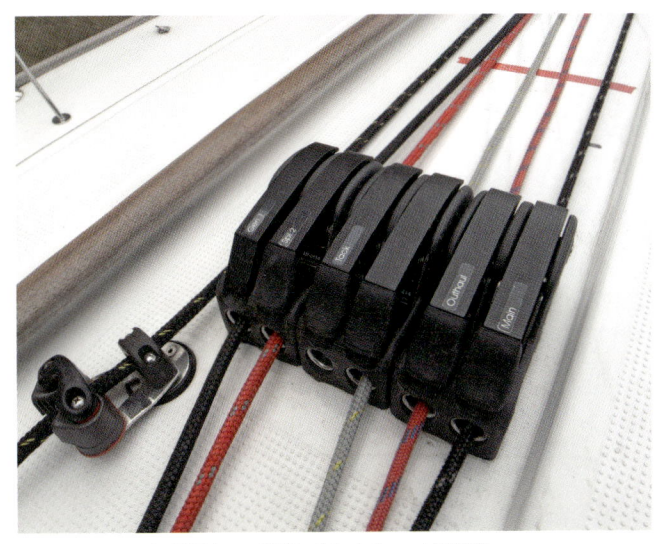

船具店には、さまざまな種類、太さのロープがそろえられている

シート、ハリヤード、係留索……用途に合わせてロープを選ぼう

に戻る。これを弾性という。弾性率とは、どのくらい力が加わるとどのくらい伸びるのかという目安であり、弾性率が高いということは、伸びにくいということ。

一方、荷重を取り除いても元に戻らなければ、それは変形していることになる。これをクリープ(creep)という。

ロープに力が加わると、伸びは大きくなり、最後は切れてしまう。これが破断だ。もちろん、破断してしまうと元の形には戻らない。

ロープに荷重をかけると、上記三つの現象(伸び、クリープ(変形)、破断)が起きる。破断に至る荷重を破断荷重(breaking load)という。

繊維は、それぞれ異なる特性を持つが、用途としても、クリープがあると困るもの、クリープがあってもさほど問題ないもの、伸びがあっては困るもの、伸びがあったほうがいいもの……とさまざまだ。使い道によって特性に合った繊維で作られたロープを使う必要がある。

使用する際には、実際にかかる荷重に安全率(6倍程度)をかけた破断荷重のものを選ぶ。安全使用荷重(safe working load)としてメーカー側で表示する場合もある。

・**重量と太さ**

実際にロープを使う場合、その用途に見合った破断荷重を持つロープを使うことになる。でなければ、切れてしまう。

破断荷重は断面積あたりの数値なので、破断荷重が低い繊維を用いたロープなら、より太いものを使うことになり、破断荷重が高い、切れにくいロープなら、より細いもので済むことになる。

つまり、破断荷重の大小は、実用にあたっては太いか細いか(重いか軽いか)という尺度になるともいえる。

通常は軽いロープのほうが都合が良い場合が多いが、用途によっては、細すぎると使いにくいこともある。

また、比重が1より大きいか小さいか、つまり水に浮くか浮かないかが問題になる場合もある。

・**価格**

昔は麻や木綿といった天然繊維が用いられていたが、現在、ヨットで用いられるロープのほとんどは化学繊維である。

同じ化学繊維でも、大きく分けると、ポリエステルに代表される旧来型のものと、それに比べて破断強度、弾性率ともに非常に高い、いわゆる「ハイテク繊維」に大別できる。

破断強度の大きなハイテク繊維製のロープを用いれば、より細い径のロープで済むし、伸びも少ない。しかし、そのコストも大きなポイントになる。いくら性能が良くても、現実的な価格でなければ使えない。コストパフォーマンスが、実は大きな要素になってくる。

・**耐久性**

ヨット上の多くのロープは、海上で強い日差しに長時間さらされるため、耐紫外線特性も重要だ。ものによっては、あっという間にボロボロになってしまい、本来の破断強度が大幅に低下してしまうこともある。

あるいは、対摩擦性能や耐熱性が必要な個所もあるだろう。吸水性も問題になる。

そして、実際に使う場合には、柔軟性や手触りといった要素も重要だし、多くのロープが並ぶデッキ上ではそれぞれを色分けして使い分けるため、染色性も大きな要素となる。

これらの用途に合わせてさまざまな繊維が用いられ、さまざまな構造、さまざまなサイズのロープが用意されている。

材質

化学繊維といっても、いろいろある。旧来型のものと、スペクトラ®やケブラー®(いずれも商品名)といった高張力の、いわゆる「ハイテクロープ」に大別できる。

・**ポリエステル(polyester)**

旧来型ロープの基本素材。破断強度、弾性率、耐久性、価格、とさまざまな要素でバランスが取れている。

商品名はダクロン®、テトロン®など。ロープのみならず、衣類や生活用品など、さまざまなところで使用されているが、同じポリエステル繊維といっても、製造過程で品質にはかなり違いがあるようだ。

第2章 艤装
[基本はロープ]

ポリエステル

ナイロン

ポリプロピレン

ダイニーマ（コアのみ）

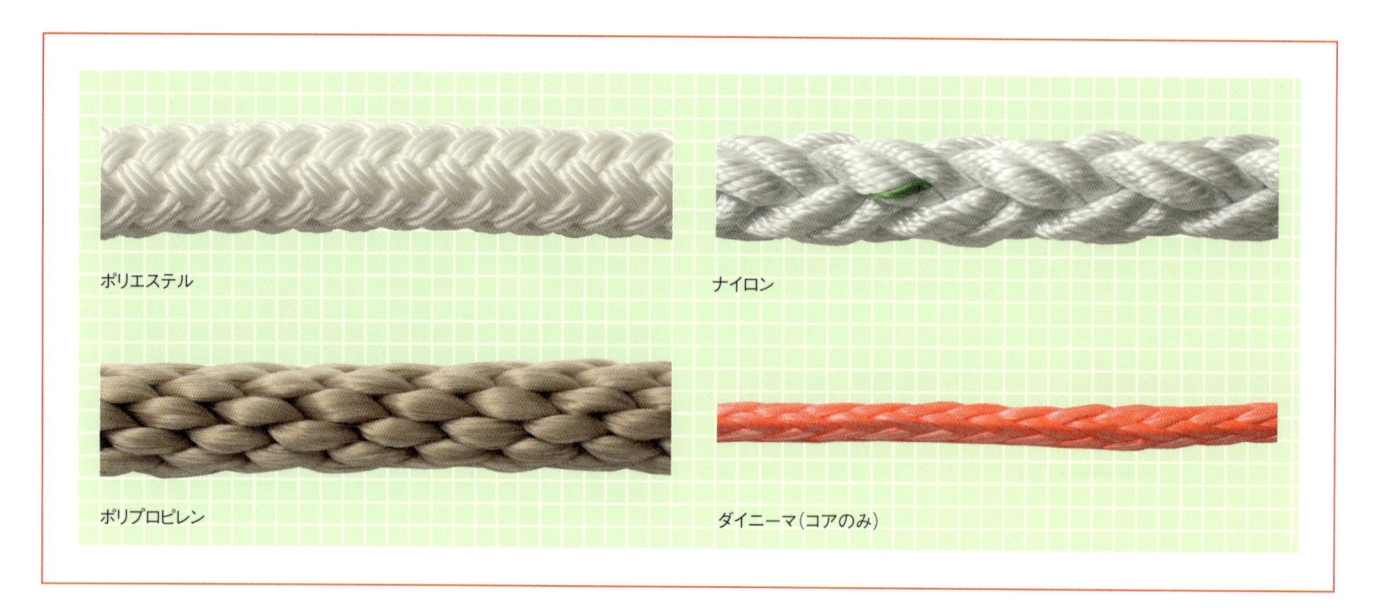

繊維自体に水分を含まないのも特徴。そのため、乾きが速い。

・ナイロン（nylon）

ポリアミド系繊維の総称。歴史は古く、さまざまな種類がある。

軽量だが、水を含む。ポリエステルに比べると弾性率が低い。伸びやすいということ。その分、破断強度は大きい。

ナイロンを改良して耐久性を増したのがコーデュラ（Cordura）®。衣類やバッグ類によく用いられるが、マリン用のロープでも、その耐久性を生かして外皮に用いた商品もある。

・ポリプロピレン（polypropylene）

引っ張り強さはナイロンに次ぐ。軽く、水に浮く。濡れても硬くならないが、紫外線に弱い。価格が安い。

・クレモナ

ビニロン（vinylon）とポリエステルの混紡糸。ビニロン自体、耐候性が高く、熱や摩擦にも強い。係船索や漁業用としても広く使われている。

*

ここまでが、旧来型の化学繊維。以下はいわゆるハイテクロープで、破断強度、弾性率は圧倒的に優れる。高価なことが欠点だったが、最近は価格がこなれてきたものから順次一般にも普及してきている。

・HMPE

HMPEは、超高分子量ポリエチレン（high modulus polyethylene）のこと。スペクトラ（Spectra）®は商品名。ほかにもダイニーマ（Dyneema）®、テクミロン®という商品名でも販売されている。

ポリエチレン自体の歴史はかなり古く、19世紀末にはすでに発見されている。容器や包装など、われわれの身の回りを見渡すと実に多くのポリエチレン製品を見つけ出すことができる。

スペクトラやダイニーマは、同じポリエチレンでも超高分子量化したもので、SK25、SK60、SK62、SK65などのグレードがある。現在ロープに使われているのは、SK75、SK78。

比重が小さく、水に浮く。よって、重量あたりの破断強度は大きいが、ほかのハイテク繊維に比べると弾性率は低い（伸びが大きい）。

曲げに強く、耐紫外線、耐摩擦性にも富むので、外皮なしでの使用も可。ただし融点150度と、PBOなどに比べると熱には弱い。

クリープ（変形）を生じるというのが、ほかのハイテク素材との一番の違いだ。

ただし、製造過程でプレストレッチをかけるなどし、ベクトラン®並みの弾性率、耐クリープ特性を改善させた製品も出てきており、ほかの繊維との比較が難しくなっている。

・LCP

LCPは、液晶ポリマー（liquid crystal polymer）から成るポリアリレート繊維。商品名はベクトラン（Vectran）®。

破断強度と弾性率は、後述するアラミドとほぼ同じ。アラミドは水分を含むが、ベクトランは含まない。曲げにも強い、ということから、ロープに使うならケブラーよりベクトランが主流だ。

ここに挙げた三つのハイテクロープ・コア材のなかでは、PBOに次ぐ弾性率を持つ。

価格的にも、ダイニーマとほぼ同じ。よって、軽さならダイニーマ、弾性率ならベクトランということになろうか。

耐切創性・耐摩耗性にも優れるため、外皮なしでの使用も可。

ステアリングシステムなどでワイヤ代わりに使われることもある。

・PBO

PBOは、ポリフェニレン・ベンゾビスオキサゾール（polyphenylene benzobisoxazole）の略。ザイロン®が商品名。

現存する化学繊維のなかでも最高レベルの破断強度、弾性率を持つ。登場時にはセールクロスにも使われたが、紫外線に弱いというより可視光線に弱いということが、最大のデメリットとなる。

しなやかなため、光線を遮るようにきっちり外皮をかぶせればロープの素材としては適しているが、とにかく価格

ダイニーマのコアに、ダクロンの外皮をかぶせたもの。
途中まで外皮をかぶせるという使い方もある

ベクトランのコアに、ダクロンの外皮をかぶせたもの

PBOのコアに、ダクロンの外皮をかぶせたもの

ケブラーを外皮に織り込んで、摩擦に強くしたもの

ワイヤロープ

セールタイは、平らに編み込んだ平打ちベルト。
テトロン製やナイロン製が多く、多目的に使える

が高く、ベクトラン、ダイニーマの4〜5倍する。それでもなお高弾性率を必要とするグランプリボートで使われる。

抜群の耐熱性から、非常用の縄ばしごなどにも使われているようだ。この特性を生かし、ロープの外皮にも使われる。

外皮なしの製品も、ないことはない。船内のステアリングシステムで、ワイヤ代わりに使われることもある。

・パラ系アラミド

PPTA（ポリパラフェニレン・テレフタラミド：p-phenylene terephthalamide）とも呼ばれる。アラミド（aramid）は、芳香族ポリアミド（aromatic polyamide）の略。

ケブラー（Kevlar）®、トワロン®、あるいはテクノーラ®は商品名。

アラミドにもレギュラー、ハイモジュラスなどがあり、単純にベクトランと比べて強度はどうなのかと比べるのは難しいが、ベクトランと比べると硬く、水を含む。したがって、ロープのコアに使われる場合は、バックステイなど直線上に用いられる個所で使われるようだ。

ロープの素材としては、耐摩耗性、耐熱性の高さから、外皮として、ポリエステルやコーデュラと混ぜて使われることが多い。

・カーボン（carbon fiber）

単にカーボンというと炭のこと。ここでは炭素繊維（カーボンファイバー）の略で、上記の有機繊維に対して、ガラス繊維や金属繊維と同様、無機繊維と呼ばれる。

高強度だが、曲げに弱いのでロープの素材としては使われていない。セールの素材、あるいは樹脂で固めて船体や部品にする。

・ワイヤロープ

金属線（ワイヤ）を撚り合わせたものがワイヤロープ。ロープというからには、これもロープのうちに入るのかもしれない。

伸びが少なく耐紫外線特性も高いが、なんといっても硬い。

サイズ

ロープのサイズはその直径で表す。国産ロープはmmで、輸入ロープにはインチで表すものもある。同じ繊維、同じ構造のロープなら、直径が太いほうが強いことになる。

ハイテクロープの場合、外皮は、破断荷重にかかわらずコアの太さで強度は決まってくるが、外皮を含めた直径で表している場合もあるので、選択時には注意が必要だ。

用途

それでは、用途別に、それに適したロープを見ていこう。

第2章｜艤装
[基本はロープ]

・**静索**

マストを前後左右から支えるのが静索（スタンディングリギン：standing rigging）だ。これは「リグ」の項で説明したが、伸びが少なく紫外線にも強く耐久性のあるステンレスのワイヤロープが使われることが多い。

レース艇などでは、さらに伸びが少なく重量比の強度が大きいステンレスロッドが用いられる。

またバックステイには、ケブラーをビニールのチューブで覆ったものが使われることもあるし、カーボンの細いロッドを束ねてスペクトラの外皮をかぶせたリギンも使われ始めている。

・**動索**

マストを支える静索に対し、セールやスパーなどをコントロールするために動かすロープ類が動索（ランニングリギン：running rigging）だ。

動索のなかでも、特にセールの開きを決めるためのコントロールロープをシート（sheet）という。メインシート、ジブシート、あるいはスピネーカー用のスピネーカーシートがある。

価格も含めた総合性能からポリエステルロープが使われてきたが、スピネーカーシートやメインシートには、より軽くしなやかなスペクトラが用いられるようになっている。ジブシートには、より伸びの少ないベクトラン、あるいはウインチドラムでの摩擦を考えて、外皮にケブラーを編み込んだものが使われることもある。

マストに取り付けられて、セールの揚げ降ろしに用いられるのがハリヤードだ。スピネーカーハリヤードにはポリエステル、より力のかかるジブハリヤードやメインハリヤードにはワイヤロープが使われることもある。

これも、より軽く紫外線に強いスペクトラや、力がかかるジブハリヤードには、さらに弾性率の高いベクトランやPBOが使われることもある。

・**係留索**

ヨットを係留する際に、桟橋や岸壁と

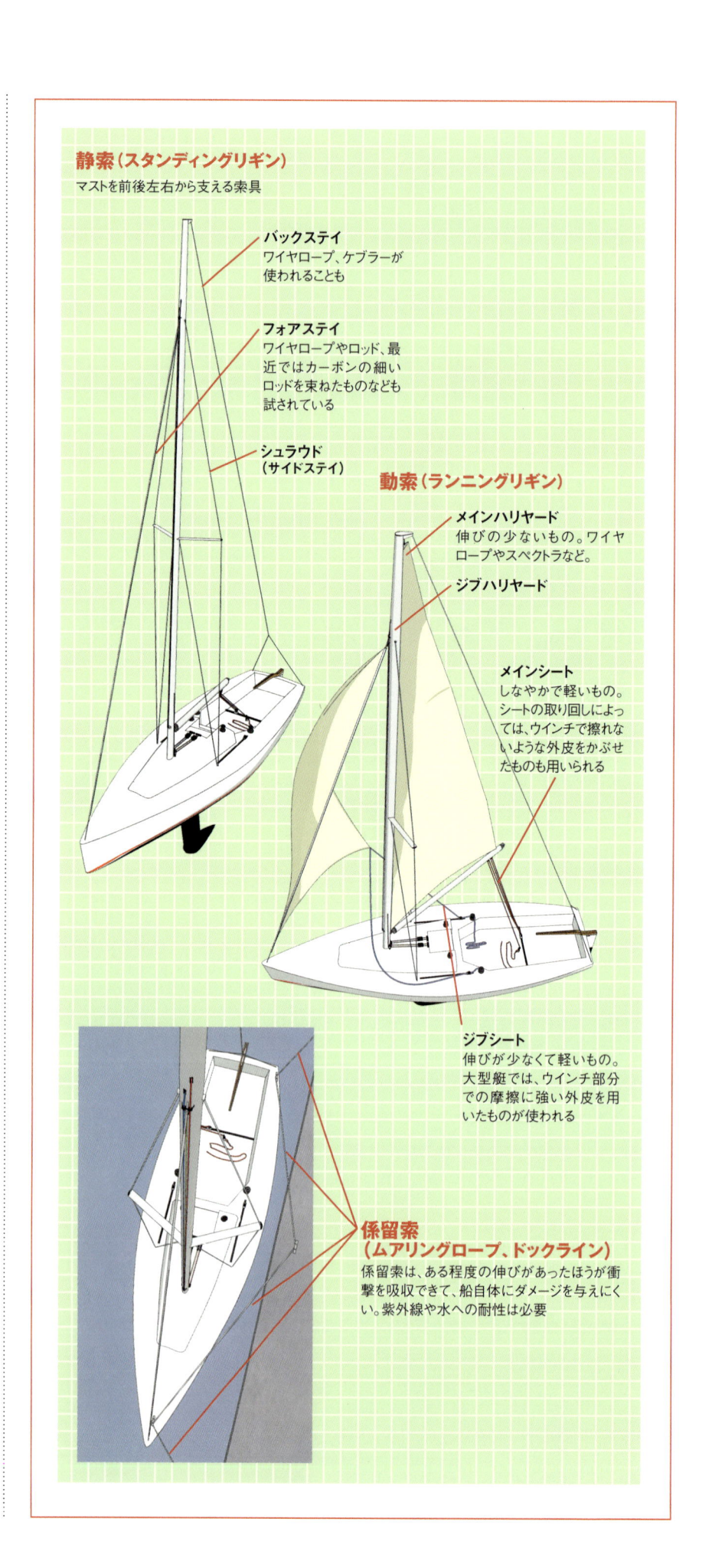

静索（スタンディングリギン）
マストを前後左右から支える索具

バックステイ
ワイヤロープ、ケブラーが使われることも

フォアステイ
ワイヤロープやロッド、最近ではカーボンの細いロッドを束ねたものなども試されている

シュラウド（サイドステイ）

動索（ランニングリギン）

メインハリヤード
伸びの少ないもの。ワイヤロープやスペクトラなど。

ジブハリヤード

メインシート
しなやかで軽いもの。シートの取り回しによっては、ウインチで擦れないような外皮をかぶせたものも用いられる

ジブシート
伸びが少なくて軽いもの。大型艇では、ウインチ部分での摩擦に強い外皮を用いたものが使われる

係留索（ムアリングロープ、ドックライン）
係留索は、ある程度の伸びがあったほうが衝撃を吸収できて、船自体にダメージを与えにくい。紫外線や水への耐性は必要

八つ打ちロープのストランドを解いて編み込んだスプライス

こちらもシングルブレードだが、袋状の芯の部分にのみ込ませるようにスプライス

ダブルブレードロープのスプライス

繊維ロープ（左側）とワイヤロープ（右側）をつなぐラットテールスプライス

ヨットを結ぶためのロープが係留索。ムアリングロープ（mooring rope）、ムアリングライン（mooring line）、ドック・ライン（dock line）とも呼ばれる。

これまで見てきたように、動索の多くは、伸びが少なく、高強度で軽いものが望まれる。価格が下がってきたこともあり、スペクトラなどのハイテク繊維製のロープが多用されつつある。

しかし、係留索の場合、ある程度の伸びがあったほうがショックを吸収してくれて、都合が良い。

長期間、雨風、紫外線にさらされ続けるので、耐久性や、擦れにも強い必要がある。

そこから、ポリエステルやクレモナといった旧来型繊維を用いて係留索専用に製造されたロープが出ている。漁船用に広く用いられる製品もあれば、茶色や黒といった着色をしたプレジャーボート用のダブルブレードロープもある。

・雑索

英語では、繊維を撚ったり編んだりして作られた紐の総称をコーディッジ（cordage）という。そのなかでも、太いものをロープ（rope）と呼び、小径のものをライン（line）と呼び分けることがある。これに対して米語では、ロープが何らかの用途を持つときにラインと称されるようだ（例：アンカーロープ（英国）、アンカーライン（米国））。

また、特に細いロープをコード（cord）ということがある。例えば、セールのリーチ部のバタつきを押さえるために仕込まれた細いロープを、リーチコード（leech cord）と呼ぶ。

そのほか、雑多な用途に用いられるロープをまとめて雑索、あるいは雑ロー（雑ロープの略）と呼んでいる。

セールをまとめる際に用いられるベルト状のロープをセールタイと呼ぶが、ほかにも何かを縛り付けたりまとめたりする際に、長さや太さが手ごろなのでセールタイをそのまま別の用途に使うことも多く、その場合でもセールタイと呼んでいる。これも雑索の仲間といっていい。

また、ブロックを固定するには通常金属製のシャックルが用いられるが、最近ではここにハイテクロープが使われることも多くなっている。ヨットの上には、いたるところでロープが用いられている。

加工

ロープは細い繊維を撚ったり編んだりして作られているので、切断面を放っておくと、ほつれていく。これを防ぐために、熱に弱いロープなら焼いて固めたり、細い糸で縫い固めたり、あるいは折り返して編み込む（これをエンドスプラ

ヒートカッターで、エンドを焼き固めた例。ここを、さらに糸で縫うこともある

イスという）といったエンド処理が行われる。

ハリヤードなどでは、マストに通すときにガイドラインを結びやすいよう、エンドに小さなアイ（輪）を付けることもある。

また、ロープは通常、結びで留めるが、あらかじめ輪を作って編み込んでおくこともある。編み込むことで、つなぎ目がよりスムーズに、そしてほどけないような処理（これをアイスプライスという）をする場合もある。

撚りロープと編みロープ、ダブルブレードロープでは、それぞれスプライスの仕方も違ってくる。

また、ワイヤロープの場合でも、手元やクリートに掛かる部分は繊維ロープでなければ都合が悪い。そこで、ワイヤロープと繊維ロープをつなぐラットテールスプライスもある。

第2章 艤装
[基本はロープ]

ロープワーク

ロープワークの基本

　実際、ヨットに乗ってみると、さまざまなロープがあるので驚くと思う。モーターボートに乗っている人が「ヨットは難しそう」と感じる理由の一つには、わけの分からないロープがいっぱいあるから、というのが多い。どういう用途に使うのかが頭に入ってさえいれば、それらを操作するのは難しいことでもないのだが、それぞれ独自の名称が付き、またそれらのほとんどが英語由来だったりするから、確かに覚えるのは容易ではない。

　さらには、それらを使いこなすには、ロープワークのさまざまな知識も必要になる。

　そもそも、日常生活でロープが使われることはほとんどない。洗濯紐くらいのものか？　いや洗濯物だって物干しざおに干すのが普通になっていて、最近では洗濯紐自体もほとんど見かけない。それじゃあ、洗濯紐をたわみなくピンと張るにはどういう結びをしたらいいのか？　そう、それがロープワークの基本といえる。

　さて結びの数々について具体的に触れる前に、まずはちょっと雑学から……。

キング・オブ・ノット＝ボーラインノットの語源は帆船の横帆支持

　船の上で使われる結びの代表ともいえるのがボーラインノット（bowline knot）だ。もやい結びともいう。（54ページ）

　船を舫（もや）うとき、係留索を結ぶ際に用いられることから「もやい結び」と名付けられたのだろう。

　船首はbow。船首からとるもやい索をbow line（バウライン）と呼ぶ。そこから英名の「ボーラインノット」という言葉になったのかというと、これがちょっと違うようだ。

　ここでの「bowline」は、bowとlineの間に空白がない。bowとlineの二つの言葉がつながって一つの単語となりボーリンと発音される。bowlineとは横帆船で用いられたセールのコントロールラインのことで、『ヨット・モーターボート用語辞典』によれば、「横帆で横風や前よりの風を受けて帆走するとき、帆の風上側（船首側）の縁から船首方向に強く引いて、その縁のばたつきを止める索具」とある。そこにこの結びが用いられたことから、bowline knotと呼ばれ、発音は「ボーリンノット」となるのが正しいようだ。

　しかし、我が国では「ボーラインノット」と称することが多い。欧米でも、ボーラインノットと発音する人が多いようだ。特に若いセーラーでは「ボーリン」の存在を知らない人も結構いる。

　とはいえ「バウラインノット」と発音することはない。

*

自然にはほどけない。しかし、ほどきたいときに、ほどけることが条件

　「もやい結びもできないドシロウト」というい方をされることがある。もやい結びこそ、ヨットの基本ともいえ、それすらできないのでは、まったくのシロウトだね――という意味で使われる。

　まあ、プレジャーボートの乗員なんてのは、プロじゃなくてアマチュアがほとんどなのだから、この場合、ドシロウト＝超初心者という意味でもある。

　それでは、なぜそれがもやい結びなのか？

　結びは、強く引かれたときにほどけてしまっては意味がなく、さりとて、強く引かれた後でほどけなくなっても困る。

　ヨットの上では、ウインチなどの増力装置を使ってロープを締め上げる。あるいは、強い風の力で締め上げられる。下手な結びかたをしたのでは、ほどけてしまったり、逆にほどけなくなったりしてしまう。

　絶対にほどけないけれど、ほどこうと思ったら簡単にほどける。こうした矛盾するような二つの要素を満たしているのが、このもやい結びということになる。

　もやい結びは、結びの王様「King of knot」とも称される。まず、もやい結びを完璧にマスターするのが、脱初心者の目標だ。

広くて深いロープワークの世界

　結びの種類は、実に多い。これだけで1冊の本が書けてしまえるほどだ。

　しかし実際にヨットの上で必要になるのは、そのうち5種類くらい。そのなかでも、もやい結びは複雑なほうではある。とはいえ、その気になって自宅でちょっと練習すれば、すぐに結ぶことができるようになるだろう。

　しかし、結べるのと、使えるのはまたちょっと違う。家ではできても、実際に船の上でやってみると、やっぱりできなかったりする。ちょっとした条件の違い、たとえば、向きが違っていただけでも勝手が違い、慌ててしまうのだ。あれあれ！？　どうだっけ？　となる。

　ときには何かの裏に隠れて見えないところで手探りで結ばなければならないこともあるかもしれない。もちろん闇夜で揺れる艇上で片手で体を支えながら

photo by Rolex / Kurt Arrigo

日常生活でロープが使われることはあまりなくなっているが、船の上では多用される。そこではロープの取り扱い──ロープワークが重要になる

……なんてことだってあるかもしれない。

それでも手早く確実に結ぶ。あるいは素早く解く。ここまでできて、初めて「もやい結びができる」レベルになる。

ロープワークには慣れや応用が必要なのだ。

どこで何を使うか

結びの王様──もやい結び、といっても万能ではない。もやい結びは、基本的には輪を作る結びである。ロープ自体にテンションがかかっている状況では結べないし、テンションがかかったままではほどけない。洗濯紐をピンと張るには、片側はもやい結びでもいいとして、片方は別の結びにしなければならないわけだ。そして、それをほどくときは、もやい結びは最後にほどくことになる。

ロープワークで最も重要なのは、今の状況では何結びを使えばいいのかという判断を的確に下すこと。誰も指示してはくれない。それぞれの結びの特徴を知り、その状況に最も適した結びを選び、応用する。これが重要だ。

結び自体を覚えるのは自宅でもできるが、いかに使いこなすかは、実際ヨットに乗り、さまざまな状況に出合って経験を積んでいくしかない。

もやい結びだけできても、まだドシロウトから一歩抜け出しただけにすぎない。あらゆる状況に対応できるだけの結びやさばき方を体に染みこませて、初めてロープワークを習熟したことになる。

ということで、もやい結びすらできないようでは、やっぱり「ドシロウト」と呼ばれてもしかたないのかもしれない。

常に進化する

ロープワークは長い歴史を持つ。帆船時代から培われた人類の英知でもある。単なるロープ（繊維でできた長い紐）が、ロープワークいかんで高い機能をもつようになるわけだ。

引っ張ったり、縛り付けたりという用途ばかりではない。太いロープを編み込んで足ふきマットにしてみたり、なかには、細いロープを編んでブレスレットを作るなんていう遊び心さえ感じられるようなものもある。

逆に、近代ヨットでは、より簡単に確実にロープを留められるように、さまざまなクリートの類が開発されている。そこでは、複雑な結びを駆使する必要もなくなってきてはいる。

しかし、それでも絶対になくなることはないであろう基本の結びのいくつかをご紹介しよう。

ここでは、説明しやすいように、ロープの端を「テール」。長く続いてどこかにつながっている反対端を「エンド」と呼ぶことにする。

第 ❷ 章 ｜艤装
[基本はロープ]

結びのいろいろ

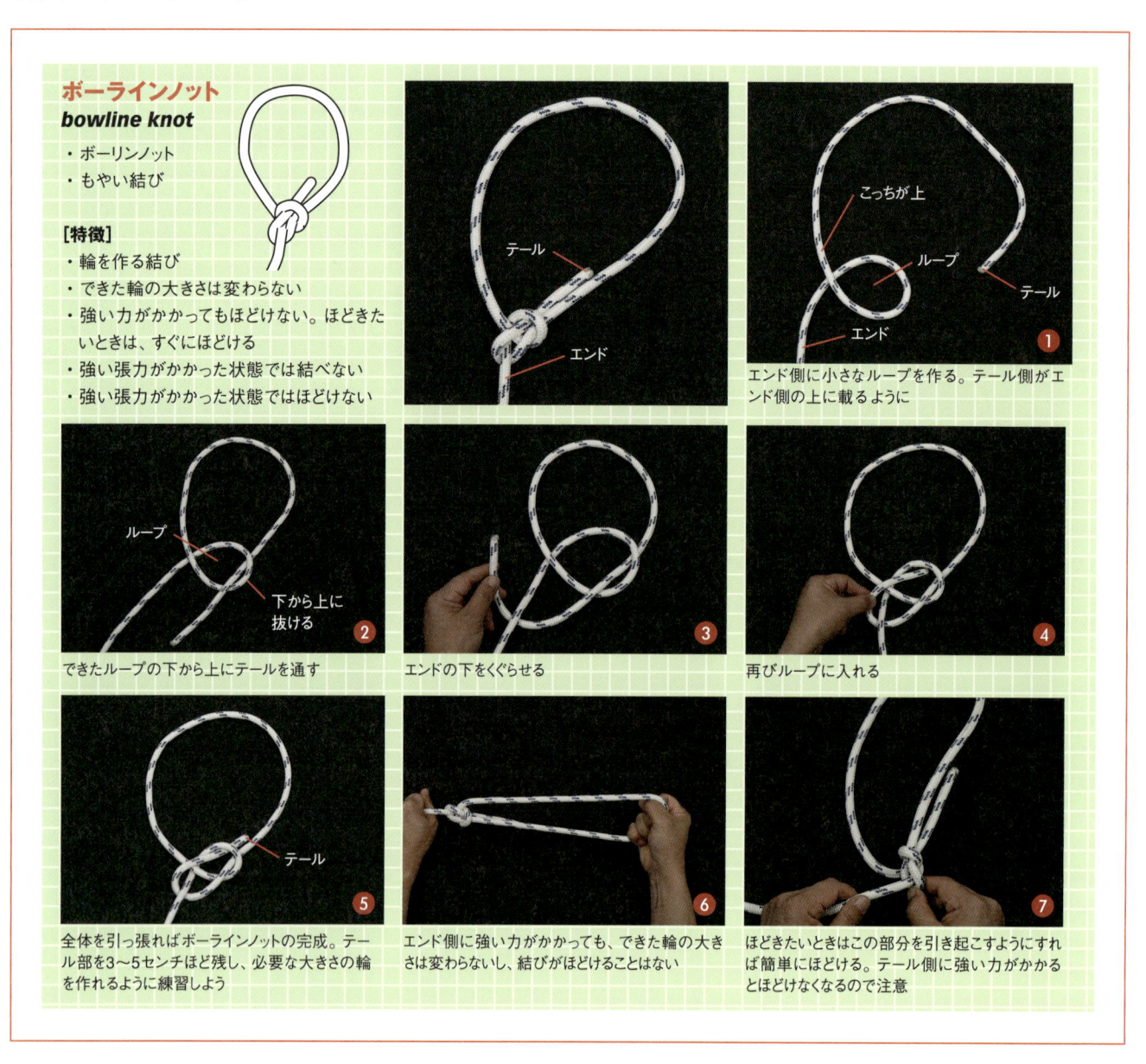

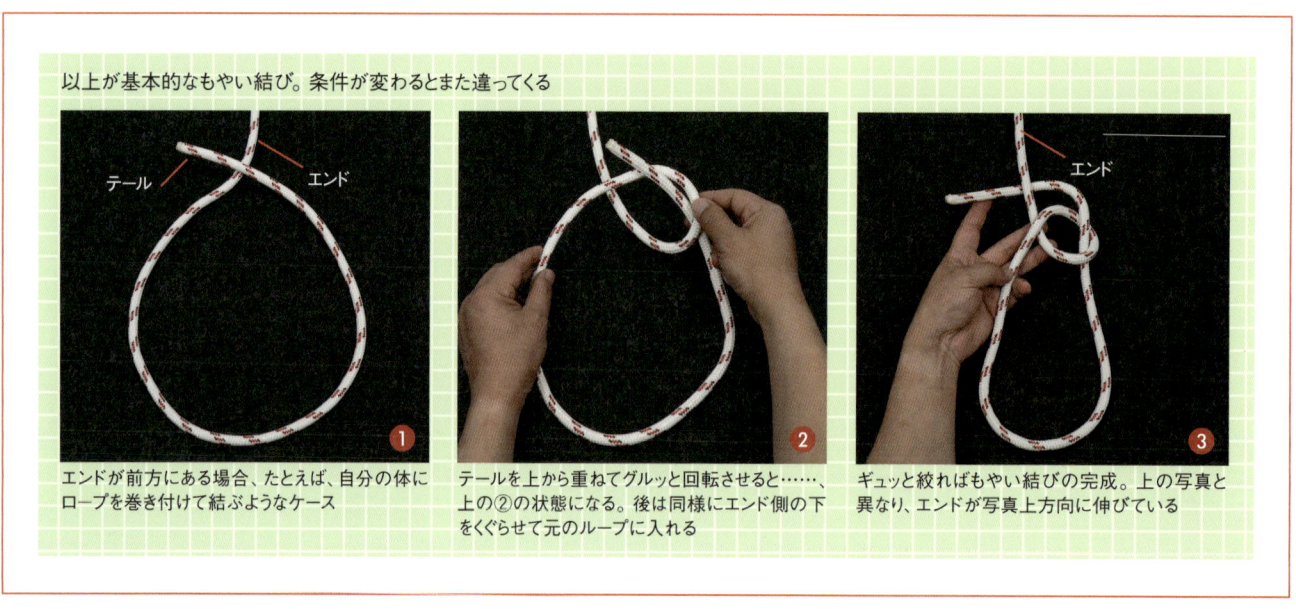

ボーラインノット
bowline knot
・ボーリンノット
・もやい結び

[特徴]
・輪を作る結び
・できた輪の大きさは変わらない
・強い力がかかってもほどけない。ほどきたいときは、すぐにほどける
・強い張力がかかった状態では結べない
・強い張力がかかった状態ではほどけない

❶ エンド側に小さなループを作る。テール側がエンド側の上に載るように

❷ できたループの下から上にテールを通す

❸ エンドの下をくぐらせる

❹ 再びループに入れる

❺ 全体を引っ張ればボーラインノットの完成。テール部を3〜5センチほど残し、必要な大きさの輪を作れるように練習しよう

❻ エンド側に強い力がかかっても、できた輪の大きさは変わらないし、結びがほどけることはない

❼ ほどきたいときはこの部分を引き起こすようにすれば簡単にほどける。テール側に強い力がかかるとほどけなくなるので注意

以上が基本的なもやい結び。条件が変わるとまた違ってくる

❶ エンドが前方にある場合、たとえば、自分の体にロープを巻き付けて結ぶようなケース

❷ テールを上から重ねてグルッと回転させると……、上の②の状態になる。後は同様にエンド側の下をくぐらせて元のループに入れる

❸ ギュッと絞ればもやい結びの完成。上の写真と異なり、エンドが写真上方向に伸びている

①途中を折り曲げてテールに見立てる

②エンド
テール

このように、同じボーラインノットでも、ロープの向きやテールの長さなどで結び方は異なる。ロープの太い細い、堅い柔らかいでも結びやすかったり結びにくかったり。まずはここから、ボーラインノットを完全にマスターしよう

① テールがない場合（長いロープの中間部に輪を作る）も、途中を折り曲げて、そこをテールと見立てればOK

② 同様に、ボーラインノットの完成。ここでも、テール側はあくまでもテール。力が加わっていいのは、エンド側のみだ

フィギュアエイトノット
figure eight knot

[特徴]
・結ぶというより、結び節を作って、滑車からロープが抜け出ないようにするもの。
・強く押しつけられても、この節自体が固く食い込むことはない。
・ただし、両サイド（エンドとテール）を引っ張ると食い込んでしまう。

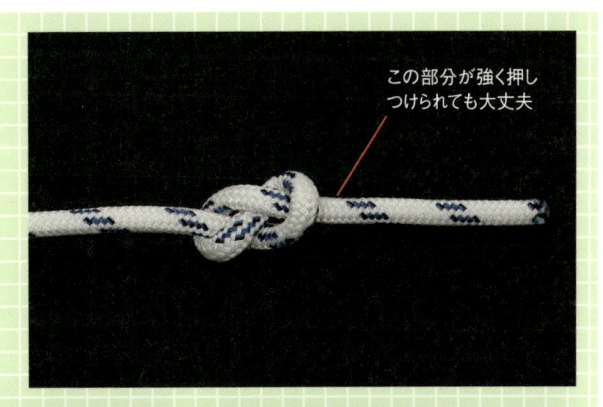

この部分が強く押しつけられても大丈夫

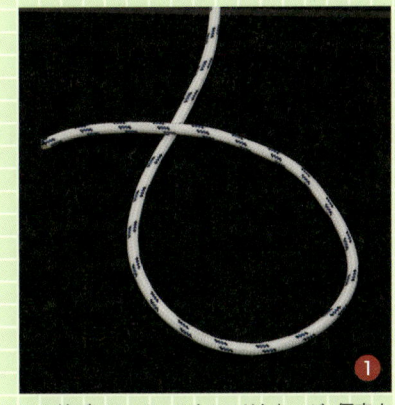

① この結びには、テールもエンドもないが、便宜上短い方をテールと呼ぶことにする。まずはテールをエンドの上に載せる

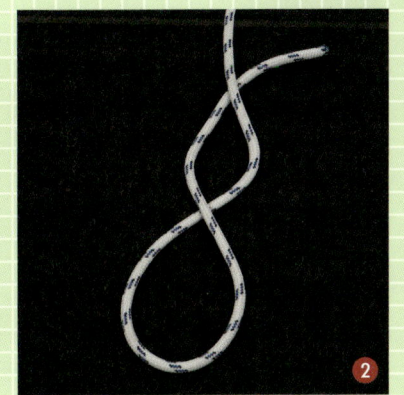

② エンドの下をくぐらせる。8の字になる

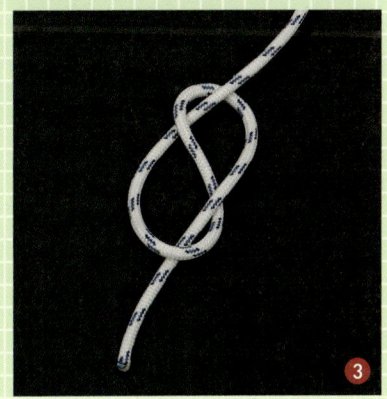

③ 最初に作ったループの中に入れて引っ張れば完成

55

第2章｜艤装
[基本はロープ]

クラブヒッチ
clove hitch

- クローブヒッチ
- 巻き結び、とっくり結び

[特徴]
- エンド側に力がかかっている状態でも結べる
- 長さを調整して結ぶことができる
- 両端に強い力がかかるとほどけなくなることもある

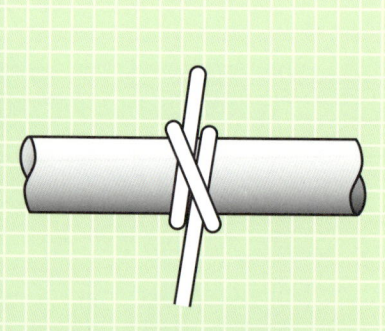

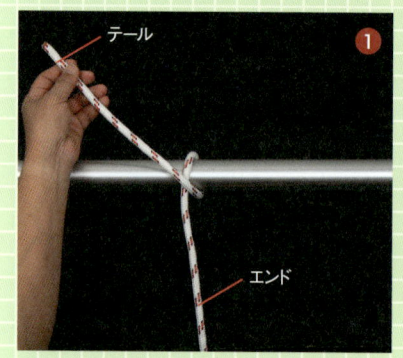

基本的には、棒などに巻き付ける結び方。写真は何かがぶら下がっているイメージだ。まずテール側を1回転。このとき、エンド側の上に載せて反対側に回す

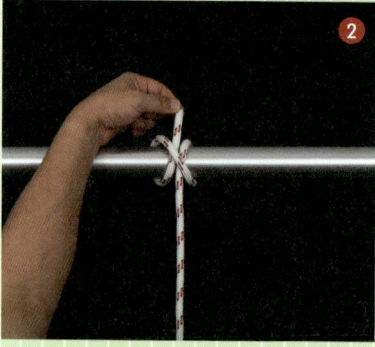

テールをもう一周させる。今度はエンド側ではなく、2度目に作った輪の下を通して引っ張れば完成

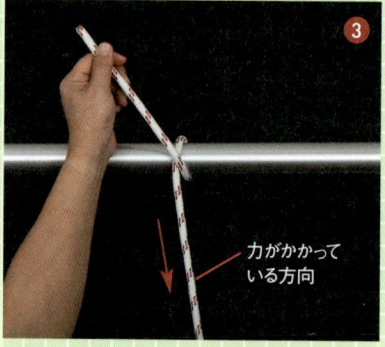

1周巻いた時点で、すでにテンションは殺しているので、このとき結びの長さを調整できる

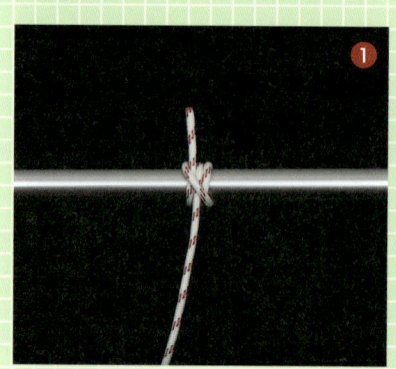

さらに力がかかっている場合は、最初に2周させてから、上と同様にくぐらせる。これが、ローリングヒッチ（rolling hitch）

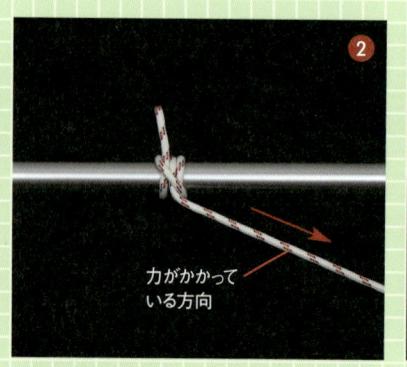

矢印の方向に力がかかってもずれにくい。太いロープの途中に細いロープを結ぶときにも使われる

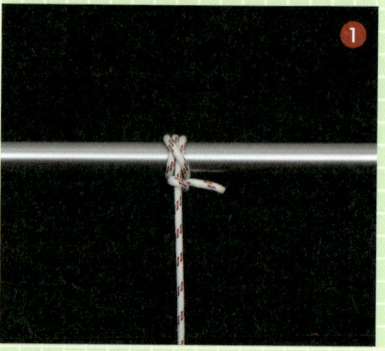

クラブヒッチに続けて、右ページのハーフヒッチと組み合わせることもある。クラブヒッチにもバリエーションは多い

柱（ビット）の上端など、片方が開放したものに結ぶなら、テールがなくても、つまり長いロープの中間でも、結ぶことはできる。まずテール側を下にして輪を作り、上からかける

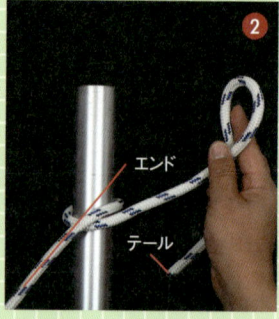

この状態で、エンド側にテンションがかかってもテール側を持ってこらえられる。長さの調整も自在にできる

もう一度、やはりテール側（テンションがかかってない側）を下にして、ねじって輪を作り、上からかければできあがり

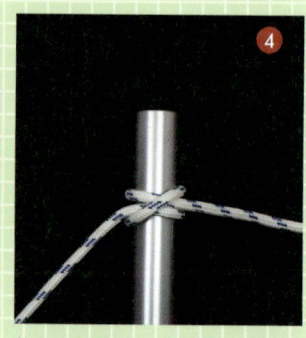

仕上がりは同じだが、結ぶ場所やロープの状態（テールがあるかないか）で同じクラブヒッチでも結ぶ手順は大きく違ってくる

56

ハーフヒッチ
half hitch

単純な結びだが、2回繰り返せばツーハーフヒッチになり、ヨット上でも多用される。

[特徴]
- 簡単単純で、力がかかった状態でも結べる
- 長さを調整して結ぶことができる
- ほどけることがある
- ほどけなくなることもある

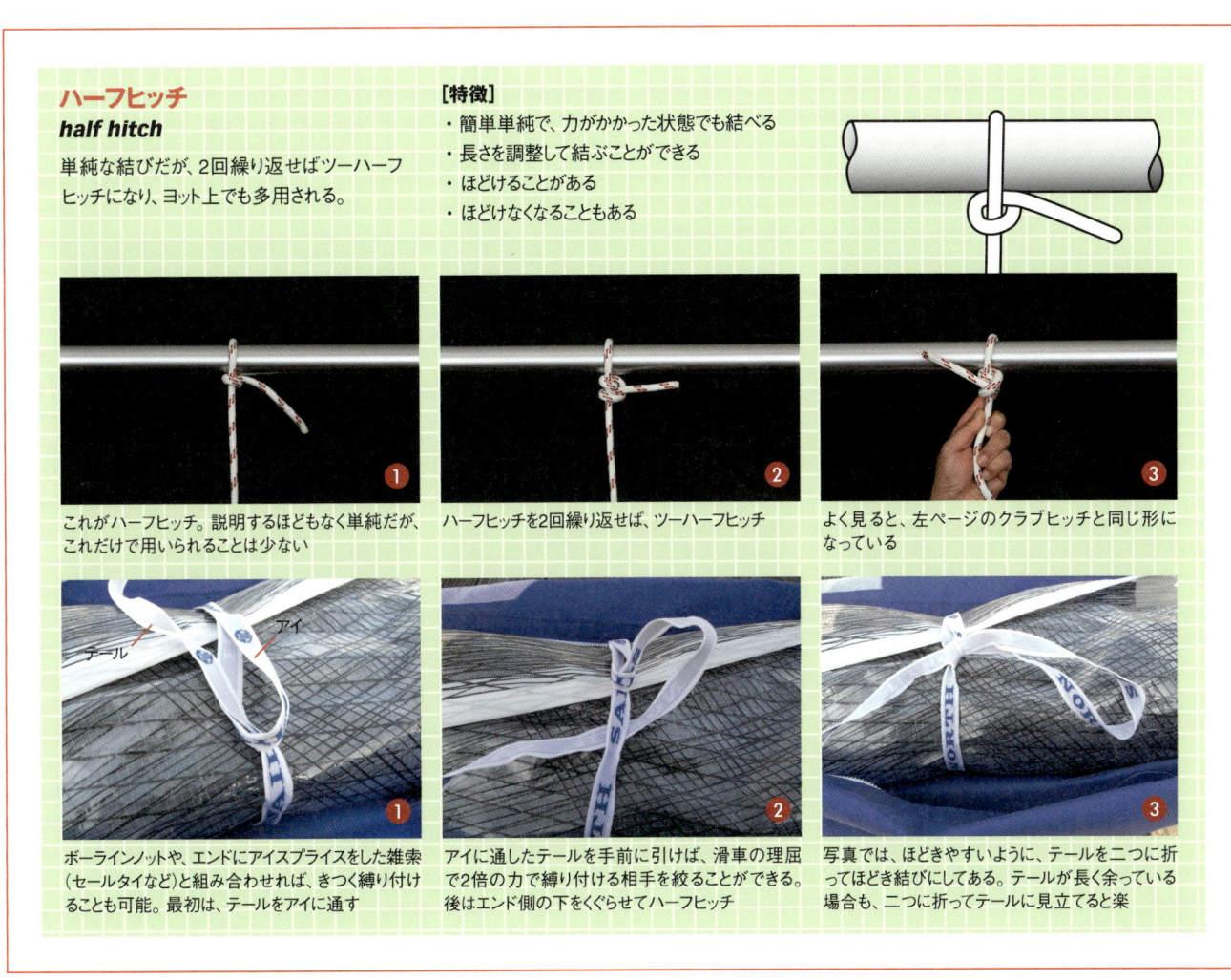

① これがハーフヒッチ。説明するほどもなく単純だが、これだけで用いられることは少ない

② ハーフヒッチを2回繰り返せば、ツーハーフヒッチ

③ よく見ると、左ページのクラブヒッチと同じ形になっている

① ボーラインノットや、エンドにアイスプライスをした雑索（セールタイなど）と組み合わせれば、きつく縛り付けることも可能。最初は、テールをアイに通す

② アイに通したテールを手前に引けば、滑車の理屈で2倍の力で縛り付ける相手を絞ることができる。後はエンド側の下をくぐらせてハーフヒッチ

③ 写真では、ほどきやすいように、テールを二つに折ってほどき結びにしてある。テールが長く余っている場合も、二つに折ってテールに見立てると楽

適材適所な結び

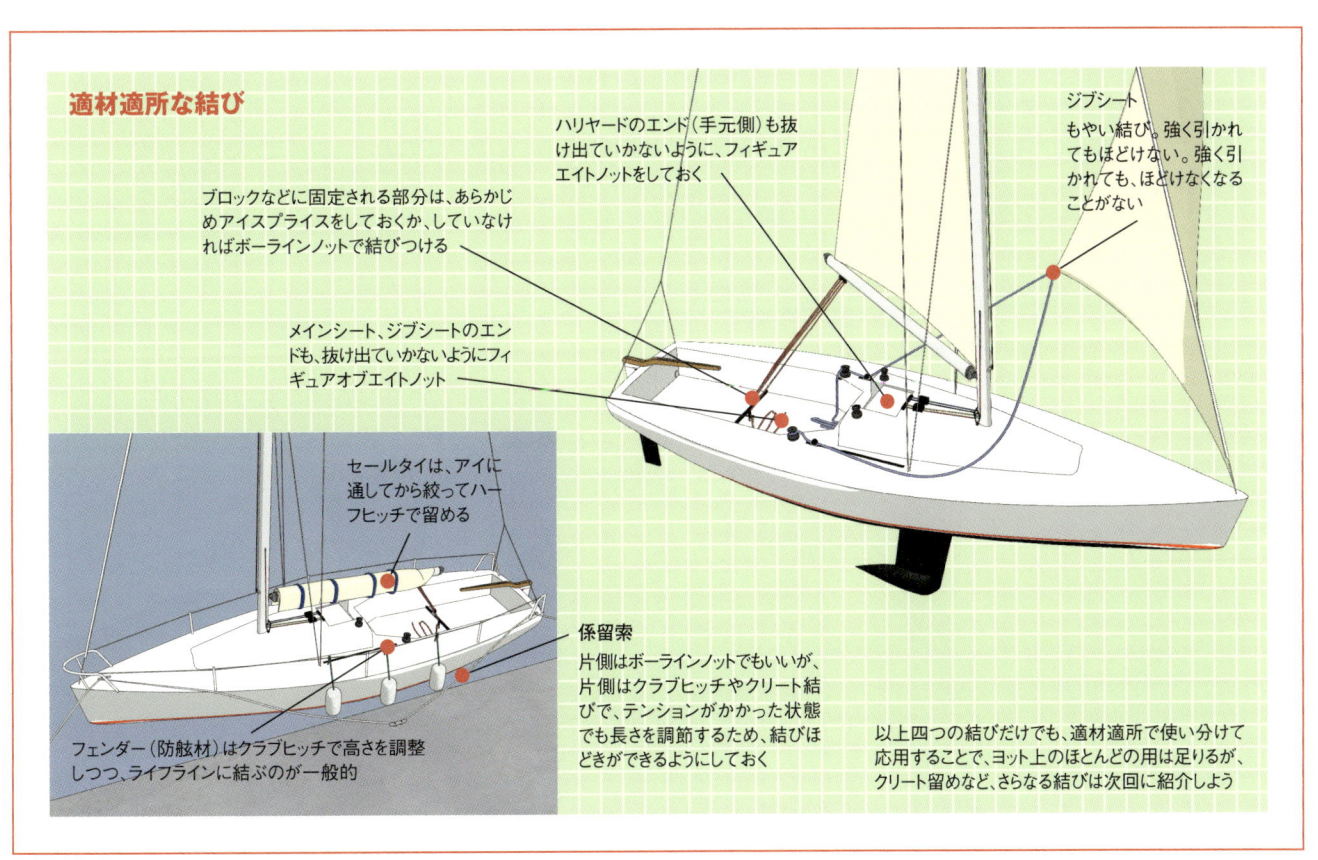

ハリヤードのエンド（手元側）も抜け出ていかないように、フィギュアエイトノットをしておく

ジブシート
もやい結び。強く引かれてもほどけない。強く引かれても、ほどけなくなることがない

ブロックなどに固定される部分は、あらかじめアイスプライスをしておくか、していなければボーラインノットで結びつける

メインシート、ジブシートのエンドも、抜け出ていかないようにフィギュアオブエイトノット

セールタイは、アイに通してから絞ってハーフヒッチで留める

係留索
片側はボーラインノットでもいいが、片側はクラブヒッチやクリート結びで、テンションがかかった状態でも長さを調節するため、結びほどきができるようにしておく

フェンダー（防舷材）はクラブヒッチで高さを調整しつつ、ライフラインに結ぶのが一般的

以上四つの結びだけでも、適材適所で使い分けて応用することで、ヨット上のほとんどの用は足りるが、クリート留めなど、さらなる結びは次回に紹介しよう

57

第2章 艤装

[基本はロープ]

クリートどめ

クリートとは、ロープを留めるための部品の総称。さまざまな形式、構造のクリートがあるが、なかでも左右に角(つの)が出た形のホーンクリート(horn cleat)などにロープを留める際に用いられるのが、クリートどめ。「クリート結び」と称されることも多い。

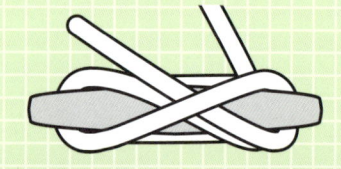

[特徴]
- 強い張力がかかってもほどけない
- 強い張力がかかっても食い込むことはなく、ほどきたいときには簡単にほどける
- ホーンクリート、あるいは似たような形状の場所でないと結べない

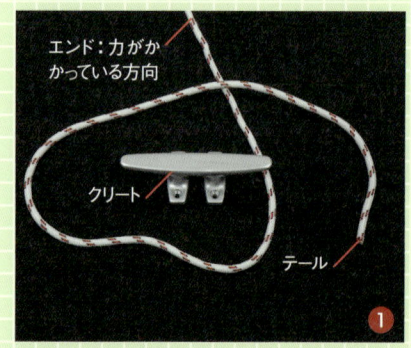

1 エンド:力がかかっている方向 / クリート / テール
この結びは写真のようなホーンクリートがあってこそ。まず、ロープをクリートに巻き付ける。エンド側はヨットあるいは岸壁側につながっていて、強く引っ張られていることが多い

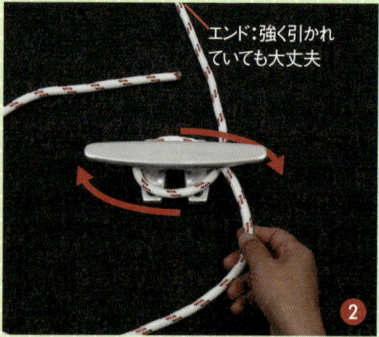

2 エンド:強く引かれていても大丈夫
そのままクリートに一回巻く。この状態で、エンド側を強く引かれてもテール側は軽く持つだけで留めておける。力を抜けば、ロープは出ていく。この状態で長さを自在に調節できる

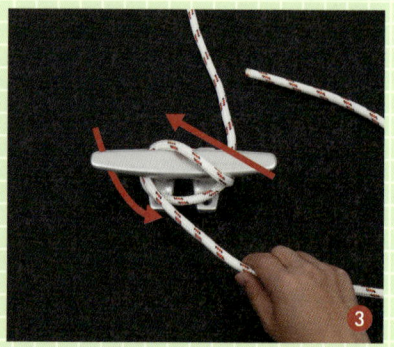

3 結びたい長さが決まったら、テール側をたすき掛けにしてホーンにかける

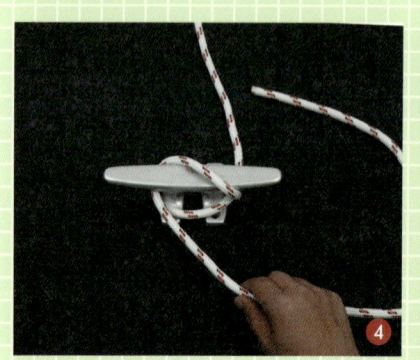

4 次はいったんU字にしてから、テール側が下になるように捻(ひね)る

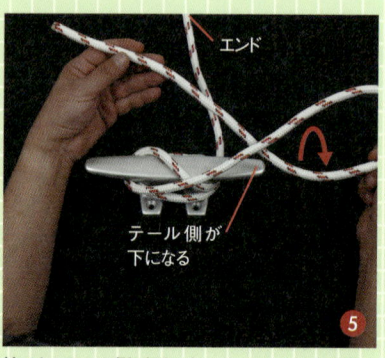

5 エンド / テール側が下になる
捻ると、テール側が下になって、やはりたすき掛けになるはず

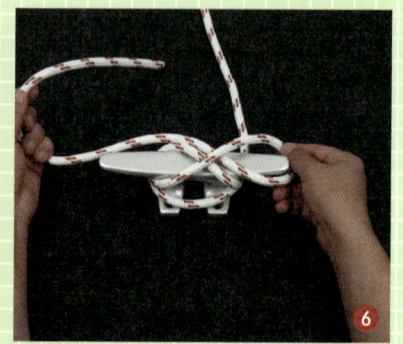

6 反対側のホーンにかけて、テールを引っ張ればクリートどめのできあがり

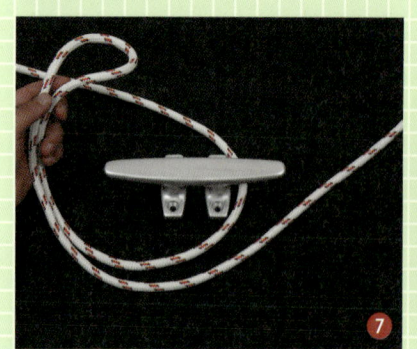

7 ロープの両端を振り分けて使うこともできる。折り曲げて2本になるようにして、これをテールに見立てる

8 後は上と同様に、たすき掛け&U字から捻ってかける

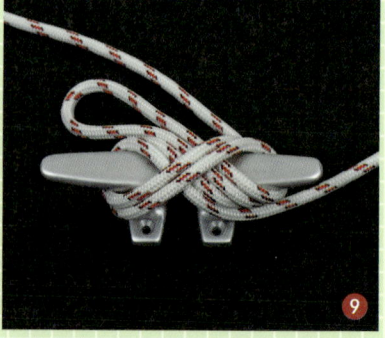

9 2本まとめてのクリートどめの完成

シートベンド
sheet Bend
一重(ひとえ)つなぎ
二重(ふたえ)つなぎ
double Sheet Bend

[特徴]
・強い力がかかっても、ほどけない
・強い力がかかった後でも、ほどくときには簡単にほどける
・強い力がかかった状態では、結べない。縛り付けるのも不可
・強い力がかかったままの状態ではほどけない

ロープとロープをつなぐ場合に用いられる

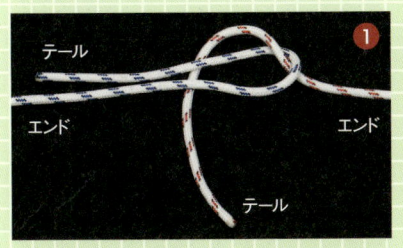

①　青ロープを二つに折り、赤ロープをくぐらせ、青ロープのテール側から巻く

②　1回転させて赤ロープ自身の下をくぐらせる。これでシートベンド

③　さらにもう一回、回す

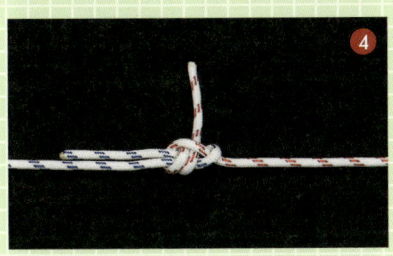

④　これでダブルシートベンド。こちらが使われることが多い

結ぶ相手や結び方によって、ロープ本来の強度が保てないことが多い。ロープとロープをつなぐ場合、ボーラインノットでも代用できるが、シートベンドのほうがより強度を保てるといわれている。結び終わった両テール部分を細いロープやビニールテープでまとめておくと、より確実

リーフノット
reef knot
square knot
本結び、かた結び、真結び、こまむすび、横結び

ある程度の力を加えて縛りあげることができる。
2本のロープをつなぐ際にも使えないことはないが、ほどけなくなる、あるいはほどけてしまうこともある。太さの異なるロープだと、特にほどけやすい

結びとしては基本中の基本ともいえるが、ヨットの上で使われることは少ない。2回目をほどき結びにしたものが、いわゆる蝶々(ちょうちょう)結び、2回目が逆になると縦結び、とバリエーションも多い。リーフ(縮帆)した後のセールを縛り付けるのに用いられたのが語源のようだが、その場合には、57ページで紹介した、アイ＋ハーフヒッチが用いられることが多い。

強い力がかかってほどけなくなったときは、この両端を強く引けばほどける

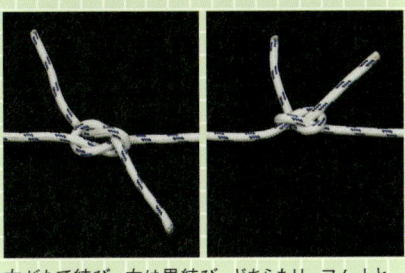

左がたて結び。右は男結び。どちらもリーフノットと似ているが特性は異なる

第2章｜艤装
[基本はロープ]

フィッシャーマンズベンド
fisherman's bend
いかり結び
anchor hitch

何かにロープの端を縛り付けるための結び。その名の通り、アンカー（いかり）にロープを結ぶときに用いられる。
fisherman's knotというと、2本のロープをつなぐ別の結びになる

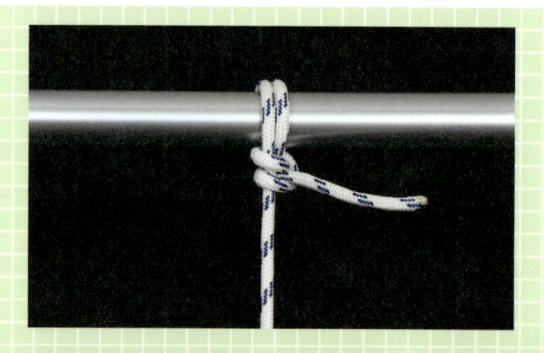

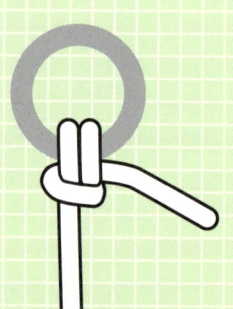

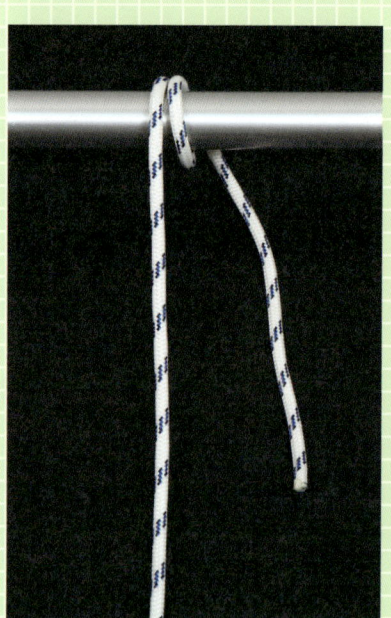

結ぶ相手（この場合はアンカーのリング）に2回巻く。隙間にテールを通すのでその分の余裕をもって

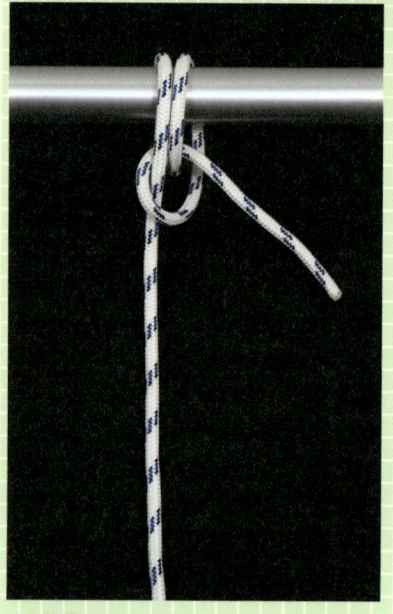

その隙間にテールを通す。フィッシャーマンズベンド自体はこれだけで完成

実際に使う場合は、さらにもう一度ハーフヒッチにしてツーハーフヒッチにする

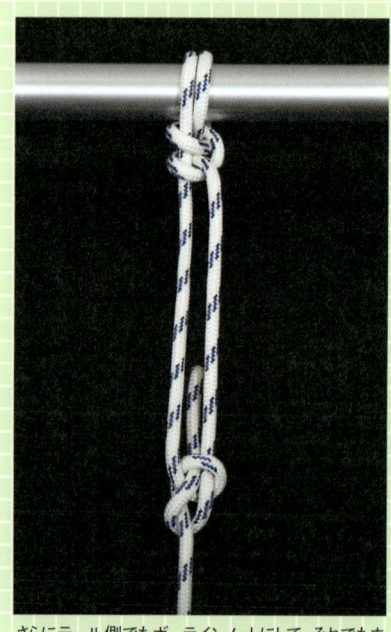

ボーラインノットでも結ぶことはできるが、フィッシャーマンズベンドのほうがより強度が出る。ボーラインノットはあくまでも輪を作る結び。力がかかっても、できた輪の大きさは変わらない。リングなどに縛り付ける場合には、こちらのフィッシャーマンズベンドのほうが確実だ。さらには、擦れどめの金属、あるいはプラスチックのリング（シンブル：thinble）を入れてアイスプライスをしたエンドに、金属製のシャックルを用いて接続することもある。

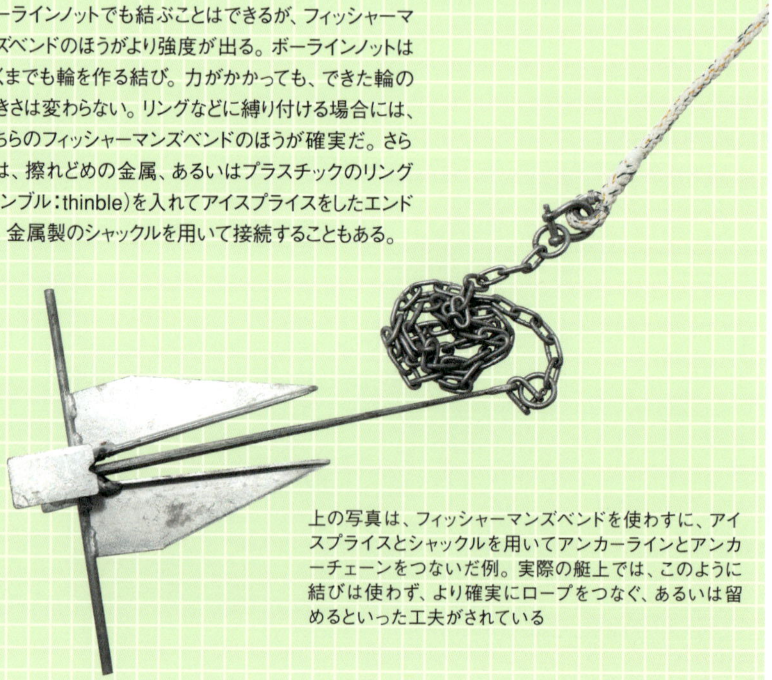

さらにテール側でもボーラインノットにして、それでもまだ心配なら、余ったテールを細いロープで縛る

上の写真は、フィッシャーマンズベンドを使わずに、アイスプライスとシャックルを用いてアンカーラインとアンカーチェーンをつないだ例。実際の艇上では、このように結びは使わず、より確実にロープをつなぐ、あるいは留めるといった工夫がされている

南京結び

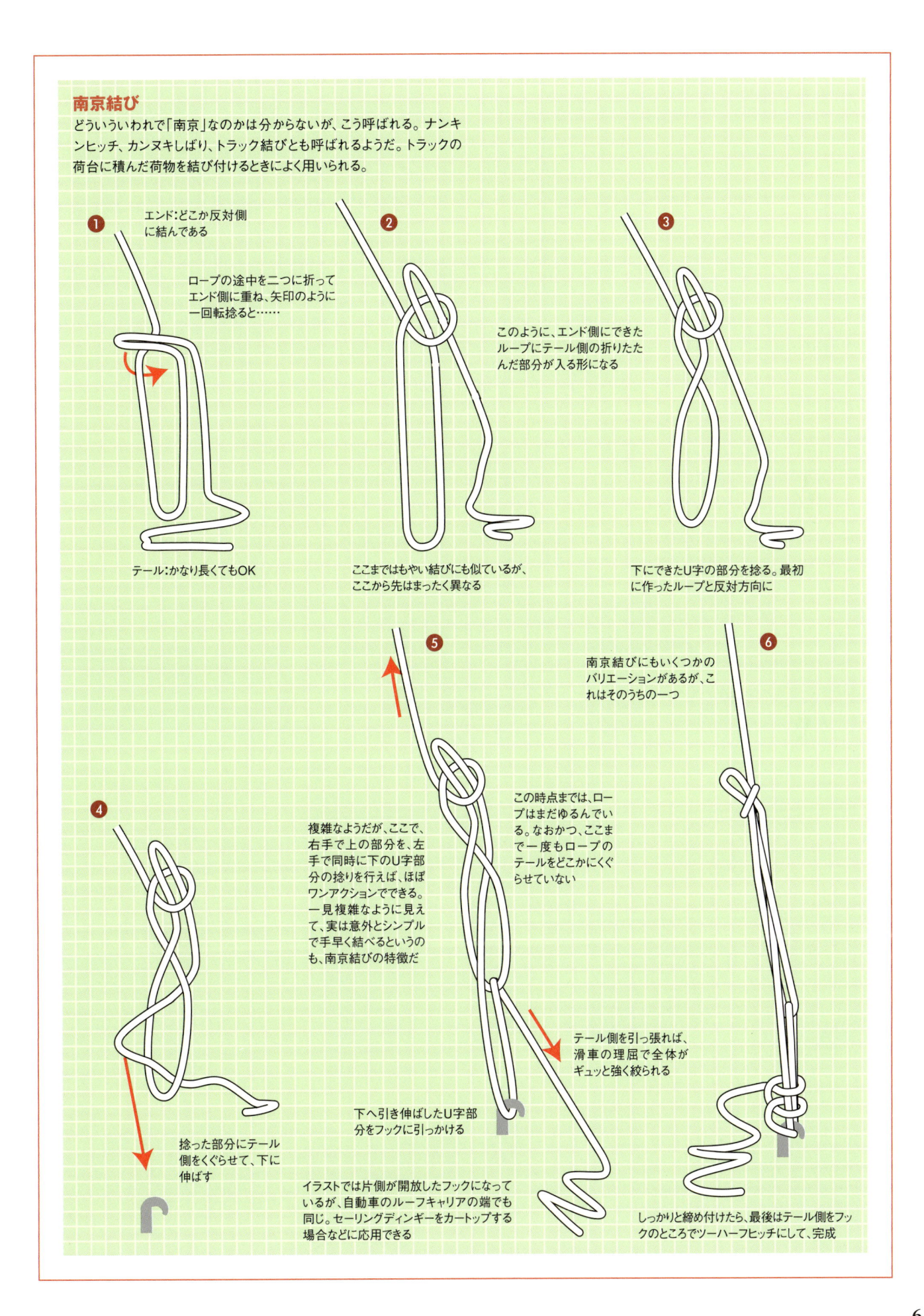

どういういわれで「南京」なのかは分からないが、こう呼ばれる。ナンキンヒッチ、カンヌキしばり、トラック結びとも呼ばれるようだ。トラックの荷台に積んだ荷物を結び付けるときによく用いられる。

❶ エンド：どこか反対側に結んである

ロープの途中を二つに折ってエンド側に重ね、矢印のように一回転捻ると……

テール：かなり長くてもOK

❷ このように、エンド側にできたループにテール側の折りたたんだ部分が入る形になる

ここまではもやい結びにも似ているが、ここから先はまったく異なる

❸ 下にできたU字の部分を捻る。最初に作ったループと反対方向に

❹ 捻った部分にテール側をくぐらせて、下に伸ばす

❺ 複雑なようだが、ここで、右手で上の部分を、左手で同時に下のU字部分の捻りを行えば、ほぼワンアクションでできる。一見複雑なように見えて、実は意外とシンプルで手早く結べるというのも、南京結びの特徴だ

この時点までは、ロープはまだゆるんでいる。なおかつ、ここまで一度もロープのテールをどこかにくぐらせていない

下へ引き伸ばしたU字部分をフックに引っかける

イラストでは片側が開放したフックになっているが、自動車のルーフキャリアの端でも同じ。セーリングディンギーをカートップする場合などに応用できる

❻ 南京結びにもいくつかのバリエーションがあるが、これはそのうちの一つ

テール側を引っ張れば、滑車の理屈で全体がギュッと強く絞られる

しっかりと締め付けたら、最後はテール側をフックのところでツーハーフヒッチにして、完成

第2章｜艤装
[基本はロープ]

結び付ける

　縛り付ける、ピンと張る、というのはロープワークに必要な技術だ。

　ヨットの上では、特に重要な部分ではクリートを用いて簡単確実にロープをとめることができるようになっている。

　しかし、中にはロープを縛ってキッチリととめなければならないケースもある。

　例えば、外洋ヨットでちょっと遠くまで行くなら、予備の軽油を入れたポリタンクをデッキに縛り付けなければいけない。一般的に家庭で用いられる灯油用のポリタンクを用いる場合が多いと思うが、スターンパルピットなどを利用し、落ち着きの良い場所に置き、最後はロープで縛る。

　時化になることも考え、確実に縛り付けなければならず、しかしすぐに洋上で燃料補給ということになるため、そのときはロープをほどいてポリタンクを取り外さなければならない。それも、1本ずつ使うわけだから、1本ずつ順にほどいていくことになる。……こうして、使う時を考慮して縛り付けなければならない。

　縛り付ける作業は揺れない港の中で行うだろうから、ここできっちりと、しかし簡単にほどけるように結んでおくことで、その後、揺れるデッキ上での作業を楽にする。

　こうした、先を読んだ作業こそが、ロープワークの神髄なのではないだろうか。

　そんな「縛り付ける」作業で重宝するのが南京結びだ。トラックの荷台に積み荷を縛り付けるときに多用されることから、トラック結びなどとも呼ばれるようだが、船関係のロープワークの本で紹介されている例は少ない。しかし、実際には結構使われている。

　セーリングディンギーのカートップや、ディンギーヤードで地面に埋め込まれたアンカーボルトからロープを取り、ヨットが風に飛ばされないように縛り付けるというケースも多いはずだ。

　61ページのイラストがトラックで用いられる一般的な南京結び。ヨットの上やマリーナでは右図のほうが使い勝手はいいかもしれない。

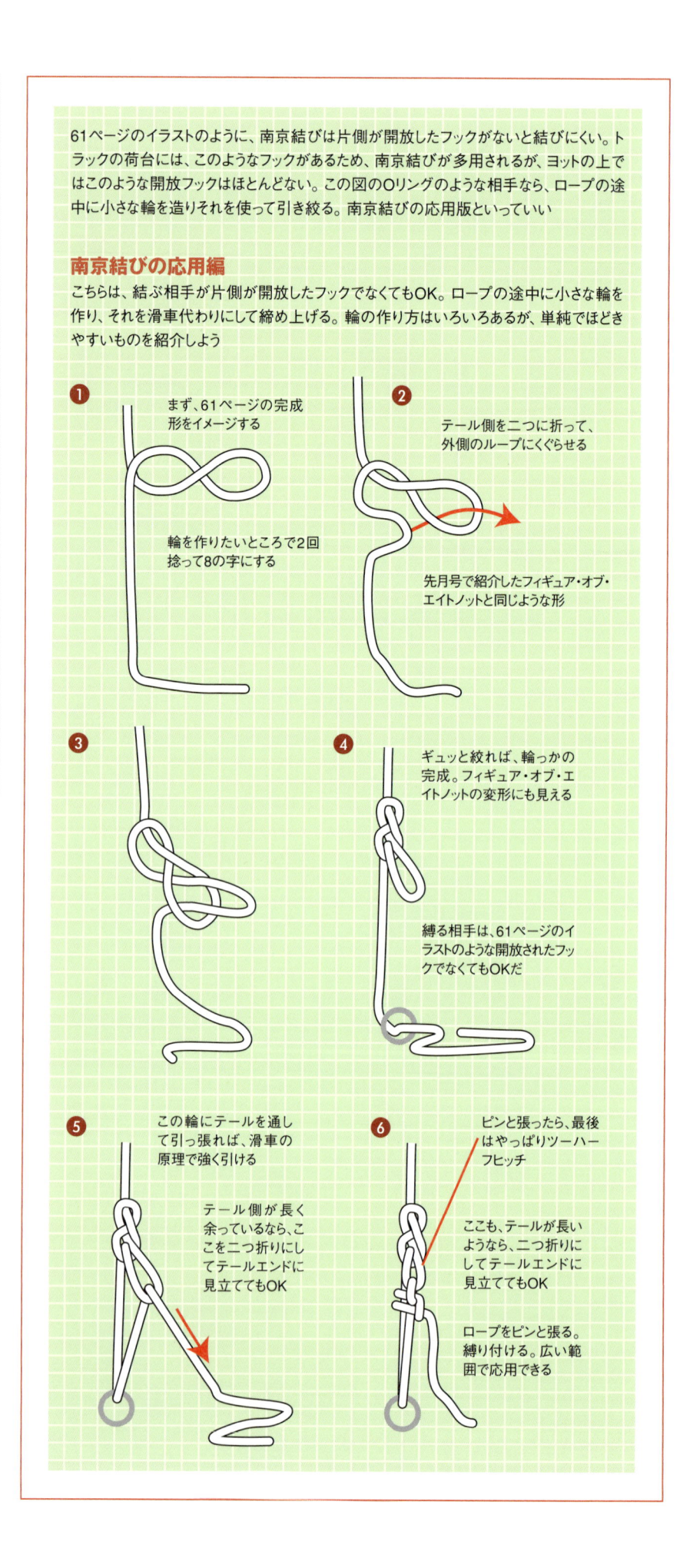

61ページのイラストのように、南京結びは片側が開放したフックがないと結びにくい。トラックの荷台には、このようなフックがあるため、南京結びが多用されるが、ヨットの上ではこのような開放フックはほとんどない。この図のOリングのような相手なら、ロープの途中に小さな輪を造りそれを使って引き絞る。南京結びの応用版といっていい

南京結びの応用編

こちらは、結ぶ相手が片側が開放したフックでなくてもOK。ロープの途中に小さな輪を作り、それを滑車代わりにして締め上げる。輪の作り方はいろいろあるが、単純でほどきやすいものを紹介しよう

❶ まず、61ページの完成形をイメージする

輪を作りたいところで2回捻って8の字にする

❷ テール側を二つに折って、外側のループにくぐらせる

先月号で紹介したフィギュア・オブ・エイトノットと同じような形

❸

❹ ギュッと絞れば、輪っかの完成。フィギュア・オブ・エイトノットの変形にも見える

縛る相手は、61ページのイラストのような開放されたフックでなくてもOKだ

❺ この輪にテールを通して引っ張れば、滑車の原理で強く引ける

テール側が長く余っているなら、ここを二つ折りにしてテールエンドに見立ててもOK

❻ ピンと張ったら、最後はやっぱりツーハーフヒッチ

ここも、テールが長いようなら、二つ折りにしてテールエンドに見立ててもOK

ロープをピンと張る。縛り付ける。広い範囲で応用できる

ロープをさばく

ロープワークという言葉は、日本では広く用いられているが、正式に定義され意味づけられているものではない。

ここまで紹介してきた結びを含め、数ある結びそれぞれの長所と短所を知り、どこでどのように使うかを判断すること。

さらには、長いロープを絡まないように繰り出し、あるいは取り込んだ長いロープをいかに扱えば次に使うときに絡まないかといった運用方法、古くなったロープの交換時期を見極めることや、使った後の手入れや保管の仕方……と、ロープワークという言葉が意味する範囲は広い。

コイル

ロープを使わないときには、輪状に巻いて束ねておく。これがコイルだ。

撚りロープと編みロープの違いは46ページで説明したが、コイルする場合にも両者には違いが出る。

三つ撚りロープには、その名の通り「撚り」があり、ふつうは右撚りになっている。この場合、上から見ると時計回りに巻くことで引き出す際にもつれにくい。

ところが、編みロープには本来撚りがないので、これを無理に回転させて輪を作り、束ねるとねじれてしまう。コイルすることで、撚りをわざわざ与えていることになる。

編みロープの場合、撚りなく輪を作ろうとすると自然と8の字になるはずだ。あるいは輪にするのではなく「折りたたむ」ようにすれば、撚りを付けずに束ねることができる。（下写真）

束ねる輪の大きさは、両手を広げたときの間隔で調整するが、太いロープの場合かさばってしまい片手では持ちきれなくなってしまう。そこで、デッキ上に重ねて置くようにして、輪や8の字にコイルすることもある。これをフレーク（flake）ともいう。

あるいは、アンカーラインなどはロッカー、専用の箱、バッグなどに詰め込むように収納すれば、使用する際にはスムーズにそこから繰り出していける。

投げる

係留時、岸壁に向かってロープを投げわたす、あるいは曳航用のロープを他船に投げわたす、落水者を引き寄せるためにロープを投げる……など、ロープを投げるという動作が求められる状況も少なくない。

遠くまで投げるためには、単に遠投力というよりも、投げたロープが絡まずに繰り出されていくようにする工夫も重要だ。これもロープさばきの一つ、ロープワークといえる。

ロープのコイル

使わないロープは束ねて整理する。これがコイル。まとめ方には何通りかあるが、そのうちの一つを紹介しておこう。

① 長いロープなら、コイルする（ぐるぐる巻く）というより、折りたたむようにして束ねると、撚れがないので絡みにくくなる

② 最後をまとめる方法にも何通りかある。その1例。まず、テールで手元を巻いて束ねる

③ テール部を輪にして間を通す

④ 上から返してかぶせ、テールを引く

⑤ これでしっかり束ねられる

テール部をどこかに結びつけるなどして吊るしておくことも可能
きちんとコイルしておくことで、次に使うときに、もつれにくく、さばきやすくなる

こぼれ話 Column
ロープにまつわる深淵

エンドとテール

ここまで、本編ではロープの先を「テール」、どこかに結び付ける長く続いているロープの元側を「エンド」と称することにして解説してきた。

拙著『セーリングクルーザー虎の巻』からこの呼称で続けてきたので今回もそれに倣ってみたが、やっぱりロープの端（先端）は「テール」よりも「エンド」のほうがピンと来るのかなぁ、という疑問はずっと抱いている。

ところがそうなると、じゃあ、これまで使ってきた「エンド」、つまりロープが長く続いていて、あるいはどこかに結び付けられている側、ロードがかかっている側は何と呼べばいいのか？ これにふさわしい呼び名が思い付かなかったので、こちらを「エンド」とし、端を「テール」（尻尾の意）にしてきたわけだ。

今回の一連の原稿を書いた後で、『Nautical Knots and Lines Illustrated』という本を目にした。船で使うロープワークをまとめた書物で、米国人が書いたものだ。

この本では、ロープの端を「end」、つながっていて力がかかる側を「standing part」と呼ぶことにする、となっている。

うーむ、やっぱり端が「エンド」か。となると、「standing part」を日本語で何とするか、という話になる。

「standing part」は海事用語としてあるようだ。日本語にすると「固定端」か？

索具では「running rigging」、「standing rigging」は、「動索」、「静索」なのだから、となると、こちらは「静端」か？「エンド」と「固定端」、「エンド」と「静端」。うーむ、難しい。

単行本化にあたってこう置き換えるか悩んだあげく、そのまま「エンド」と「テール」にしました。「テール」と「エンド」でお付き合いください。

ノット、ヒッチ、ベンド

ノット（knot）とは結び目のこと。速力の単位であるノットは、1時間に1マイル（1海里：1,852m）進む速力のことだが、これも、長いロープに結び目（ノット）をいくつも付けて、船尾から流して船速を測ったことに由来する。流れ出て行くロープを目視し、1節（ノット）、2節（ノット）と数えて速力を求めた。

1ノットは1時間に1,852m進む速力

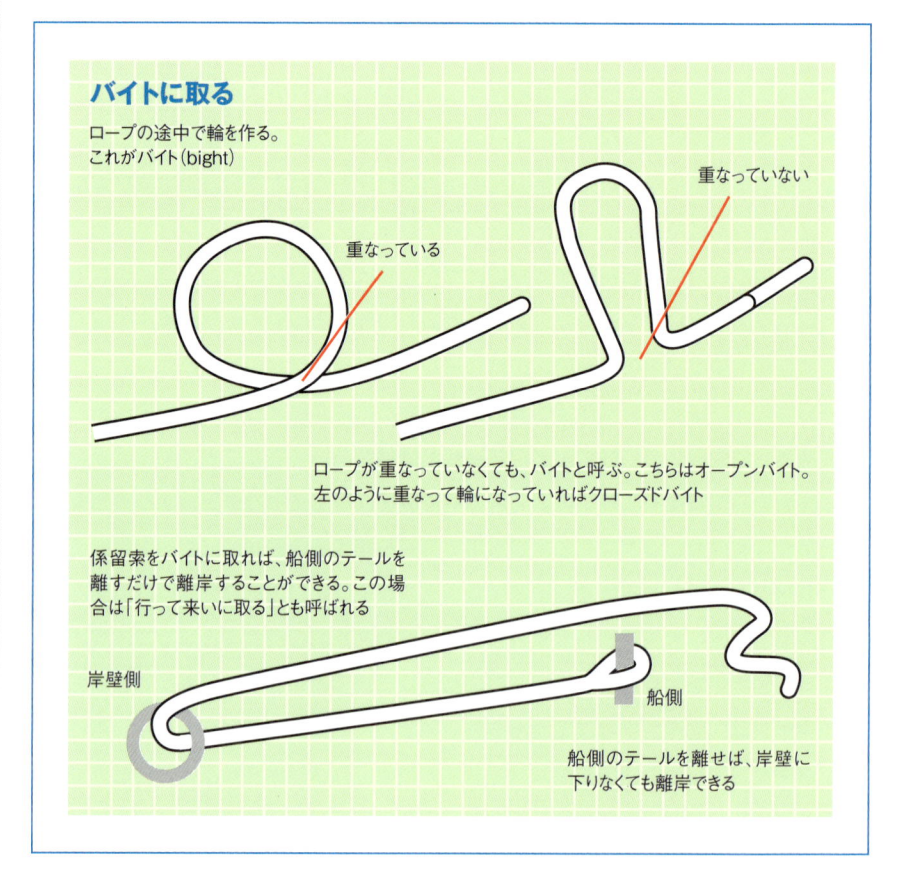

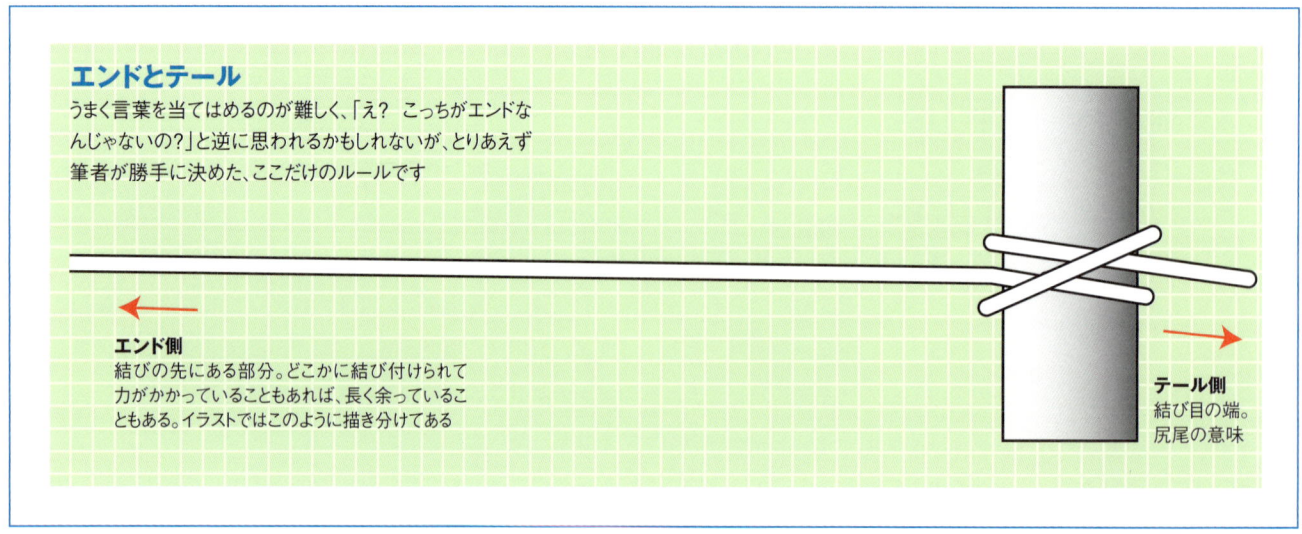

バイトに取る

ロープの途中で輪を作る。これがバイト（bight）

重なっている

重なっていない

ロープが重なっていなくても、バイトと呼ぶ。こちらはオープンバイト。左のように重なって輪になっていればクローズドバイト

係留索をバイトに取れば、船側のテールを離すだけで離岸することができる。この場合は「行って来いに取る」とも呼ばれる

岸壁側　　船側

船側のテールを離せば、岸壁に下りなくても離岸できる

エンドとテール

うまく言葉を当てはめるのが難しく、「え？ こっちがエンドなんじゃないの？」と逆に思われるかもしれないが、とりあえず筆者が勝手に決めた、ここだけのルールです

エンド側
結びの先にある部分。どこかに結び付けられて力がかかっていることもあれば、長く余っていることもある。イラストではこのように描き分けてある

テール側
結び目の端。尻尾の意

だから、1秒間に51.44cm。1秒間に2.57m進むなら、5ノット……と、通り行くタコつぼのブイを目で追ってみよう。

もう少し正確に目視するなら、例えば、全長10mのヨットで、海に浮いているタコつぼのブイが船首から船尾まで3.9秒で通過したなら、5ノット、3.2秒で通過したなら6ノットということになる。

1秒以下の時間を測るのは精度が劣るので、ハンドログ（手用測程具）では、この長さをさらに長くして、精度を保てるようにしているが、原理は同じだ。

さて、このノットが、節を作る結びであるのに対し、何かに縛り付けるような結びをヒッチ（hitch）という。ハーフヒッチとかクラブヒッチなどのヒッチだ。

これはヒッチハイク（無銭旅行）のヒッチと同じ。引っ掛けるとか、引っ張るという意味もある。

さらに、ロープとロープをつなぐ結びがベンド（bend）。59ページには「シートベンド」が出てきたが、「フィッシャーマンズベンド」は、同じベンドでも、ロープとロープをつなぐものではない。どちらかというと、フィッシャーマンズヒッチと称したほうがいいのではないかとも思うが、アンカーとアンカーロープをつなぐと考えればベンドでいいのかも。

このあたり、ノット、ヒッチ、ベンドの違いは、慣用的なものも多いようだ。

バイト

ロープを輪にすることをバイト（bight）という。左ページの図のように「オープンバイト」と「クローズドバイト」に分かれる。オープンバイトは輪になっていないが、これもバイトだ。

日本語でもよく「バイトに取る」などと用いられる。55ページでは、ボーラインノットの変型（テールがない場合）でも「途中を折り曲げて、そこをテールと見立てる」としたが、これが「バイトに取る」ということ。

あるいは、「係留索をバイトに取る」といえば、U字形にロープを取ること（同図）。これで、船側からロープをほどくだけで離岸できる。これも「バイトに取る」だ。

ロープワークの奥は深い。

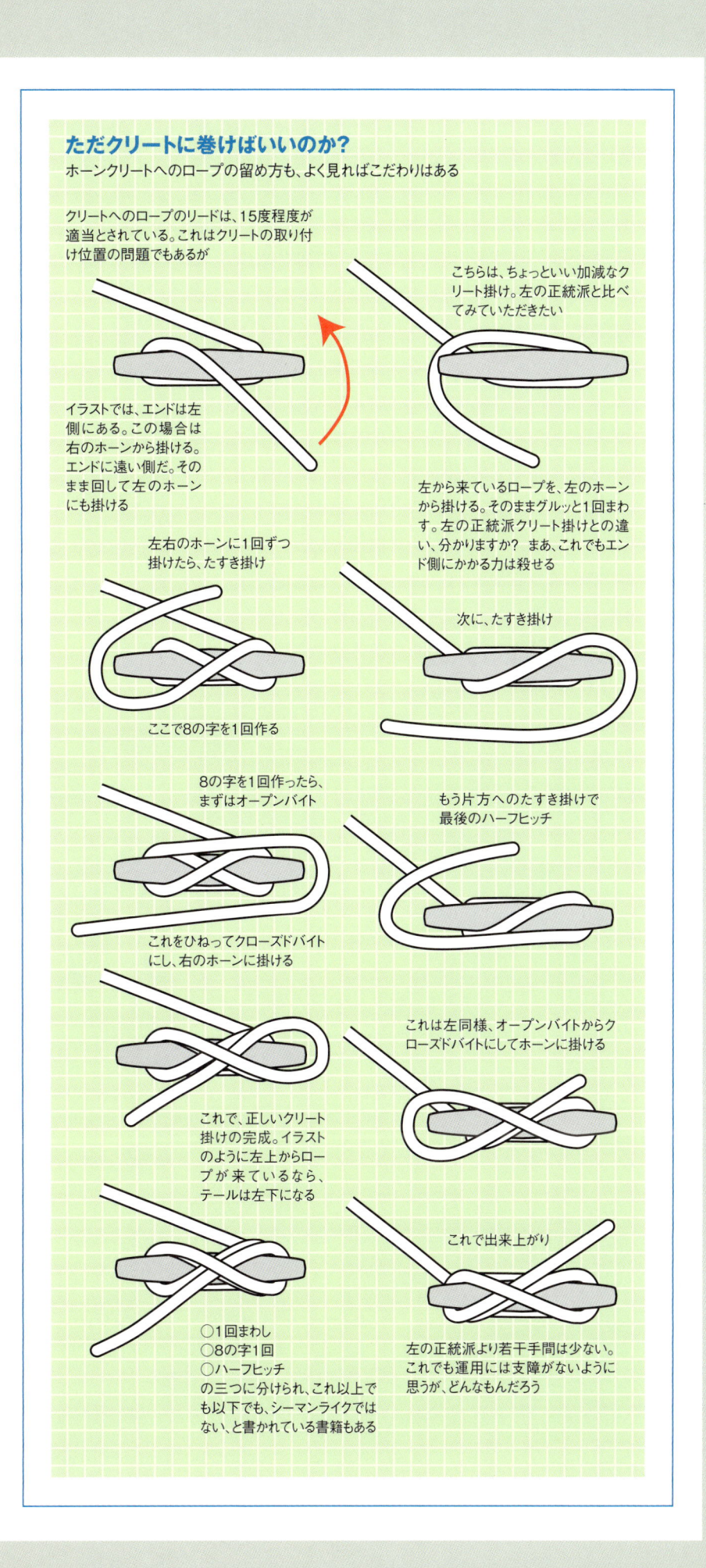

ただクリートに巻けばいいのか？
ホーンクリートへのロープの留め方も、よく見ればこだわりはある

クリートへのロープのリードは、15度程度が適当とされている。これはクリートの取り付け位置の問題でもあるが

こちらは、ちょっといい加減なクリート掛け。左の正統派と比べてみていただきたい

イラストでは、エンドは左側にある。この場合は右のホーンから掛ける。エンドに遠い側だ。そのまま回して左のホーンにも掛ける

左から来ているロープを、左のホーンから掛ける。そのままグルッと1回まわす。左の正統派クリート掛けとの違い、分かりますか？ まあ、これでもエンド側にかかる力は殺せる

左右のホーンに1回ずつ掛けたら、たすき掛け

次に、たすき掛け

ここで8の字を1回作る

8の字を1回作ったら、まずはオープンバイト

もう片方へのたすき掛けで最後のハーフヒッチ

これをひねってクローズドバイトにし、右のホーンに掛ける

これは左同様、オープンバイトからクローズドバイトにしてホーンに掛ける

これで、正しいクリート掛けの完成。イラストのように左上からロープが来ているなら、テールは左下になる

これで出来上がり

○1回まわし
○8の字1回
○ハーフヒッチ
の三つに分けられ、これ以上でも以下でも、シーマンライクではない、と書かれている書籍もある

左の正統派より若干手間は少ない。これでも運用には支障がないように思うが、どんなもんだろう

第2章｜艤装

[ロープを取り巻く脇役達]

留める、繋ぐ

ロープを操るときに必要な、あるいは便利な脇役から紹介していこう。

クリート（cleat）

ヨットのデッキ上に並ぶさまざまなコントロールラインは、引いたり緩めたりして調整し、そしてちょうど良いところで留める。そうした作業が確実に、簡単にできるよう、さまざまな種類のクリートが用いられている。

ロープワークの項で登場したホーンクリートもその一つ。極端にいえば、単なる柱状の棒でも、それがロープを固定するためにあるのなら、クリートの仲間といっていい。クラブヒッチで留めるもよし、あるいはその柱に横棒（かんぬき棒）が一本入っていれば、そこはホーンクリートのように使うこともできる。

ここまでは結びの一種であるといえるが、より簡単に、ワンタッチで固定、解除ができるように工夫されたさまざまな種類のクリートがある。

ロープにかかる荷重によって、用いるロープの太さは違ってくるので、当然、クリートのサイズも違ってくる。材質も、金属（ステンレススチールやアルミニウム合金）、プラスチック、あるいはカーボンなどの軽量素材、以前はベークライト（フェノール樹脂）なども使われていた。木製のものもある。

形状から、確実に固定することを最優先したもの、より簡単に固定、解除できるものなど、機能もさまざまだ。

それぞれのクリートの特性を知り、用途によって、異なるサイズ、異なる機能を持ったクリートを適材適所で使い分けよう。

クリートのいろいろ

ホーンクリート
horn cleat

左右に角が出たような形状のクリート。ロープワークで紹介した「クリート留め」の手法でロープを留めれば、エンド側にテンションがかかった状態でも固定、あるいは解除ができ、ロープのテンションを保ったまま長さの調整も可能だ。もちろん、舫（もや）い結びで輪を作り、直接ホーンクリートに掛けてもいい。長さの調整ができないし、テンションがかかったままではほどくことができないが、テール側を余らせなくて済む

ボラード
bollard

クリートというよりも係船柱のことで、岸壁にあるものをイメージしがちだが、船側にあってもボラードと呼ぶ。ビット（bitt）も同様。2本組のものも多く、この場合、クリート留めのように、たすき掛けにして用いることもできる。特に船首付近に取り付けられた頑丈なビットをサムソンポスト（samson post）と呼ぶ。単なる柱ではなく、かんぬき棒が付いたものなら、その部分で、ホーンクリートで用いられるクリート留め（クリート結び）を行うこともできる

ジャムクリート
jam cleat
隙間にロープを食い込ませるようにして留める。写真のタイプはホーンクリートと形状が似ているが、長いほうの角が、付け根に行くに従って厚みを増し、隙間が細くなっている。まずクリートに一周させることで力を殺し、デッキとこのクリートとの隙間にロープを挟むようにして留める

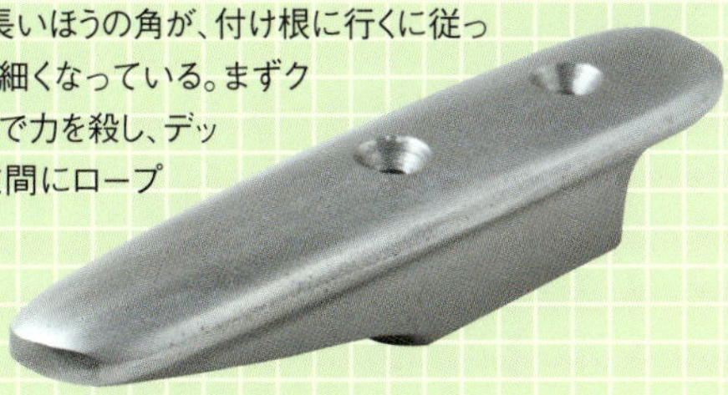

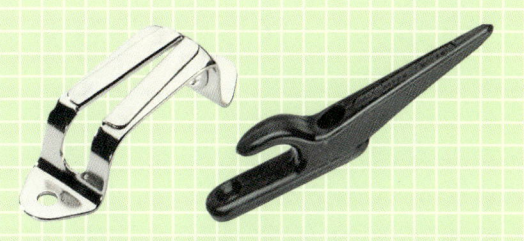

細いロープなら、このように簡易な形状のものもある。ロープ径はせいぜい3mm程度で、あまり力がかからない場所に用いられる

クラムクリート
clam cleat
こちらもロープを溝に挟んで固定する。ジャムクリートの一種といってもいいが、上図のジャムクリートではロープを1回まわさなければならなかったが、こちらはただ引っ掛けるだけ。斜めに切れ込みがあり、そこにロープが食い込む

ガイドとなるフェアリード部

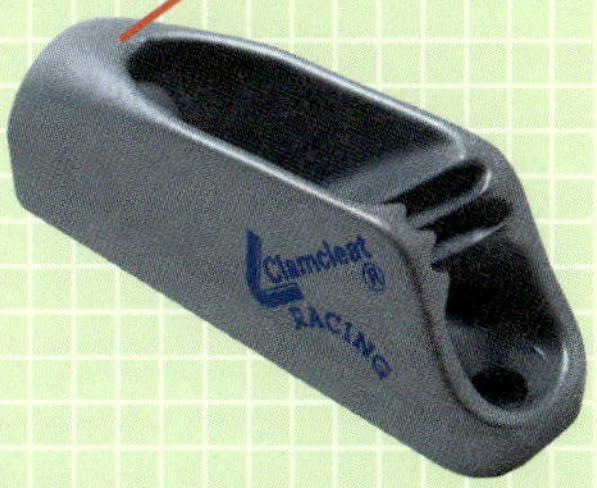

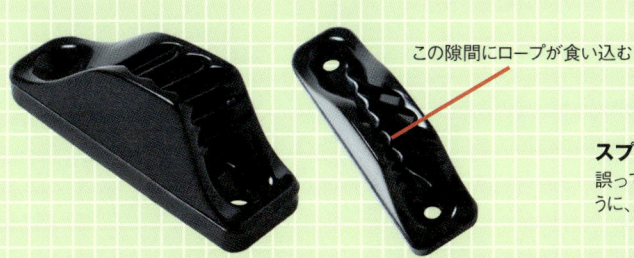

この隙間にロープが食い込む

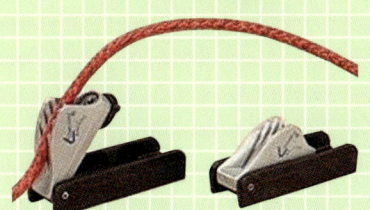

クラムクリートは、オープンタイプの標準型と、ガイドが付いたフェアリード・クリートに大別される。オープンタイプは完全にフリーにできるが、ガイド付きのものなら、次に掛けるときも簡単だ。フェアリード部に滑車が付いたタイプもある

スプリングゲート
誤ってクリートに掛かってしまわないように、ガードの開閉ができるタイプ

クラムクリートの難点は、外すときに、一度ロープを引かないと外せないこと。強いテンションがかかると外せなくなる場合もある。そこで、このようにクイックリリースを可能にしたクラムクリートもある

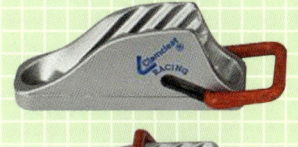

オープンとガイド付きとの中間ともいえるサイドエントリータイプ

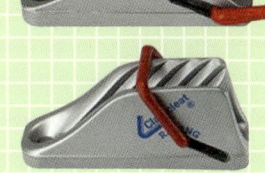

カムクリート
cam cleat
挟む部分が可動式になっている。スムーズに固定でき、リリースもしやすい。ベアリング入りにして、さらにスムーズな可動を可能にするなど、メーカーごとに材質や形状に工夫が凝らされている

フェアリード
取り外し可能になっているものが多い

ロープストッパー、ジャマー
rope stopper, jammer
ロープクラッチ、パワークラッチなどの商品名で各社から出ている。上にあるレバーを開けるとロープは出て行く。レバーを閉めたままでも引き込むことができ、そのまま出て行くことはない。強い力がかかっていても簡単にリリースできる

フェアリード付きのものなら、遠くからでも操作可能。逆に、フェアリードがないほうが使いやすい場合もある

こちらは、爪が一つのタイプでランスクリート（lance cleat）と呼ばれる。このほか、カムクリートだけでも、種類は無数にある

67

第2章 艤装
[ロープを取り巻く脇役達]

シャックル(shackle)

ロープや他の艤装品を接続するための金具をシャックルという。デッキ上で用いられるものはステンレススチール製のものが多いが、アンカーとアンカーチェーン、あるいはアンカーロープを接続するものには、亜鉛掛けした軟鉄のシャックルも用いられる。

サイズや形状もさまざまなものがあるが、基本はU字形の本体にピンを通したもの(形状からDシャックルともいう)、と、より簡単に開閉できるスナップシャックルとに大別できる。

シンブル(thimble)

ロープやワイヤをアイスプライスするときに埋め込む擦れ止めをシンブルという。コースということもある。

ロープは、その接続部で強度が落ちてしまうが、シンブルを入れることで、より広い面積で力を受けることになり、強度の低下を最小限に抑え、摩擦も防ぐ。

ステンレスなどの金属、あるいはプラスチック製のものもある。形状的には、大きく分けると、円形のものと切れ目のあるハート形のものとがある。円形はロープ専用だが、ハート形はロープにもワイヤにも用いられる。

フェアリーダー(fairleader)

ロープを留めるのがクリートなら、ここから出るロープの位置を決めるのがフェアリーダーだ。フェアリード(fairlead)ともいう。擦れ止めの機能も果たす。チョック(chock)とも呼ばれる。

ローラーが付いていて、さらに擦れを防ぐタイプもある。こうなると滑車(ブロック)の仲間ともいえる。

シャックルのいろいろ

Dシャックル
U字形の本体(clevis)に、棒(clevis pin)を通し、これを抜き差しすることで開閉する。写真はクレビス部の断面が板状の通称板シャックル

クレビス
クレビスピン

コッターリング(cotter ring)
スプリットリング

コッターピン(cotter pin)
割りピン
スプリットピン

ネジ留め以外にも、クレビスピンの固定方法には何通りかある。これはスプリットリング式。コッターリングともいう

クレビス部の断面が板状ではなく、より強度のある円形断面のシャックル。クレビスピンはネジ込み式。蝶番部には空転止めの穴があり、ここにワイヤやナイロン製のインシュロックタイなどを通してセーフティーワイヤとする

ハリヤードシャックル
接続の際に、二点を明確に仕分ける仕切りのあるシャックル。クレビスピンは、片方はコッターリング止めで、こちらは常時接続される側。開閉する側はレバー式のクレビスピンとなっている

おたふくシャックル
クレビス部の丸みが大きい。英語ではbow shackle

ネジ込み式のクレビスピンだが、こちらは頭がマイナスネジになっており、出っ張らない。アレンキー(六角レンチ)で締め込む、表面がさらに平らなものもある

ロングシャックル

ツイストシャックル

スイベル・シャックル
二つのブロックや部品が回転式になる

マルチツール
最近はシャックルキーより、ペンチとして使えるこの手のツールを携行するセーラーが多い

シャックルキー
ネジ込み式のシャックルの開閉に用いる携行ツール

スナップシャックル

より簡単に開け閉めできるように工夫されたのがスナップシャックルだ。こちらも種類は多い

この部分を引くことで簡単に開け閉めできる

ベール

ベール（bail）部分が回転式（スイベル）になったもの。特にベールのサイズが大きなものをラージベールという

ベールの大きい、ラージベールタイプ

テンションがかかったままでも開けられるように工夫されたタイプ。ひもをロープ方向に引くと開く。閉めるときは、そのまま押し込むだけ

この部分に指を入れ、押し下げると開く

トリガー部に指を入れ、押し下げることで開く、ワンハンドタイプ。片手で開け閉めが可能。強いテンションがかかっているときに指を突っ込むと危険だが、その場合はスパイキ（金属製の棒）を差し込む

プレスロックシャックル
ジブシート取り付け専用。かさばらず、ミスで開いてしまうことが少ない

セーフティーハーネスのテザー（付けひも）で用いられるセーフティーフック。ワンアクションで掛けることができ、ワンアクションでは開かないような工夫がされているものもある

環

よりシンプルな形状で、スナップフックと呼ばれるタイプ。こちらもさらにさまざまなものがある

カラビナフック
「ナス環」とも呼ばれる。写真は環付きタイプ。環なしもある

シンブル
円形のものはロープ専用、ハート形のものはロープにもワイヤにも用いられる

フェアリーダー

フェアリードアイ
デッキ上でロープをリードする

ブルズアイ（bullseye）
ステンレスのライナーが入ったもの。カムクリートと組み合わせることで、より確実にオン／オフできるようにもなる

デッキブッシュ（deck bushing）
デッキを通すときの擦れ止め

第2章｜艤装
[ロープを取り巻く脇役達]

増力装置

ヨットは、基本的に人力で操る乗り物だ。風の力を利用し、人力で船を操る。ここがヨットの魅力であるともいえる。しかし、風の力は強い。大きな帆を人力で操作するには、工夫が必要になる。

ヨットの艤装には、限られた人間の力を最大限に発揮するためのさまざまな知恵が注がれている。

パーチェス（purchase）

歯車や滑車、その他を使って力を何倍にもする仕掛けをパーチェスという。増力装置と考えてもらえばいいだろう。

例えば、てこ。右図のように、支点からの距離の違いによって、小さな力で重いものを持ち上げることができる。

直径の異なる二つの滑車を一つの軸に固定した輪軸も、原理は同じ。支点からの距離が半分になれば、そこで得られる力は倍になる。

滑車と滑車をベルトでつなげば、回転を別の軸に伝えることができる。その際、滑車の大きさ（直径）を変えることによって、増力したり、増速したりできる。

例えば自転車の場合、ペダル側の歯車を回す力が、チェーンで車輪側の歯車に伝わる。ペダル側の歯車のほうが、直径が大きく、刃数が多いため、ペダルを1回転させる間に車輪はより多く回転する。異なる刃数の歯車を組み合わせてギアチェンジすることで、平坦な道ではより速く、上り坂ではより軽く、と走行性能を上げている。

ヨットの上なら、例えば舵。ティラーは、シンプルな棒状だが、てこの原理を使って、より軽い力でラダーブレード（舵板）をコントロールできるよう考えられた増力装置であるといえる。

大型艇になると、ティラーだけの増力では足りないので、ステアリングホイールが採用されている。

ホイール部分は輪軸の原理で、大きなホイールを回すことで細い回転軸側に力を伝え、それをギアやベルトを用いて船底まで伝達し、コードラントによる、てこの原理でラダーブレードを動かしている。それぞれ、コードラントやホイールの直径によって、増力の度合いが違ってくる。

さらに大きな増力が必要な部分には、シリンダー内に封じ込めたオイルに圧をかけて増力する油圧システム（油圧駆動装置）も使われる。これは、シリンダーの断面積に比例して力が伝わるという、パスカルの原理を応用したものだ。

ヨット上で用いられる油圧システムの多くは、人力でシリンダーに圧力をかけるもので、これもやはり人力を増力する装置には変わりない。

ヨットは、これらの増力装置を用いて、あくまでも人力で自然と対峙するところに面白味があるといってもいいだろう。

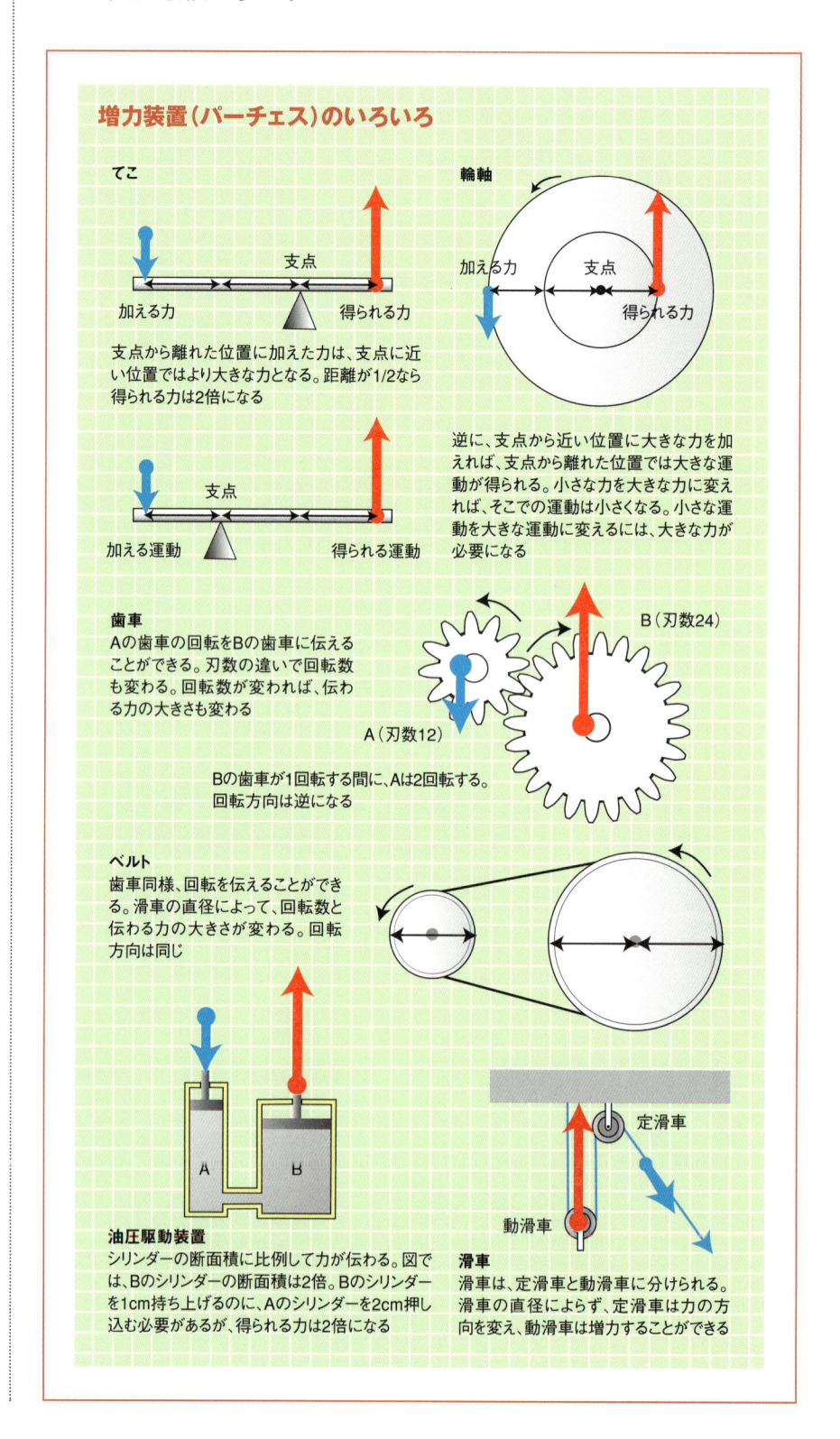

増力装置（パーチェス）のいろいろ

てこ
支点から離れた位置に加えた力は、支点に近い位置ではより大きな力となる。距離が1/2なら得られる力は2倍になる

逆に、支点から近い位置に大きな力を加えれば、支点から離れた位置では大きな運動が得られる。小さな力を大きな力に変えれば、そこでの運動は小さくなる。小さな運動を大きな運動に変えるには、大きな力が必要になる

輪軸

歯車
Aの歯車の回転をBの歯車に伝えることができる。刃数の違いで回転数も変わる。回転数が変われば、伝わる力の大きさも変わる

B（刃数24）／A（刃数12）

Bの歯車が1回転する間に、Aは2回転する。回転方向は逆になる

ベルト
歯車同様、回転を伝えることができる。滑車の直径によって、回転数と伝わる力の大きさが変わる。回転方向は同じ

油圧駆動装置
シリンダーの断面積に比例して力が伝わる。図では、Bのシリンダーの断面積は2倍。Bのシリンダーを1cm持ち上げるのに、Aのシリンダーを2cm押し込む必要があるが、得られる力は2倍になる

滑車
滑車は、定滑車と動滑車に分けられる。滑車の直径によらず、定滑車は力の方向を変え、動滑車は増力することができる

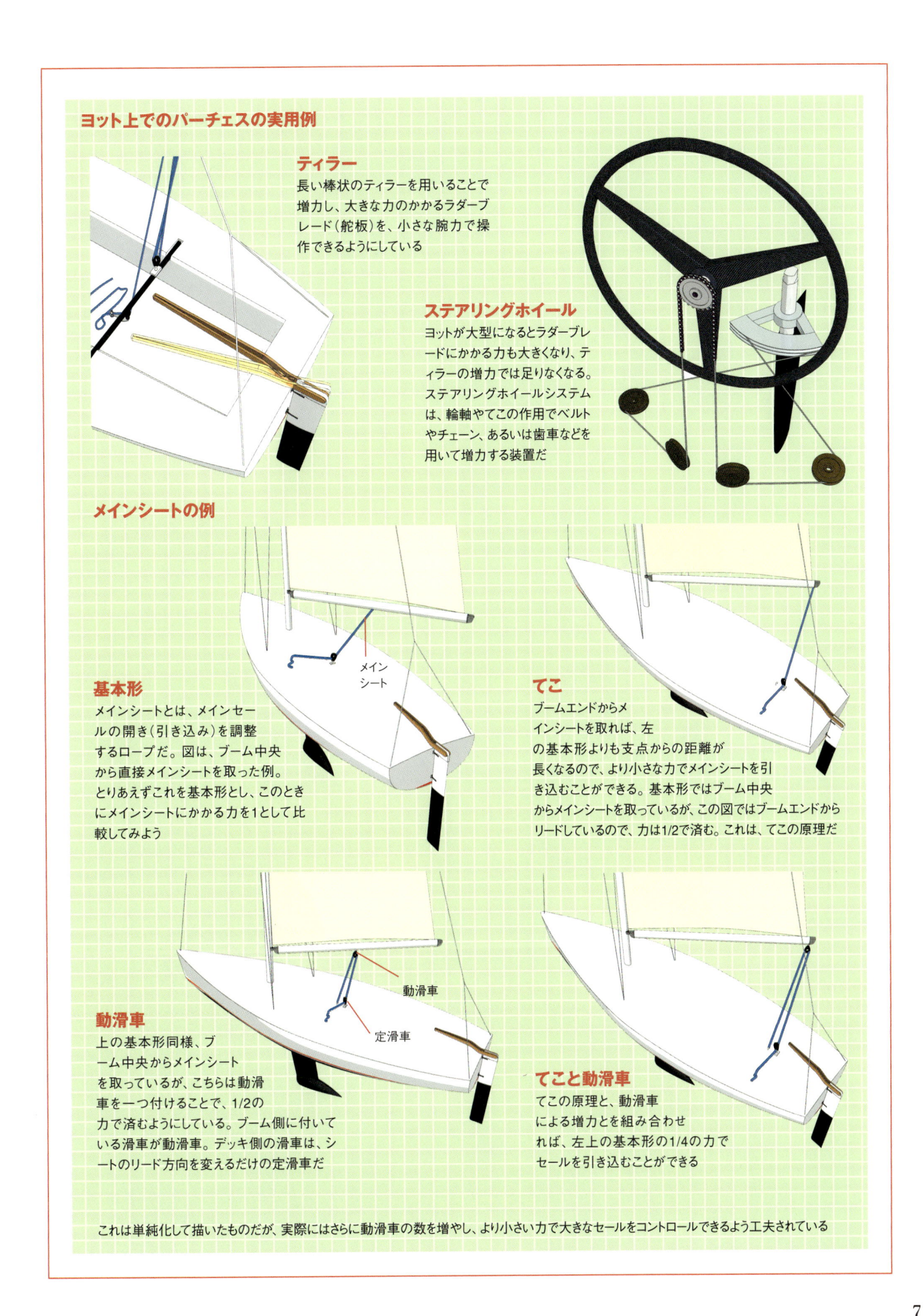

ヨット上でのパーチェスの実用例

ティラー
長い棒状のティラーを用いることで増力し、大きな力のかかるラダーブレード(舵板)を、小さな腕力で操作できるようにしている

ステアリングホイール
ヨットが大型になるとラダーブレードにかかる力も大きくなり、ティラーの増力では足りなくなる。ステアリングホイールシステムは、輪軸やてこの作用でベルトやチェーン、あるいは歯車などを用いて増力する装置だ

メインシートの例

基本形
メインシートとは、メインセールの開き(引き込み)を調整するロープだ。図は、ブーム中央から直接メインシートを取った例。とりあえずこれを基本形とし、このときにメインシートにかかる力を1として比較してみよう

てこ
ブームエンドからメインシートを取れば、左の基本形よりも支点からの距離が長くなるので、より小さな力でメインシートを引き込むことができる。基本形ではブーム中央からメインシートを取っているが、この図ではブームエンドからリードしているので、力は1/2で済む。これは、てこの原理だ

動滑車
上の基本形同様、ブーム中央からメインシートを取っているが、こちらは動滑車を一つ付けることで、1/2の力で済むようにしている。ブーム側に付いている滑車が動滑車。デッキ側の滑車は、シートのリード方向を変えるだけの定滑車だ

てこと動滑車
てこの原理と、動滑車による増力とを組み合わせれば、左上の基本形の1/4の力でセールを引き込むことができる

これは単純化して描いたものだが、実際にはさらに動滑車の数を増やし、より小さい力で大きなセールをコントロールできるよう工夫されている

第 2 章 | 艤装
[ロープを取り巻く脇役達]

テークル(tackle)

軸を中心に回転する円盤が滑車(プーリー：pully)だ。ヨットの上ではシーブ(sheave)と呼ばれることが多い。

シーブの中心には回転軸があり、それらを覆う部品や、結合するための部品など、すべてを含めてブロック(block)という。

日本語で「滑車」というと、円盤部分だけでなくブロック全体を指すこともあるが、ここでいう「シーブ」とはあくまでも円盤の部分のみを指し、シーブと軸、側面の覆い全体を合わせたものが「ブロック」になる。

ブロックには、中に通したロープのリードを変える(力、運動の方向を変える)役目のほかに、動滑車として増力装置の働きをするという大きな役割もある。

荷物を2人で持てば、1人で持つ半分の力で済む。動滑車も、それと同じ。

動滑車が一つで2倍の増力。同じ物を持ち上げるのに、1/2の力で済むということになる。動滑車二つで4倍だ。この倍率をパーチェスと呼ぶこともある。「パーチェスを増やす」というと、動滑車の数を増やして増力率を上げることだ。

一つの動滑車によって、力は1/2で済むが、このときに引っ張るロープの長さは2倍になる。小さな力で大きな力を生み出すためには、大きな運動が必要になり、仕事の量としては結局同じになる。テークルで増力するといっても、ただ単に大きな力を生み出す夢の装置というわけではない。

一方、同じ滑車でも、定滑車は力の方向を変えるだけで、増力はない。

動滑車と定滑車を組み合わせた増力装置をテークル(tackle)という。用途によってパーチェスを変え、テークルを組もう。

滑車の役割

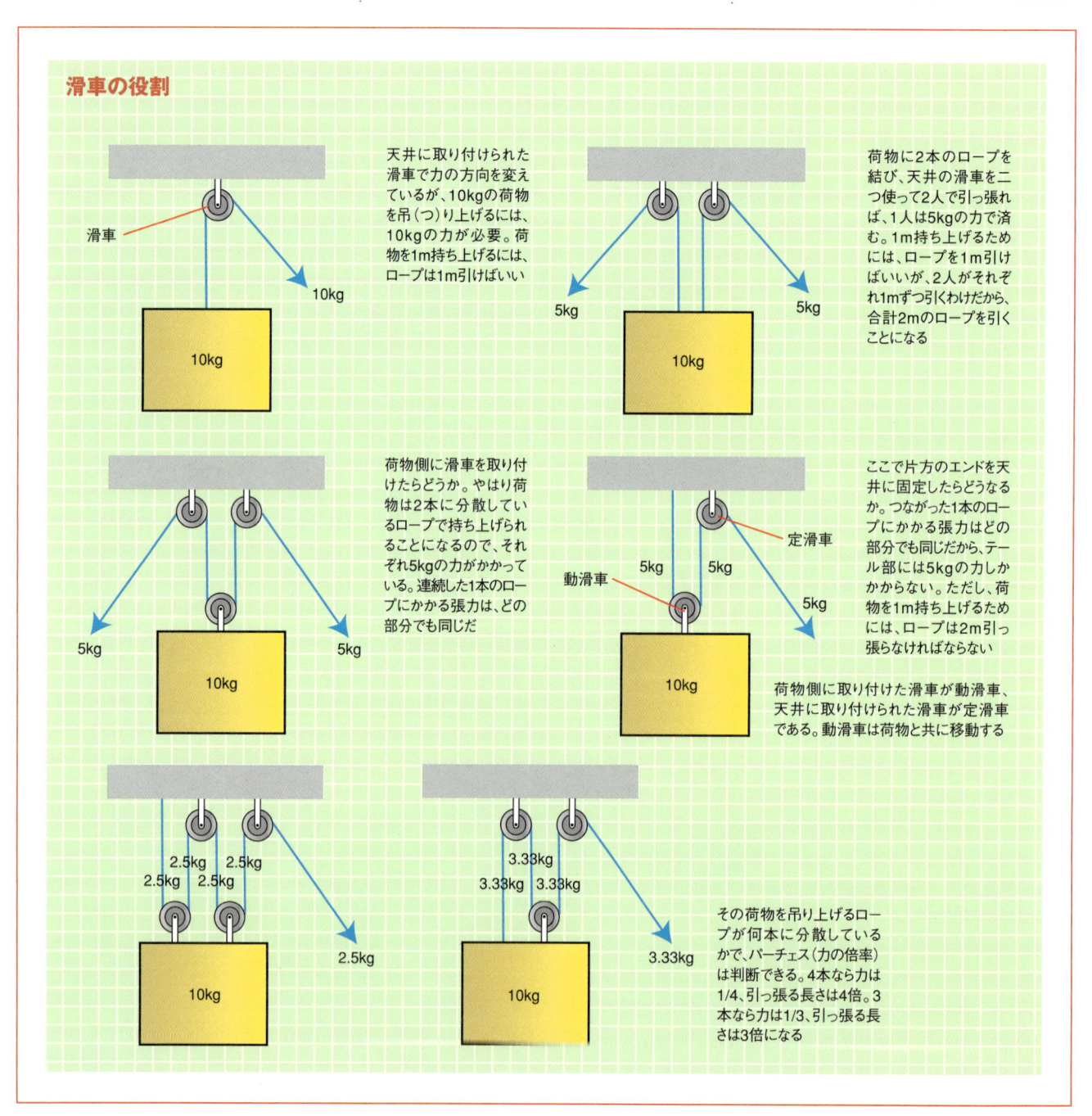

天井に取り付けられた滑車で力の方向を変えているが、10kgの荷物を吊(つ)り上げるには、10kgの力が必要。荷物を1m持ち上げるには、ロープは1m引けばいい

荷物に2本のロープを結び、天井の滑車を二つ使って2人で引っ張れば、1人は5kgの力で済む。1m持ち上げるためには、ロープを1m引けばいいが、2人がそれぞれ1mずつ引くわけだから、合計2mのロープを引くことになる

荷物側に滑車を取り付けたらどうか。やはり荷物は2本に分散しているロープで持ち上げられることになるので、それぞれ5kgの力がかかっている。連続した1本のロープにかかる張力は、どの部分でも同じだ

ここで片方のエンドを天井に固定したらどうなるか。つながった1本のロープにかかる張力はどの部分でも同じだから、テール部には5kgの力しかかからない。ただし、荷物を1m持ち上げるためには、ロープは2m引っ張らなければならない

荷物側に取り付けた滑車が動滑車、天井に取り付けられた滑車が定滑車である。動滑車は荷物と共に移動する

その荷物を吊り上げるロープが何本に分散しているかで、パーチェス(力の倍率)は判断できる。4本なら力は1/4、引っ張る長さは4倍。3本なら力は1/3、引っ張る長さは3倍になる

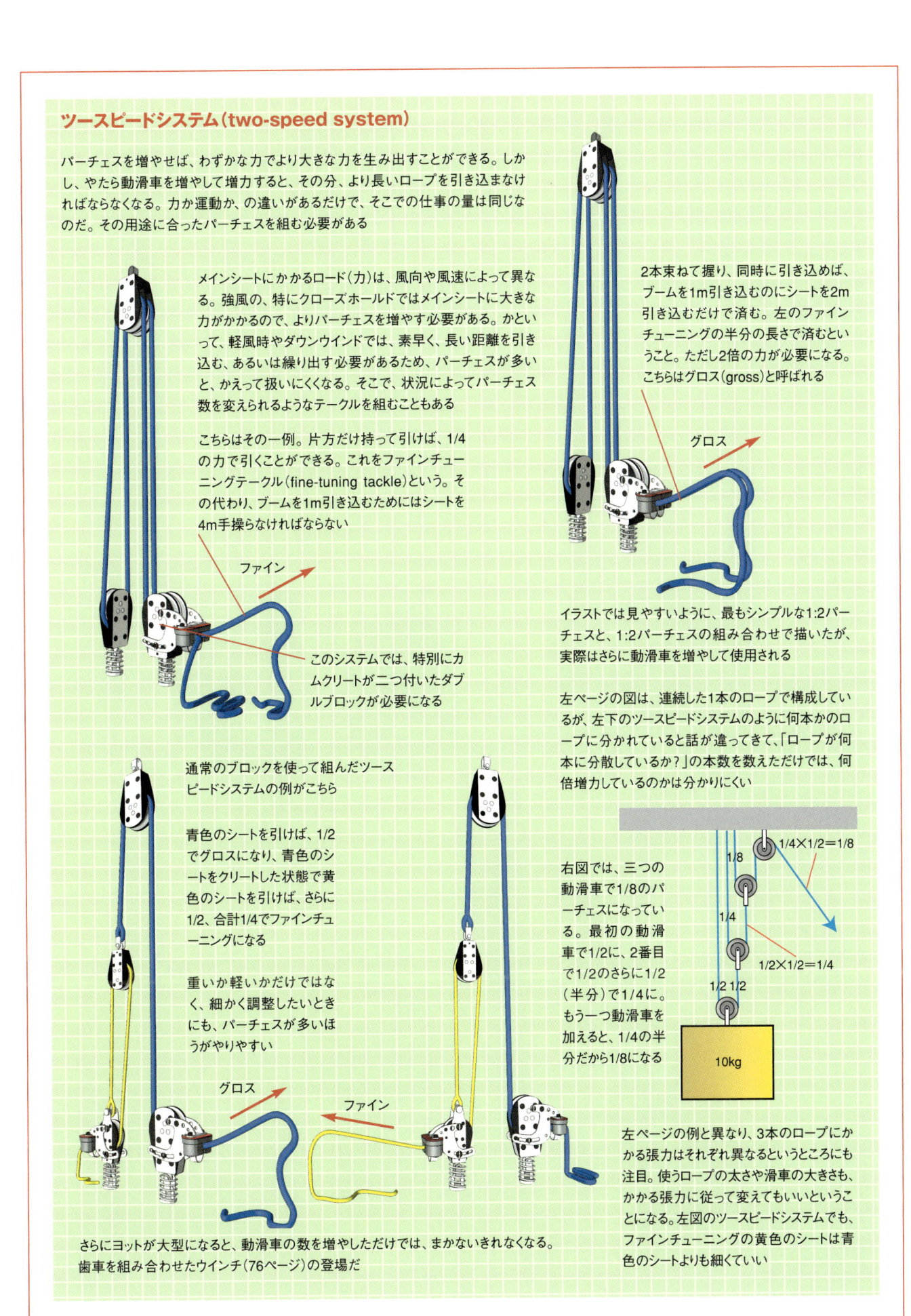

ツースピードシステム（two-speed system）

パーチェスを増やせば、わずかな力でより大きな力を生み出すことができる。しかし、やたら動滑車を増やして増力すると、その分、より長いロープを引き込まなければならなくなる。力か運動か、の違いがあるだけで、そこでの仕事の量は同じなのだ。その用途に合ったパーチェスを組む必要がある

メインシートにかかるロード（力）は、風向や風速によって異なる。強風の、特にクローズホールドではメインシートに大きな力がかかるので、よりパーチェスを増やす必要がある。かといって、軽風時やダウンウインドでは、素早く、長い距離を引き込む、あるいは繰り出す必要があるため、パーチェスが多いと、かえって扱いにくくなる。そこで、状況によってパーチェス数を変えられるようなテークルを組むこともある

こちらはその一例。片方だけ持って引けば、1/4の力で引くことができる。これをファインチューニングテークル（fine-tuning tackle）という。その代わり、ブームを1m引き込むためにはシートを4m手操らなければならない

→ ファイン

このシステムでは、特別にカムクリートが二つ付いたダブルブロックが必要になる

2本束ねて握り、同時に引き込めば、ブームを1m引き込むのにシートを2m引き込むだけで済む。左のファインチューニングの半分の長さで済むということ。ただし2倍の力が必要になる。こちらはグロス（gross）と呼ばれる

→ グロス

イラストでは見やすいように、最もシンプルな1:2パーチェスと、1:2パーチェスの組み合わせで描いたが、実際はさらに動滑車を増やして使用される

左ページの図は、連続した1本のロープで構成しているが、左下のツースピードシステムのように何本かのロープに分かれていると話が違ってきて、「ロープが何本に分散しているか？」の本数を数えただけでは、何倍増力しているのかは分かりにくい

通常のブロックを使って組んだツースピードシステムの例がこちら

青色のシートを引けば、1/2でグロスになり、青色のシートをクリートした状態で黄色のシートを引けば、さらに1/2、合計1/4でファインチューニングになる

重いか軽いかだけではなく、細かく調整したいときにも、パーチェスが多いほうがやりやすい

右図では、三つの動滑車で1/8のパーチェスになっている。最初の動滑車で1/2に、2番目で1/2のさらに1/2（半分）で1/4に。もう一つ動滑車を加えると、1/4の半分だから1/8になる

1/4×1/2＝1/8
1/8
1/4
1/2×1/2＝1/4
1/2 1/2
10kg

→ グロス
← ファイン

さらにヨットが大型になると、動滑車の数を増やしただけでは、まかないきれなくなる。歯車を組み合わせたウインチ（76ページ）の登場だ

左ページの例と異なり、3本のロープにかかる張力はそれぞれ異なるというところにも注目。使うロープの太さや滑車の大きさも、かかる張力に従って変えてもいいということになる。左図のツースピードシステムでも、ファインチューニングの黄色のシートは青色のシートよりも細くていい

第2章｜艤装
[ロープを取り巻く脇役達]

ブロック（block）

動滑車一つで力は2倍の増力、と書いたが、実際には、ブロックを通ることで抵抗が生じるため、そこまではいかない。

少しでも効率良くテークルを組むために、ベアリングを入れて回転しやすくしたブロックが使われる。より軽い力で引き込めて、ロープが出て行く際には、より抵抗なく繰り出せる。

逆に、引き込んだロープが出にくくなるよう、一方向にだけ回転するように工夫されたブロックもある。回転部分に組み込まれたラチェット（ratchet：爪車）が引っ掛かって、逆転しないようになっているもので、ラチェットブロックと呼ばれる。スイッチでラチェットのオン／オフができるものもあれば、力がかかっているときだけラチェットがかかるようになっているものもある。

そのほか、さまざまな種類、サイズのブロックがある。用途によって適正なものを選ぼう。あるいは、いざ壊れたときには、応用して対応しよう。

ブロックの取り付け

ブロックの取り付けには、シャックルが用いられる。船体側はアイ（eye）、あるいはベール（bail）などと呼ばれる取り付け部が用いられる。

デッキ面に取り付けたブロックが倒れないようにスプリングを入れたり、取り付け部が回転できるようになっていたりと、取り付けパターンはさまざま。

最近では、金属製のシャックルを使わず、代わりに高張力ロープを用いるケースも多くなっている。

ブロックのいろいろ
（写真提供＝ハーケンジャパン）

ブロックは、軸を中心に回転する円盤（シーブ）と、それを支持するケースおよび取り付け部から成る

用途によってそこにかかる荷重が決まり、それによってロープの太さが決まり、それに合わせてブロックのサイズも決まる

- 取り付け部
- 回転軸
- シーブ

シングルブロック
取り付け部は回転（スイベル）させたり固定させたり、あるいはシーブと平行または垂直、ユーザーが設定できるようになっているものが多い

ブロックの先端にロープの取り付け部（ベケット）が付いたもの。「ベケ付き」ともいう

- ベケット

シーブが横に2連装されたダブルブロック

トリプルブロック。ベケ付き、ベケなしもある

ダブルブロックでも、こちらは軸が二つに分かれているフィドル（fiddle）ブロック。形状がバイオリン（フィドル）に似ていることからそう呼ばれる

ダブルブロックにベケットが付いたもの

ベケ付きのフィドルブロック。これを組み合わせることで、ロープが重ならないテークルが組める

通常のブロックはシャックルによってぶら下がるが、こちらはデッキに張り付けるように取り付けるチーク(cheek)ブロック

ラチェット(逆転防止機構)ブロック

トラベラーに使うブロック

ベース部が開閉式になっているオープンスナッチブロック。通常のブロックではロープエンドをブロックに通すが、こちらは、長いロープの途中にブロックを組み入れることができる

カムクリートとの一体型。同様にクリート付きのダブル、トリプルブロックもある

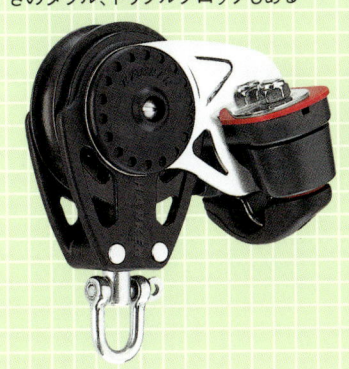

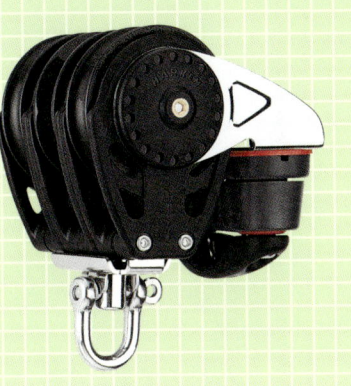

取り付けは金属製のシャックルを用いるが、より軽量の高強度ロープを用いて取り付けるタイプもある

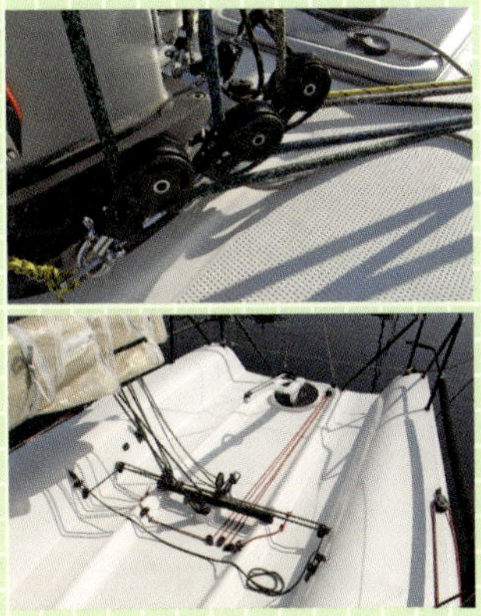

さまざまな部分にブロックが使われている

アイ
船側に取り付けるアイ

アイストラップ

Uボルト

パッドアイ

スプリングを間に入れて、ブロックが倒れないようにするものもある

第2章｜艤装
[ロープを取り巻く脇役達]

ウインチ

ウインチ（winch）とは、巻き上げ機のこと。さまざまな分野で各種のウインチが使われているが、ヨットの上でウインチといえば歯車を組み合わせた増力装置をいい、ヨット用に各種商品が用意されている。

ウインチの働き

ロープを巻き付けるドラム部は、片方向にしか回転しないようになっている。ほとんどのウインチドラムは右回り（時計回り）にだけ回転する。

ここに時計回りにロープを巻き付ければ、ロープを引っ張るときにはドラムが共に回転する。ロープを緩めるときは、ドラム部とロープとの摩擦によって簡単にはロープが出て行かない状態になる。ロープのエンド側に大きなロードがかかっても、テール側は軽く持っているだけで保持できるということだ。

ウインチというのは本来巻き上げ機のことだが、一般的なヨットのウインチはクリートの一種といってもいい。ロープのテール側には大きな力がかからないから簡単なクリートに留めるだけで、エンド側の大きなロードに耐えることができる。

ウインチ上部にウインチハンドルを差し込み、ハンドルを回転させることでドラムが回転する。ウインチ内部にある歯車によって、小さな力でロープを引きこむことができる。

ギア比によってパワーレシオも変わってくる。通常は、ハンドルも時計回り。2スピードウインチなら、ハンドルを反時計回りに回転させるとギア比が上がり、より小さな力でロープを引きこむことができる。

これも他の増力装置と同様、ギア比が上がれば、その分より多くハンドルを回さなければならない。つまり仕事の量には変わりはないが、人力で大きな力を生み出すことができる。

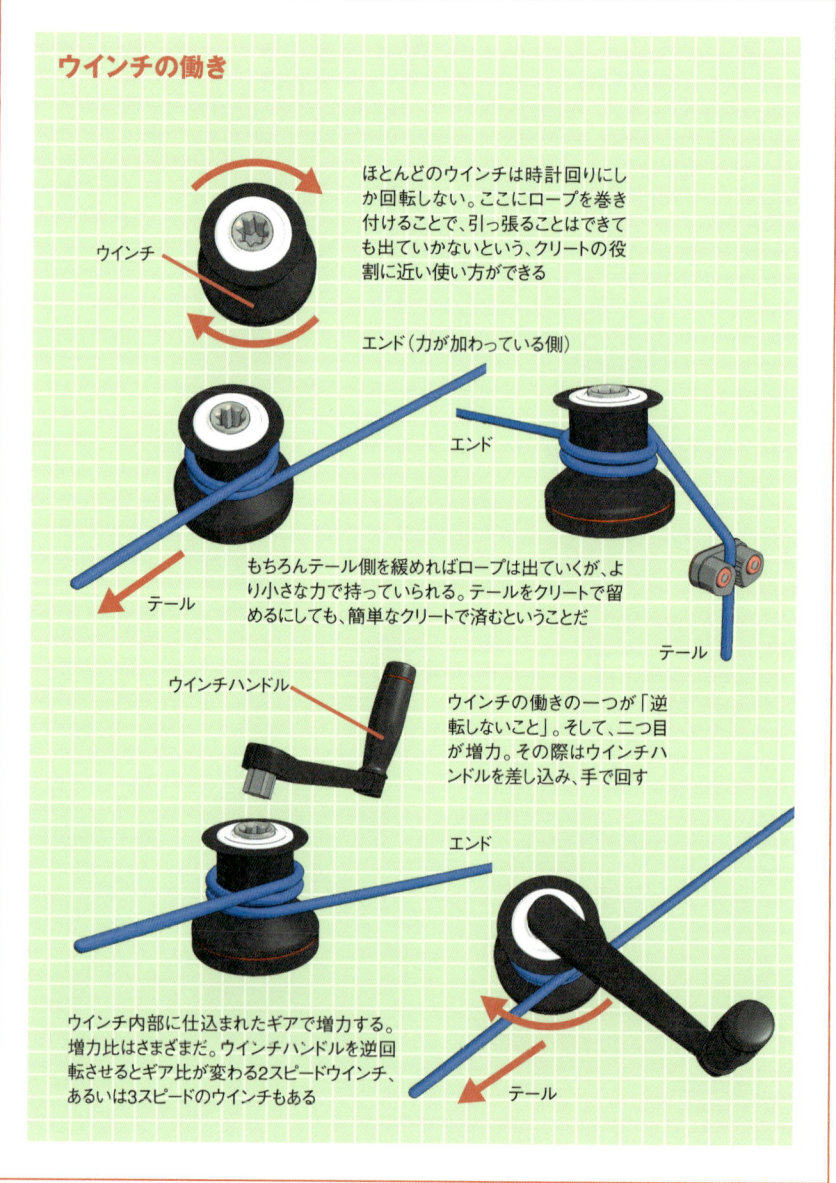

ウインチの働き

ほとんどのウインチは時計回りにしか回転しない。ここにロープを巻き付けることで、引っ張ることはできても出ていかないという、クリートの役割に近い使い方ができる

もちろんテール側を緩めればロープは出ていくが、より小さな力で持っていられる。テールをクリートで留めるにしても、簡単なクリートで済むということだ

ウインチの働きの一つが「逆転しないこと」。そして、二つ目が増力。その際はウインチハンドルを差し込み、手で回す

ウインチ内部に仕込まれたギアで増力する。増力比はさまざまだ。ウインチハンドルを逆回転させるとギア比が変わる2スピードウインチ、あるいは3スピードのウインチもある

ウインチの構造

ウインチは、ハンドルを入れる軸の部分と、それを覆うドラム部に分けられる。上部のスプリングやネジを外すと、ドラム自体を取り外すことができる

ドラム
ベアリング

軸の周りには、ドラムと直接接するベアリングが設けられ、軸の回転はいくつかの歯車を介してドラムに伝わるようになっている

このモデルでは、この歯車の回転がドラムに伝わる

回転軸部分を外すとこんな感じ。さらにベアリングやギアが見える。このあたりの構造はウインチによって異なるが、この機種（40ft艇の2スピード・ハリヤードウインチ）でもかなり複雑だ

パウル

ギアの中には、逆転止めの爪（パウル）が組み込まれている。写真のモデルは複雑な構造になっているが、シングルスピードのウインチでも同様にパウルによって逆転しないようになっている

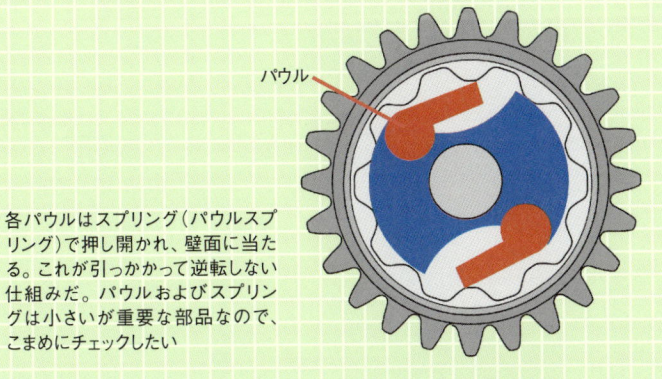

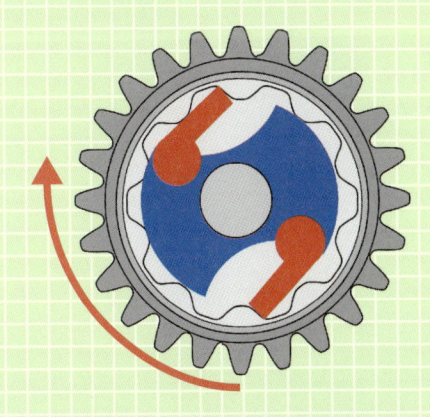

パウル

各パウルはスプリング（パウルスプリング）で押し開かれ、壁面に当たる。これが引っかかって逆転しない仕組みだ。パウルおよびスプリングは小さいが重要な部品なので、こまめにチェックしたい

中心軸を回すと、こちらの方向にだけ回転する。反対方向だとパウルは押し戻されて空回りする

第2章 艤装
[ロープを取り巻く脇役達]

ウインチのサイズ

ヨット上で用いられるロープにかかるロード（負荷）は、船体やリグの大きさによって違ってくる。

ロードによってロープの太さが決まってくるし、そこで使われるブロックのサイズも決まる。用いるウインチのサイズも違ってくる。

ウインチのサイズが違えばギア比も異なり、パワーレシオが変わる。サイズが上がると、2スピード、あるいは3スピードのウインチも用意されている。

3スピードウインチでは、ボタンを押して（あるいは引く）時計回りにハンドルを回せば1スピード（一番重く、ドラムは高速回転する）。ウインチハンドルを反時計回りに回すと2スピードになり、このときボタンは自動的に戻る。次にハンドルを時計回りに回せば3スピードで、ギア比が高く、最も軽い動作になる。

セルフテーリングウインチ

通常のウインチは、ロープのテール部を手で引っ張りながら、ドラムからロープが滑り出ないようにして巻き込んでいく。このテール部を引っ張る操作をテーリングという。

ウインチドラム上部に溝を設けたものを、セルフテーリングウインチという。この溝にロープのテール側を挟み込めば、テーリングせずに、ウインチハンドルを回転させるだけでロープを巻き込むことができる。

セルフテーリングウインチは便利だが、レース艇のジブシートウインチのように一気にリリースする必要があるような使い方の場合、セルフテーリング部にリードする爪の部分が引っかかるなど、使い勝手が悪い場合もある。スタンダードタイプかセルフテーリングか、適材適所で選びたい。

ウインチのいろいろ

スタンダードタイプ。サイズもさまざま。パワーレシオによって型番がついているものが多い

1スピード、2スピード。大型のウインチでは3スピードもある。写真は3スピードウインチ

セルフテーリングウインチ。ドラム上部の溝にロープを噛（か）み込ませてロープを巻き上げる

デッキ上の艤装品のなかでも、ウインチは大きく目立つ。見た目重視で、ポリッシュ仕上げしたブロンズやクロムメッキされたものもある。逆にレース艇用には、軽量化のためにカーボンファイバー製のものもある

クアトロと名付けられたハーケン社のウインチ。ドラム下部の直径が大きくなっていて、この部分を使えば同じ1回転でもより長いロープを引きこむことができる。非対称スピネーカーのトリムなど、高速で大容量を引きこみたいときに使う。ドラム上部は通常のジブシートトリムなどに併用できる

ペデスタルウインチ

さらに大型艇になると、大きなパワーを必要とする。両手で、2人が向かい合って操作するペデスタル（pedestal）のクランク部が、大きなウインチドラムとデッキ下で接続されている

電動ウインチ

ヨットで使う一般的なウインチは、手でウインチハンドルを回すことで動作させる。ヨットレースなどでは、電動ウインチの使用禁止がルールで定められていることが多い。クルージングヨットの場合は、その制約がないので、より楽な電動ウインチが用いられることもある

ウインチハンドル

ウインチに差し込んで用いるのが、ウインチハンドル。長さやグリップの形でさまざまなものがある。

ハンドルのアームが長い方が力は入るが、回転させるときに邪魔になる。大型のウインチを短いハンドルで回した方が使いやすいこともある。

ハンドルの取り付け部は、ほとんどのメーカーで統一されてる。ハンドル側にストッパーが付いているタイプと、付いていないタイプがある。ウインチハンドルを差したままで使う場合、ストッパー付きならロープなどにはじかれて外れることはない。逆に素早く差して回し、すぐ外すという使い方の場合はストッパーなしのタイプが使い勝手がいい。

ウインチハンドルも、適材適所で選ぼう。

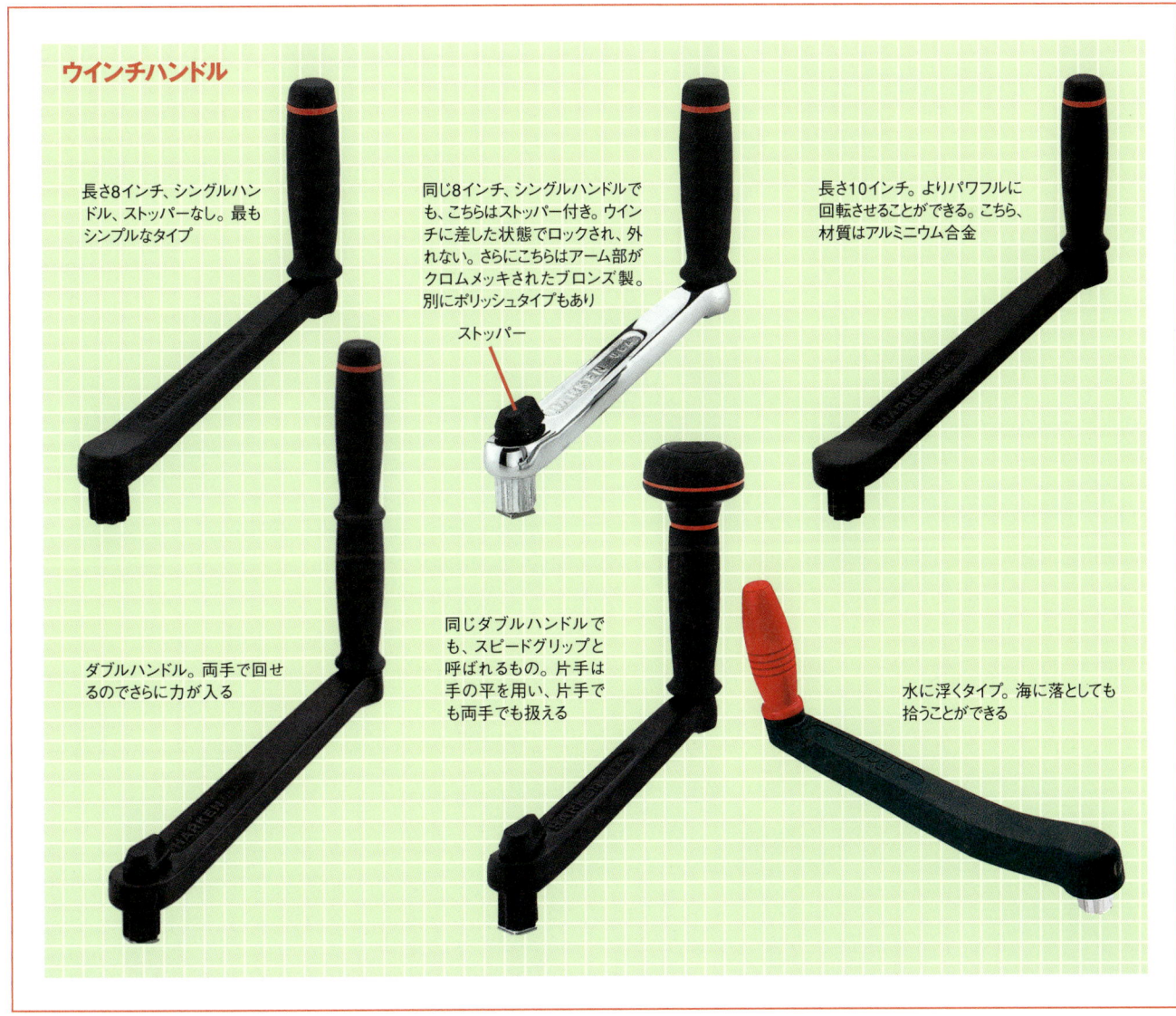

ウインチハンドル

長さ8インチ、シングルハンドル、ストッパーなし。最もシンプルなタイプ

同じ8インチ、シングルハンドルでも、こちらはストッパー付き。ウインチに差した状態でロックされ、外れない。さらにこちらはアーム部がクロムメッキされたブロンズ製。別にポリッシュタイプもあり

ストッパー

長さ10インチ。よりパワフルに回転させることができる。こちら、材質はアルミニウム合金

ダブルハンドル。両手で回せるのでさらに力が入る

同じダブルハンドルでも、スピードグリップと呼ばれるもの。片手は手の平を用い、片手でも両手でも扱える

水に浮くタイプ。海に落としても拾うことができる

第2章｜艤装
[ロープを取り巻く脇役達]

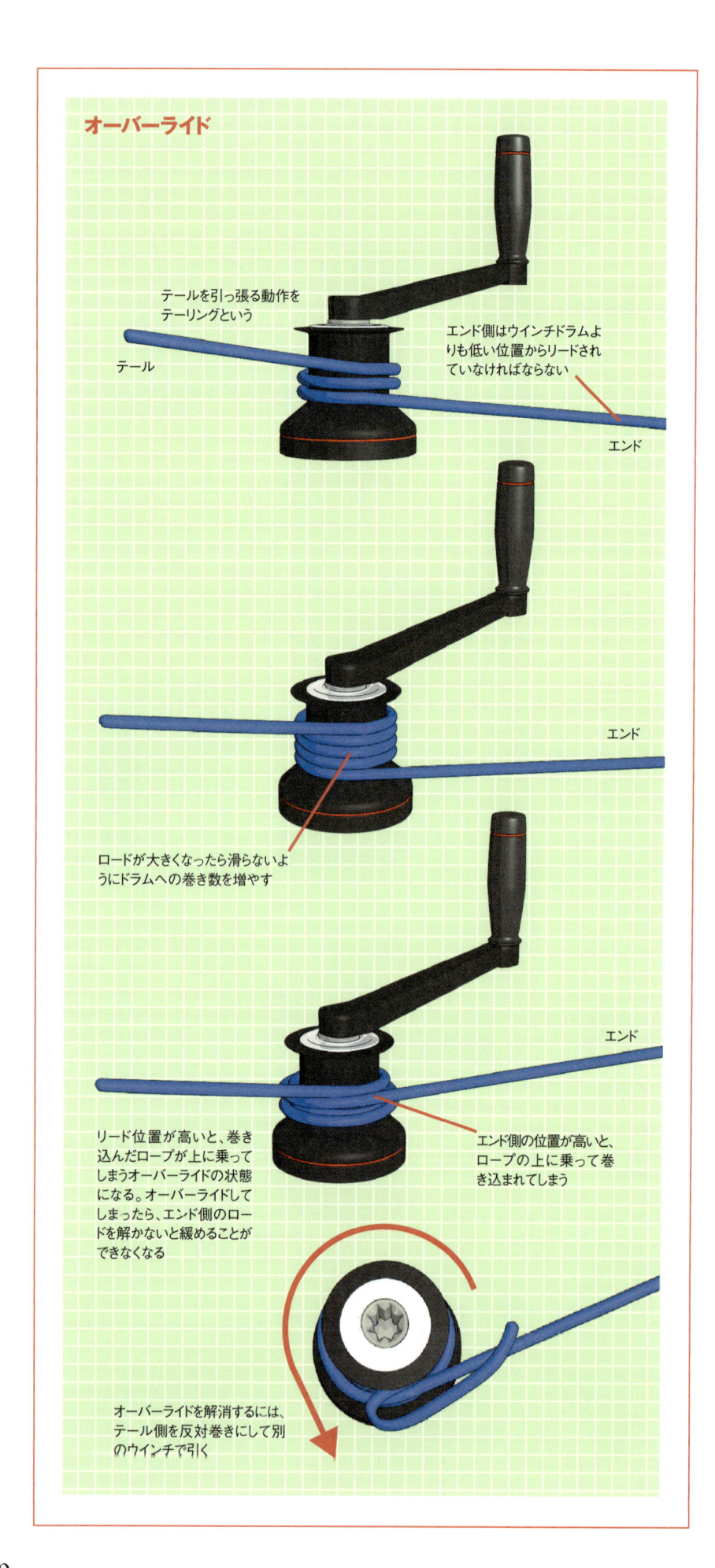

オーバーライド

テール
テールを引っ張る動作をテーリングという

エンド側はウインチドラムよりも低い位置からリードされていなければならない

エンド

ロードが大きくなったら滑らないようにドラムへの巻き数を増やす

リード位置が高いと、巻き込んだロープが上に乗ってしまうオーバーライドの状態になる。オーバーライドしてしまったら、エンド側のロードを解かないと緩めることができなくなる

エンド側の位置が高いと、ロープの上に乗って巻き込まれてしまう

オーバーライドを解消するには、テール側を反対巻きにして別のウインチで引く

セルフテーリングウインチ

セルフテーリングウインチは、それ自体が巻き上げ機能の付いたクリートのようなものといえる。巻き込まれたロープが出てくる位置は、ガイドの爪の位置で決まってくる。爪の部分だけ簡単に回転させることができるので、操作しやすいように爪の位置を調節しよう

- ウインチ上部の溝にロープを噛み込ませる
- 溝に導くガイドの爪
- テール
- エンド
- テールが出てくる場所は爪の位置によって決まってくる

オーバーライド

ロープのエンド側（力のかかっている側）はウインチドラムより低い位置になければならない（左図）。

ロープのリードが高い位置にあると、引きこむ側のロープの上にロープが乗ってしまい、エンド側のテンションが抜けない限りロープを緩めることができなくなってしまう。この状態をオーバーライド（over riding, riding turn）という。

エンド側のテンションを抜けばロープは外せるが、オーバーライドは巻き込んでいる最中に生じるため、テンションを抜くことができない場合が多い。その場合は、テールを反時計回りにして別のウインチで引くか、最悪はエンド側を切らなければならない場合もある。

これは、操作の問題というよりウインチの取り付け位置の問題であることが多い。場合によっては、台座を入れてウインチの高さを増して取り付ける場合もある。

また、ジブシートなどではジブシートリーダーとウインチの距離が離れていると、

タッキング中にジブシートが遊び、オーバーライドすることもある。その場合は、ウインチの近くでいったんシートを下に押さえるといい。

ロープストッパーとの併用

ロープストッパーについては、4月号で紹介した。大きなロードにも耐えられるクリートの一種だ。

ロープストッパーを使うことで、一つのウインチで何本ものロープをコントロールすることができる（右図）。

さらに、ロープ・オーガナイザーも使えば、離れた位置にあるウインチを使うこともできる。

これで、ハリヤードウインチとスピンシートウインチの併用が可能になる。

ウインドラス

アンカー（錨）を巻き上げる際に用いられるウインチがアンカーウインチ（ウインドラス）。アンカーにはロープだけではなくチェーンを用いることも多いので、ウインチの形状もその他のウインチとは変わっている。同じウインチだが、こちらはアンカーウインドラスと呼ばれる。ヨットの上で単にウインドラスといえば、アンカーウインチのことを指すと思ってよい。

手動のアンカーウインチもあるが、揚錨時には重いアンカーを長い距離にわたって巻き上げる必要がある。アンカーの上げ下げは通常エンジンをかけた状態で行い、バッテリーへの充電も不足なく行われるため、アンカーウインドラスは電動が用いられることが多い。

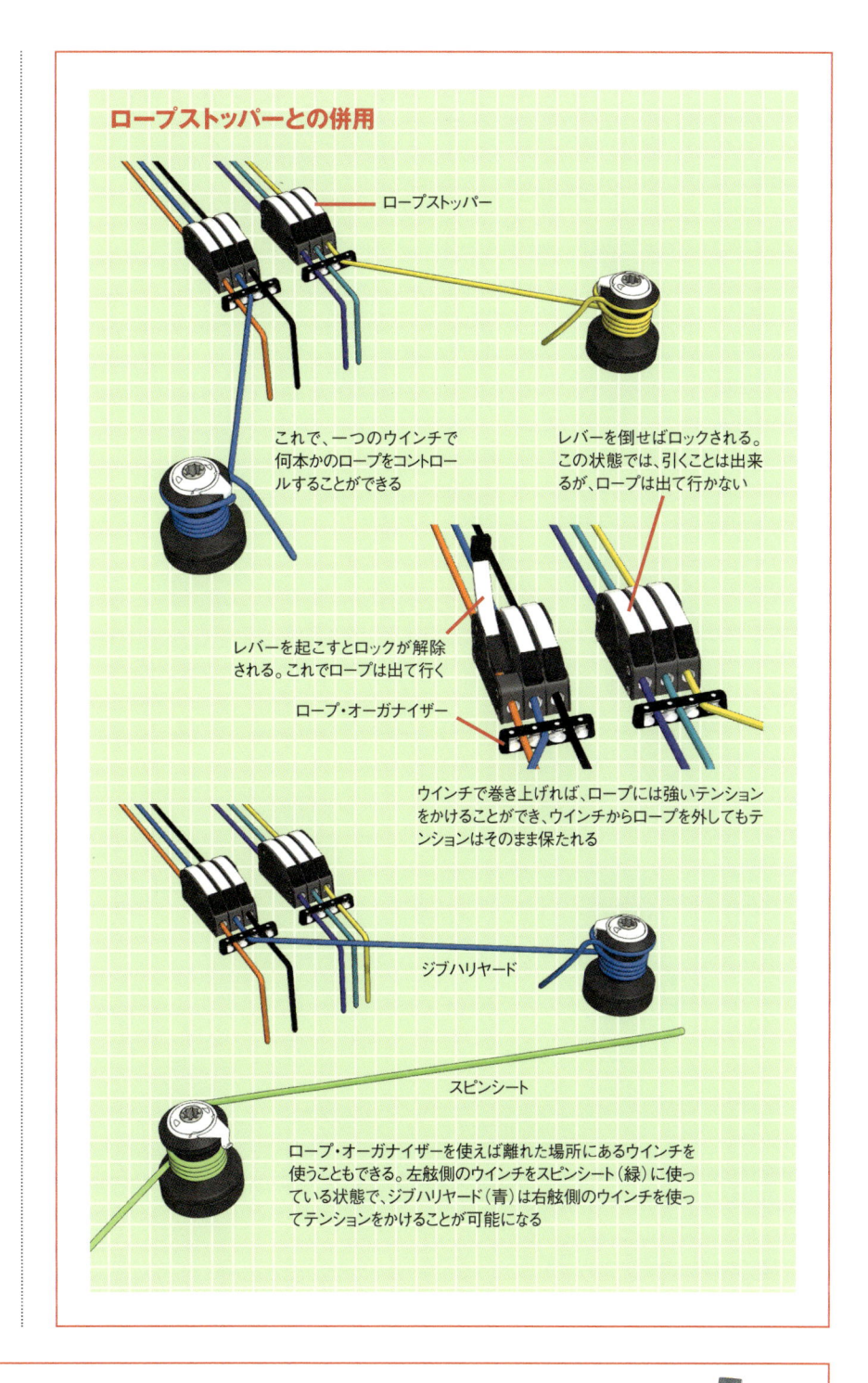

ロープストッパーとの併用

ロープストッパー

これで、一つのウインチで何本かのロープをコントロールすることができる

レバーを倒せばロックされる。この状態では、引くことは出来るが、ロープは出て行かない

レバーを起こすとロックが解除される。これでロープは出て行く

ロープ・オーガナイザー

ウインチで巻き上げれば、ロープには強いテンションをかけることができ、ウインチからロープを外してもテンションはそのまま保たれる

ジブハリヤード

スピンシート

ロープ・オーガナイザーを使えば離れた場所にあるウインチを使うこともできる。左舷側のウインチをスピンシート（緑）に使っている状態で、ジブハリヤード（青）は右舷側のウインチを使ってテンションをかけることが可能になる

アンカーウインドラス

一般的なウインチと異なり、電動が多い。アンカーにはロープのみならず、チェーンも用いられる。アンカーウインチのドラム部には、チェーンを食い込ませて巻き上げることができるような工夫もされている。チェーンのコマが溝に噛み込んでいるので、テーリングがいらない。セルフテーリングともいえる。抜錨時のみならず、投錨時もウインドラスを逆転させてアンカーチェーンを繰り出していく

チェーン用の溝

巻き上げたチェーンはそのままでデッキ下のチェーンロッカーに収納されていく

[マストとリギン]

リギン

リグについては第1章、12ページで簡単に説明したが、ここではさらにその構造について詳しくみていこう。

リグの主役はやはりマスト。セールを展開する土台となるわけだが、そのマストを支えるのがスタンディングリギン。セールやスパーをコントロールするのがランニングリギン。それらリギンとマストを合わせたものをリグという。

ワイヤとロッド

スタンディングリギンには、通常ワイヤロープが用いられる。ワイヤロープとは、金属線（ワイヤ）を撚り合わせたもので、スタンディングリギンに用いられるものは、さびに強いステンレススチール・ワイヤ19本を撚り合わせた1×19というものが一般的だ。船体やリグのサイズによって、太さの違うものが用意されている。

レース艇では、ワイヤよりも伸びが小さく、高強度のわりに軽いロッドリギンが使われることが多い。

細い金属線をより合わせたワイヤロープは大きな力で引っ張られると、撚りがある分伸びも大きくなる。この伸びが衝撃を吸収してくれるのだが、反面、マスト形状を一定に保ちにくくもする。

対して、ロッドリギンは元々一本の棒なので、伸びはその金属の弾性率そのものになる。ワイヤロープよりも伸びが少なく、マストの形状を保ちやすい。

一方で、ワイヤロープなら、撚った金属線の1本が切れた時点で交換の必要性を見極めることができるが、ロッドの場合、切れる直前までその兆候を発見しにくい。

以上のことから、クルージング艇ではワイヤロープを用いるケースが一般的で、レース艇ではロッドリギンが多用されている。

マストを支えるスタンディングリギンは、直線状にピンと張られた状態で使用される。ランニングリギンは、ブロックを介

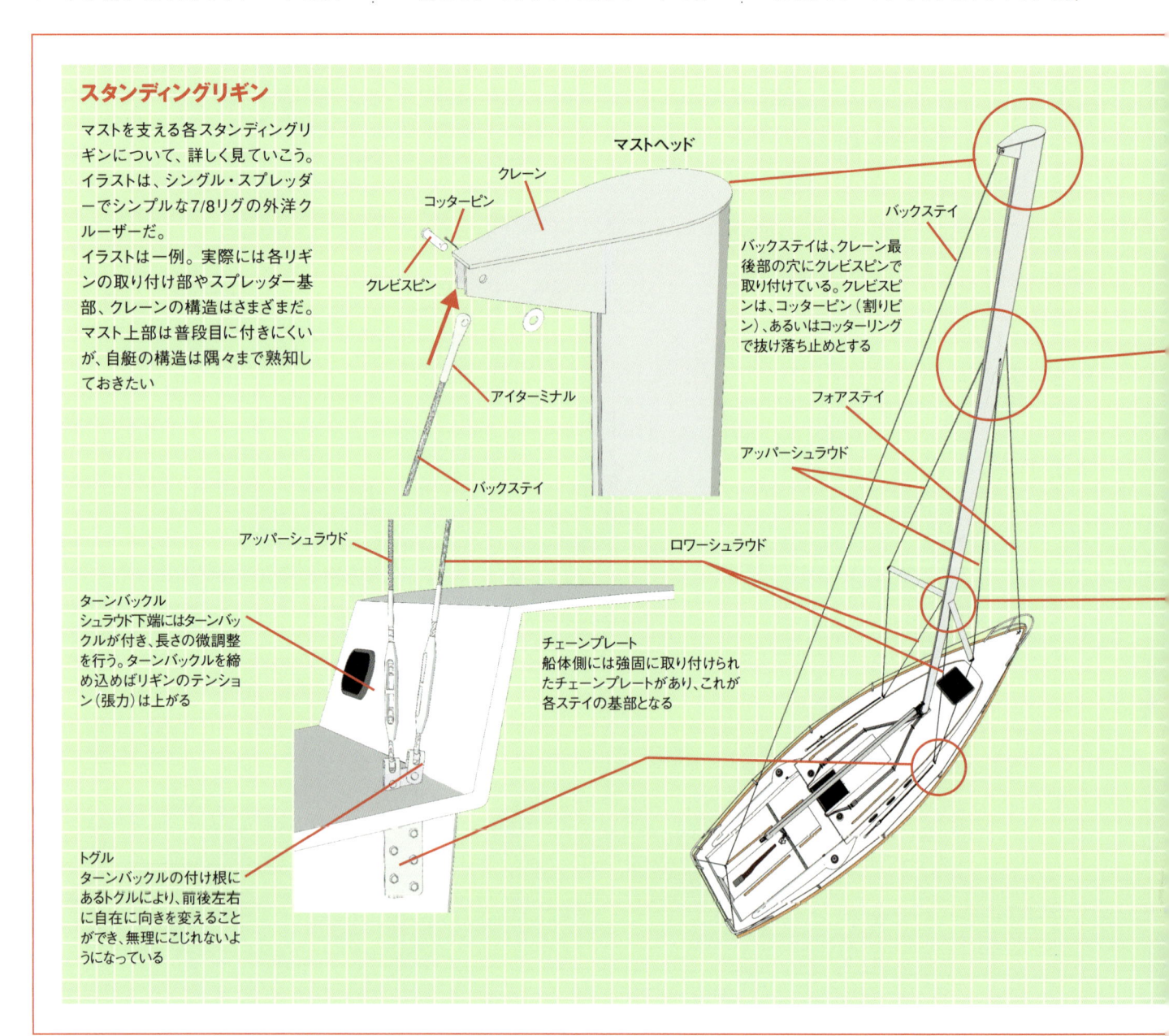

スタンディングリギン

マストを支える各スタンディングリギンについて、詳しく見ていこう。イラストは、シングル・スプレッダーでシンプルな7/8リグの外洋クルーザーだ。
イラストは一例。実際には各リギンの取り付け部やスプレッダー基部、クレーンの構造はさまざまだ。マスト上部は普段目に付きにくいが、自艇の構造は隅々まで熟知しておきたい

マストヘッド
クレーン
コッターピン
クレビスピン
アイターミナル
バックステイ

バックステイは、クレーン最後部の穴にクレビスピンで取り付けている。クレビスピンは、コッターピン（割りピン）、あるいはコッターリングで抜け落ち止めとする

バックステイ
フォアステイ
アッパーシュラウド
ロワーシュラウド

ターンバックル
シュラウド下端にはターンバックルが付き、長さの微調整を行う。ターンバックルを締め込めばリギンのテンション（張力）は上がる

チェーンプレート
船体側には強固に取り付けられたチェーンプレートがあり、これが各ステイの基部となる

トグル
ターンバックルの付け根にあるトグルにより、前後左右に自在に向きを変えることができ、無理にこじれないようになっている

して180度曲げられたりする。となると、より柔軟性のあるダクロンロープが使われることも多い。ジブハリヤードやメインハリヤードなど、弾性率の高さ（伸びにくさ）が必要な部分ではワイヤロープが用いられることもあるが、スタンディングリギンで主に用いられる1×19（19本撚り）のワイヤロープに対し、ランニングリギンはより柔軟性のある7×19と呼ばれるものが一般的になっている。これは、19本の細いワイヤを撚り合わせたストランドを7本撚り合わせたワイヤロープという意味で、1本1本のワイヤが細くなるため、1×19のワイヤに比べて柔軟性が高くなる。（下右図）

ロープの項で説明した新素材の高張力ロープは、より柔らかく、軽く、弾性率も高い。価格もこなれてきたので、今ではジブハリヤード、メインハリヤードともに、ワイヤロープに取って代わられている。

最近では、スタンディングリギンでもワイヤロープの代わりに、スペクトラなどの高張力ロープを用いることもある。

ヨットの艤装のなかでは、リグやリギンの進化のスピードも速い。

スウェージング

ワイヤロープ（以下ワイヤ）は、繊維ロープ（以下ロープ）と違って結ぶわけにはいかない。いかにして接続するか。

ワイヤでも、ロープのようにスプライスで輪を作ることはできる。ワイヤとロープとの接続法、ラットテールスプライスについては51ページで紹介した。

しかし実際には、スプライスではなくワイヤ端に専用の金物をかぶせ、特殊な工具で強い圧力をかけ圧着するスウェージング（swaging）処理をすることが多い。

スウェージング用のターミナルが各種出ている。用途によってターミナル形状を選び、スウェージングしてワイヤ端の処理をし、シャックルやクレビスピンを使って脱着する（下図）。

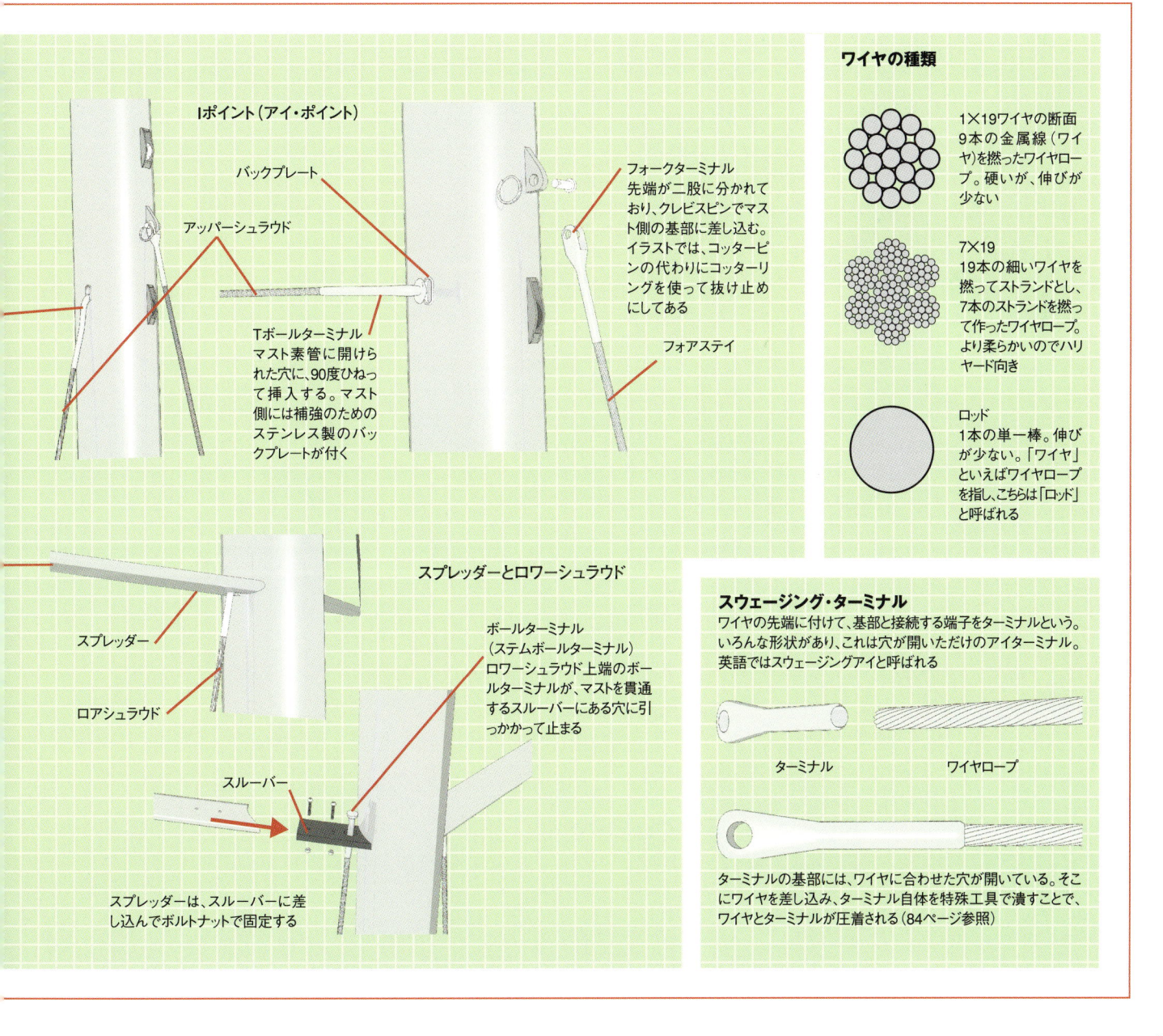

Iポイント（アイ・ポイント）

- バックプレート
- アッパーシュラウド
- フォークターミナル
先端が二股に分かれており、クレビスピンでマスト側の基部に差し込む。イラストでは、コッターピンの代わりにコッターリングを使って抜け止めにしてある
- Tボールターミナル
マスト素管に開けられた穴に、90度ひねって挿入する。マスト側には補強のためのステンレス製のバックプレートが付く
- フォアステイ

スプレッダーとロワーシュラウド

- スプレッダー
- ロアシュラウド
- スルーバー
- ボールターミナル（ステムボールターミナル）
ロワーシュラウド上端のボールターミナルが、マストを貫通するスルーバーにある穴に引っかかって止まる

スプレッダーは、スルーバーに差し込んでボルトナットで固定する

ワイヤの種類

- 1×19ワイヤの断面
9本の金属線（ワイヤ）を撚ったワイヤロープ。硬いが、伸びが少ない
- 7×19
19本の細いワイヤを撚ってストランドとし、7本のストランドを撚って作ったワイヤロープ。より柔らかいのでハリヤード向き
- ロッド
1本の単一棒。伸びが少ない。「ワイヤ」といえばワイヤロープを指し、こちらは「ロッド」と呼ばれる

スウェージング・ターミナル

ワイヤの先端に付けて、基部と接続する端子をターミナルという。いろんな形状があり、これは穴が開いただけのアイターミナル。英語ではスウェージングアイと呼ばれる

ターミナル　　ワイヤロープ

ターミナルの基部には、ワイヤに合わせた穴が開いている。そこにワイヤを差し込み、ターミナル自体を特殊工具で潰すことで、ワイヤとターミナルが圧着される（84ページ参照）

第2章 艤装
[マストとリギン]

ターンバックル

ワイヤの両端は、スウェージングターミナルなどで加工されて接続される。端加工をした後は、長さの微調整ができない。シュラウドはその長さの微調整が必要になるが、そこで使われるのがターンバックルだ。

ネジをいくつか組み合わせ、回転させることで長さを微調整する。

各種あり、使い方も多少違ってくるので注意が必要だ。

ハリヤード

セールを、上に引っ張り揚げるのがハリヤードだ。ステイ類のスタンディングリギン（静策）に対して、こちらはランニングリギン（動索）と呼ばれる。

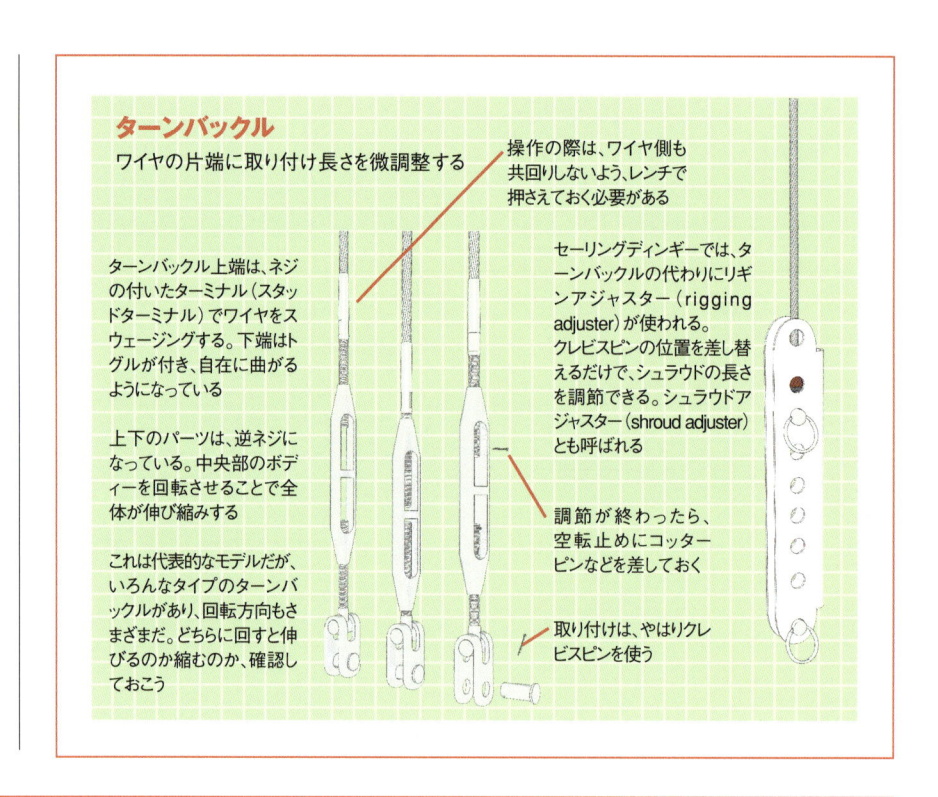

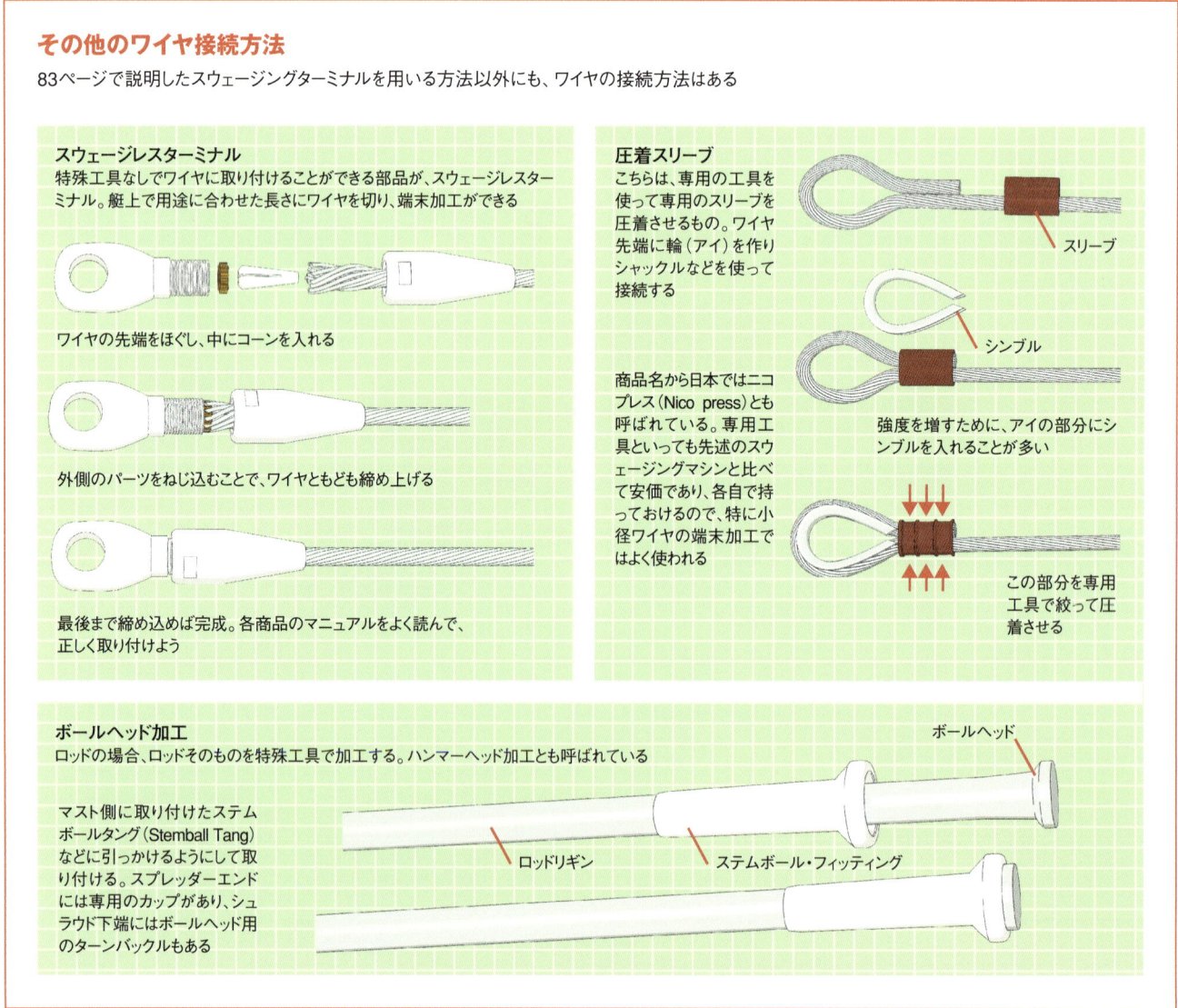

ターンバックル
ワイヤの片端に取り付け長さを微調整する

- 操作の際は、ワイヤ側も共回りしないよう、レンチで押さえておく必要がある
- ターンバックル上端は、ネジの付いたターミナル（スタッドターミナル）でワイヤをスウェージングする。下端はトグルが付き、自在に曲がるようになっている
- 上下のパーツは、逆ネジになっている。中央部のボディーを回転させることで全体が伸び縮みする
- これは代表的なモデルだが、いろんなタイプのターンバックルがあり、回転方向もさまざまだ。どちらに回すと伸びるのか縮むのか、確認しておこう
- セーリングディンギーでは、ターンバックルの代わりにリギンアジャスター（rigging adjuster）が使われる。クレビスピンの位置を差し替えるだけで、シュラウドの長さを調節できる。シュラウドアジャスター（shroud adjuster）とも呼ばれる
- 調節が終わったら、空転止めにコッターピンなどを差しておく
- 取り付けは、やはりクレビスピンを使う

その他のワイヤ接続方法
83ページで説明したスウェージングターミナルを用いる方法以外にも、ワイヤの接続方法はある

スウェージレスターミナル
特殊工具なしでワイヤに取り付けることができる部品が、スウェージレスターミナル。艇上で用途に合わせた長さにワイヤを切り、端末加工ができる

- ワイヤの先端をほぐし、中にコーンを入れる
- 外側のパーツをねじ込むことで、ワイヤともども締め上げる
- 最後まで締め込めば完成。各商品のマニュアルをよく読んで、正しく取り付けよう

圧着スリーブ
こちらは、専用の工具を使って専用のスリーブを圧着させるもの。ワイヤ先端に輪（アイ）を作りシャックルなどを使って接続する

商品名から日本ではニコプレス（Nico press）とも呼ばれている。専用工具といっても先述のスウェージングマシンと比べて安価であり、各自で持っておけるので、特に小径ワイヤの端末加工ではよく使われる

- スリーブ
- シンブル
- 強度を増すために、アイの部分にシンブルを入れることが多い
- この部分を専用工具で絞って圧着させる

ボールヘッド加工
ロッドの場合、ロッドそのものを特殊工具で加工する。ハンマーヘッド加工とも呼ばれている

マスト側に取り付けたステムボールタング（Stemball Tang）などに引っかけるようにして取り付ける。スプレッダーエンドには専用のカップがあり、シュラウド下端にはボールヘッド用のターンバックルもある

- ボールヘッド
- ロッドリギン
- ステムボール・フィッティング

ハリヤード

セールを、上に引っ張り揚げるのがハリヤードだ。ステイ類のスタンディングリギン（静索）に対して、こちらはランニングリギン（動索）と呼ばれる。

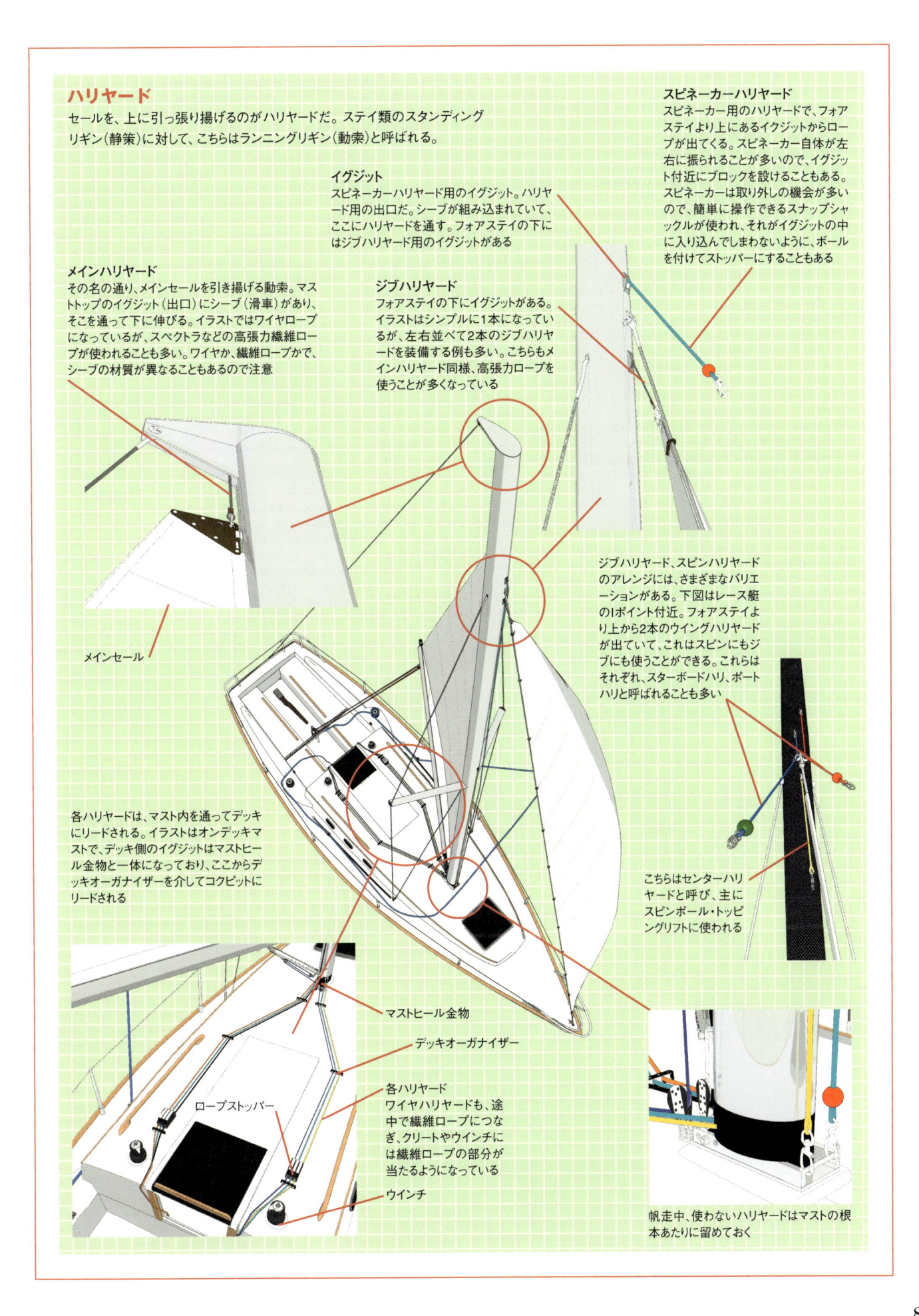

メインハリヤード
その名の通り、メインセールを引き揚げる動索。マストトップのイグジット（出口）にシーブ（滑車）があり、そこを通って下に伸びる。イラストではワイヤロープになっているが、スペクトラなどの高張力繊維ロープが使われることも多い。ワイヤか、繊維ロープかで、シーブの材質が異なることもあるので注意

イグジット
スピネーカーハリヤード用のイグジット。ハリヤード用の出口だ。シーブが組み込まれていて、ここにハリヤードを通す。フォアステイの下にはジブハリヤード用のイグジットがある

ジブハリヤード
フォアステイの下にイグジットがある。イラストはシンプルに1本になっているが、左右並べて2本のジブハリヤードを装備する例も多い。こちらもメインハリヤード同様、高張力ロープを使うことが多くなっている

スピネーカーハリヤード
スピネーカー用のハリヤードで、フォアステイより上にあるイクジットからロープが出てくる。スピネーカー自体が左右に振られることが多いので、イグジット付近にブロックを設けることもある。スピネーカーは取り外しの機会が多いので、簡単に操作できるスナップシャックルが使われ、それがイグジットの中に入り込んでしまわないように、ボールを付けてストッパーにすることもある

ジブハリヤード、スピンハリヤードのアレンジには、さまざまなバリエーションがある。下図はレース艇のIポイント付近。フォアステイより上から2本のウイングハリヤードが出ていて、これはスピンにもジブにも使うことができる。これらはそれぞれ、スターボードハリ、ポートハリと呼ばれることも多い

こちらはセンターハリヤードと呼び、主にスピンポール・トッピングリフトに使われる

各ハリヤードは、マスト内を通ってデッキにリードされる。イラストはオンデッキマストで、デッキ側のイグジットはマストヒール金物と一体になっており、ここからデッキオーガナイザーを介してコクピットにリードされる

メインセール

マストヒール金物

デッキオーガナイザー

ロープストッパー

各ハリヤード
ワイヤハリヤードも、途中で繊維ロープにつなぎ、クリートやウインチには繊維ロープの部分が当たるようになっている

ウインチ

帆走中、使わないハリヤードはマストの根本あたりに留めておく

第2章｜艤装
[マストとリギン]

スパー

セールを展開するために用いる円材を、スパーという。マスト、ブーム、スピネーカーポール。それぞれの構造を詳しくみていこう。

マストステップ

マストは、前後左右をスタンディングリギンで支え、セールの揚げ降ろしやコントロールするためのランニングリギンが取り付けられ、それらの取り付け方法についてもさまざまであるということは、前の項で説明した。

マスト下端をマストヒールといい、ここにマストの重さとリグにかかる荷重がのしかかる。よって、ここには頑丈な金物が付いている。

マストヒールは、船体側にあるマストステップの上に乗る。

マストステップがデッキ上にあるものをオンデッキマストといい、マストステップが船内のキール上にあり、マストはデッキに開けられた穴を通って立っているものをスルーデッキマストという。スルーデッキマストでは、デッキ部の穴にはマストカラー（mast collar）と呼ばれる部品が付く。

スルーデッキマストは、マストステップとマストカラーとの2カ所でマストを支えるため、より安定してマストをセットすることができる。

デッキの開口部はマストブーツなどをかぶせたり、専用の樹脂で固めたりして防水対策を施すが、なかなか完全にはいかず、またハリヤードのエグジットから入った雨水などはマストの中を通ってマストヒールまで流れるため、どうしてもキャビン内に水が入ってしまう。

強度ではスルーデッキ、防水面では、オンデッキマストに軍配が上がる。

ブーム

メインセールの下端（フット）を支えるのがブームだ。

本来、セールの下端に付けるスパーはすべてブームと呼び、スピネーカーポールのことをスピネーカーブームと呼んだり、ジブの下端にジブブームを持つ場合もあるが、単にブームといえば、このメインブームのことを指す。

構造はマストと同様、アルミニウム合金のチューブの両端にエンド金物が付き、途中にいくつかの部品が付いて構成されている。

以前は木が使われていたが、最近はカーボンファイバー製のブームもある。

ブーム前端に付くグースネックによって、マストと接続されている。後端にはアウトホール。ブームの後方にはメインシート用のブロックが付き、ブームの左右への開きを調整する。前方にはブームバングが付き、ブームの上下の動きを調整する。

マストステップ
マストの下端がマストヒール。マストヒールが乗るヨット側の受けがマストステップだ

マストヒール
マストステップ

左：オンデッキマストは、その名の通りデッキの上（普通はコーチルーフの上）にマストステップが付く
右：マストステップ金具には、マストが前後左右にずれないようにマストヒールがぴったりはまる。デッキが陥没しないようにマストステップの下（キャビン内）は、バルクヘッド（隔壁）やピラー（柱）で補強されている

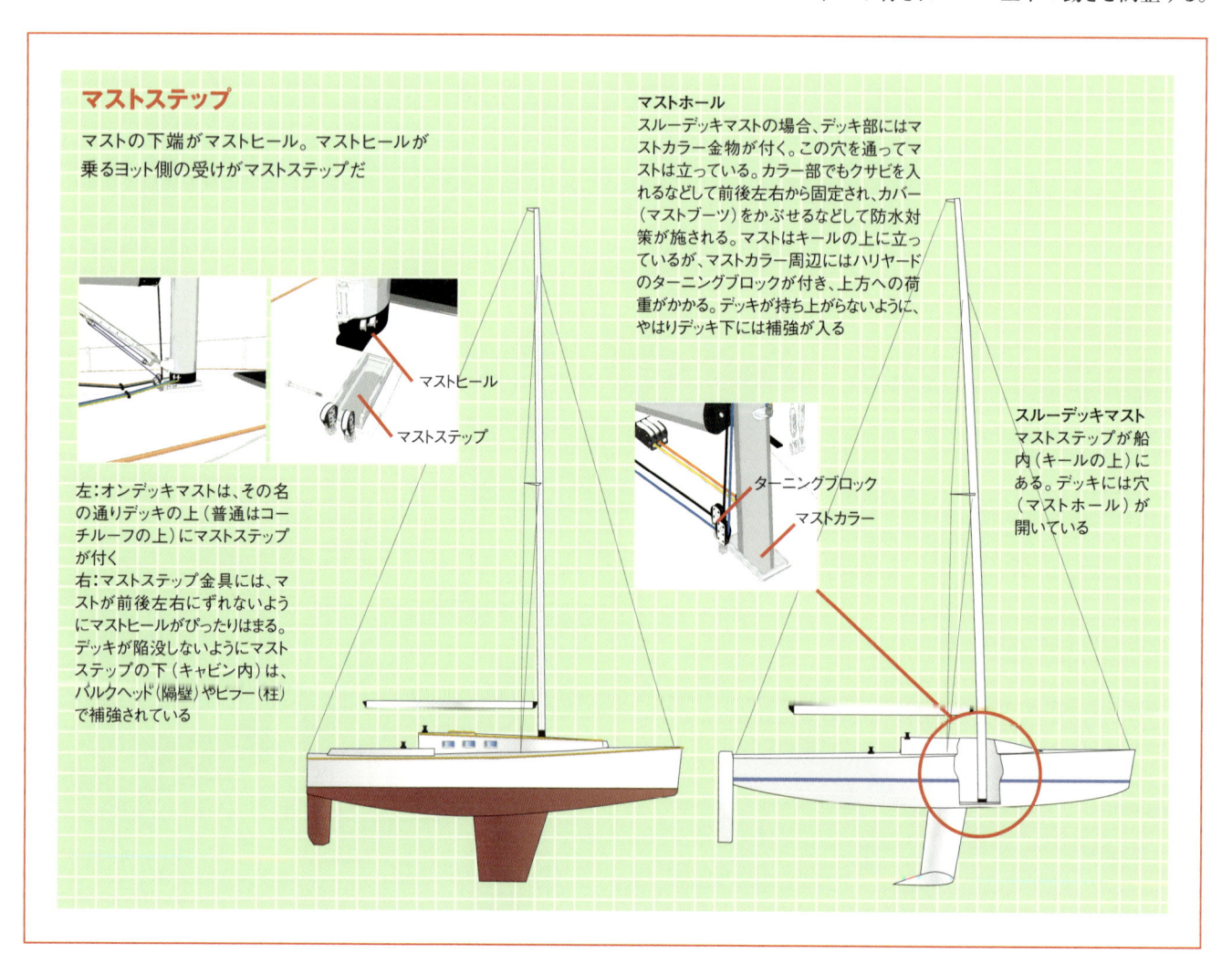

マストホール
スルーデッキマストの場合、デッキ部にはマストカラー金物が付く。この穴を通ってマストは立っている。カラー部でもクサビを入れるなどして前後左右から固定され、カバー（マストブーツ）をかぶせるなどして防水対策が施される。マストはキールの上に立っているが、マストカラー周辺にはハリヤードのターニングブロックが付き、上方への荷重がかかる。デッキが持ち上がらないように、やはりデッキ下には補強が入る

ターニングブロック
マストカラー

スルーデッキマスト
マストステップが船内（キールの上）にある。デッキには穴（マストホール）が開いている

マストとブーム

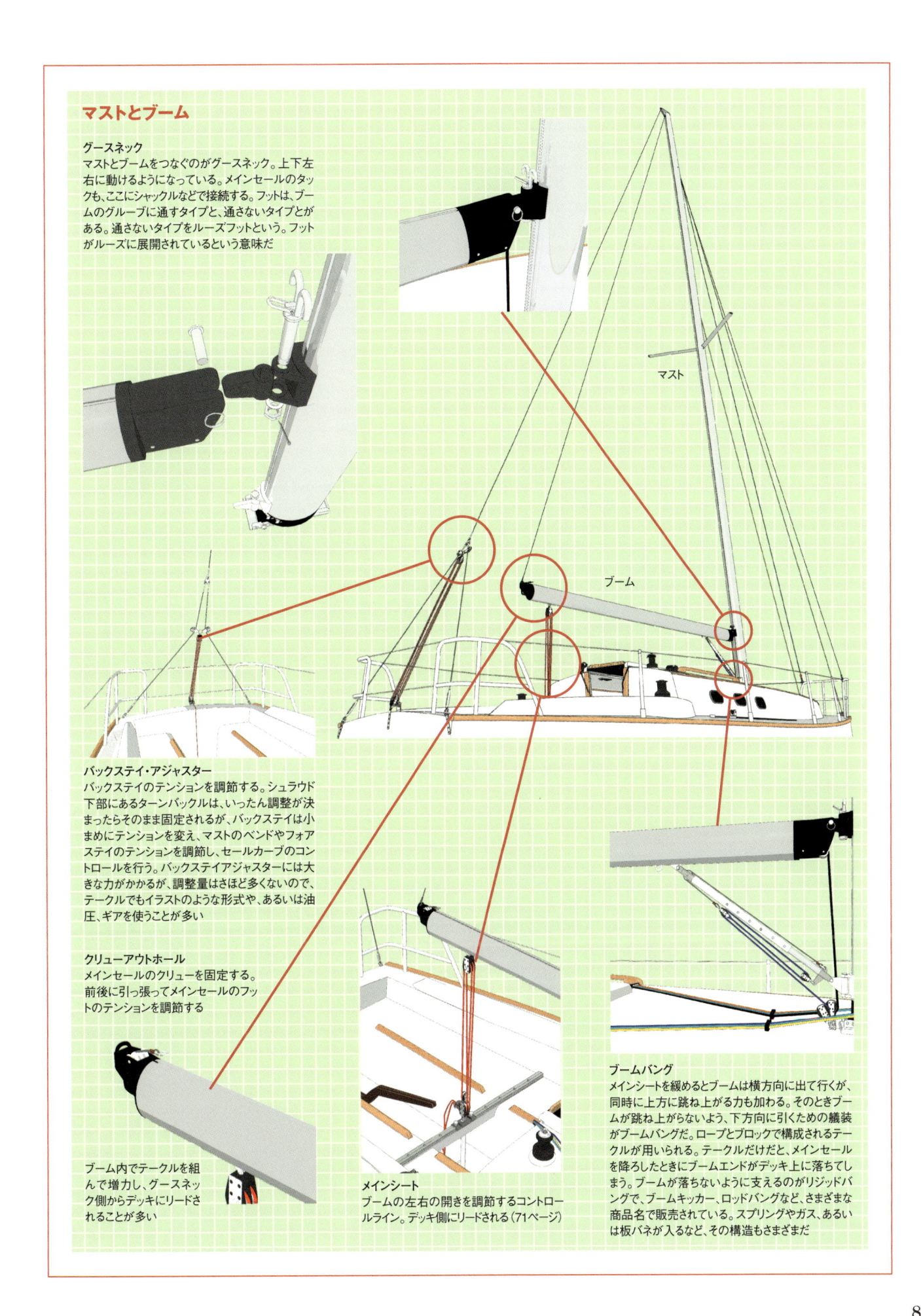

グースネック
マストとブームをつなぐのがグースネック。上下左右に動けるようになっている。メインセールのタックも、ここにシャックルなどで接続する。フットは、ブームのグルーブに通すタイプと、通さないタイプとがある。通さないタイプをルーズフットという。フットがルーズに展開されているという意味だ

バックステイ・アジャスター
バックステイのテンションを調節する。シュラウド下部にあるターンバックルは、いったん調整が決まったらそのまま固定されるが、バックステイは小まめにテンションを変え、マストのベンドやフォアステイのテンションを調節し、セールカーブのコントロールを行う。バックステイアジャスターには大きな力がかかるが、調整量はさほど多くないので、テークルでもイラストのような形式や、あるいは油圧、ギアを使うことが多い

クリューアウトホール
メインセールのクリューを固定する。前後に引っ張ってメインセールのフットのテンションを調節する

ブーム内でテークルを組んで増力し、グースネック側からデッキにリードされることが多い

メインシート
ブームの左右の開きを調節するコントロールライン。デッキ側にリードされる（71ページ）

ブームバング
メインシートを緩めるとブームは横方向に出て行くが、同時に上方に跳ね上がる力も加わる。そのときブームが跳ね上がらないよう、下方向に引くための艤装がブームバングだ。ロープとブロックで構成されるテークルが用いられる。テークルだけだと、メインセールを降ろしたときにブームエンドがデッキ上に落ちてしまう。ブームが落ちないように支えるのがリジッドバングで、ブームキッカー、ロッドバングなど、さまざまな商品名で販売されている。スプリングやガス、あるいは板バネが入るなど、その構造もさまざまだ

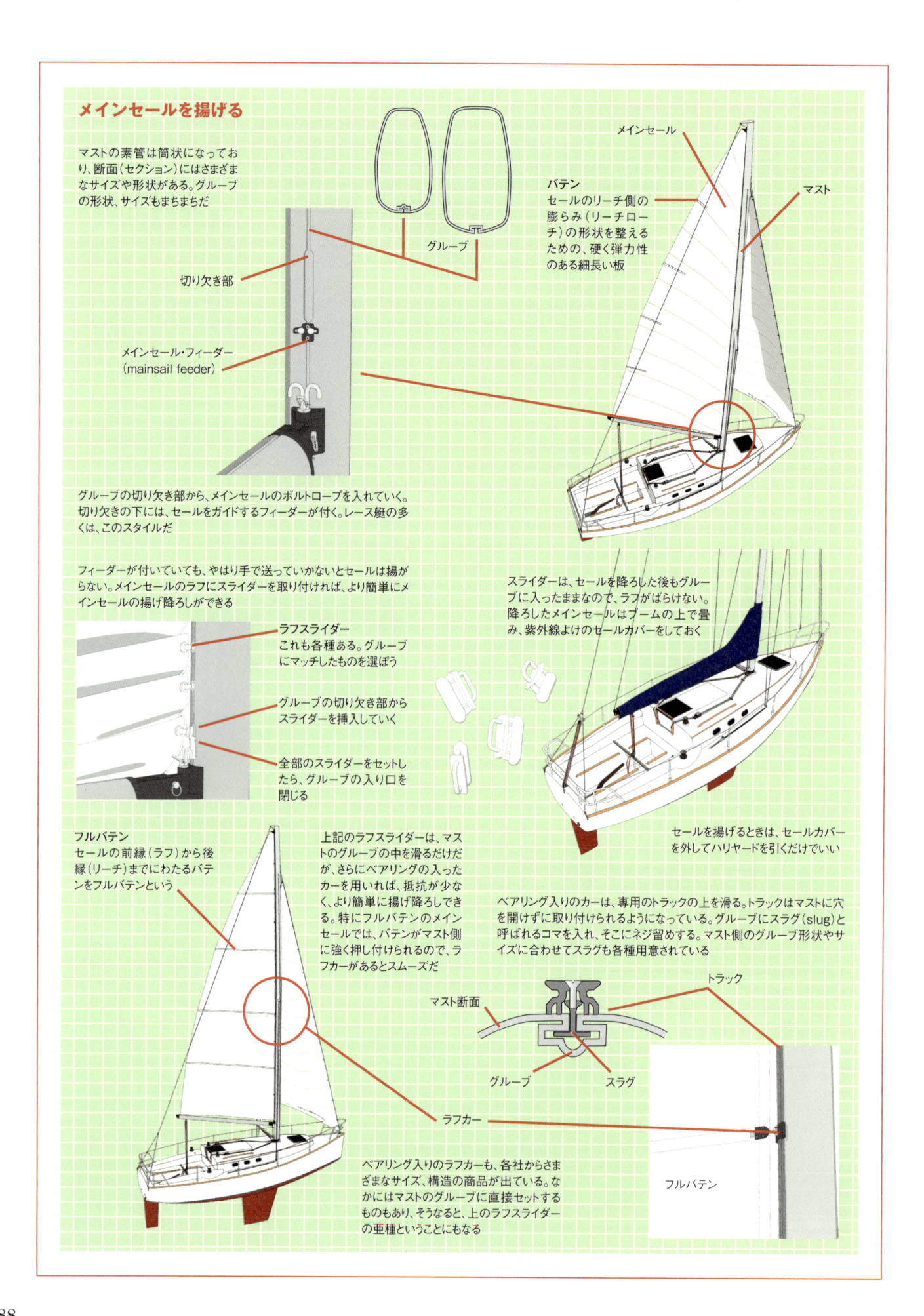

第 2 章 | 艤装
[マストとリギン]

メインセールを揚げる

マストの素管は筒状になっており、断面（セクション）にはさまざまなサイズや形状がある。グルーブの形状、サイズもまちまちだ

グルーブ

切り欠き部

メインセール・フィーダー（mainsail feeder）

メインセール

バテン
セールのリーチ側の膨らみ（リーチローチ）の形状を整えるための、硬く弾力性のある細長い板

マスト

グルーブの切り欠き部から、メインセールのボルトロープを入れていく。切り欠きの下には、セールをガイドするフィーダーが付く。レース艇の多くは、このスタイルだ

フィーダーが付いていても、やはり手で送っていかないとセールは揚がらない。メインセールのラフにスライダーを取り付ければ、より簡単にメインセールの揚げ降ろしができる

スライダーは、セールを降ろした後もグルーブに入ったままなので、ラフがばらけない。降ろしたメインセールはブームの上で畳み、紫外線よけのセールカバーをしておく

ラフスライダー
これも各種ある。グルーブにマッチしたものを選ぼう

グルーブの切り欠き部からスライダーを挿入していく

全部のスライダーをセットしたら、グルーブの入り口を閉じる

セールを揚げるときは、セールカバーを外してハリヤードを引くだけでいい

フルバテン
セールの前縁（ラフ）から後縁（リーチ）までにわたるバテンをフルバテンという

上記のラフスライダーは、マストのグルーブの中を滑るだけだが、さらにベアリングの入ったカーを用いれば、抵抗が少なく、より簡単に揚げ降ろしできる。特にフルバテンのメインセールでは、バテンがマスト側に強く押し付けられるので、ラフカーがあるとスムーズだ

ベアリング入りのカーは、専用のトラックの上を滑る。トラックはマストに穴を開けずに取り付けられるようになっている。グルーブにスラグ（slug）と呼ばれるコマを入れ、そこにネジ留めする。マスト側のグルーブ形状やサイズに合わせてスラグも各種用意されている

マスト断面

トラック

グルーブ

スラグ

ラフカー

フルバテン

ベアリング入りのラフカーも、各社からさまざまなサイズ、構造の商品が出ている。なかにはマストのグルーブに直接セットするものもあり、そうなると、上のラフスライダーの亜種ということにもなる

メインセールの取り付け

マスト後面には溝（グルーブ）があり、そこに、メインセールのラフに縫い込まれたボルトロープが入る。

ブームのすぐ上にグルーブの開口部があり、そこにピーク側からボルトロープを入れていき、メインハリヤードで上方に引っ張り上げる。

開口部のすぐ下には、セールのボルトロープをスムーズにグルーブに導くための、フィーダーが付く。

メインセールにスライダーを付け、スライダーをグルーブに通すこともある。カーテンレールのイメージだ。

スライダー仕様は、ボルトロープ仕様と異なり、セールを降ろしてもスライダーはマストに付いたまま。そのままメインハリヤードを引き上げれば簡単にセールが揚がる。セールを降ろすときにも、ラフがばらばらにならないので作業が楽になる。

さらにスムーズに揚げ降ろしできるように、ベアリング付きのカーも用意されている。このカーの仕様にも、マストのグルーブに直接カーを入れるタイプと、別にトラックを取り付けるタイプとがある。トラックも、やはりグルーブを使って取り付けることができる。

以上のように、メインセールの取り付け方もさまざまで、作業手順も多少異なってくる。

ヘッドフォイル

ジブのラフも、フォアステイに直接ジブハンクで取り付けるものと、フォアステイにかぶせたヘッドフォイルにジブラフのボルトロープを入れるタイプとの2種類に大別できる。

ジブハンクを使うと、セールを降ろした際もラフは全部フォアステイにつながったままなので、風や波でセールが飛ばされることはない。

これに対してヘッドフォイルは、降ろしたセールを押さえておかなければならないし、揚げるときにも一人がラフについてリードしていかないと風で飛ばされてしまうことがある。

しかし、ヘッドフォイルには通常2本のグルーブがあり、2枚のセールを同時に展開することができる。

レース艇では、新たに使いたいセール（例えばNo.3ジブ）を揚げてから、それまで使っていたセール（例えばNo.1ジェノア）を降ろすという形で、ロスなくジブ交換を行えるため、ヘッドフォイルが使われることが多い。タフラフと呼ばれる商品が普及している。

クルージング艇では、ジブの揚げ降ろしが容易なジブハンクタイプも好まれる。ハンクは、日本では「ハンクス」と複数形で称されることが多い。

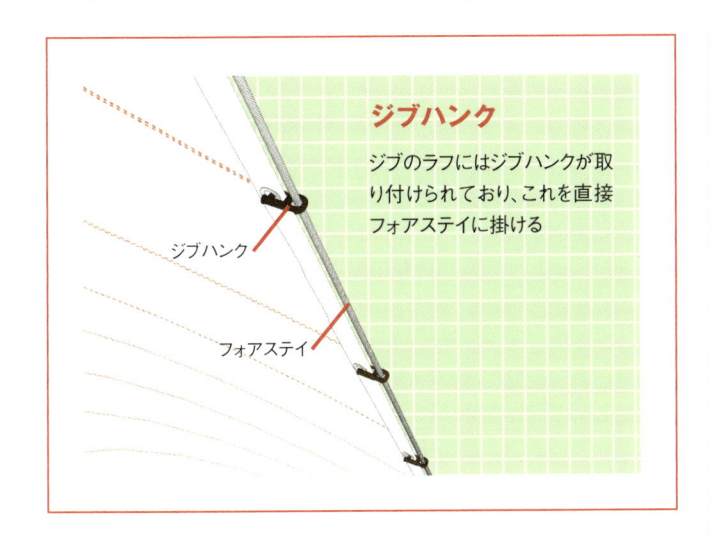

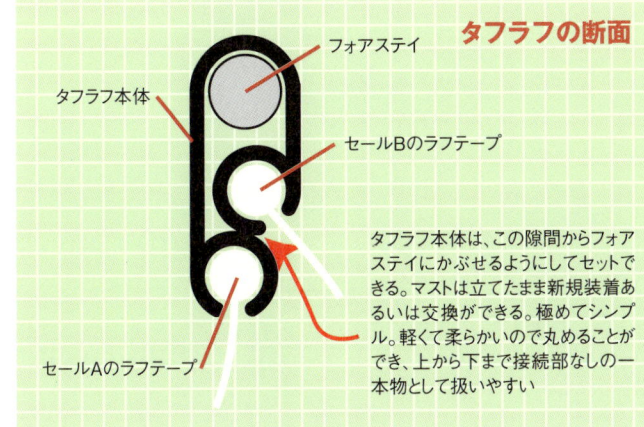

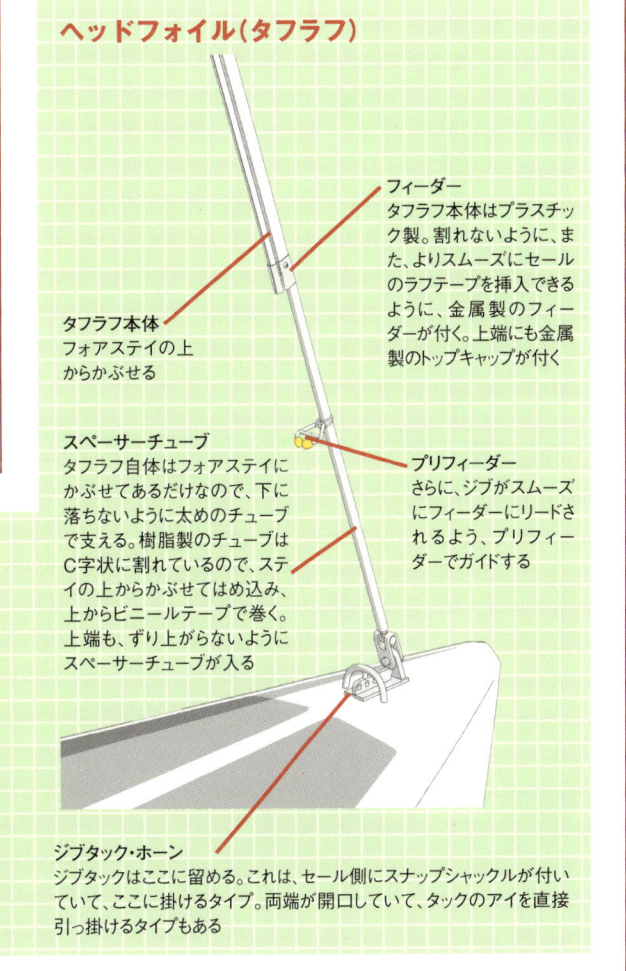

ジブハンク

ジブのラフにはジブハンクが取り付けられており、これを直接フォアステイに掛ける

- ジブハンク
- フォアステイ

ヘッドフォイル（タフラフ）

フィーダー
タフラフ本体はプラスチック製。割れないように、また、よりスムーズにセールのラフテープを挿入できるように、金属製のフィーダーが付く。上端にも金属製のトップキャップが付く

タフラフ本体
フォアステイの上からかぶせる

スペーサーチューブ
タフラフ自体はフォアステイにかぶせてあるだけなので、下に落ちないように太めのチューブで支える。樹脂製のチューブはC字状に割れているので、ステイの上からかぶせてはめ込み、上からビニールテープで巻く。上端も、ずり上がらないようにスペーサーチューブが入る

プリフィーダー
さらに、ジブがスムーズにフィーダーにリードされるよう、プリフィーダーでガイドする

ジブタック・ホーン
ジブタックはここに留める。これは、セール側にスナップシャックルが付いていて、ここに掛けるタイプ。両端が開口していて、タックのアイを直接引っ掛けるタイプもある

タフラフの断面

- フォアステイ
- タフラフ本体
- セールBのラフテープ
- セールAのラフテープ

タフラフ本体は、この隙間からフォアステイにかぶせるようにしてセットできる。マストは立てたまま新規装着あるいは交換ができる。極めてシンプル。軽くて柔らかいので丸めることができ、上から下まで接続部なしの一本物として扱いやすい

第2章 艤装
[マストとリギン]

スピネーカー艤装

追い風用のセール、スピネーカーについては、第1章、18ページで説明したが、ここではスピネーカーを展開するときに必要な艤装について解説していく。

これまで見てきたメインセールやジブよりも、その艤装は複雑になっているので、細かく説明していきたい。

スピネーカー艤装の厄介な点は、ランニングリギンの数が多いというだけでなく、艇種によって艤装が異なるところだ。

スピネーカー艤装を大きく分けると、エンド・ツー・エンド・ジャイブ方式と、ディップポール(dip-pole)・ジャイブ方式に分けられる。まず、小型艇に多いエンド・ツー・エンド方式の艤装について、ディップポール方式との違いに注目しながら見ていこう。

エンド・ツー・エンド

スピネーカーを展開する場合には、スピネーカーポールを使用する。日本では、略してスピンポールとも呼ばれる。さらに縮めて単に「ポール」といえば、通常はスピネーカーポールのことを指す。

スピネーカーポールの前端にはスピネーカーのタックが付き、ポール後端はマストに接続される。エンド・ツー・エンド・ジャイブ方式の艤装で用いられるスピネーカーポールは、前後が対称形になっており、マスト側を外して新たなスピネーカーのタック側に接続、元のタック側は外してマストに接続……と、前後を入れ替えて使う。

使用しないときは、マストから外してデッキ上に固定しておく。

ポールを支えるランニングリギン

スピネーカーポールは、上方にトッピングリフト、下前方にフォアガイ(foreguy)、下後方にアフターガイ(afterguy)と、3本のランニングリギンで支えられている。それぞれの出し入れによって、ポールの先端は任意の位置に固定される。

トッピングリフトは、正しくはスピネーカーポール・トッピングリフト。略してポールリフト、あるいはトッパーともいう。

メインセールブームをを上方に吊り上げるランニングリギンもトッピングリフトと呼ばれるが、通常トッパー、トッピングといえば、スピネーカーポール・トッピングリフトのことを指す。フォアガイは、ダウンホール(downhaul)、キッカーとも呼ばれる。アフターガイはブレース(brace)と呼ばれることも、まれにある。

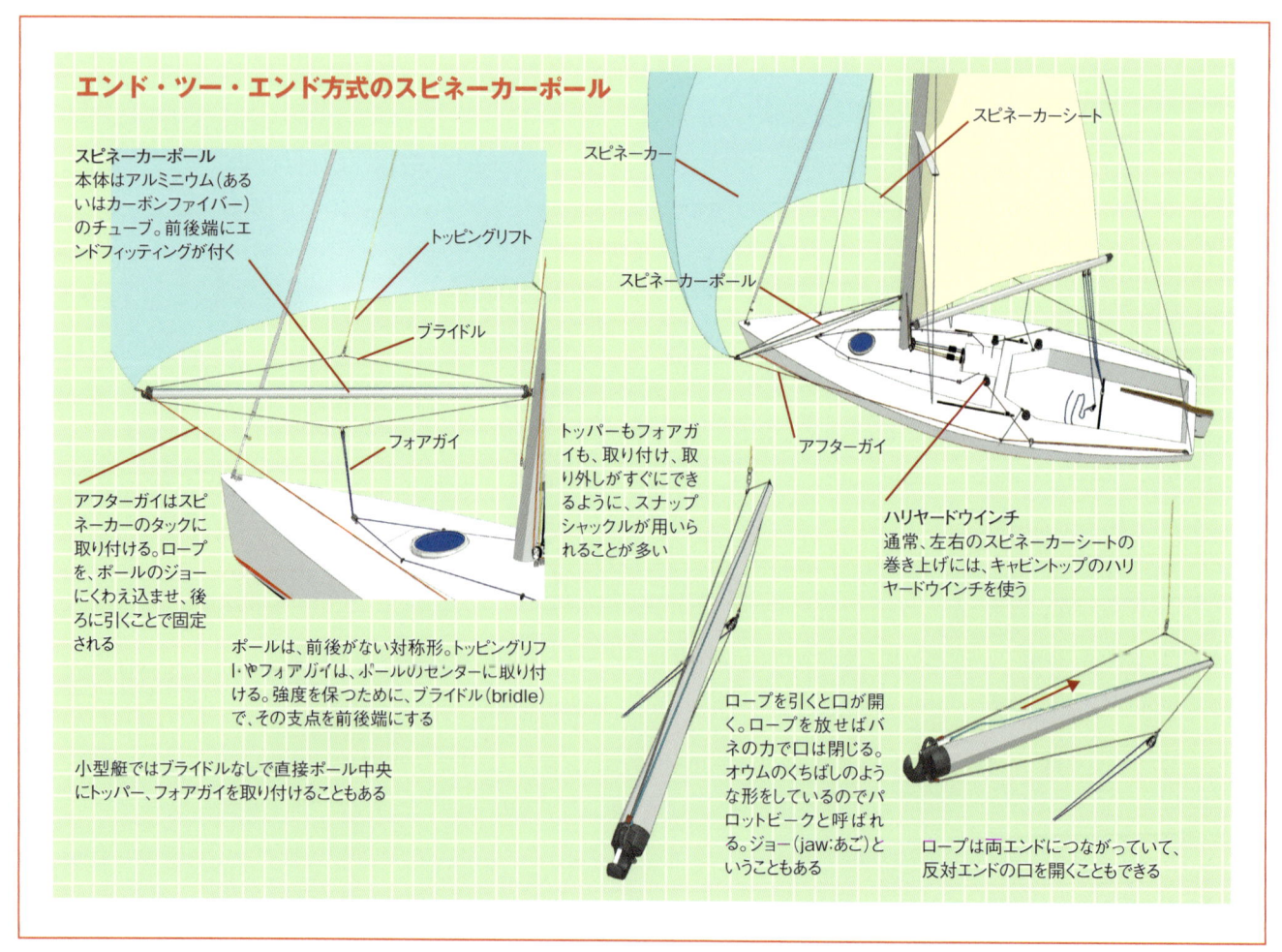

エンド・ツー・エンド方式のスピネーカーポール

スピネーカーポール
本体はアルミニウム(あるいはカーボンファイバー)のチューブ。前後端にエンドフィッティングが付く

トッピングリフト

ブライドル

フォアガイ

アフターガイはスピネーカーのタックに取り付ける。ロープを、ポールのジョーにくわえ込ませ、後ろに引くことで固定される

ポールは、前後がない対称形。トッピングリフトやフォアガイは、ポールのセンターに取り付ける。強度を保つために、ブライドル(bridle)で、その支点を前後端にする

小型艇ではブライドルなしで直接ポール中央にトッパー、フォアガイを取り付けることもある

スピネーカー

スピネーカーシート

スピネーカーポール

アフターガイ

トッパーもフォアガイも、取り付け、取り外しがすぐにできるように、スナップシャックルが用いられることが多い

ハリヤードウインチ
通常、左右のスピネーカーシートの巻き上げには、キャビントップのハリヤードウインチを使う

ロープを引くと口が開く。ロープを放せばバネの力で口は閉じる。オウムのくちばしのような形をしているのでパロットビークと呼ばれる。ジョー(jaw:あご)ということもある

ロープは両エンドにつながっていて、反対エンドの口を開くこともできる

エンド・ツー・エンド方式でのジャイビング

風上側に向かっての方向転換をタッキング（2010年11月号 第7回）といい、風下に向かっての方向転換をジャイビングという。タッキングでは、約90度の方向転換を行ったが、ジャイビングではほぼ真っすぐ走り、セールが左右に返るだけ。実際にはスピネーカージャイビングの場合、より効率よく艇速が落ちないようにジャイビングするには、やはりある程度の角度がつく。条件によっては約90度の方向転換になる場合もあり、ダウンウインド・タッキングと呼ばれることもある

では、エンド・ツー・エンド方式でのジャイビングを詳しく説明してみよう。スピネーカーシートとアフターガイは同じもの。風下側をシートと呼び、同じシートが風上側になればガイと呼ばれる。イラストを下から順に見ていこう

風下となったポート側のロープが、スピネーカーシートとなる

スピネーカーシート

アフターガイ

アフターガイ、フォアガイ、スピネーカーシートを調節し、ジャイビングは完了

反対側のジョーもオープンしてアフターガイ（左舷側シート）を外すことができる

スターボード（右舷）側のロープにポールを噛ませる。スピネーカーのタックが替わり、今度はスターボード（右舷）が風上になった。右舷側のロープがアフターガイとなる

艇が回頭し、風が真後ろになったところでポールのエンド（マスト側）を外す

スピネーカーシート（アフターガイ）のリード位置を調節するのがツイーカー。ツイーカーを引けば、より前側でリードされ、ツイーカーを緩めれば、より後ろ側でリードされる

舵を切り、バウダウンしてジャイビング動作に入る。フォアガイを緩め、アフターガイを引き込むことでポールバック

スピネーカーシート

アフターガイ

ツイーカー

ポートタック（左舷から風を受ける）で帆走中。ポート（左舷）側のロープがスピネーカーポールのジョーに噛んでいて、これがアフターガイとなる

クリュー

図のように、風向によってスピネーカーの位置は変わる。風が横に回ればクリューは後方へ移動するので、ツイーカーを緩めてスピンシートもより後方からリードする。アフターガイ側（この図では左舷側）は、ポールが跳ね上がらないようにツイーカーを引き込み、リード位置を前にずらす

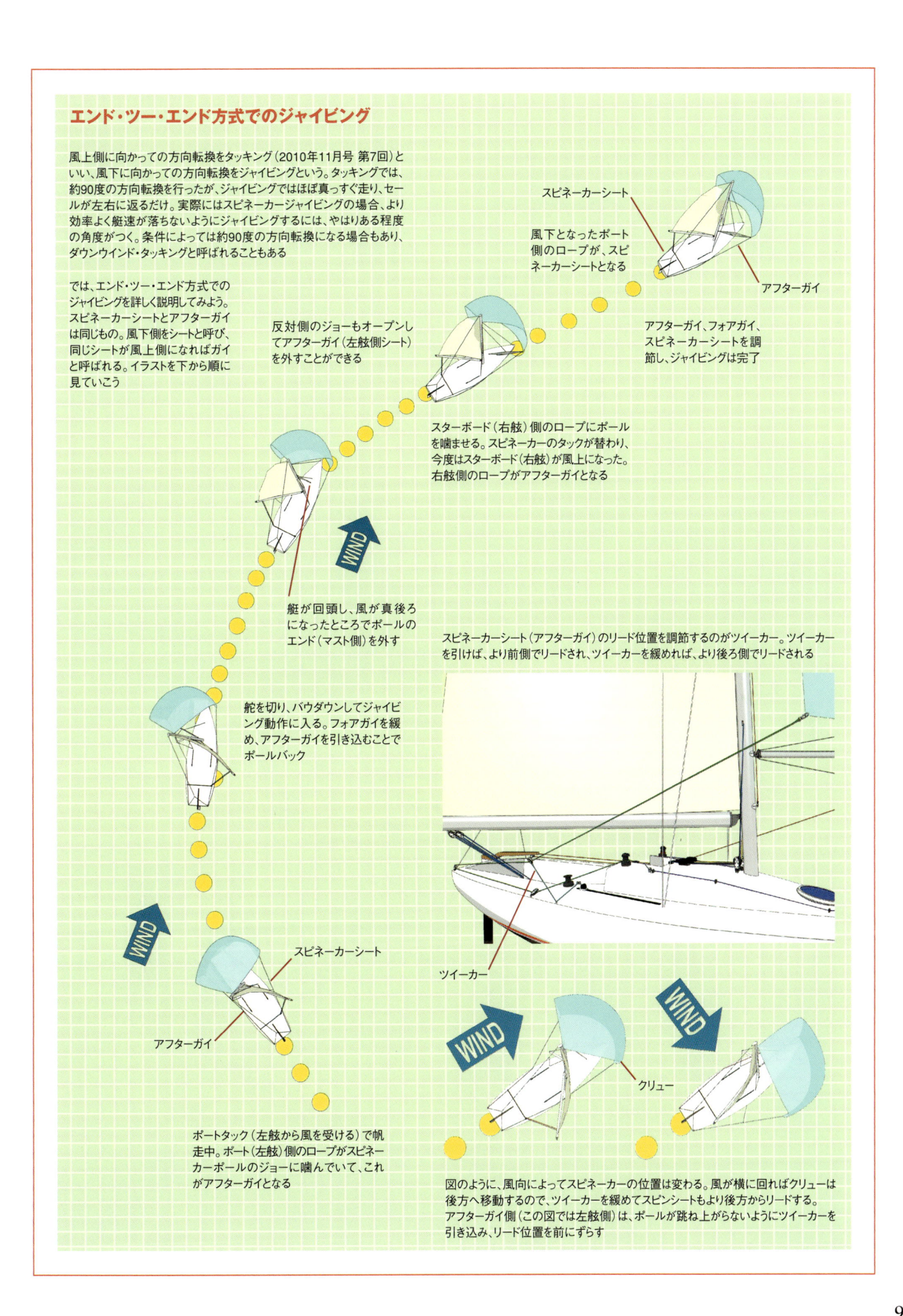

91

第2章｜艤装
[マストとリギン]

ディップポール

艇が大きくなると、シートやガイにもより大きな力がかかり、ポールも重くなるため、91ページのようにエンド・ツー・エンドでスピンポールを振り回すのが難しくなる。

そこで用いられるのが、ディップポール方式のジャイビングだ。

ディップポール艤装では、スピンポールのマスト側は付けっ放しにしておく。ジャイビング時は、ポールの先端をいったん下げてフォアステイをかわし、反対舷に回す。落としてまた上げる動作をディップ（dip）といい、ここからディップポール・ジャイブといわれる。

スピンポールの構造もエンド・ツー・エンドとは異なり、スピネーカーを展開したままアフターガイを付け替えるため、両舷一対のシートとガイ、計4本を備える。使わないものを、それぞれレイジーシート（lazy sheet）、レイジーガイ（lazy guy）と呼ぶ。紛らわしいので、単に縮めてレイジーとも称される。

中型艇のエンド・ツー・エンド艤装でも、レイジーシート、レイジーガイを装備する場合がある。ロープの数が増え、少しややこしいので、イラストで見ていこう。

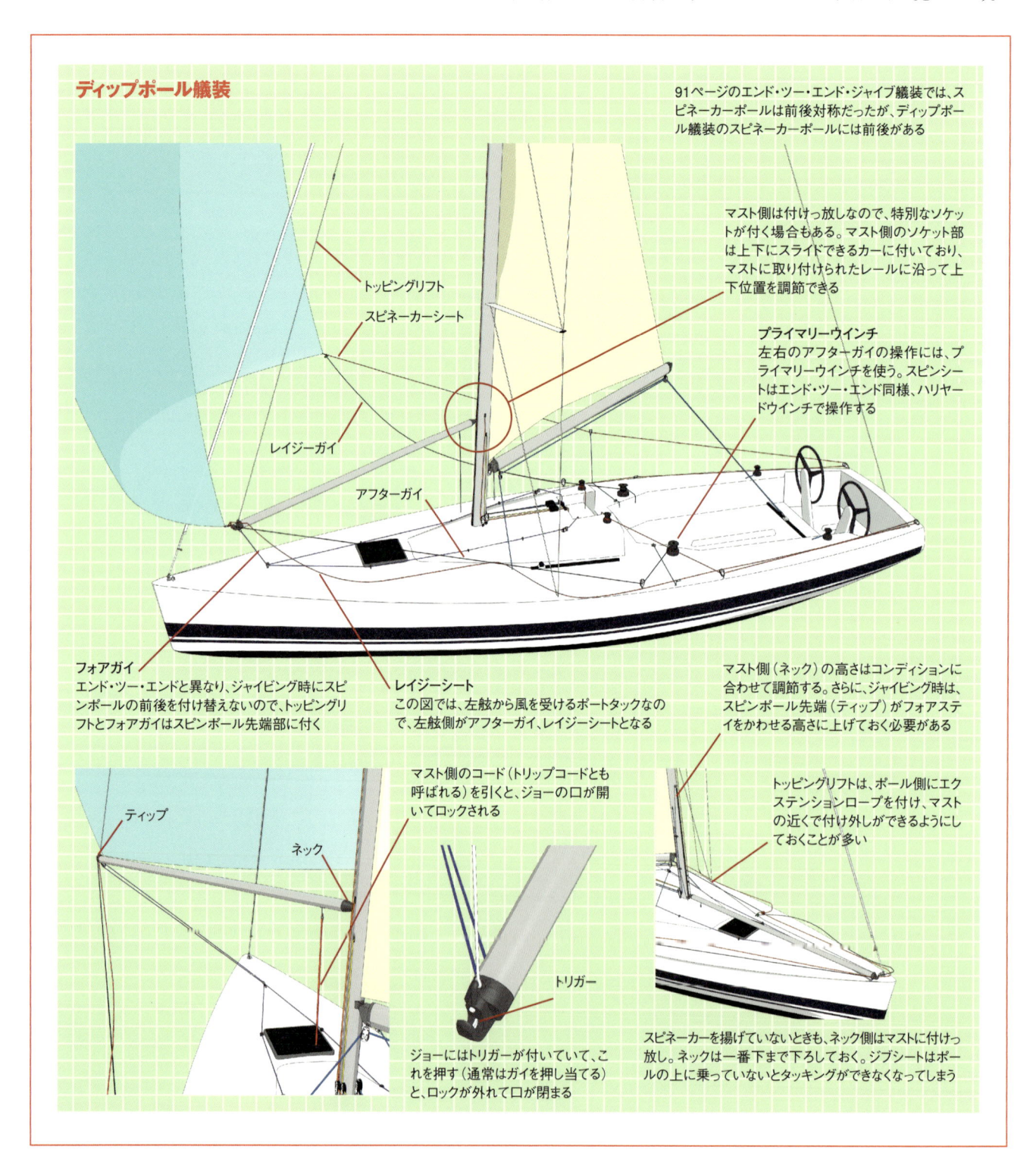

ディップポール艤装

91ページのエンド・ツー・エンド・ジャイブ艤装では、スピネーカーポールは前後対称だったが、ディップポール艤装のスピネーカーポールには前後がある

マスト側は付けっ放しなので、特別なソケットが付く場合もある。マスト側のソケット部は上下にスライドできるカーに付いており、マストに取り付けられたレールに沿って上下位置を調節できる

プライマリーウインチ
左右のアフターガイの操作には、プライマリーウインチを使う。スピンシートはエンド・ツー・エンド同様、ハリヤードウインチで操作する

- トッピングリフト
- スピネーカーシート
- レイジーガイ
- アフターガイ

フォアガイ
エンド・ツー・エンドと異なり、ジャイビング時にスピンポールの前後を付け替えないので、トッピングリフトとフォアガイはスピンポール先端部に付く

レイジーシート
この図では、左舷から風を受けるポートタックなので、左舷側がアフターガイ、レイジーシートとなる

マスト側（ネック）の高さはコンディションに合わせて調節する。さらに、ジャイビング時は、スピンポール先端（ティップ）がフォアステイをかわせる高さに上げておく必要がある

- ティップ
- ネック

マスト側のコード（トリップコードとも呼ばれる）を引くと、ジョーの口が開いてロックされる

トッピングリフトは、ポール側にエクステンションロープを付け、マストの近くで付け外しができるようにしておくことが多い

トリガー
ジョーにはトリガーが付いていて、これを押す（通常はガイを押し当てる）と、ロックが外れて口が閉まる

スピネーカーを揚げていないときも、ネック側はマストに付けっ放し。ネックは一番下まで下ろしておく。ジブシートはポールの上に乗っていないとタッキングができなくなってしまう

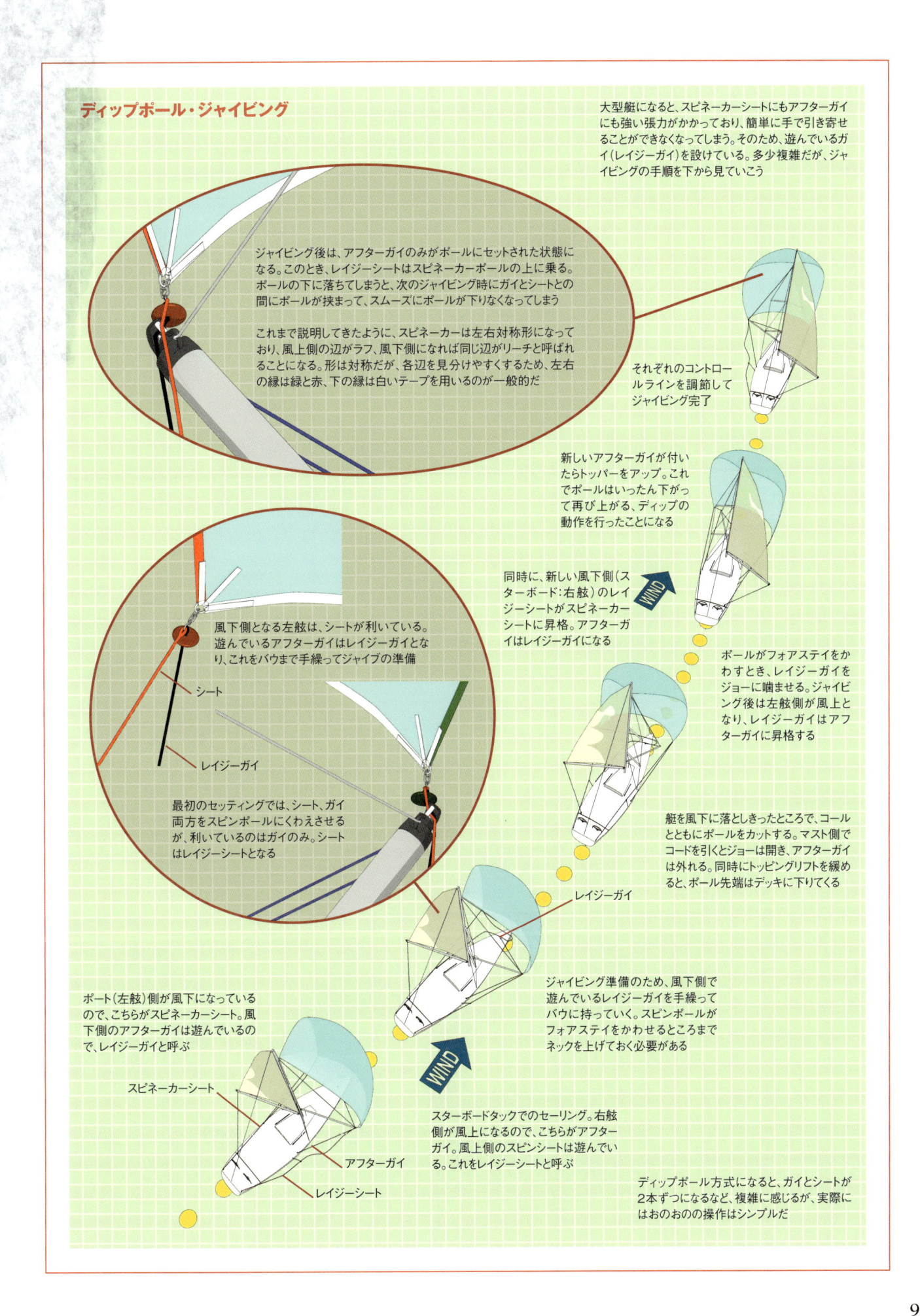

ディップポール・ジャイビング

大型艇になると、スピネーカーシートにもアフターガイにも強い張力がかかっており、簡単に手で引き寄せることができなくなってしまう。そのため、遊んでいるガイ(レイジーガイ)を設けている。多少複雑だが、ジャイビングの手順を下から見ていこう

ジャイビング後は、アフターガイのみがポールにセットされた状態になる。このとき、レイジーシートはスピネーカーポールの上に乗る。ポールの下に落ちてしまうと、次のジャイビング時にガイとシートとの間にポールが挟まって、スムーズにポールが下りなくなってしまう

これまで説明してきたように、スピネーカーは左右対称形になっており、風上側の辺がラフ、風下側になれば同じ辺がリーチと呼ばれることになる。形は対称だが、各辺を見分けやすくするため、左右の縁は緑と赤、下の縁は白いテープを用いるのが一般的だ

それぞれのコントロールラインを調節してジャイビング完了

新しいアフターガイが付いたらトッパーをアップ。これでポールはいったん下がって再び上がる、ディップの動作を行ったことになる

同時に、新しい風下側(スターボード:右舷)のレイジーシートがスピネーカーシートに昇格。アフターガイはレイジーガイになる

ポールがフォアステイをかわすとき、レイジーガイをジョーに噛ませる。ジャイビング後は左舷側が風上となり、レイジーガイはアフターガイに昇格する

艇を風下に落としきったところで、コールとともにポールをカットする。マスト側でコードを引くとジョーは開き、アフターガイは外れる。同時にトッピングリフトを緩めると、ポール先端はデッキに下りてくる

風下側となる左舷は、シートが利いている。遊んでいるアフターガイはレイジーガイとなり、これをバウまで手繰ってジャイブの準備

シート
レイジーガイ

最初のセッティングでは、シート、ガイ両方をスピンポールにくわえさせるが、利いているのはガイのみ。シートはレイジーシートとなる

レイジーガイ

ジャイビング準備のため、風下側で遊んでいるレイジーガイを手繰ってバウに持っていく。スピンポールがフォアステイをかわせるところまでネックを上げておく必要がある

ポート(左舷)側が風下になっているので、こちらがスピネーカーシート。風下側のアフターガイは遊んでいるので、レイジーガイと呼ぶ

スピネーカーシート
アフターガイ
レイジーシート

スターボードタックでのセーリング。右舷側が風上になるので、こちらがアフターガイ。風上側のスピンシートは遊んでいる。これをレイジーシートと呼ぶ

ディップポール方式になると、ガイとシートが2本ずつになるなど、複雑に感じるが、実際にはおのおのの操作はシンプルだ

第2章 | 艤装
[マストとリギン]

非対称スピネーカー

スピネーカーの特徴は、左右対称であること。ここまでに見てきたように、風上側がタック、風下側がクリューとなる。

同様に薄いナイロンなどのクロスで作られた追い風用のセールで、左右非対称型のスピネーカーもある。

非対称（asymmetric）ということから、A-sailと呼ばれ、スピネーカーとジェノアの中間ということから、ジェネカー（gennaker）とも呼ばれる。左右対称のスピネーカーと異なり、タック（セールの前下端）はあくまでタック、後下端はあくまでクリューと決まっている。したがって、左右対称のスピネーカーよりも艤装はシンプルで、扱いは簡単になるともいえる。

タック側の取り付けには、通常のスピネーカーポールを用いることもあれば、船体前端、あるいは前端から延長されたバウスプリットや、バウから伸び縮みして繰り出すバウポールを用いるものまでさまざまだ。

通常のスピネーカーポールは前面からフォアステイの付け根（…）と同じ長さになっている。…称スピネーカーで用いるバウポ…れよりかなり長く前に突き出るこ…タックの位置はより前に、また、…る。加えて、ハリヤードもマスト…取るようにすることで、非対称ス…ーは通常のスピネーカーよりもず…積となり、よりパワフルにダウンウイ…走れるように設計された艇種も多い

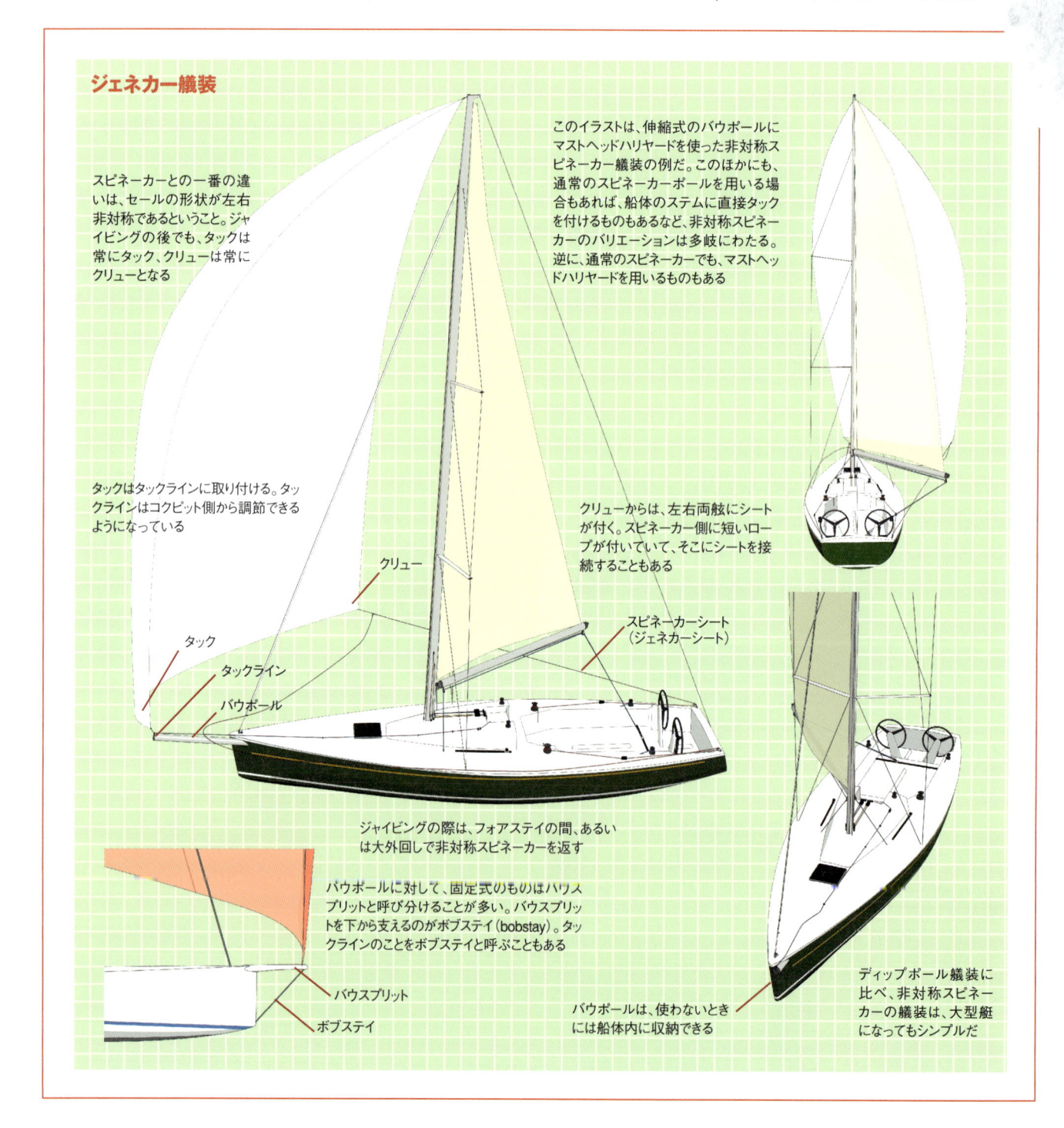

ジェネカー艤装

スピネーカーとの一番の違いは、セールの形状が左右非対称であるということ。ジャイビングの後でも、タックは常にタック、クリューは常にクリューとなる

タックはタックラインに取り付ける。タックラインはコクピット側から調節できるようになっている

タック／タックライン／バウポール

このイラストは、伸縮式のバウポールにマストヘッドハリヤードを使った非対称スピネーカー艤装の例だ。このほかにも、通常のスピネーカーポールを用いる場合もあれば、船体のステムに直接タックを付けるものもあるなど、非対称スピネーカーのバリエーションは多岐にわたる。逆に、通常のスピネーカーでも、マストヘッドハリヤードを用いるものもある

クリュー

クリューからは、左右両舷にシートが付く。スピネーカー側に短いロープが付いていて、そこにシートを接続することもある

スピネーカーシート（ジェネカーシート）

ジャイビングの際は、フォアステイの間、あるいは大外回しで非対称スピネーカーを返す

バウポールに対して、固定式のものはバウスプリットと呼び分けることが多い。バウスプリットを下から支えるのがボブステイ（bobstay）。タックラインのことをボブステイと呼ぶこともある

バウスプリット／ボブステイ

バウポールは、使わないときには船体内に収納できる

ディップポール艤装に比べ、非対称スピネーカーの艤装は、大型艇になってもシンプルだ

逆に非対称スピネーカーの取り扱いのシンプルさを生かしたクルージング艇用の非対称スピネーカーもあり、こちらはその展開や収納がより手軽にできるよう工夫されるなど、非対称スピネーカーのバリエーションは広い。

ジョッキーポール（jockey pole）

スピネーカーポールは、見かけの風向に対してほぼ直角の位置にセットして使用する。風向が横に回るにつれて、ポールは前に振られ、フォアステイに当たらないギリギリまで出されることになる。

そのとき、アフターガイがシュラウドに触れないように、より外側からリードするよう、張り出すために用意されたスパーがジョッキーポールだ。リーチングストラット（reaching strut）ということもある。

使用しないときは完全に外してしまう。スピネーカーを装備している艇のすべてがジョッキーポールを用意しているというわけでもない。

ウイスカーポール（whisker pole）

スピネーカーはダウンウインドで用いられるセールだ。それでは、スピネーカーを使わずに、ジブでダウンウインドを走ると、どうなるだろうか。

例えばランニングで走る場合、風は真後ろから吹いてくる。となると、メインセールの陰に隠れるジブには、風が入らなくなってしまう。

スピネーカーならば、スピネーカーポールを風上側に引き込み（ポールバック）、セールに風を入れることができる。

ジブをメインセールの反対舷に張り出すために、右図のようにスピネーカーポールを用いることもある。スピネーカーの展開に用いるものではないので、スピネーカーポールではなく、ウイスカーポールと呼ばれる。

特にスピネーカーを装備していないヨットでも、このためにウイスカーポールとして用意している場合もある。

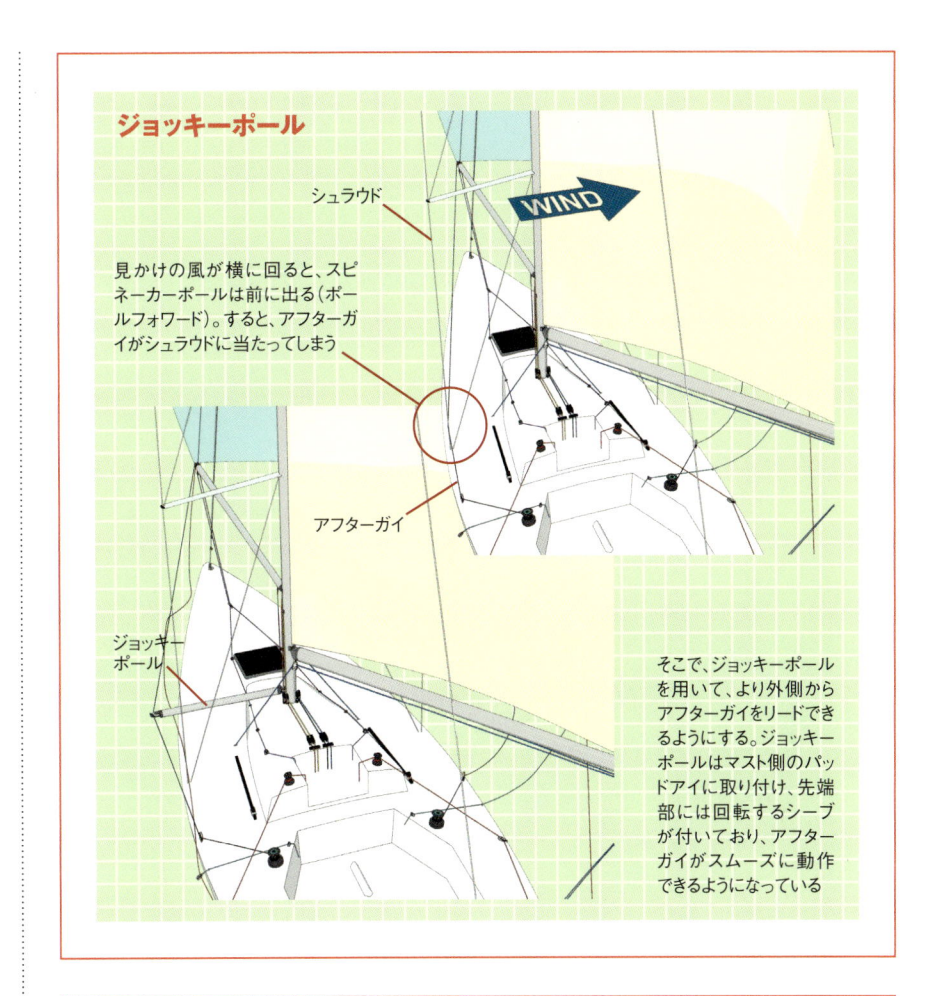

ジョッキーポール

見かけの風が横に回ると、スピネーカーポールは前に出る（ポールフォワード）。すると、アフターガイがシュラウドに当たってしまう

シュラウド
WIND
アフターガイ
ジョッキーポール

そこで、ジョッキーポールを用いて、より外側からアフターガイをリードできるようにする。ジョッキーポールはマスト側のパッドアイに取り付け、先端部には回転するシーブが付いており、アフターガイがスムーズに動作できるようになっている

ウイスカーポール

風を真後ろから受けて走ると、メインセールの陰に隠れてジブに風が入らなくなってしまう

WIND
ウイスカーポール

メインセールと反対舷（風上側）にジブを展開するときに用いられるのがウイスカーポール。スピネーカーポールを流用することも多い

第2章 | 艤装
[マストとリギン]

セール交換、縮帆

ヨットは、風で走る。無風、微風、軽風、中風、強風と、気象状況で海の表情はまったく異なってくる。それに合わせて、ヨットのほうでも対応していかなければならない。

セールチェンジ

マストの前に展開するセールが、ヘッドセールだ。第1章、17ページで説明したように、ヘッドセールにはさまざまな種類がある。軽風用のライトジェノアに始まり、ミディアム、ヘビー、さらには#3（ナンバースリー）、#4（ナンバーフォー）と、セールエリアは小さくなり、またクロス（セール生地）の厚みやセール全体のシェイプ（形状）も異なってくる。

コンディションに合わせて、これらのセールを張り替える作業をセールチェンジという。セール交換、ジブ交換とも呼ばれる。

展開中のセールをいったん降ろして、新たなセールを揚げるのが「降ろし揚げ」。ヨットレース中であれば、この方法では艇速が落ちてしまうので、新たなセールを揚げてから展開していたセールを降ろす。これにも、タックチェンジやストレートチェンジなど、状況や艤装に応じた方法がある。

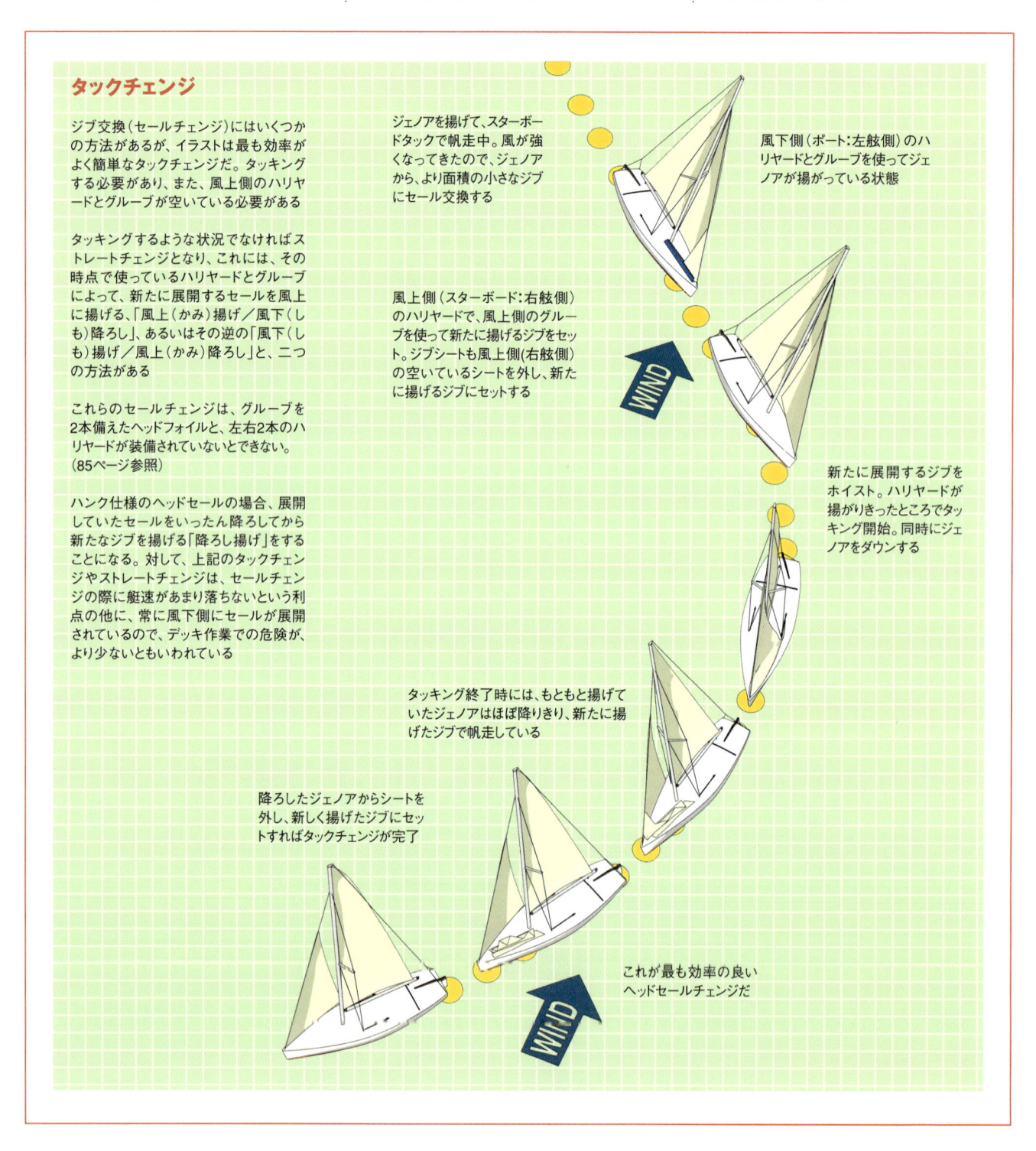

タックチェンジ

ジブ交換（セールチェンジ）にはいくつかの方法があるが、イラストは最も効率よく簡単なタックチェンジだ。タッキングする必要があり、また、風上側のハリヤードとグルーブが空いている必要がある

タッキングするような状況でなければストレートチェンジとなり、これには、その時点で使っているハリヤードとグルーブによって、新たに展開するセールを風上に揚げる、「風上（かみ）揚げ／風下（しも）降ろし」、あるいはその逆の「風下（しも）揚げ／風上（かみ）降ろし」と、二つの方法がある

これらのセールチェンジは、グルーブを2本備えたヘッドフォイルと、左右2本のハリヤードが装備されていないとできない。（85ページ参照）

ハンク仕様のヘッドセールの場合、展開していたセールをいったん降ろしてから新たなジブを揚げる「降ろし揚げ」をすることになる。対して、上記のタックチェンジやストレートチェンジは、セールチェンジの際に艇速があまり落ちないという利点の他に、常に風下側にセールが展開されているので、デッキ作業での危険が、より少ないともいわれている

ジェノアを揚げて、スターボードタックで帆走中。風が強くなってきたので、ジェノアから、より面積の小さなジブにセール交換する

風下側（ポート：左舷側）のハリヤードとグルーブを使ってジェノアが揚がっている状態

風上側（スターボード：右舷側）のハリヤードで、風上側のグルーブを使って新たに揚げるジブをセット。ジブシートも風上側（右舷側）の空いているシートを外し、新たに揚げるジブにセットする

新たに展開するジブをホイスト。ハリヤードが揚がりきったところでタッキング開始。同時にジェノアをダウンする

タッキング終了時には、もともと揚げていたジェノアはほぼ降ろりきり、新たに揚げたジブで帆走している

降ろしたジェノアからシートを外し、新しく揚げたジブにセットすればタックチェンジが完了

これが最も効率の良いヘッドセールチェンジだ

ジブシートリーダー

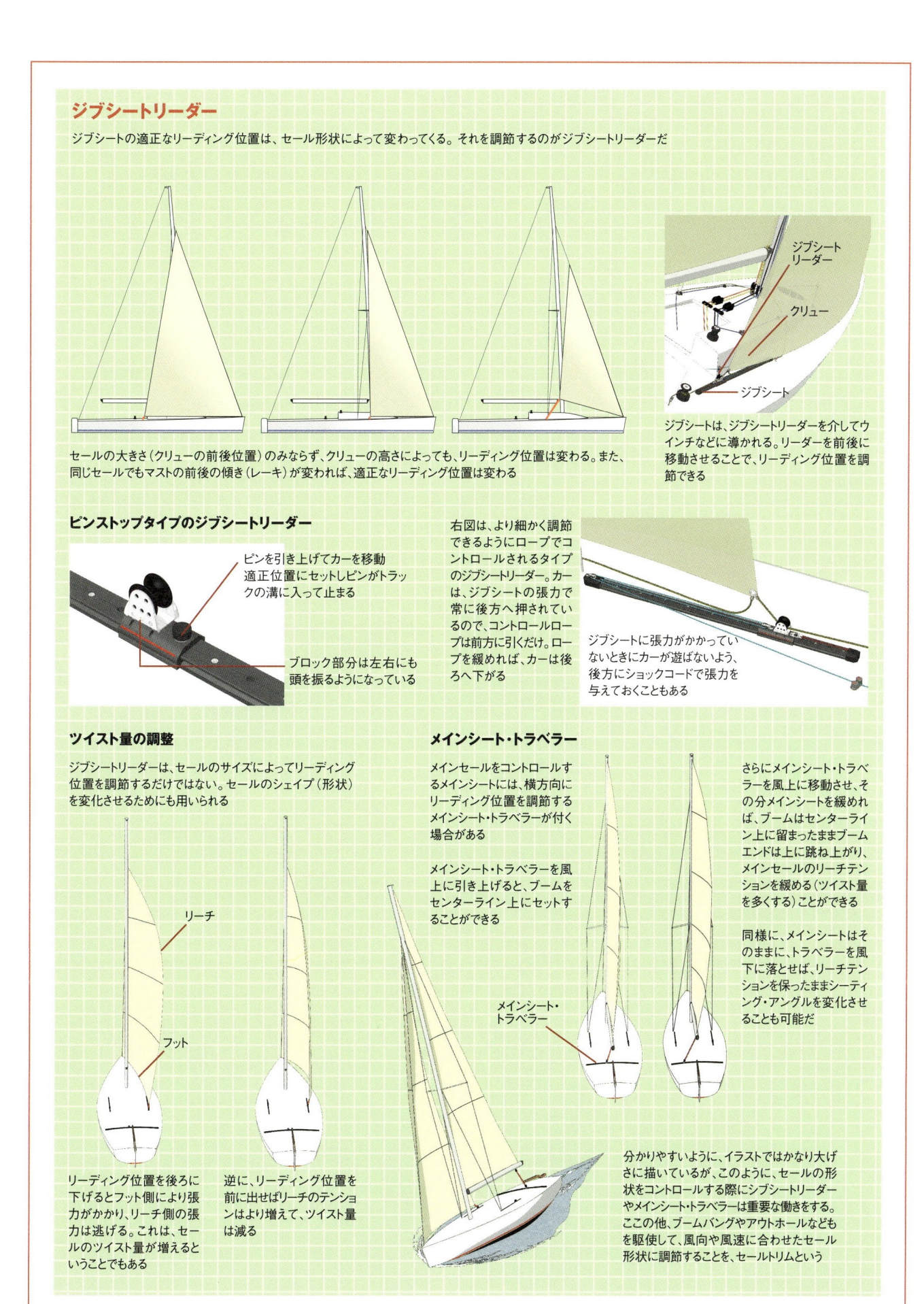

ジブシートの適正なリーディング位置は、セール形状によって変わってくる。それを調節するのがジブシートリーダーだ

セールの大きさ（クリューの前後位置）のみならず、クリューの高さによっても、リーディング位置は変わる。また、同じセールでもマストの前後の傾き（レーキ）が変われば、適正なリーディング位置は変わる

ジブシートは、ジブシートリーダーを介してウインチなどに導かれる。リーダーを前後に移動させることで、リーディング位置を調節できる

ピンストップタイプのジブシートリーダー

ピンを引き上げてカーを移動 適正位置にセットしピンがトラックの溝に入って止まる

ブロック部分は左右にも頭を振るようになっている

右図は、より細かく調節できるようにロープでコントロールされるタイプのジブシートリーダー。カーは、ジブシートの張力で常に後方へ押されているので、コントロールロープは前方に引くだけ。ロープを緩めれば、カーは後ろへ下がる

ジブシートに張力がかかっていないときにカーが遊ばないよう、後方にショックコードで張力を与えておくこともある

ツイスト量の調整

ジブシートリーダーは、セールのサイズによってリーディング位置を調節するだけではない。セールのシェイプ（形状）を変化させるためにも用いられる

リーチ

フット

リーディング位置を後ろに下げるとフット側により張力がかかり、リーチ側の張力は逃げる。これは、セールのツイスト量が増えるということでもある

逆に、リーディング位置を前に出せばリーチのテンションはより増えて、ツイスト量は減る

メインシート・トラベラー

メインセールをコントロールするメインシートには、横方向にリーディング位置を調節するメインシート・トラベラーが付く場合がある

メインシート・トラベラーを風上に引き上げると、ブームをセンターライン上にセットすることができる

メインシート・トラベラー

さらにメインシート・トラベラーを風上に移動させ、その分メインシートを緩めれば、ブームはセンターライン上に留まったままブームエンドは上に跳ね上がり、メインセールのリーチテンションを緩める（ツイスト量を多くする）ことができる

同様に、メインシートはそのままに、トラベラーを風下に落とせば、リーチテンションを保ったままシーティング・アングルを変化させることも可能だ

分かりやすいように、イラストではかなり大げさに描いているが、このように、セールの形状をコントロールする際にジブシートリーダーやメインシート・トラベラーは重要な働きをする。ここの他、ブームバングやアウトホールなども を駆使して、風向や風速に合わせたセール形状に調節することを、セールトリムという

第2章 艤装
[マストとリギン]

スラブリーフ

ヘッドセールは複数搭載されコンディションによって使い分けるのが一般的だが、メインセールは1枚しかない。そこで、風速によってリーフ（reef：縮帆）することになる。

昔からさまざまな方法がとられてきたが、現在最も一般的なのがジッフィリーフ（jiffy reefing）。スラブリーフ（slab reefing）とも呼ばれる。

ファーリングギア

セール交換の代わりに、1枚のセールを巻き込んで使おうというのがファーリングギア。ジブを巻き込む装置をジブファーラーといい、ジブファーラーにセットされるのがファーリングジブだ。

デッキ作業が少なくなるということから、クルージング艇ではよく使われている。

メインセールも同様な仕組みで、マスト内やブームに巻き込んで使うメインファーラーがある。

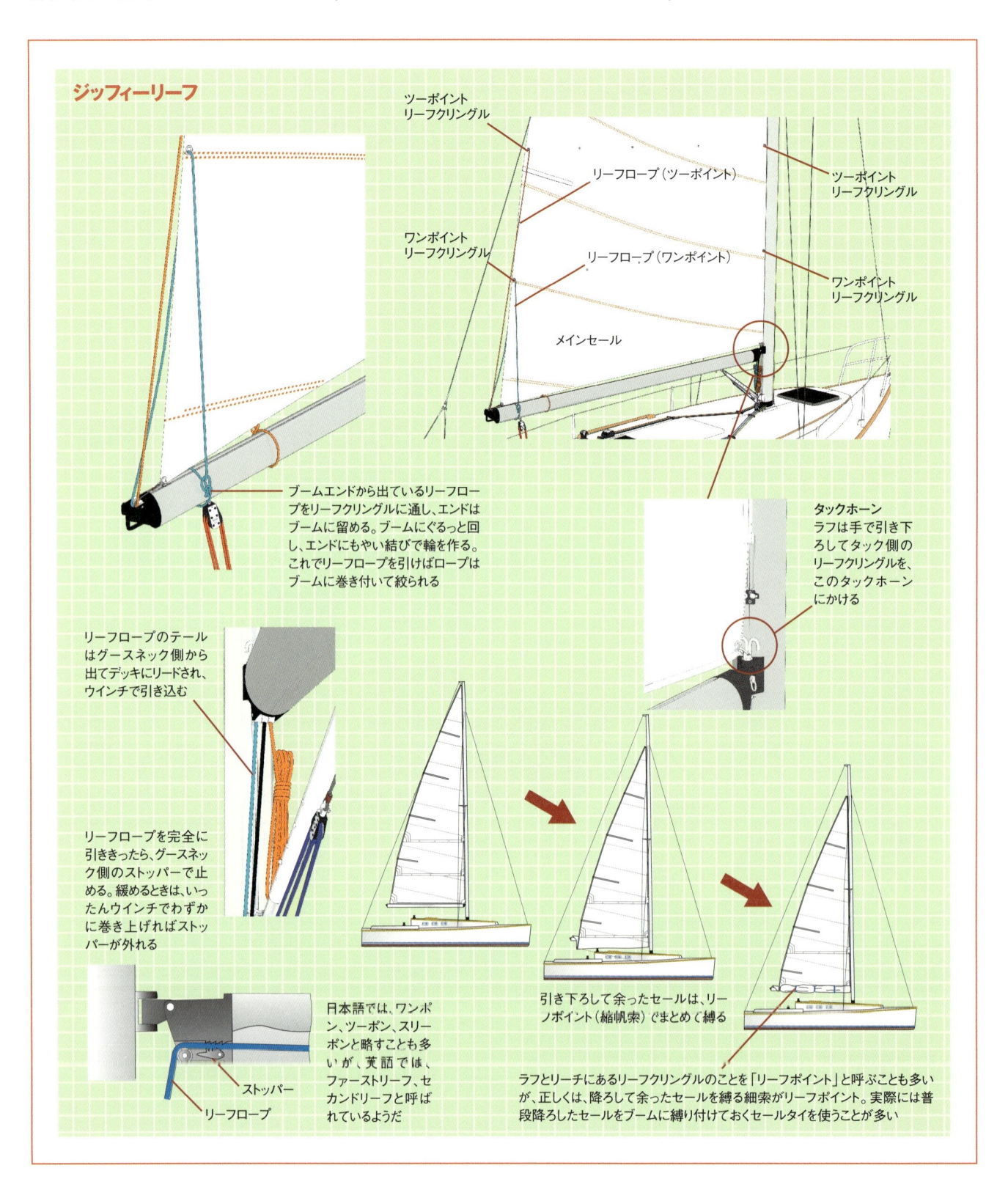

ジッフィーリーフ

- ツーポイントリーフクリングル
- リーフロープ（ツーポイント）
- ワンポイントリーフクリングル
- リーフロープ（ワンポイント）
- メインセール

ブームエンドから出ているリーフロープをリーフクリングルに通し、エンドはブームに留める。ブームにぐるっと回し、エンドにもやい結びで輪を作る。これでリーフロープを引けばロープはブームに巻き付いて絞られる

リーフロープのテールはグースネック側から出てデッキにリードされ、ウインチで引き込む

リーフロープを完全に引ききったら、グースネック側のストッパーで止める。緩めるときは、いったんウインチでわずかに巻き上げればストッパーが外れる

タックホーン
ラフは手で引き下ろしてタック側のリーフクリングルを、このタックホーンにかける

日本語では、ワンポン、ツーポン、スリーポンと略すことも多いが、英語では、ファーストリーフ、セカンドリーフと呼ばれているようだ

- ストッパー
- リーフロープ

引き下ろして余ったセールは、リーフポイント（縮帆索）でまとめて縛る

ラフとリーチにあるリーフクリングルのことを「リーフポイント」と呼ぶことも多いが、正しくは、降ろして余ったセールを縛る細索がリーフポイント。実際には普段降ろしたセールをブームに縛り付けておくセールタイを使うことが多い

ジブファーラー

多くのメーカーから多様なシステムのものが出ているが、原則的にはイラストのようにフォアステイにかぶせたヘッドフォイルに沿わせてジブを揚げ、ヘッドフォイルを回転させてセールを巻き込む

ロワーユニット
ロープをスプールに巻き込んだ状態で、セールを揚げる

スプールとヘッドフォイルは接続されているので、ロープを引き出すことでヘッドフォイルも回転する

アッパーユニット（ハリヤードスイベル）
ハリヤードが取り付けられている側とセールが取り付けられている側は別々に回転するようになっている

スプールの回転に合わせて、こちら側だけが回転する

こちら側が同時に回ってしてしまうと、ハリヤードがヘッドステイに巻き付いてしまう。場合によってはこの時にハリヤードが切れてしまうこともある

スプールに巻かれたロープはコクピットまでリードされており、巻き込み、展開は、コクピットで操作できる

同様に、メインセールをマスト内外、あるいはブームに巻き込むようにして収納するメインファーラーもある。あるいは、ステイスルでファーリングシステムが使われることもある。それらすべてをひっくるめて、ファーリングギアと呼んでいる

セール全開の状態

セールをすべて巻き込んだ状態。この状態で表に出る部分は、紫外線に強いクロスでカバーすることが多い

ある程度巻き込んだ状態（リーフした状態）

ファーリング（furling：完全に巻き込む）とリーフィング（reefing：縮帆）では、意味が異なる。ファーリングギアは、本来その名のとおり、完全に巻き上げるためのもの。係留時も巻き取ったままにしておくことが多い。また、リーフした状態でもセーリングできるよう、さまざまな工夫や改良がすすんでいる

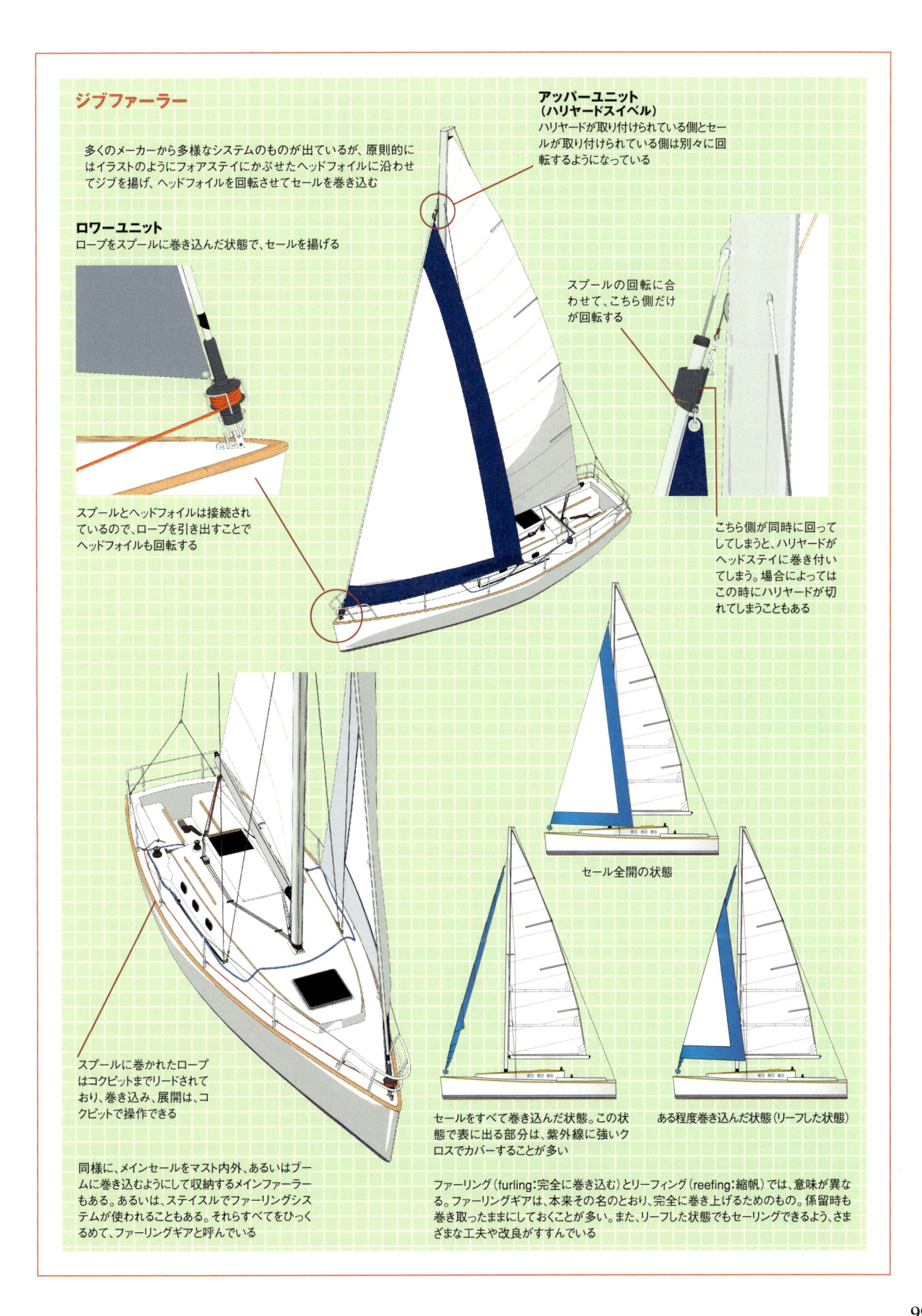

第2章｜艤装

［その他のデッキ艤装］

デッキからキャビンへのメインの出入り口がコンパニオンウェイ。FRPや木、あるいは採光を兼ねてアクリル製のものもある

ハッチ

人の出入りや、物の出し入れに用いるのがハッチだ。ヨットのハッチは、デッキと船室、あるいは物入れをつなぐ出入り口となる。

コンパニオンウェイ

キャビン(船室)への主な出入り口となる開口部を、コンパニオンウェイ(companionway)という。

通常はキャビントップの後端、コクピットの前端にあり、ここにあるハッチをコンパニオンウェイハッチという。多くは、写真のように上部のスライドハッチと後端の差し板を使って閉じる。

差し板(hatchboard、washboard)とは、ヨット側の隙間に板を差し込むだけのものだが、国際セーリング連盟(World

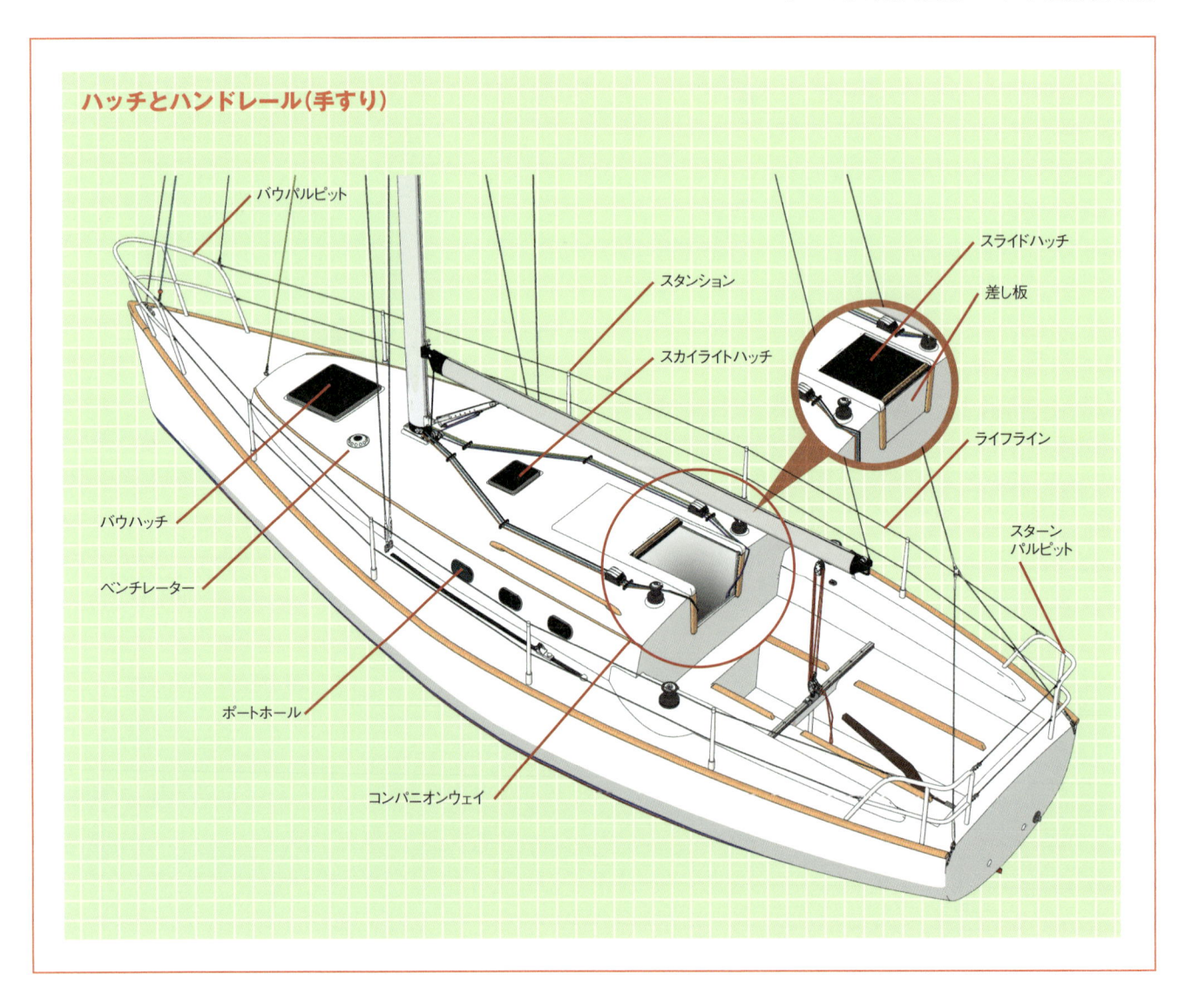

ハッチとハンドレール(手すり)

- バウパルピット
- スタンション
- スカイライトハッチ
- スライドハッチ
- 差し板
- ライフライン
- スターンパルピット
- バウハッチ
- ベンチレーター
- ポートホール
- コンパニオンウェイ

100

左：差し板は1枚ものの他、2段、3段に分かれたものもある。多くはスライドハッチを閉めたあと、南京錠などでロックする
右：基本的に、セーリング中は差し板は外して艇内にしまう。海が穏やかなときは全開にすることが多い。波をかぶるときはクローズホールドで前からの波が多いので、スライドハッチを閉めるだけで波の打ち込みはだいたい防げる。いよいよ荒天になったら、差し板も閉める

Sailing)で策定している安全のための外洋特別規定（以下、OSR）では、ハッチが開閉のどちらの状態であっても、その位置にしっかりと保持できなければならないとしている。艇内からも艇外からも操作でき、また流出の恐れがないように、ラニヤード（細索）で艇体に連結しておくことになっている。

また、係留し、艇を離れるときには、盗難防止のために鍵もかけられるようになっている。

バウハッチ

OSRでは、全長8.5m以上の艇は、二つの脱出口を持たなければならないとしている。そのうち一つは、マストより前に設置すること、となっている。これがバウハッチで、バウデッキにあるハッチという意味だ。

コンパニオンウェイよりも波をかぶることが多いため、より水密性の高い構造になっている。採光も兼ねて、多くはアルミニウムのフレームに透明アクリルのパネルが組み込まれ、ヒンジで後方、あるいは前方に開き、任意の角度で止められるものが多い。

船内からも船外からも開閉でき、また盗難防止のため、船内からは開閉のロックも可能だ。

スカイライトハッチ

バウデッキについていればバウハッチだが、その他の部分に付いていればスカイライトハッチと呼ばれる。通気も兼ねることが多いが、人間の出入りはできないサイズのものが多い。

これらのハッチは、OSRで「90度にヒールした状態でも水面上にあるように」など、設置場所や、その大きさに細かな規定がある。

舷窓

天井に設けられたものが、スカイライトハッチ。側面ならスカットル（scuttle）、ポートホール（porthole）、ポートライト（portlight）、舷窓などと呼ばれる。

これも採光のみならず通風も兼ねて開閉できるものがあり、その場合も当然水密は保つ必要がある。

バウハッチ。水密の高い市販のパーツを、デッキの開口部に取り付けたものが多い。写真は正方形だが、円形のものもある。レース艇では、ここからスピネーカーを取り込むことが多い

開いた状態では、任意の位置で止まるようになっている。小雨のときでも、わずかに開いた状態で換気ができる。もちろん全開にすることも可能

内側のレバーについたロックをかければ、外からは開かなくなる。艇を空けるときは、防犯上ロックをしておく。セーリング中は、デッキ側から開け閉めできるようにロックは外しておく

スカイライトハッチ。通常はバウハッチより小さい

コーチルーフ側面にアクリルの板を埋め込んだ舷窓。採光のためのものだが、外から内部が見えないように、色つきのものが多い。透明の場合は、内側にカーテンが付くこともあり

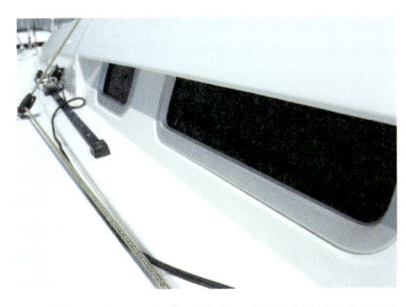

開け閉めできるタイプの舷窓。水密が求められるので、あまり大きくない。写真は内側に開くタイプ

第2章｜艤装
［その他のデッキ艤装］

ベンチレーター

ヨットの安全のためには、水密が重要になる。雨や波はもちろんのこと、転覆しても海水が浸入しないようになっている。それも180度の転覆でも自己復原が可能な外洋ヨットの場合、その時点での水密は極めて重要だ。

その一方で、船内での生活のためには換気も重要になる。

水密と換気、この相反する要素を満たすため、ヨットのベンチレーター（ventilator：換気装置）には、換気と水密、両方の機能が盛り込まれている。

雨や波の浸入を防ぎ、換気を行うための基本的な構造は下図のようなもの。図は極めてシンプルなものだが、最近の製品も原理的には同様だ。

さらに、荒天時にはキャップをはめるなどして完全な水密を保つことができるものが多い。

換気には、自然な空気の流れを用いるものもあれば、電動のファンを回し、強制的に換気するものもある。

電動タイプの中には、ベンチレーター自体に太陽電池パネルを備え、配線なしでモーターを回すものや、さらには内部に小型の充電池を備えて、夜間もファンを回し続けることができるものもある。

手すり

ヨットは風で船体が傾き、波によって揺れながら走る。乗員の転倒、転落（落水）防止のため、各所に手すりが付く。

ベンチレーターの仕組み

水（雨、海水）
空気
船外
船内

これは古いタイプのベンチレーターだが、最近のものも仕組みはだいたい同じだ。外気を船内に入れる、あるいは船内の空気を船外に排出する。しかし、雨や波は入らないようになっている。荒天時には完全に塞ぐことも可能

ベンチレーターのいろいろ

UFO型
マッシュルーム型
ソーラーパワー
クラムシェル
カウル

パルピット。ヘッドセールの揚げ降ろしなど、船首部で作業をすることも多いが、その際、転落防止のために頑丈な手すりは欠かせない。通常、パルピットの後端にライフラインが取り付けられデッキ全周を囲む

船首部のパルピットに対し、デッキ後端の手すりをプッシュピットという。スターンパルピットとも称される。左右に分かれたものと、一体型とがあり、ライフラインの後端が接続される

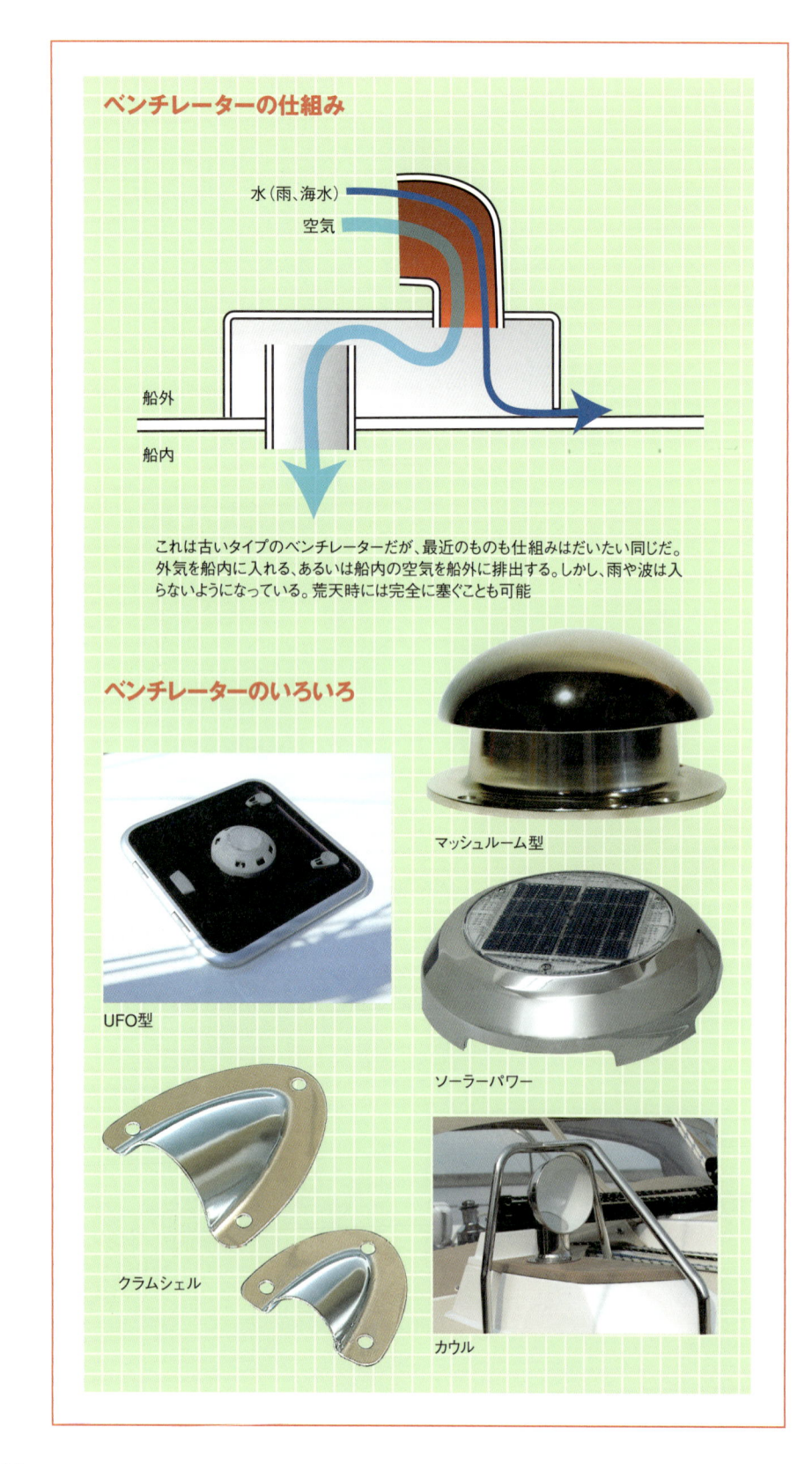

パルピット

船首に取り付けられた頑丈なステンレス製の手すりをパルピット(pulpit)という。

本来パルピットというと、この手すりを含む船首から突き出したスペース全体のことを指したようだ。

対して船尾側の手すりをプッシュピット(pushpit)というが、これをスターンパルピット(stern pulpit)と呼び、それに対して船首側の手すりをバウパルピット(bow pulpit)と呼び分けることもある。

パルピットとライフラインはシャックル、あるいはラニヤードやターンバックル(写真)で接続される。ラニヤードとは細索のことだが、何重にも往復させて絡め止めることで、長さ(張力)の微調整が可能になる

ライフラインは、スタンションの穴を通って支持される。スタンションには横方向に大きな力がかかるので、取り付け部は頑丈になっている

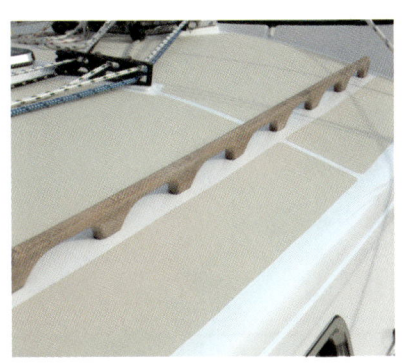

木製のハンドレール。帆走中、ヨットは傾いていることが多いため、キャビントップなどにハンドレールがあると安全性が高まる。手でつかむだけでなく、設置場所によっては良い足がかりにもなることもある

ライフライン

転落防止のために、パルピット後端から、舷側に沿って張り巡らせたワイヤロープ。

ライフラインも、OSRでは材質やサイズ、張力など細かく規定されている。ちなみに、全長8.5m以上の艇はライフラインは2段で、上段は高さが600mm以上、となっている。

スタンション

スタンション(stanchion)とは、本来は柱、支柱のことだが、ヨットではライフラインを支える支柱のことをいう。通常は、頑丈なステンレス製。これについてもOSRでは、その間隔(2.20m以下)が規定されている。

ハンドレール

デッキや船室内に取り付けられた手すりをハンドレール(handrail)、グラブレール(grab rail)、あるいはハンドホールド(handhold)と呼ぶ。

材質やサイズはさまざま。大型クルージング艇では、マストの根本付近のデッキ上に大型の手すりを取り付け、マストパルピット(mast pulpit)と呼ぶこともある。

デッキ加工

デッキ

ここまで見てきたのはいずれもデッキ艤装だ。

デッキとは甲板(こうはん)のこと。かんぱんともいうが、ヨットではデッキと称することが一般的だ。大型商船では何層かに分かれていることが多いが、ヨットでは例外なく1層で、船体上部を覆う水密構造になっている。

マストより前をフォアデッキ(fore deck)。コーチルーフの横をサイドデッキ(side deck)と呼び分ける。

水はけを良くするためにデッキの横断面は中央部分が僅かに高くなっている。これをキャンバー(梁矢(りょうし))という。

ノンスリップ

デッキには、滑り止めのノンスリップ加工が施されている。

デッキモールドから型抜きされたノンスリップパターン

ノンスリップペイント

チークデッキ

FRPのプロダクション艇では、デッキモールド(型)自体に細かい凹凸のパターンを設け、型抜きすることでデッキ表面を滑りにくくする。

あるいは、滑り止めのペイント(ノンキッドペイント:non-skid paint)を塗ったり、ノンスリップのシートを貼り付ける場合もある。

南洋の木材であるチーク材を張ったデッキも人気が高い。チークは水湿、腐食に強く、塗装せずにそのままデッキに張り付けることができ、肌触りもよく滑りにくい。チークデッキは見た目の良さも魅力で、最近はこの見た目の良さを求め、人工チークのデッキもある。

また、バウハッチのアクリル部等で滑らないように、要所要所に貼り付けるノンスリップテープもある。

第2章 艤装
[その他のデッキ艤装]

インストルメンツ

インストルメンツ（instruments）という単語には「楽器」「器具」「装置」など、さまざまな意味がある。船に関するインストルメンツ（ship's instruments）は、「航海計器」のことを指す。セーリングクルーザーに搭載されるインストルメンツは、一般的な船の航海計器に加えて、さらに専門的なものもある。

コンパス

ヨットの上で最も基本となる計器がコンパス（compass）、方位磁石だ。古くは羅針盤とも呼ばれたが、今ではコンパスと呼ぶのが一般的だ。

一般商船では、コマの原理で地軸の北を指すジャイロコンパスが主に用いられているが、プレジャーボートでは、磁石を使って磁北を示すマグネットコンパスがほとんど。マグネットコンパスから得られる方位を、磁針方位という。フラックスゲートと呼ばれる電動のコンパスもあるが、これも電磁石を用いたマグネットコンパスのようなものといってもよく、示されるのはやはり磁針方位だ。

コンパスは、ヨットに取り付けて船首方位（ヘディング）を測るステアリングコンパスと、手で持って特定地点の方位を測るハンドコンパス（ハンドベアリングコンパス）とに分けられる。

ヨットの計器類

セーリングクルーザーに搭載する基本的な航海計器は、コンパス、スピードメーター（ログ）、水深計（デプス）の三つだ。それに追加する計器として、風向・風速計、あるいはGPS、さらにはレーダーなどが搭載される。

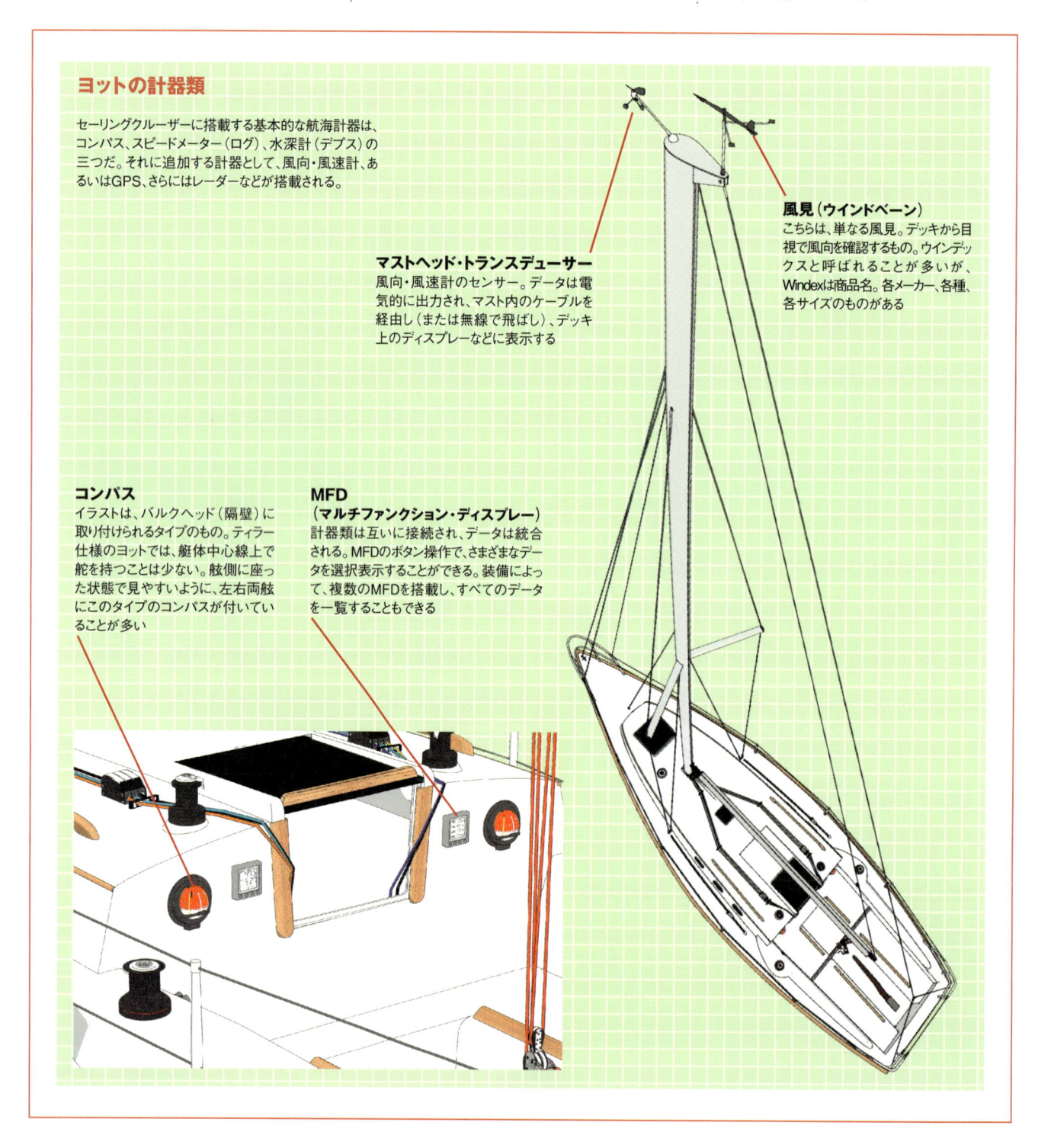

マストヘッド・トランスデューサー
風向・風速計のセンサー。データは電気的に出力され、マスト内のケーブルを経由（または無線で飛ばし）、デッキ上のディスプレーなどに表示する

風見（ウインドベーン）
こちらは、単なる風見。デッキから目視で風向を確認するもの。ウインデックスと呼ばれることが多いが、Windexは商品名。各メーカー、各種、各サイズのものがある

コンパス
イラストは、バルクヘッド（隔壁）に取り付けられるタイプのもの。ティラー仕様のヨットでは、艇体中心線上で舵を持つことは少ない。舷側に座った状態で見やすいように、左右両舷にこのタイプのコンパスが付いていることが多い

MFD（マルチファンクション・ディスプレー）
計器類は互いに接続され、データは統合される。MFDのボタン操作で、さまざまなデータを選択表示することができる。装備によって、複数のMFDを搭載し、すべてのデータを一覧することもできる

コンパス

デッキマウントコンパスは、デッキに穴を開けて埋め込むタイプと、平らな面に取り付けることができるフラッシュマウントタイプとに分けられる

バルクヘッドマウントタイプのステアリングコンパス。中央のピンが船首方向を表す。ピンの部分の数値を読み取ることで、ヘディング（船首方位）が分かる

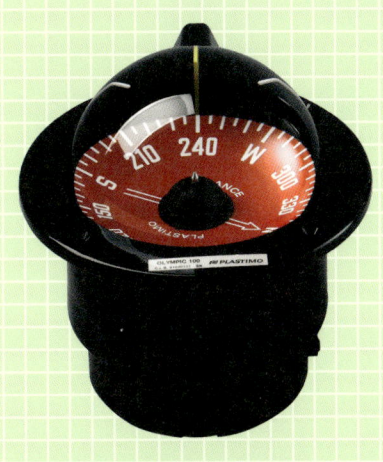

同じステアリングコンパスでも、こちらはデッキマウントタイプ。その名の通り、デッキ面に取り付ける。コンパスカードは上から見ることになり、奥の数値を読む

平らな面に専用ブラケットを介して取り付ける、ブラケットマウントタイプ。小型艇やモーターボートに多い

フラッシュマウントでは、特に頑丈な台座を持つビナクルマウントタイプもある。舵輪が取り付けられるステアリングペデスタル上部などに取り付ける

クラシックな木箱入りのマグネットコンパス。このままデッキに置いて使用する

セーリングディンギーや小型のキールボート用のデジタルコンパス。太陽電池で駆動する。ブラケットを使って、デッキやマストに取り付ける

大型艇用デジタルコンパスのセンサー部。データは電気的に出力され、MFDなどに表示する。風向・風速計やGPSなどと連動させることもできる

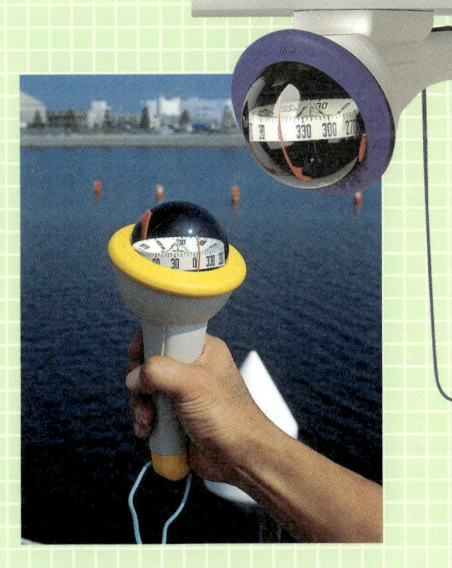

灯台など、特定地点の方位を測るハンドベアリングコンパス。手に持って使う。ベアリングコンパス、あるいはハンドコンパスともいう。専用のブラケットで船に固定できるようになっているタイプもあり、夜間でも目盛りが読めるよう、電池を使った照明や蛍光塗料が使われるものもある。GPSの登場で使用頻度は少なくなったが、ベアリングコンパスを用いて位置の線を求めるのは、ナビゲーションの基本だ

第2章 艤装
[その他のデッキ艤装]

ステアリングコンパスには、デッキに取り付けるデッキコンパスや、コーチルーフ後端の壁面に取り付けるバルクヘッドコンパス、あるいは電動コンパスを船内に設置し、数値をレピーターと呼ばれるディスプレーに表示するタイプもある。

さらに、セーリングディンギーではマストに取り付けるもの、それも太陽電池を使ってデジタル表示するものなど、各種ある。

スピードメーター

航走距離を示す計器がログ(log)だ。測程儀、航程儀ともいう。実際には、これで求めた距離データから、船速を計算し、表示する。古くは、細いロープの先に抵抗板を付けたものを船尾から流し、一定時間に繰り出されたロープの長さから船速を求めた。これを、ハンドログ、手用測程具ともいう。繰り出すロープに目印の結び目(knot)を付け、それを数えたことから、船の速力の単位はノットと呼ばれている。

現在では、船底に取り付けた羽根車(インペラ)の回転数から、電気的に船速を割り出して表示するものが多い。

水深計

コンパス、ログと並んで、船の上での3大重要計器が水深計だ。

古くは、細いロープの先に鉛の重りを付けた手用測鉛(ハンドレッド)が用いられた。単に、レッドということもある。鉛の先端に窪みがあり、ここにグリスを詰めておくことで、海底が砂か泥か、あるいは岩かという底質を、付着物からある程度知ることもできる。

現在は、超音波を使った、エコーサウンダー(測深儀)が普及している。船体側のトランスデューサーから超音波を発し、海底に反射して戻ってくるまでの時間から距離(水深)を求めるものだ。魚群探知機(魚探)も同じ仕組みで、途中に魚群がいれば反応するし、同時に水深も測定し、底質もある程度は判断できる。

風向・風速計

風向に関しては、マストトップなどに付けた風見を目視することで確認できる。

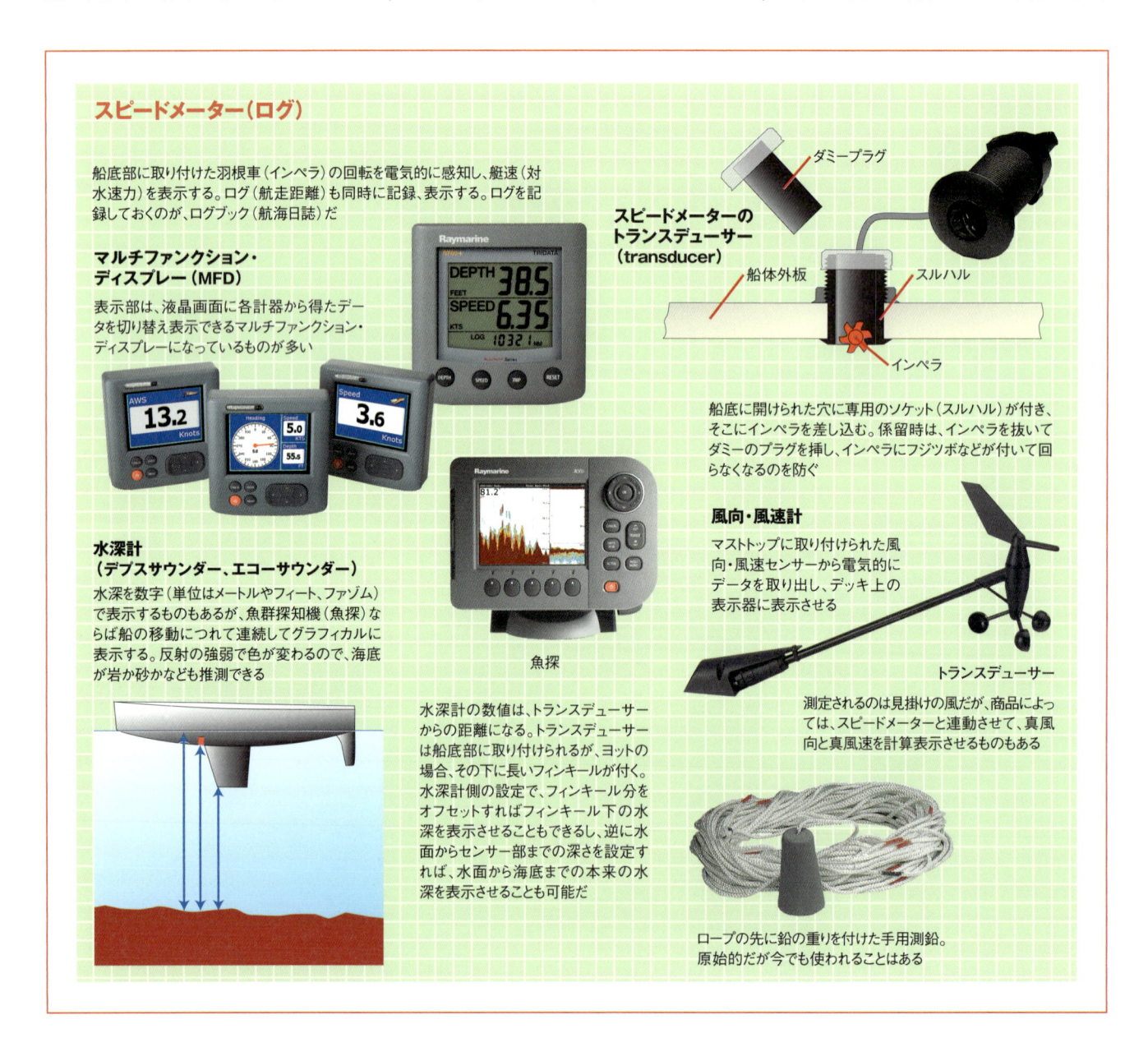

スピードメーター(ログ)

船底部に取り付けた羽根車(インペラ)の回転を電気的に感知し、艇速(対水速力)を表示する。ログ(航走距離)も同時に記録、表示する。ログを記録しておくのが、ログブック(航海日誌)だ

マルチファンクション・ディスプレー(MFD)
表示部は、液晶画面に各計器から得たデータを切り替え表示できるマルチファンクション・ディスプレーになっているものが多い

スピードメーターのトランスデューサー(transducer)
船底に開けられた穴に専用のソケット(スルハル)が付き、そこにインペラを差し込む。係留時は、インペラを抜いてダミーのプラグを挿し、インペラにフジツボなどが付いて回らなくなるのを防ぐ

水深計(デプスサウンダー、エコーサウンダー)
水深を数字(単位はメートルやフィート、ファゾム)で表示するものもあるが、魚群探知機(魚探)ならば船の移動につれて連続してグラフィカルに表示する。反射の強弱で色が変わるので、海底が岩か砂かなども推測できる

魚探

水深計の数値は、トランスデューサーからの距離になる。トランスデューサーは船底部に取り付けられるが、ヨットの場合、その下に長いフィンキールが付く。水深計側の設定で、フィンキール分をオフセットすればフィンキール下の水深を表示させることもできるし、逆に水面からセンサー部までの深さを設定すれば、水面から海底までの本来の水深を表示させることも可能だ

風向・風速計
マストトップに取り付けられた風向・風速センサーから電気的にデータを取り出し、デッキ上の表示器に表示させる

トランスデューサー

測定されるのは見掛けの風だが、商品によっては、スピードメーターと連動させて、真風向と真風速を計算表示させるものもある

ロープの先に鉛の重りを付けた手用測鉛。原始的だが今でも使われることはある

あるいはシュラウドやセールに取り付けたリボンなども目印になる。

ここでいう航海計器としての風向・風速計は、マストトップに取り付けたセンサーから電気的にデータを送り、デッキの表示器に表示するもの。

センサーで受ける風向・風速は、いずれも見掛けの風（第1章、33ページ参照）だが、スピードメーターのデータを組み合わせることで、真風向と真風速を計算し、出力する商品もある。

表示はアナログ、デジタルさまざまで、MFDで統合表示されるものも多い。

気圧計

大気圧を測定して気象変化を知るためのものが、気圧計（バロメーター）だ。

通信機器が発達し、洋上でも気象情報を入手しやすくなったが、それでも最後の頼みはこれだ。ヨットで用いられるのはアネロイド気圧計で、電源は必要ない。

無線機

日本では法的な問題から普及が遅れているが、無線機は海上での重要な安全備品である。

携帯電話や衛星携帯電話も普及しているが、近距離用の国際VHF無線機は、周辺の無線局すべてと同時に通話が可能で、相手の電話番号が分からなくても呼びかけることができるなど、携帯電話にはない利点がある。

GPS

Global Positioning System。アメリカ国防総省が管理する人工衛星による測位システムで、ここではその受信機もGPSと呼んでいる。

人工衛星から発射されている電波を受信し、遅延誤差から自艇の位置を割り出す装置。また、対地速力、対地進路も計算し、出力する。

GPS受信機には、その測位データを用いた航法支援機能も備わっている。設定した目的地への方位と距離、予想到着時間などを計算する。あるいは、画面に地図情報を表示し、そこに自艇の航跡をプロットする機能を持つものもある。

GPS受信機

チャートプロッター用の大型ディスプレーを備えた機種も多く、この場合はGPS受信機能を持った航法コンピューターといってもいい

最近では、この航法コンピューター部分が独立し、パソコンに航法支援ソフトと海図データーファイルをインストールし、GPS受信機を接続して使うこともある

レーダー
船から電波を発射し、跳ね返ってきた電波を受信して距離を測る装置。GPSがあれば正確な船位は分かるが、レーダーには他船も映る。アンテナ部がかさばるが、大型のクルージング艇には装備されることがある

気圧計
一般的なヨット用のアネロイド気圧計。気圧が上がりつつあるのか、下がりつつあるのかが重要だ。赤い針は中央のノブで操作でき、現在値に合わせておけば、以後、そこから気圧が上がったか下がったかを読み取ることができる

国際VHF無線機
VHFは周波数が超短波（Very High Frequency）であることを指す。見通し範囲の通信が基本となる近距離用の無線機だ。これは据え置き型。ハンディー機もある

衛星携帯電話
長距離用の無線としては、かつては短波（HF）や中波（MF）を用いたSSB無線機が使われたが、現在は通信衛星を介した電話機も普及している。写真はイリジウム衛星携帯電話の端末

第2章 艤装
[その他のデッキ艤装]

セーリングコンピューター

ここまで、スピードメーター、コンパス、風向・風速計、そしてGPSなど、各種の航海計器について説明したが、それら電子機器を接続し、個々のデータを基にさらなるデータを導き出すのが、オンボードのセーリングコンピューターだ。

船舶に装備される電子機器にはNMEA 0183、NMEA 2000という国際規格があり、比較的簡単に相互接続できる。ソフトウエア次第で、特にヨットレースでは有用な情報を得ることができる。

真風向と真風位

106ページで説明したように、風向・風速計で感じる風は、見掛けの風だ。風向・風速計とスピードメーターを統合することで、実際に吹いている風——真風向と真風速を計算し、出力できる。さらに、ここにデジタルコンパスを接続すると、真風位が割り出せる。

真風向(TWA：True Wind Angle)は、船首尾線に対する風の角度だ。真正面から風が吹いていれば0度、真横から吹いていれば90度になる。これに対して真風位(TWD：True Wind Direction)は、方位を表す。北風なら0度、東風なら90度と表示される。

真風向(TWA)は、実際の風向に変化がなくても、ヘディング(船首方位)が変化すれば、その数値は変化する。この場合、逆に、見掛けの風向(AWA)を一定に保って走ることで、ヘディングの変化から風向の変化を知ることになる。

これに対して、真風位(TWD)は、ヘディングが変化しても実際に風が振れない限り、その数値は変化しない。真風位の

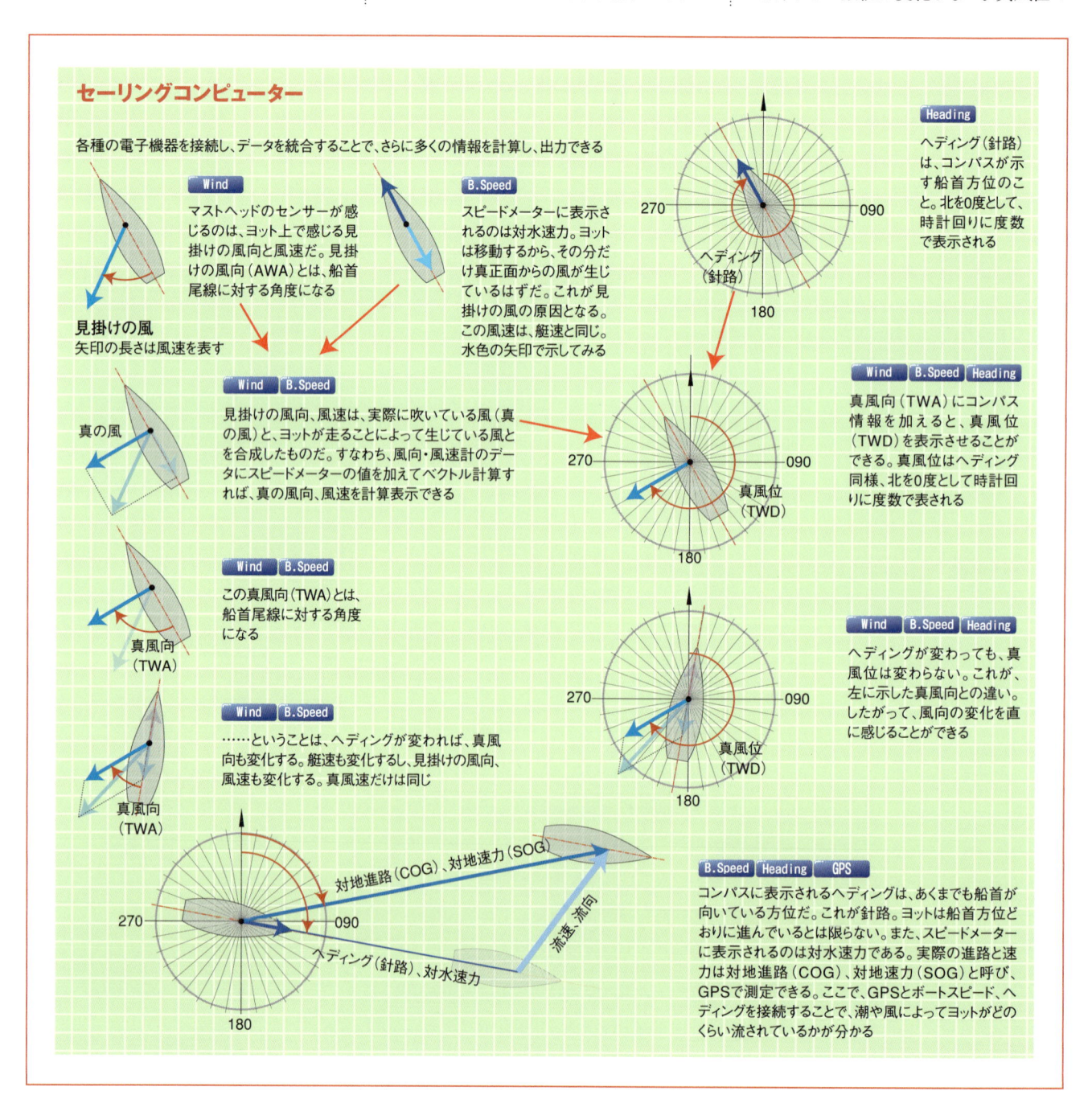

セーリングコンピューター

各種の電子機器を接続し、データを統合することで、さらに多くの情報を計算し、出力できる

Wind
マストヘッドのセンサーが感じるのは、ヨット上で感じる見掛けの風向と風速だ。見掛けの風向(AWA)とは、船首尾線に対する角度になる

見掛けの風
矢印の長さは風速を表す

B.Speed
スピードメーターに表示されるのは対水速力。ヨットは移動するから、その分だけ真正面からの風が生じているはずだ。これが見掛けの風の原因となる。この風速は、艇速と同じ。水色の矢印で示してみる

Wind B.Speed
見掛けの風向、風速は、実際に吹いている風(真の風)と、ヨットが走ることによって生じている風とを合成したものだ。すなわち、風向・風速計のデータにスピードメーターの値を加えてベクトル計算すれば、真の風向、風速を計算表示できる

真の風

Wind B.Speed
この真風向(TWA)とは、船首尾線に対する角度になる

真風向(TWA)

Wind B.Speed
……ということは、ヘディングが変われば、真風向も変化する。艇速も変化するし、見掛けの風向、風速も変化する。真風速だけは同じ

真風向(TWA)

対地進路(COG)、対地速力(SOG)
流速、流向
ヘディング(針路)、対水速力

Heading
ヘディング(針路)は、コンパスが示す船首方位のこと。北を0度として、時計回りに度数で表示される

ヘディング(針路)

Wind B.Speed Heading
真風向(TWA)にコンパス情報を加えると、真風位(TWD)を表示させることができる。真風位はヘディング同様、北を0度として時計回りに度数で表される

真風位(TWD)

Wind B.Speed Heading
ヘディングが変わっても、真風位は変わらない。これが、左に示した真風向との違い。したがって、風向の変化を直に感じることができる

真風位(TWD)

B.Speed Heading GPS
コンパスに表示されるヘディングは、あくまでも船首が向いている方位だ。これが針路。ヨットは船首方位どおりに進んでいるとは限らない。また、スピードメーターに表示されるのは対水速力である。実際の進路と速力は対地進路(COG)、対地速力(SOG)と呼び、GPSで測定できる。ここで、GPSとボートスピード、ヘディングを接続することで、潮や風によってヨットがどのくらい流されているかが分かる

数値を目で追っていれば、風向の変化があったか、なかったかが一目で分かる。

特に、ダウンウインドなど、ヘディングが一定でなく、風向の変化を感じにくいようなときには、真風位の値が重宝する。

潮流

スピードメーターとコンパス（ヘディング）にGPSをつなぐと、潮の流れを計算し、出力できる（左ページの図）。

スピードメーターで得られる船速は対水速力であり、コンパスで得られるのはヘディング（針路）だ。

一方、GPSから得られるのは、対地速力（Speed Over Ground）と対地進路（Course Over Ground）である。

両者を比べて計算することで、潮流などの要因でどれだけ流されているかが分かる。つまり潮流の方向と速さ（強さ）が計算できることになる。

流向（set）は潮が流れていく方向で、方位の度数で表される。流速（drift）は流れの速さで、船速と同様ノット（knot）で表される。

これもナビゲーション上、あるいはヨットレースにおける戦略上、非常に有用なデータとなる。

キャリブレーション

これらの計算結果が正しく出力されるためには、元データの精度が高くなければならない。

例えば、スピードメーターのインペラの回り方が悪いなどの原因から、正しい対水速力が出ていなければ、それに見掛けの風向、風速を加えて計算した真風向、真風速も、正しい数値にはならない。

風速や艇速は変化し続けているものなので、わずかな誤差を体感するのは難しいが、タッキングやジャイビングの前後で、真風位の値が変化してしまうようなら、いずれかの計器から得られる情報に誤差があるのではないかと推測できる。

計器からの出力が正確になるよう、各センサー、トランスデューサー（変換装置）の誤差を修正する作業をキャリブレーション（calibration）という。

スピードメーターの誤差修正はすべての基本で、陸岸に造られた2組の標柱（マイルポスト）の間を往復することで調整する、標柱間試験を行う。マイルポストがなければ、適当な物標を用いて、同様に行う。

風向計は、実際にセーリングしてみて度単位でチェックする。正しいマストセッティングと左右同じセールトリムで走るなら、左右のクローズホールドでの見掛けの風向（AWA）は同じになるはずだ。これがずれるようなら、センサーのセンターが出ていないことになる。

デジタルコンパスは、ゆっくりと円を描いて回転することで自動補正されるものが多い。

……と、ここまで調整を済ませれば、後は風速計だけが残ることになる。この状態で、ジャイビング前後に真風位の値が変化してしまうなら、それは風速計の誤差であると解釈し、風速計を調整する。

さらには、特に風上航では、セールの影響で風向に誤差が出る。これをアップウオッシュというが、風の強弱によっても変わってくるので、それを自動的に補正できるシステムもある。

以上、常に正しい真風位（TWD）を求めるためには、細かいキャリブレーションが必要になるが、ここで正しい真風位を得られることは、特にヨットレースにおける戦略上極めて大きな意味を持つ。

各システムのマニュアルを参照し、キャリブレーションを行うのは、現在のナビゲーターの重要な仕事になった。

ジャンボメーター

レース艇では、乗員全員がそれぞれのデータを把握しておく必要がある。どこからでも見やすいようにマストに設置された大型のディスプレーをジャンボメーターと呼ぶ。

表示データは、ユーザー側で好みのセッティングができるようになっている。

また、これとは別にやはりバルクヘッドにもマルチファンクションのディスプレーを設け、多くのデータを並行して表示させることができる。

あるいは、パソコンを接続し、そこからさまざまなデータにアクセスし、例えば風向や風速の変化をグラフ化することもできる。あるいは、キャリブレーションや設定を変更させることもできる。

ジャンボメーター
視認性の良い大型のメーターをマストに取り付ける

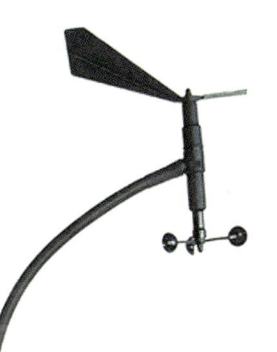

セールによる風向、風速への影響を避けるため、トランスデューサーはなるべくマストから離して取り付けられる。支柱がちょうど魔法使いの杖（つえ）のようなのでワンド（wand）と呼ばれている

photo by Sander Pluijm / Team Delta Lloyd / Volvo Ocean Race

第3章 | セーリング
［まずは直進から］

帆走艤装

まずは走る前にセールやシート類をセットする。この作業を、「艤装をする」あるいは、「フィッティング」と呼んでいる。セーリングが終わり再びセールなどを外す片付け作業が「解装」だ。

艤装の仕方やセールの揚げ降ろしは、艇の構造によって異なる。

セーリングディンギーの場合、マリーナや海岸の砂浜でセールを揚げてから出艇する。

外洋ヨットの場合は、エンジンを使った機走でマリーナを出て、開けた海面に出てからセールを揚げる。

真っすぐ走る

セーリングには、クローズホールドやビームリーチなど、風向によってさまざまあることは、第1章、「風向とセーリング」（34ページ参照）の項で説明した。ちょっと間があいてしまったので、そのあたりをもう一度見直し、セールやラダー、センターボードの役割についても再確認していただいた上で、いよいよ海に出てみよう。

シバー

風に任せてセールがたなびいている状態をシバー（shiver）という。ジブシート、メインシートはどちらも緩んでいる状態だが、それでもセールに風を受けていることに変わりはない。

海上に浮かぶヨットは、セールや艇体あるいは乗員が受ける風の抵抗で徐々に風下へと流されていく。船は一カ所にとどまっていることのほうが難しいのだ。

このとき、水面下でも水の抵抗が生じている。水面上で受ける風の抵抗の中心と、水面下の水の抵抗の中心とがずれていれば、ヨットは回頭しながら風下へ流されていくことになる。

ヨットが少しでも前か後ろへ動いているならば、舵を切ることで回頭方向を調整することもできる。

風を入れる

ここで、メインシート、ジブシートを引き込み、セールに風を入れる。旗のようにたなびいていたセールは、風を受け、飛行機の翼のような形状となり、揚力が発生する。

揚力については第1章、26ページで詳しく解説した。不思議な力だが、ヨットが走る上で非常に重要な要素である。

セールからは揚力と抗力（抵抗）の二つが合成された力が発生する。これをセール力と呼ぶことにした。単なる風の抵抗ではなく、揚力が加わった、より大きな力だ。セール力は斜め前方向に発生しているので、ヨットも斜め前方向に進むことになる。

リーウェイと力の釣り合い

ここでは、ヨットは横流れ（drift）しながら前に進んでいることになる。この横流れ成分であるリーウェイと船首方位との角度をリーウェイアングル（leeway angle）という。

ヨットが横流れしながら進むことにより、水面下でもセンターボードやラダーから揚力と抗力が発生する。この揚力と抗力を合わせたものをキール力と呼ぶことにした。水の密度は高いので、発生する揚力も大きい。水面下で発生するキール力は風上方向に生じるため、これがリーウェイを抑え、リーウェイアングルは小さくなり、風下側に大きく横流れし

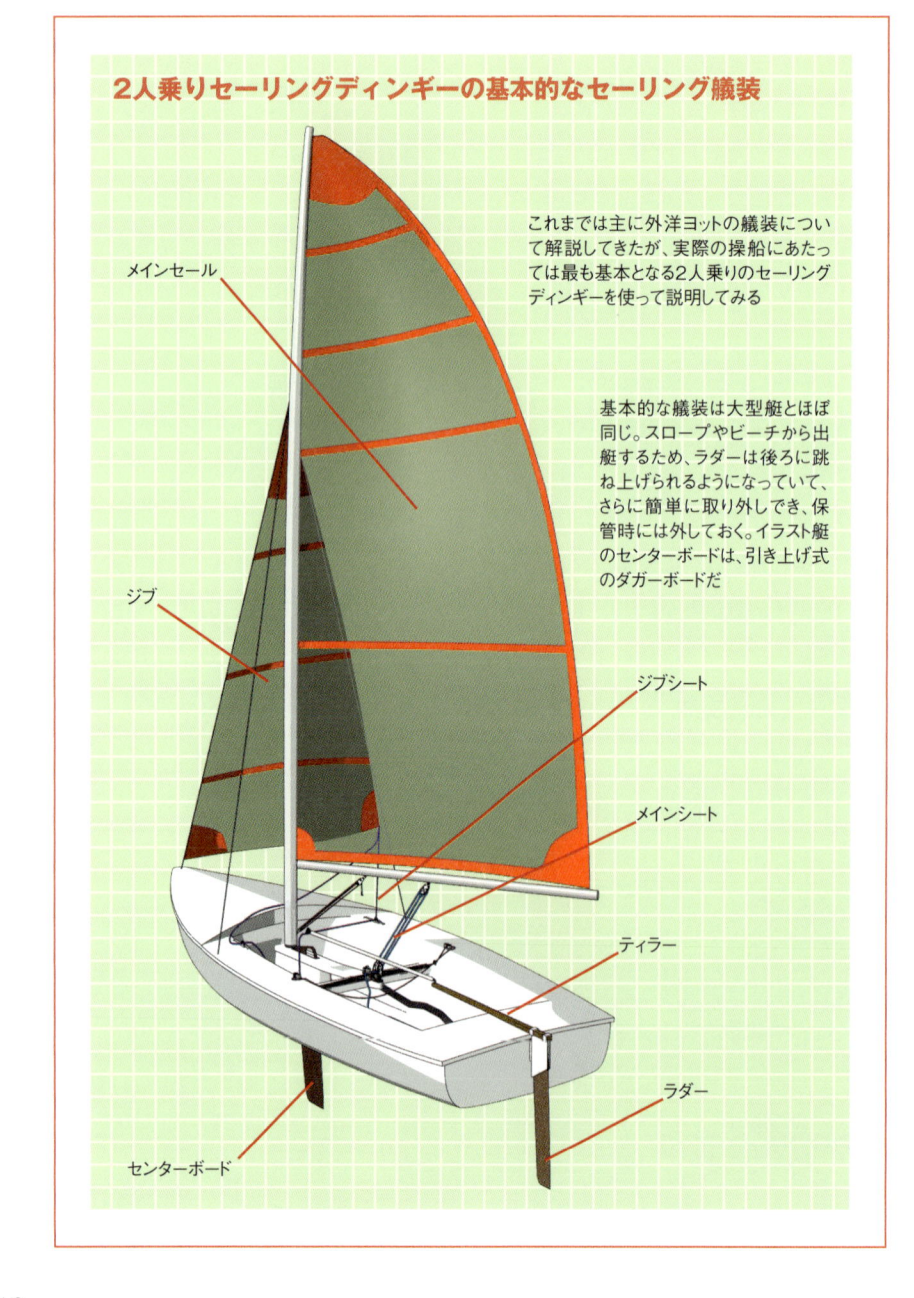

2人乗りセーリングディンギーの基本的なセーリング艤装

これまでは主に外洋ヨットの艤装について解説してきたが、実際の操船にあたっては最も基本となる2人乗りのセーリングディンギーを使って説明してみる

基本的な艤装は大型艇とほぼ同じ。スロープやビーチから出艇するため、ラダーは後ろに跳ね上げられるようになっていて、さらに簡単に取り外しでき、保管時には外しておく。イラスト艇のセンターボードは、引き上げ式のダガーボードだ

- メインセール
- ジブ
- ジブシート
- メインシート
- ティラー
- ラダー
- センターボード

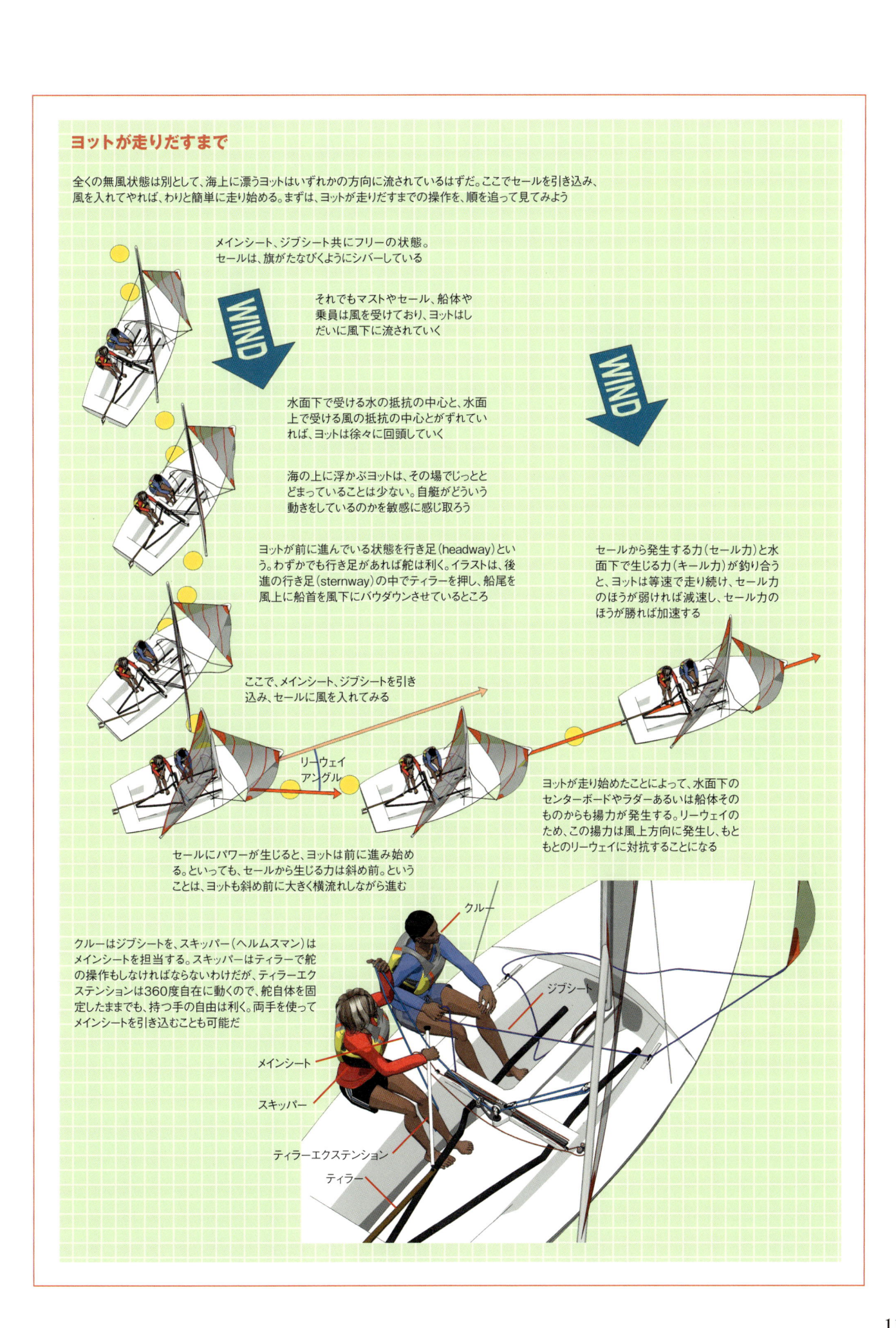

ヨットが走りだすまで

全くの無風状態は別として、海上に漂うヨットはいずれかの方向に流されているはずだ。ここでセールを引き込み、風を入れてやれば、わりと簡単に走り始める。まずは、ヨットが走りだすまでの操作を、順を追って見てみよう

メインシート、ジブシート共にフリーの状態。セールは、旗がたなびくようにシバーしている

それでもマストやセール、船体や乗員は風を受けており、ヨットはしだいに風下に流されていく

水面下で受ける水の抵抗の中心と、水面上で受ける風の抵抗の中心とがずれていれば、ヨットは徐々に回頭していく

海の上に浮かぶヨットは、その場でじっととどまっていることは少ない。自艇がどういう動きをしているのかを敏感に感じ取ろう

ヨットが前に進んでいる状態を行き足（headway）という。わずかでも行き足があれば舵は利く。イラストは、後進の行き足（sternway）の中でティラーを押し、船尾を風上に船首を風下にバウダウンさせているところ

セールから発生する力（セール力）と水面下で生じる力（キール力）が釣り合うと、ヨットは等速で走り続け、セール力のほうが弱ければ減速し、セール力のほうが勝れば加速する

ここで、メインシート、ジブシートを引き込み、セールに風を入れてみる

リーウェイアングル

ヨットが走り始めたことによって、水面下のセンターボードやラダーあるいは船体そのものからも揚力が発生する。リーウェイのため、この揚力は風上方向に発生し、もともとのリーウェイに対抗することになる

セールにパワーが生じると、ヨットは前に進み始める。といっても、セールから生じる力は斜め前。ということは、ヨットも斜め前に大きく横流れしながら進む

クルーはジブシートを、スキッパー（ヘルムスマン）はメインシートを担当する。スキッパーはティラーで舵の操作もしなければならないわけだが、ティラーエクステンションは360度自在に動くので、舵自体を固定したままでも、持つ手の自由は利く。両手を使ってメインシートを引き込むことも可能だ

クルー
ジブシート
メインシート
スキッパー
ティラーエクステンション
ティラー

第3章 | セーリング
[まずは直進から]

ながら走りだしたヨットは、たちまち、ほぼ真っすぐ、船首方向に進み始める。

ラフとベア

ヨットが走り始めたら、舵を切ってみる。

第1章、22ページで説明したように、舵を切ることによって舵面に生じる揚力が大きくなり、ヨットは回頭を始める。

下のイラストの例なら、ティラーを押せば風上に回頭し、これをラフィング(ラフ)という。ティラーを引けばヨットは風下に回頭し、これをベアアウェイ(ベア)、バウダウン、落とすなどという。

セールのトリム

ラフすると、当然ながら見掛けの風向は前に回る。すると、今まで風を受けていたセールには裏風(バックウインド:backwind)が入り、やがて風が完全に抜け、再びシバーしてしまう。ヨットは減速し、最終的には止まってしまうだろう。

そこで、さらにシートを引き込み、セールに風を入れてやる。

逆に、ベアすると風は後ろへ回り、シートを多少出してもセールには裏風が入らず、ヨットは走り続ける。

シートの引き込み加減は、風向によって異なることになる。セールから最適に揚力を発生させ、前進力として生かすべくシート類を調節すること——セールのトリムが重要になる。

ヒールバランス

風を受ければヨットはヒールする。ラフして風向が横から前に回ると、ヒールはより大きくなる。

一方で、まったく風がない状態でも、乗員の体重でヨットはヒールする。

ヨットの復原力については、第1章、29ページで詳しくみてきたが、イラストのセーリングディンギーにはバラストキールがない。よって、風に吹かれるとヒールは大きくなり、やがて沈してしまうだろう。

そこで、沈しないように、乗員の体重

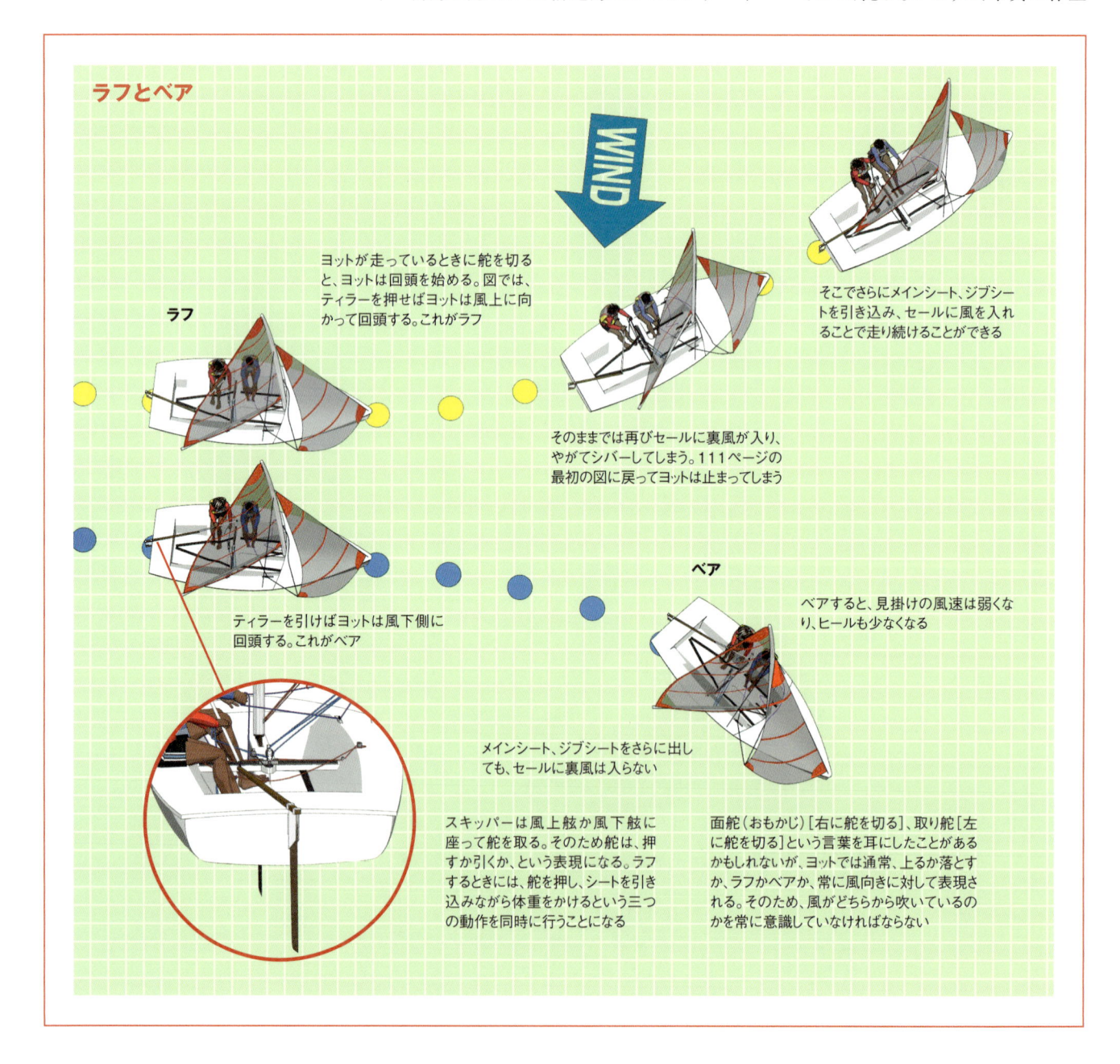

ラフとベア

ヨットが走っているときに舵を切ると、ヨットは回頭を始める。図では、ティラーを押せばヨットは風上に向かって回頭する。これがラフ

そこでさらにメインシート、ジブシートを引き込み、セールに風を入れることで走り続けることができる

そのままでは再びセールに裏風が入り、やがてシバーしてしまう。111ページの最初の図に戻ってヨットは止まってしまう

ティラーを引けばヨットは風下側に回頭する。これがベア

ベアすると、見掛けの風速は弱くなり、ヒールも少なくなる

メインシート、ジブシートをさらに出しても、セールに裏風は入らない

スキッパーは風上舷か風下舷に座って舵を取る。そのため舵は、押すか引くか、という表現になる。ラフするときには、舵を押し、シートを引き込みながら体重をかけるという三つの動作を同時に行うことになる

面舵(おもかじ)[右に舵を切る]、取り舵[左に舵を切る]という言葉を耳にしたことがあるかもしれないが、ヨットでは通常、上るか落とすか、ラフかベアか、常に風向きに対して表現される。そのため、風がどちらから吹いているのかを常に意識していなければならない

を使ってバランスを取る。

ウエザーヘルムとリーヘルム

ヨットは水面下で生じる力と水面上で生じる力とのバランスで走っている。

下のイラストをご覧いただきたい。ヨットのヒールによって左右の力のバランスが崩れると、ヨットは回頭し始める。ヨットを回頭させるのは、舵の力だけではないのだ。

舵を中央にした状態で船首が風上へ回頭する状態をウエザーヘルム(weather helm)と呼ぶ。逆に風下に回頭する状態をリーヘルム(lee helm)と呼ぶ。

ヒールすることで、セール力はより風下側に移動するので、ウエザーヘルムは大きくなる。

横方向のヒールの大小のみならず、体重移動によって前後の傾きを変えることによってもヘルムは変化する。船首側を沈めることで、水面下の抵抗中心は前に移動するため、ウエザーヘルムが大きくなる。また、セールのトリムによってもヘルムは変わってくる。

ヒールの大小、前後の傾き、セールのトリム、そして舵、すべてのバランスが取れて初めて、ヨットは真っすぐに走り続けることになる。

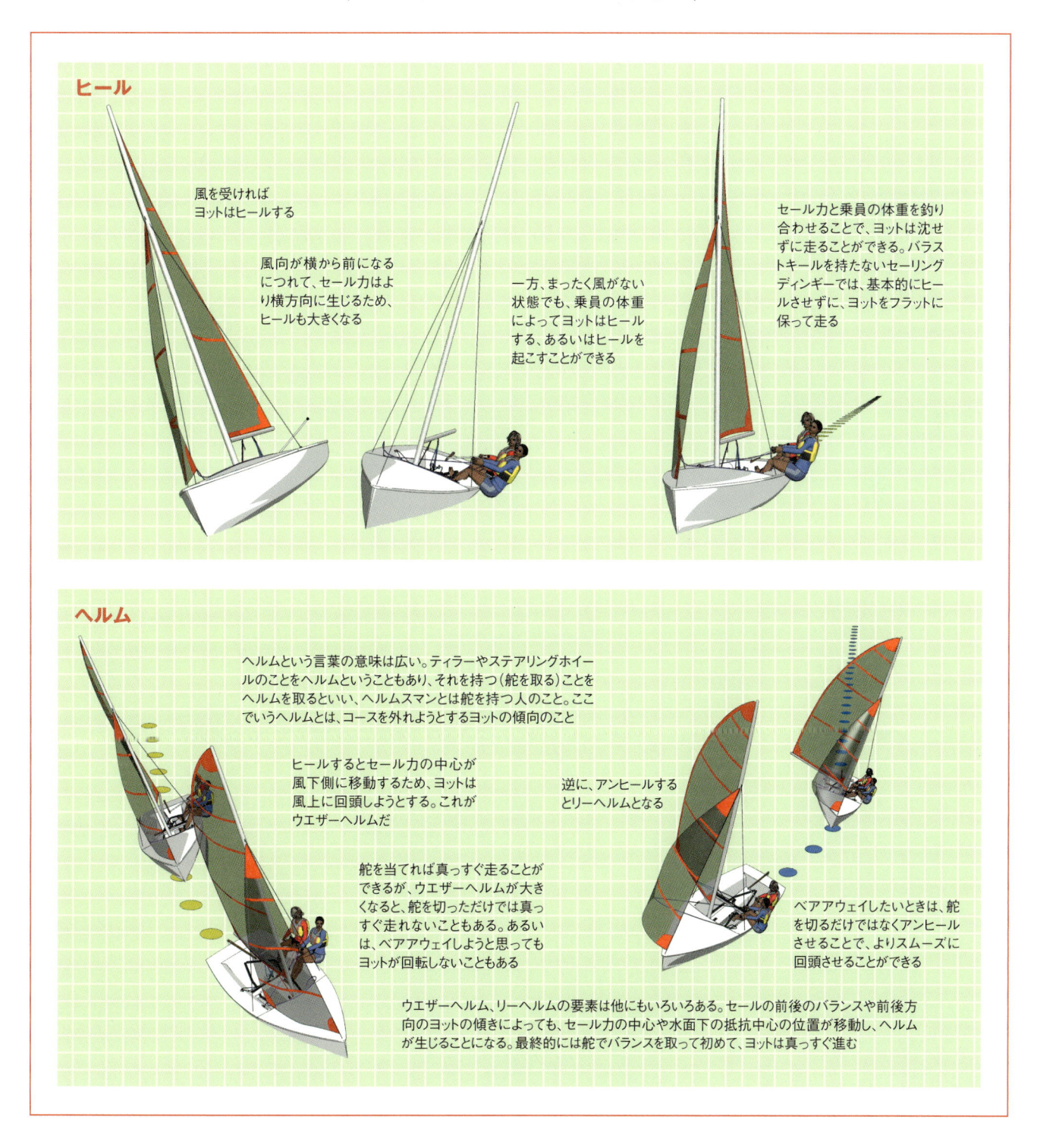

ヒール

風を受ければヨットはヒールする

風向が横から前になるにつれて、セール力はより横方向に生じるため、ヒールも大きくなる

一方、まったく風がない状態でも、乗員の体重によってヨットはヒールする、あるいはヒールを起こすことができる

セール力と乗員の体重を釣り合わせることで、ヨットは沈せずに走ることができる。バラストキールを持たないセーリングディンギーでは、基本的にヒールさせずに、ヨットをフラットに保って走る

ヘルム

ヘルムという言葉の意味は広い。ティラーやステアリングホイールのことをヘルムということもあり、それを持つ(舵を取る)ことをヘルムを取るといい、ヘルムスマンとは舵を持つ人のこと。ここでいうヘルムとは、コースを外れようとするヨットの傾向のこと

ヒールするとセール力の中心が風上側に移動するため、ヨットは風上に回頭しようとする。これがウエザーヘルムだ

逆に、アンヒールするとリーヘルムとなる

舵を当てれば真っすぐ走ることができるが、ウエザーヘルムが大きくなると、舵を切っただけでは真っすぐ走れないこともある。あるいは、ベアアウェイしようと思ってもヨットが回転しないこともある

ベアアウェイしたいときは、舵を切るだけではなくアンヒールさせることで、よりスムーズに回頭させることができる

ウエザーヘルム、リーヘルムの要素は他にもいろいろある。セールの前後のバランスや前後方向のヨットの傾きによっても、セール力の中心や水面下の抵抗中心の位置が移動し、ヘルムが生じることになる。最終的には舵でバランスを取って初めて、ヨットは真っすぐ進む

［セールトリム］

セールトリムの基本要素

まずは、セールトリムの基本要素として、セール形状の表現方法から。

コードとドラフト

下のイラストは、セールの断面を表したものだ。ほぼ平らなセールクロスに風を受けることによって、中央が膨らんだカーブができる。これがキャンバー（camber）。

このとき、ラフ側とクリュー側を結んだ仮想の線をコード（chord）といい、その長さがコード長（コード長さ、弦長）となる。

コードを基準として、キャンバーの深さをドラフト（draft、英：draught）といい、コード長に対するパーセンテージで示す。これがセールの深さ。ドラフト量ともいう。

ドラフトの最も深い部分が、ラフから何パーセントのところにあるかでドラフト位置が表される。

同じドラフト量でも、ドラフト位置が前の方にあれば、ラフはより丸みを帯び、ドラフト位置が後ろにあれば、ラフはより浅くなる。

アタックアングル

コードと船体中心線とのなす角度が、シーティングアングルだ。（右ページ上イラスト）

対して、セールと風とのなす角度をアタックアングルと呼ぶ。飛行機の世界では迎え角、迎角とも呼ばれる。

同じシーティングアングルでも、ヨットのヘディングが変われば、あるいは風向そのものが変わればアタックアングルも変わる。

エントリー

アタックアングルは、コードを基準として風との角度を呼ぶが、実際にセールに風が流入する部分（セールのラフ側）では、セールのシェイプ（ドラフト量とドラフト位置）によってその角度が変わってくる。

ラフ側の風が流入する部分をエントリーと呼び、エントリーの形状によって、同じアタックアングルでも、より浅くドラフト位置が後方にあれば実際に風が流入する角度は大きくなるし、逆に深くドラフト位置が前にあれば、角度は浅くなる（右ページ、下イラスト）。

ツイスト

シーティングアングルといえば通常はセール下部、メインセールでいえばブームと船体中心線とのなす角度になる。ところが、各部のセール断面をみると、セール上部にいくにしたがってシーティングアングルは大きくなっており、セールの上下でねじれていることになる。これがツイストだ。

ツイスト量が多いということは、リーチのテンションが少なく、リーチは開いていることになる。オープンリーチともいう。

逆にリーチのテンションを上げればツイスト量が少なくリーチは閉じた状態になり、これをタイトリーチともいう。

以上、ドラフト量とドラフト位置からなるセール形状、アタックアングルとツイスト。この三つがセールトリムの3要素となる。

メインセールのトリム

それでは実際にメインセールのトリムについて見てみよう。シートやトラベラー

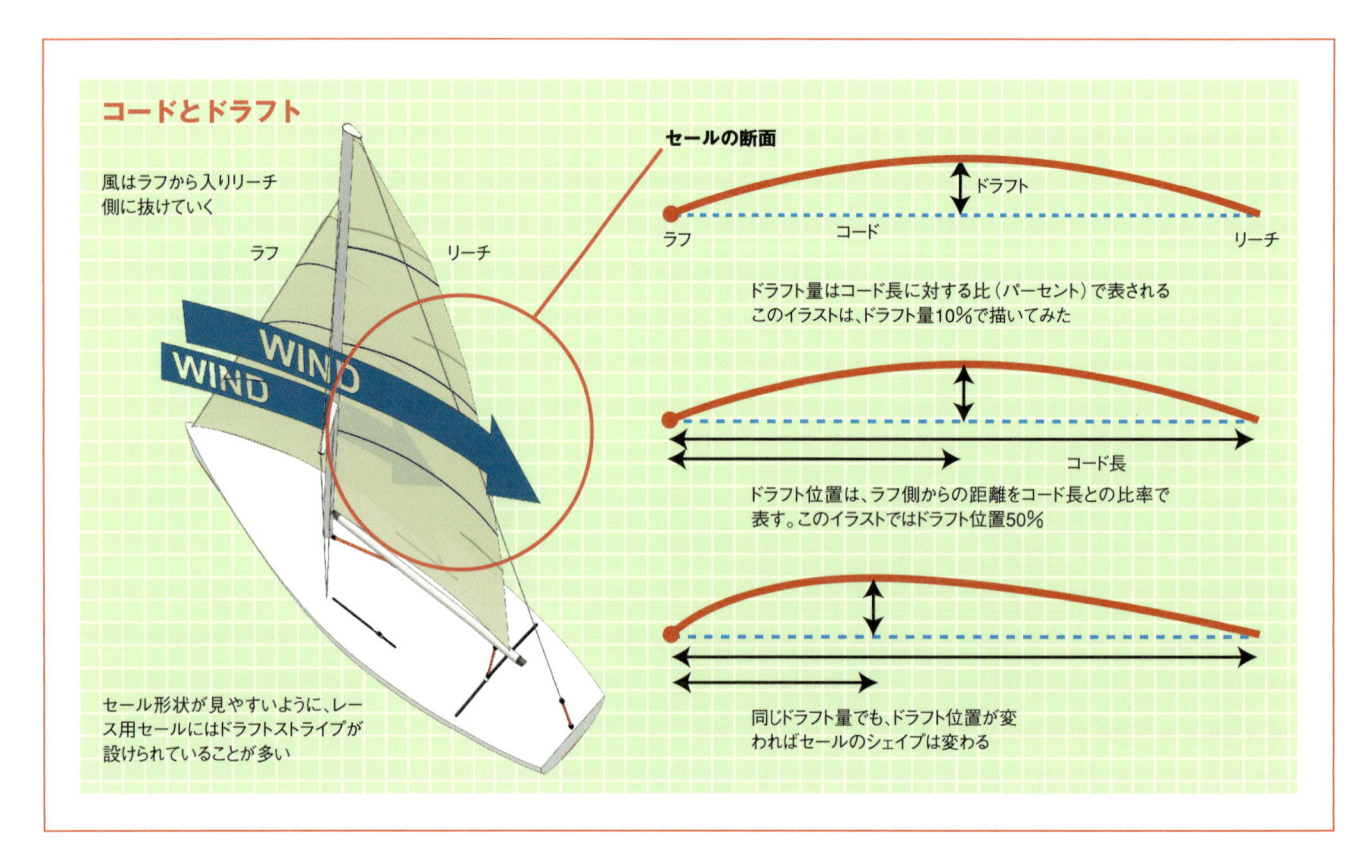

コードとドラフト

風はラフから入りリーチ側に抜けていく

ラフ／リーチ

セールの断面：ラフ — コード — リーチ、ドラフト

ドラフト量はコード長に対する比（パーセント）で表される
このイラストは、ドラフト量10％で描いてみた

コード長

ドラフト位置は、ラフ側からの距離をコード長との比率で表す。このイラストではドラフト位置50％

同じドラフト量でも、ドラフト位置が変わればセールのシェイプは変わる

セール形状が見やすいように、レース用セールにはドラフトストライプが設けられていることが多い

アタックアングル

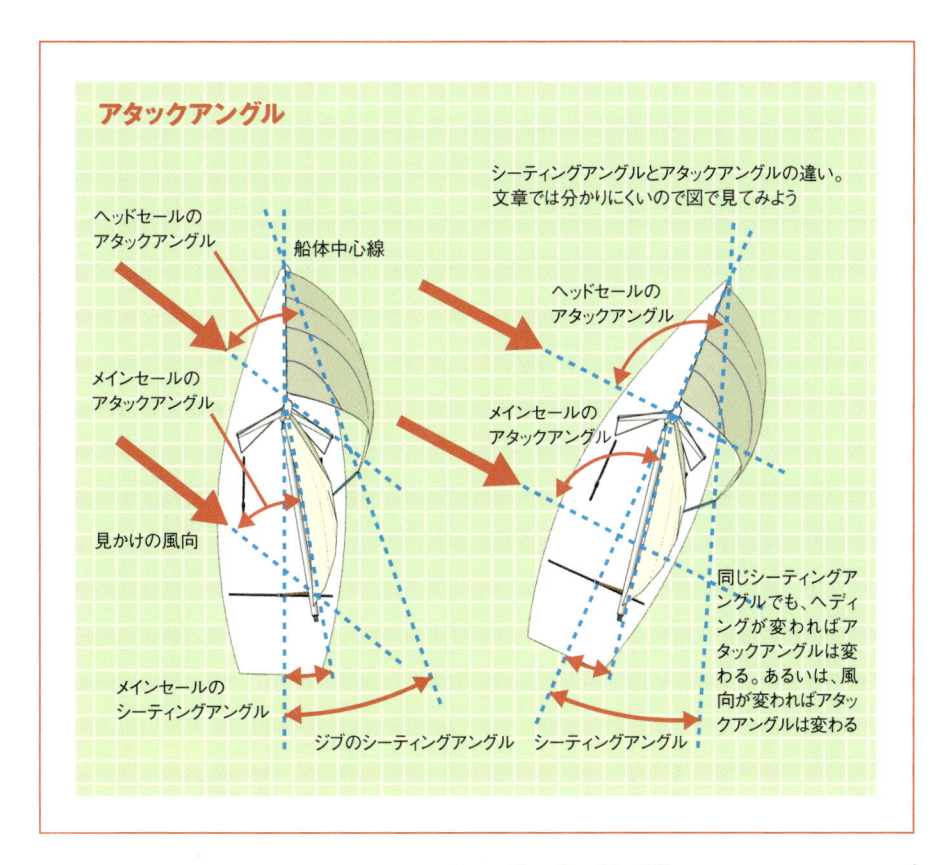

ヘッドセールのアタックアングル
船体中心線
シーティングアングルとアタックアングルの違い。文章では分かりにくいので図で見てみよう
ヘッドセールのアタックアングル
メインセールのアタックアングル
メインセールのアタックアングル
見かけの風向
同じシーティングアングルでも、ヘディングが変わればアタックアングルは変わる。あるいは、風向が変わればアタックアングルは変わる
メインセールのシーティングアングル
ジブのシーティングアングル　シーティングアングル

ツイスト

メインもジブもセールはツイストしている。ツイスト量が多い＝オープンリーチ。ツイスト量が少ない＝タイトリーチ、となる

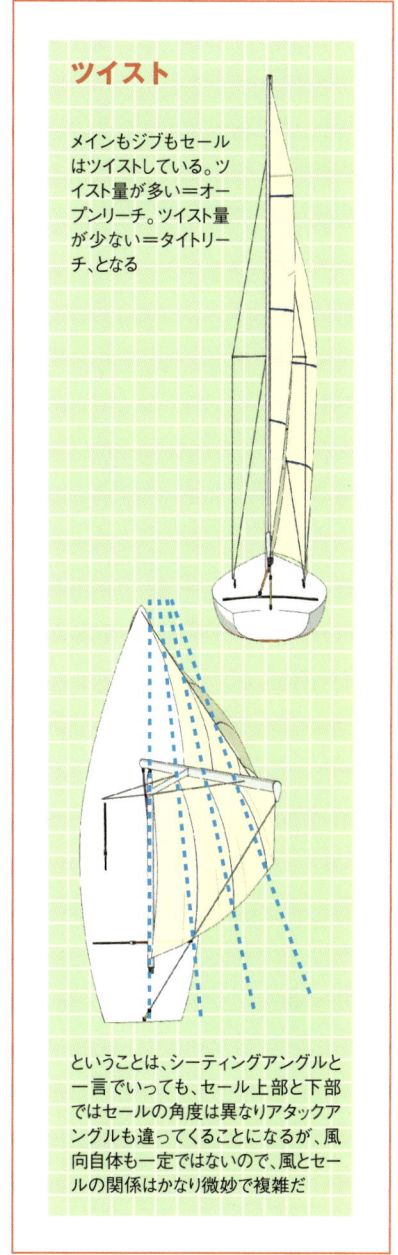

ということは、シーティングアングルと一言でいっても、セール上部と下部ではセールの角度は異なりアタックアングルも違ってくることになるが、風向自体も一定ではないので、風とセールの関係はかなり微妙で複雑だ

などのセールコントロールに用いる艤装については、第2章で詳しくみてきたが、それらを操作すると、セールのシェイプはどのように変化するのだろうか。

メインシート

まずは基本となるのがメインシートだ。メインシートを緩めるとブームは風下側に出ていき、シーティングアングルが広がる。

同時にブームは上にも跳ね上がる。ということはツイスト量が増えるということになる。（116ページイラスト）

トラベラー

メインシートトラベラーとメインシートを併用することで、シーティングアングルとツイスト量を自在にコントロールすることができる。

メインシートはそのままに、メインシートトラベラーを風下に落とせば、ツイスト量を変えずにシーティングアングルのみを変化させることができる。

逆に、同じシーティングアングルを保ったまま、ツイスト量だけを変化させることも可能だ。

ブームバング

メインシートトラベラーは、その稼働範囲内（最大でもデッキ幅）でしか機能しない。それを超えてシーティングアングルが広くなった場合は、ブームバングでツイスト量を調節する。

ブームバングはブームの根本側についているので、大きな荷重下ではコントロールしにくい。クローズホールド時のトラベラーの可動範囲内ではブームバングではなくトラベラーとメインシートで

エントリー

同じアタックアングルでも、セール形状が変われば、エントリーは変わってくる

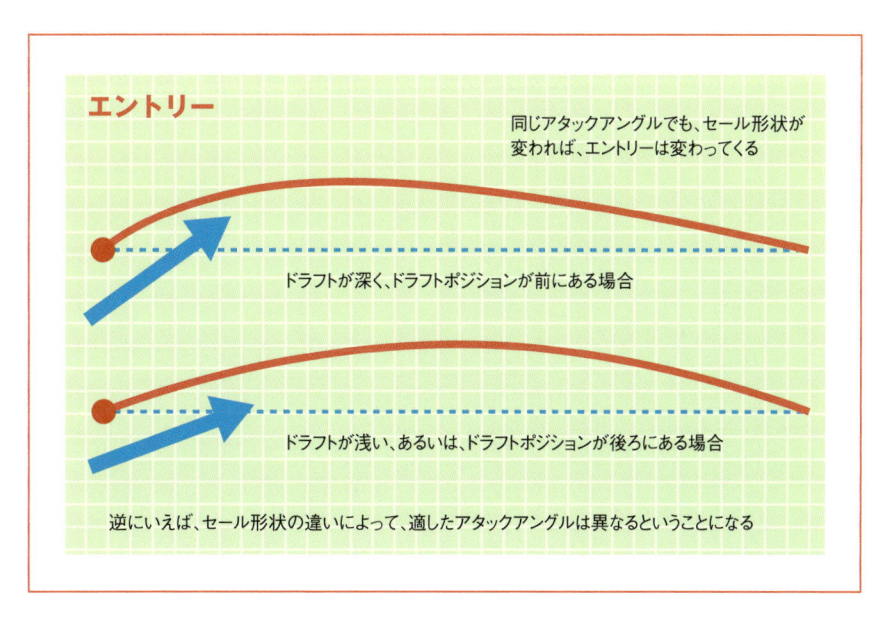

ドラフトが深く、ドラフトポジションが前にある場合

ドラフトが浅い、あるいは、ドラフトポジションが後ろにある場合

逆にいえば、セール形状の違いによって、適したアタックアングルは異なるということになる

第3章 | セーリング
[セールトリム]

ツイスト量を調節するのが基本だ。

アウトホール

クリューを後ろに引くのがクリューアウトホール。

緩めればセール下部のドラフト量は多くなり、引けばよりフラットになる。

マストのベンド

メインセールのドラフト量は、マストをベンドさせることで調節する(118ページ、イラスト)。

マストをベンドさせればメインセールは浅くなる。リグによって異なるが、イラストの例ではバックステイで。リグによってはランニングバックステイやベイビーステイで。あるいはバックステイがない艇種では、メインシートを引きこむことでメインセールから力が伝わり、マストはベンドする。

カニンガム

ドラフト位置の調節は、ラフのテンションで行う。

メインセールを上に引き揚げるメインハリヤードは、通常規程の位置いっぱいまで揚げているので、ラフのテンションはタック側を下に引き下ろすことで調節する。これがカニンガム。あるいはダウンホールとも呼ぶ。

カニンガムを引けばラフテンションが上がりドラフト位置は前に移動する。

ジブのトリム

ジブにはメインセールのようにブームはない。ここが一番の違いだが、トリムの基本はメインセールと同じだ。

ジブシート

ジブシートを緩めればクリューは外へ出て行きシーティングアングルは広がる。同時にクリューは上にも移動しリーチが開く。ここまではメインセールと同じ。

ジブの場合、同時にクリューは前にも移動する。メインセールでアウトホールを

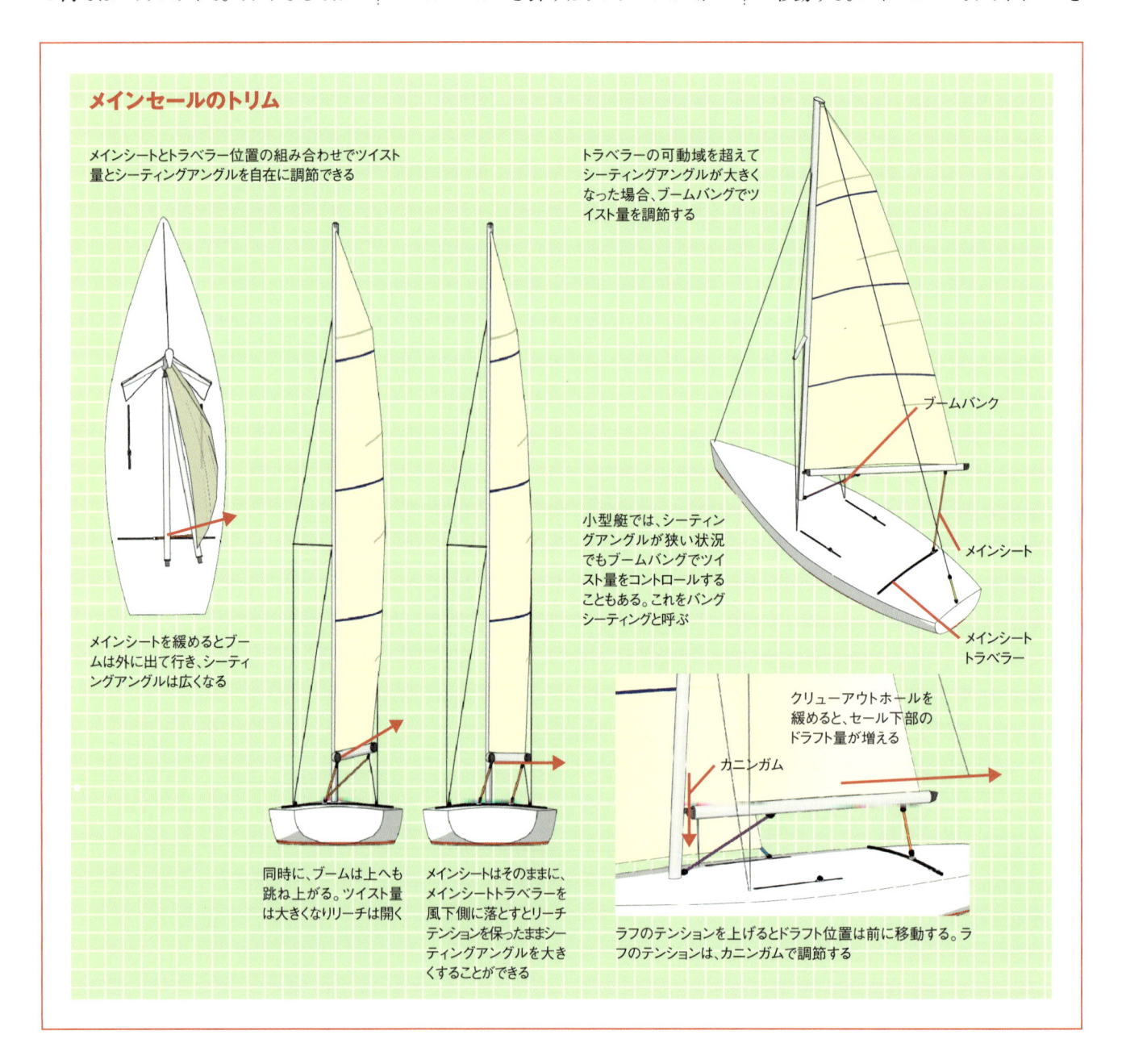

メインセールのトリム

メインシートとトラベラー位置の組み合わせでツイスト量とシーティングアングルを自在に調節できる

トラベラーの可動域を超えてシーティングアングルが大きくなった場合、ブームバングでツイスト量を調節する

メインシートを緩めるとブームは外に出て行き、シーティングアングルは広くなる

同時に、ブームは上へも跳ね上がる。ツイスト量は大きくなりリーチは開く

メインシートはそのままに、メインシートトラベラーを風下側に落とすとリーチテンションを保ったままシーティングアングルを大きくすることができる

小型艇では、シーティングアングルが狭い状況でもブームバングでツイスト量をコントロールすることもある。これをバングシーティングと呼ぶ

ブームバング
メインシート
メインシートトラベラー

クリューアウトホールを緩めると、セール下部のドラフト量が増える

カニンガム

ラフのテンションを上げるとドラフト位置は前に移動する。ラフのテンションは、カニンガムで調節する

緩めたときと同様にセール下部のドラフト量は大きくなる。ここがメインセールとの大きな違いだ。

ジブシートリーダー

メインセールでのメインシートトラベラーに相当するのがジブシートリーダーだが、ブームがないため役割がだいぶ変わってくる。

ジブシートリーダーでは、ツイスト量とセール下部の深さのバランスをとることになる。

リーダーカーを前に出せばツイスト量は少なくなり、その分フットは深くなる。

カーを後ろに下げればフットによりテンションがかかりリーチは開く。

ジブハリヤード

ジブのラフテンションはジブハリヤードのテンションで調節する。メインセール同様、ラフテンションを上げることでドラフト位置は前に移動する。

フォアステイサグ

ジブに風が入ればその力でフォアステイはたるむ。このたるみをサグ（sag）という。たるみの分だけジブのドラフトは深くなる。

通常は、バックステイのテンションを上げることでフォアステイにもテンションがかかりサギング量は減る。同時にマストのベンドも増えメインセールも浅くなる。

リグチューニング

帆走中のセール操作をセールトリムと呼ぶが、そのセールを展開するリグの調整がリグチューニング。

各ステイで安全にマストを支えるように適正なテンションをかけるということが出発点となり、次に、より有効にセールのセッティングができるよう、リグチューニングはセールトリムの基礎ともいえる。

リグチューニングは、まずはマリーナ内でセールを揚げない状態で行い、さ

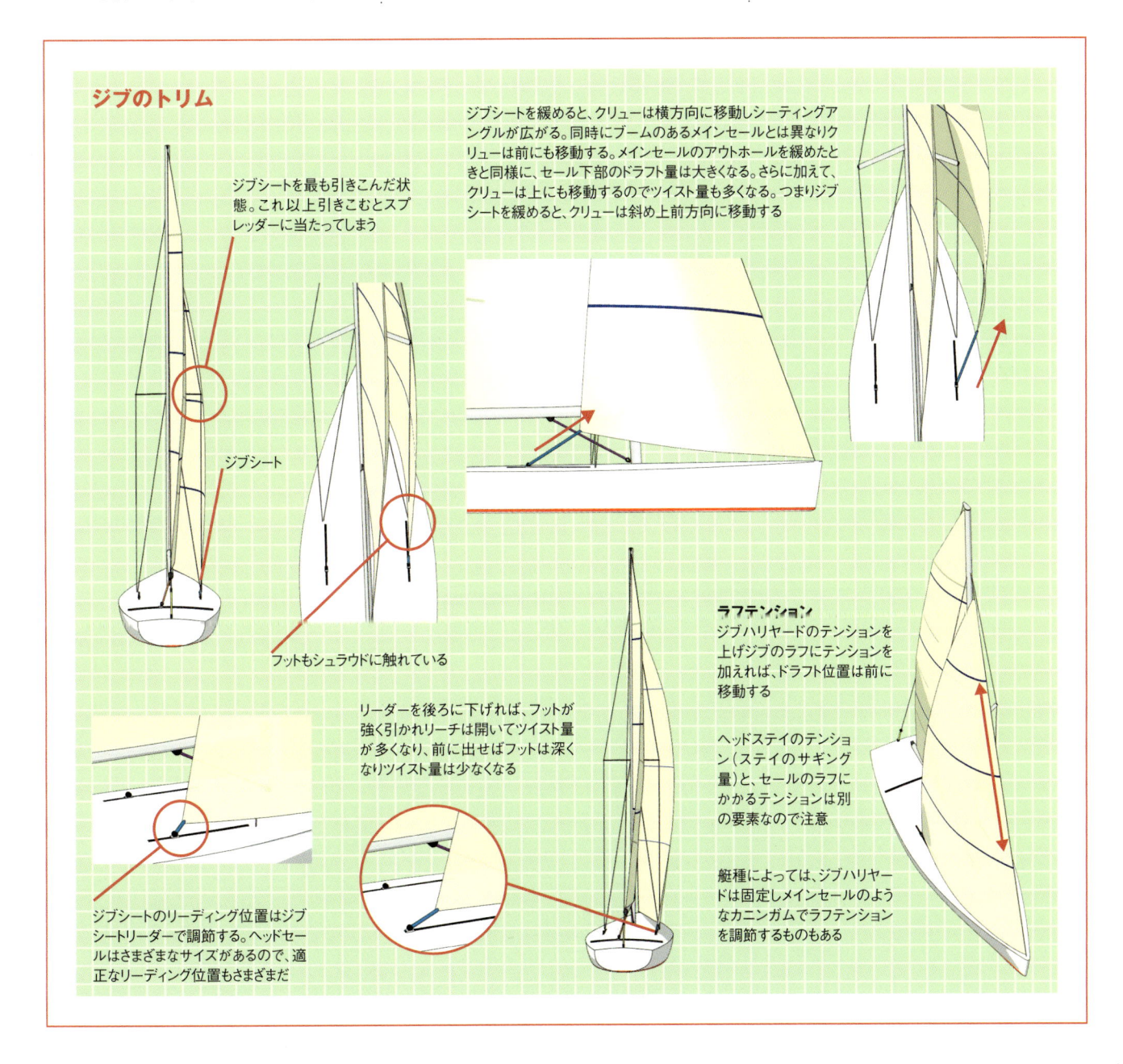

ジブのトリム

ジブシートを最も引きこんだ状態。これ以上引きこむとスプレッダーに当たってしまう

ジブシート

フットもシュラウドに触れている

ジブシートを緩めると、クリューは横方向に移動しシーティングアングルが広がる。同時にブームのあるメインセールとは異なりクリューは前にも移動する。メインセールのアウトホールを緩めたときと同様に、セール下部のドラフト量は大きくなる。さらに加えて、クリューは上にも移動するのでツイスト量も多くなる。つまりジブシートを緩めると、クリューは斜め上前方向に移動する

リーダーを後ろに下げれば、フットが強く引かれリーチは開いてツイスト量が多くなり、前に出せばフットは深くなりツイスト量は少なくなる

ジブシートのリーディング位置はジブシートリーダーで調節する。ヘッドセールはさまざまなサイズがあるので、適正なリーディング位置もさまざまだ

ラフテンション
ジブハリヤードのテンションを上げジブのラフにテンションを加えれば、ドラフト位置は前に移動する

ヘッドステイのテンション（ステイのサギング量）と、セールのラフにかかるテンションは別の要素なので注意

艇種によっては、ジブハリヤードは固定しメインセールのようなカニンガムでラフテンションを調節するものもある

第3章 | セーリング
[セールトリム]

らには実際にセールを揚げてマストの状態をチェックしながら微調整していく。

一度セッティングが決まったら、セーリング中に調整し直すことはまずないし、また、ヨットレースのルールで、レース中の調整を禁じている場合も多い。

サイドベンド

セールに風が入ればマストに力がかかり、ヨットをヒールさせようとする。このとき、マストを横方向に支えているのが左右のシュラウドだ。

マストの横方向のベンドを特にサイドベンドと呼ぶ。シュラウドの張力が足りなければマストはサイドベンドする。サイドベンドはマストの折損（ディスマスト：dismast）につながる。かといって、過度の張力はマストを下に押しつぶす力になる。各シュラウドに適度な張力を与え、サイドベンドすることなくマストが真っ直ぐに立っている状態、これがマストチューニングの基本だ。

ベンド量とサギング量のバランス

現在もっとも主流となるスウェプトバックスプレッダーを持つフラクショナルリグでは、バックステイを引くことでマストはベンドする。

バックステイの張力はヘッドステイにも伝わるので、バックステイを引くことでヘッドステイのサギング量は減る。

つまり、バックステイを引くことで、マストはベンドし、フォアステイのサギング量は減る。マストがベンドすればメインは浅くなり、フォアステイのサギング量が減ればジブは浅くなる。

ということは、バックステイを引くことで、メインもジブも浅くすることができる、ということになる。

この時、ロワーシュラウドのテンションが強ければ、マストはベンドしにくくなる。ということは、バックステイにかけた張力はよりヘッドステイに伝わり、マストはあまりベンドしないが、ヘッドステイのサギング量は減る。

逆に、ロワーシュラウドのテンションが弱ければマストのベンド量は多くなる。これは、マストが柔らかいということでもあり、その分フォアステイのテンションは抜けてしまい、サギング量は減りにくくなる。

このように、スウェプトバックスプレッダーのフラクショナルリグでは、シュラウドはサイドベンドだけではなく、前後のベンドにも影響してくる。

マストベンドとヘッドセールのサギング量でセールのドラフトを調節しているわけだから、マストチューニングによってセールトリムにも大きな影響を与えることになる。

レース艇では、その日のコンディションに合わせて、あるいはスタート前に海上で、マストチューニングを行うことも少なくない。

マストレーキ

マストの前後の傾きをレーキという。通常、マストは後方に、アフトレーキして

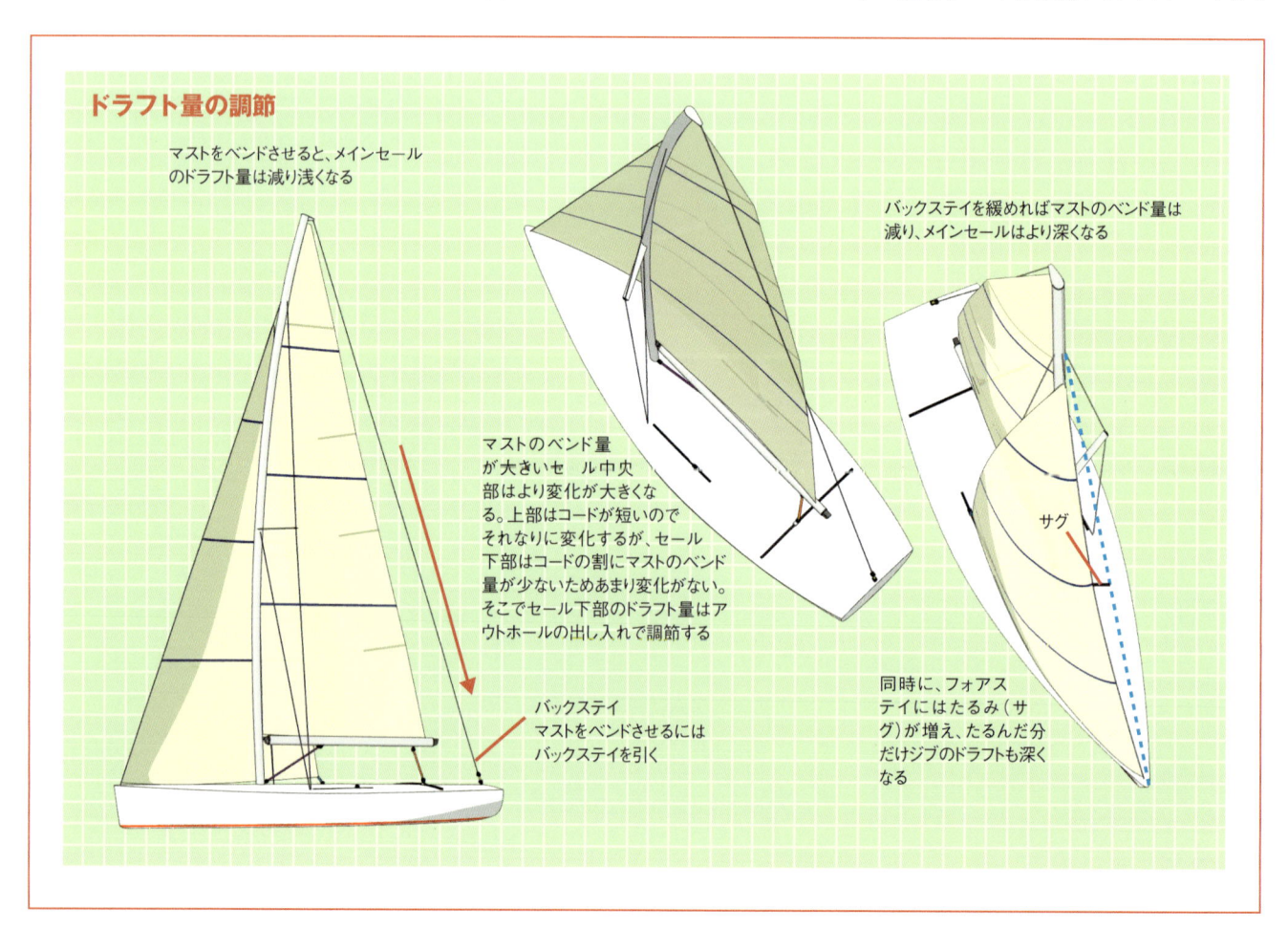

ドラフト量の調節

マストをベンドさせると、メインセールのドラフト量は減り浅くなる

マストのベンド量が大きいセール中央部はより変化が大きくなる。上部はコードが短いのでそれなりに変化するが、セール下部はコードの割にマストのベンド量が少ないためあまり変化がない。そこでセール下部のドラフト量はアウトホールの出し入れで調節する

バックステイ
マストをベンドさせるにはバックステイを引く

バックステイを緩めればマストのベンド量は減り、メインセールはより深くなる

サグ

同時に、フォアステイにはたるみ（サグ）が増え、たるんだ分だけジブのドラフトも深くなる

いる。

マストのレーキ量はフォアステイの長さを変えることによって設定できる。レーキ量を増やしマストをより後方に傾ければセール力の作用中心も後に移動する。より後ろから押されることになるわけだから、ウエザーヘルムが強くなる。

マストレーキの調整は帆走中には行わない。マリーナ内で、セールを降ろした状態で行う。

風の力をいかに効率よく、前進力、あるいは風上へ向かう力として使うか。正しいマストチューニングとセールトリムでヨットを走らせることは、安全にもつながる。

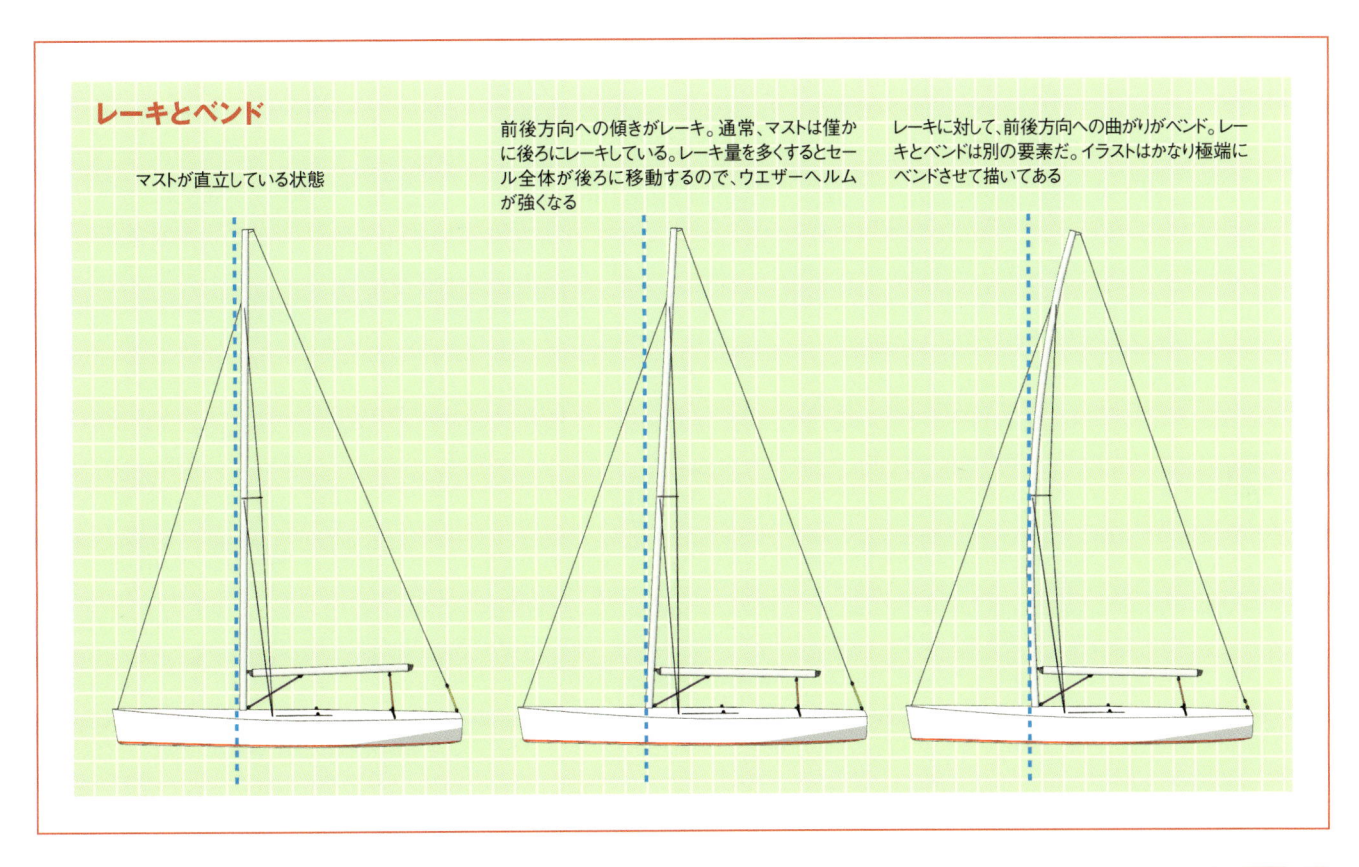

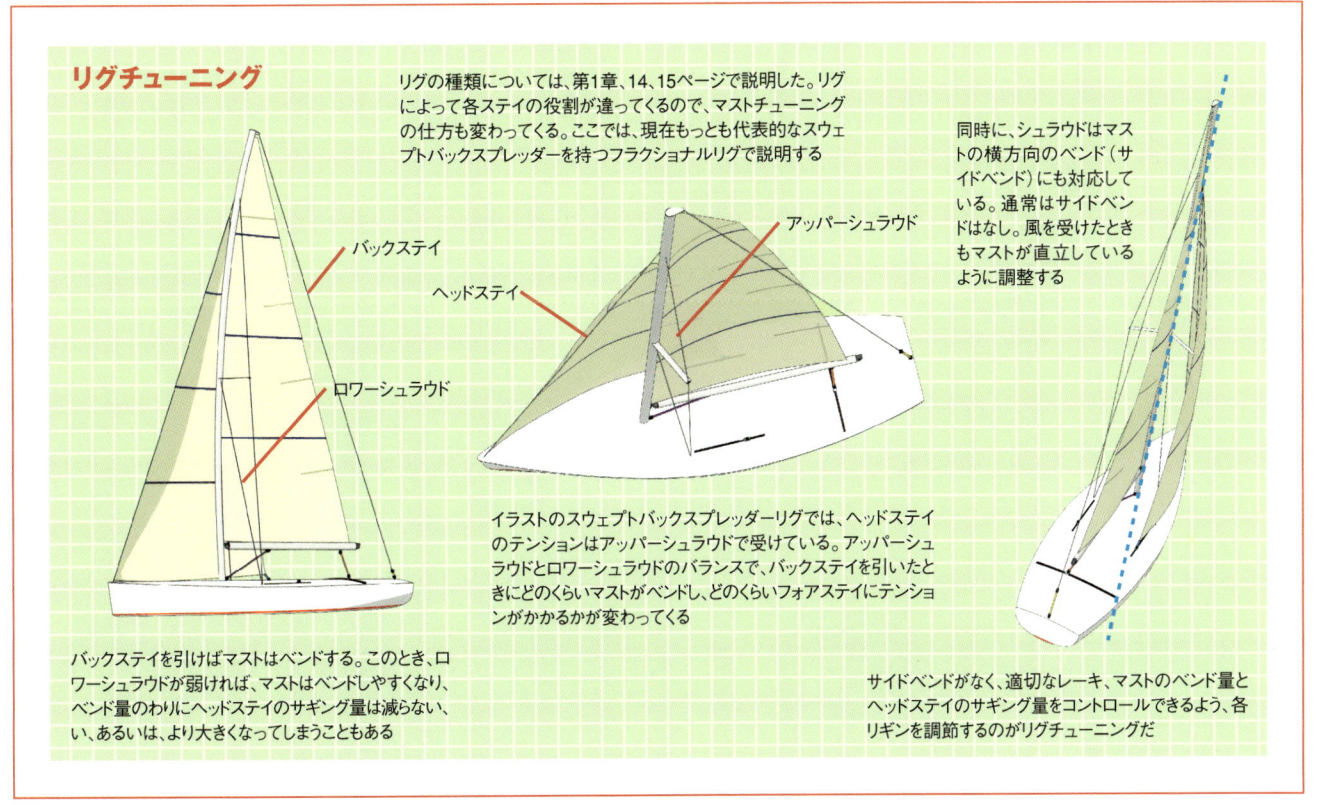

レーキとベンド

マストが直立している状態

前後方向への傾きがレーキ。通常、マストは僅かに後ろにレーキしている。レーキ量を多くするとセール全体が後ろに移動するので、ウエザーヘルムが強くなる

レーキに対して、前後方向への曲がりがベンド。レーキとベンドは別の要素だ。イラストはかなり極端にベンドさせて描いてある

リグチューニング

リグの種類については、第1章、14、15ページで説明した。リグによって各ステイの役割が違ってくるので、マストチューニングの仕方も変わってくる。ここでは、現在もっとも代表的なスウェプトバックスプレッダーを持つフラクショナルリグで説明する

バックステイ
ヘッドステイ
アッパーシュラウド
ロワーシュラウド

イラストのスウェプトバックスプレッダーリグでは、ヘッドステイのテンションはアッパーシュラウドで受けている。アッパーシュラウドとロワーシュラウドのバランスで、バックステイを引いたときにどのくらいマストがベンドし、どのくらいフォアステイにテンションがかかるかが変わってくる

同時に、シュラウドはマストの横方向のベンド（サイドベンド）にも対応している。通常はサイドベンドはなし。風を受けたときもマストが直立しているように調整する

バックステイを引けばマストはベンドする。このとき、ロワーシュラウドが弱ければ、マストはベンドしやすくなり、ベンド量のわりにヘッドステイのサギング量は減らない、い、あるいは、より大きくなってしまうこともある

サイドベンドがなく、適切なレーキ、マストのベンド量とヘッドステイのサギング量をコントロールできるよう、各リギンを調節するのがリグチューニングだ

119

第3章｜セーリング

［アップウインドとダウンウインド］

アップウインド

走るヨットと風向の関係をポイントオブセーリングと呼ぶことは、第1章、34ページで紹介した。そこでは、アップウインドとフリーの違いについて簡単に解説した。

アップウインドとは、真上に向かって走ること。それ以外はフリー。自由に走ることができるからフリー。ということは、アップウインドはフリーではない。何か条件があるということになる。

クローズホールド

風を受けてヨットは走る。ここで、シートを引きこみラフしていく。ここまではこれまでみてきた通り。

ジブシートもメインシートも完全に引きこんだ状態で、それ以上ラフできないコースをクローズホールドという。

後は、風に合わせて舵でヘディングを調整し、クローズホールドの状態を維持して走り続けることになる。

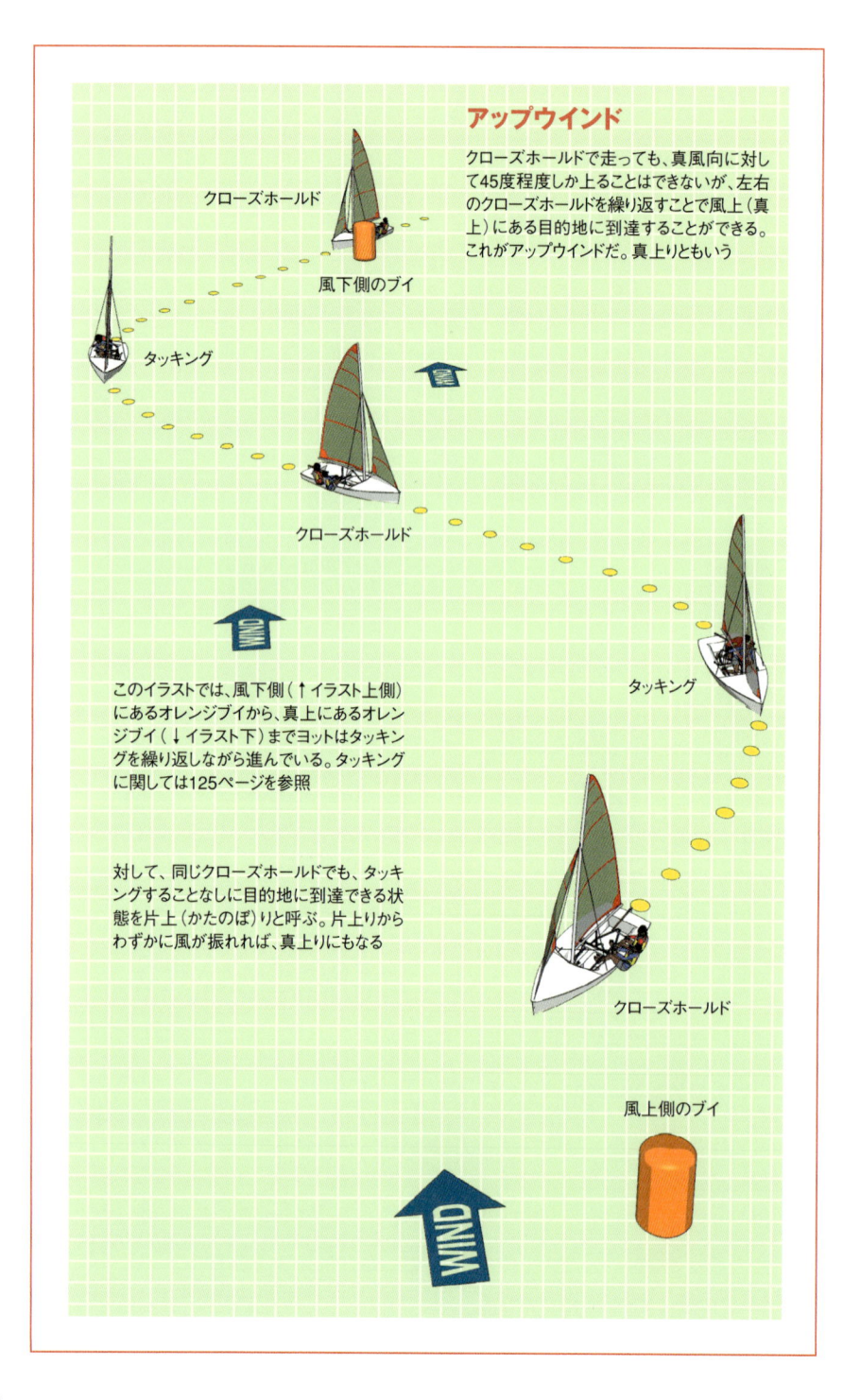

アップウインド

クローズホールドで走っても、真風向に対して45度程度しか上ることはできないが、左右のクローズホールドを繰り返すことで風上（真上）にある目的地に到達することができる。これがアップウインドだ。真上りともいう

このイラストでは、風下側（↑イラスト上側）にあるオレンジブイから、真上にあるオレンジブイ（↓イラスト下）までヨットはタッキングを繰り返しながら進んでいる。タッキングに関しては125ページを参照

対して、同じクローズホールドでも、タッキングすることなしに目的地に到達できる状態を片上（かたのぼ）りと呼ぶ。片上りからわずかに風が振れれば、真上りにもなる

テルテール

このとき、目安になるのがテルテール（telltale）だ。ジブのラフに貼り付けた細いリボンが風になびく様を目で見て、風の流れを判断する。

風上側のテルテールが乱れたら上りすぎ。実際にセールに裏風が入る前にテルテールが教えてくれる。

あるいは、風下側のテルテールが乱れたら落としすぎ。これはセールの形状からは判断できないので、テルテールは重要なサインになる。

テルテールを目安に、舵でコースをコントロールし、風上を目指す。

VMG

アップウインドでは、クローズホールドとタッキングを繰り返して風上にある目的地に向かう。目的地はヨットの進行方向にはない。

上れば上るほど、目的地へは近づくが、艇速は落ちる。

落とせばスピードは付くが、風上にある目的地までの距離は縮まらない。

高さかスピードか。アップウインドではそのバランスが重要になる。

アップウインドの際の風上への速度成分をVMG（Velocity Made Good）といい、VMGが最大になる高さとスピードで走れば、より早く目的地に到達することができることになる。

グルーブ

高さかスピードか。クローズホールドにおける最適な上り角度は微妙だ。

テルテールのなびく様を見ながら走るわけだが、このときのステアリングの許容範囲をグルーブという（右図）。

セールのトリムによって、グルーブの広さは変わってくる。

グルーブが広いほど、ステアリングしやすいわけだが、高さは稼げない。グルーブを広く取ってスピードを失わずに走るか。狭いグルーブのトリムでより高さを求めるかという選択となる。

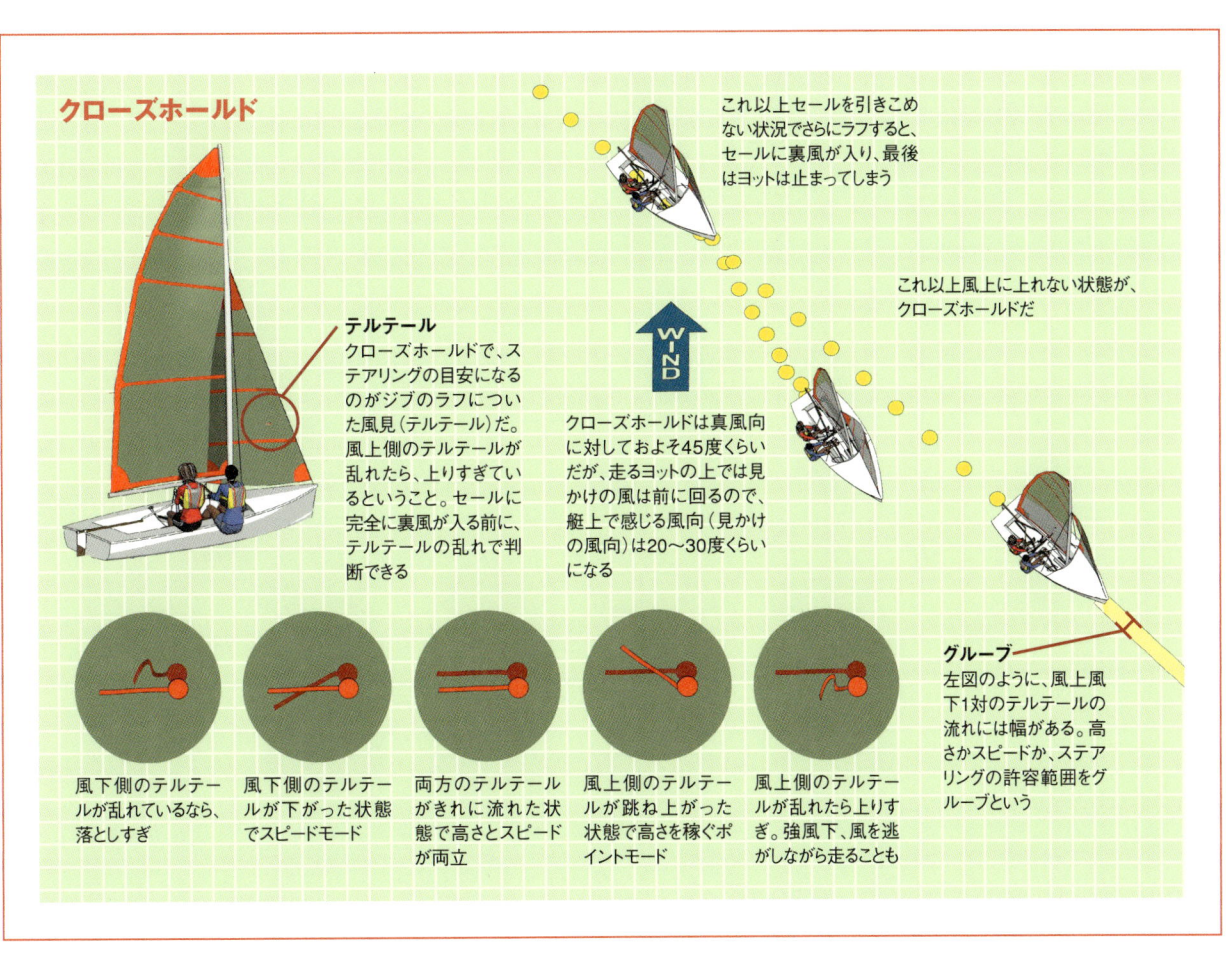

クローズホールド

テルテール
クローズホールドで、ステアリングの目安になるのがジブのラフについた風見(テルテール)だ。風上側のテルテールが乱れたら、上りすぎているということ。セールに完全に裏風が入る前に、テルテールの乱れで判断できる

これ以上セールを引きこめない状況でさらにラフすると、セールに裏風が入り、最後はヨットは止まってしまう

これ以上風上に上れない状態が、クローズホールドだ

クローズホールドは真風向に対しておよそ45度くらいだが、走るヨットの上では見かけの風は前に回るので、艇上で感じる風向(見かけの風向)は20〜30度くらいになる

グルーブ
左図のように、風上風下1対のテルテールの流れには幅がある。高さかスピードか、ステアリングの許容範囲をグルーブという

- 風下側のテルテールが乱れているなら、落としすぎ
- 風下側のテルテールが下がった状態でスピードモード
- 両方のテルテールがきれいに流れた状態で高さとスピードが両立
- 風上側のテルテールが跳ね上がった状態で高さを稼ぐポイントモード
- 風上側のテルテールが乱れたら上りすぎ。強風下、風を逃がしながら走ることも

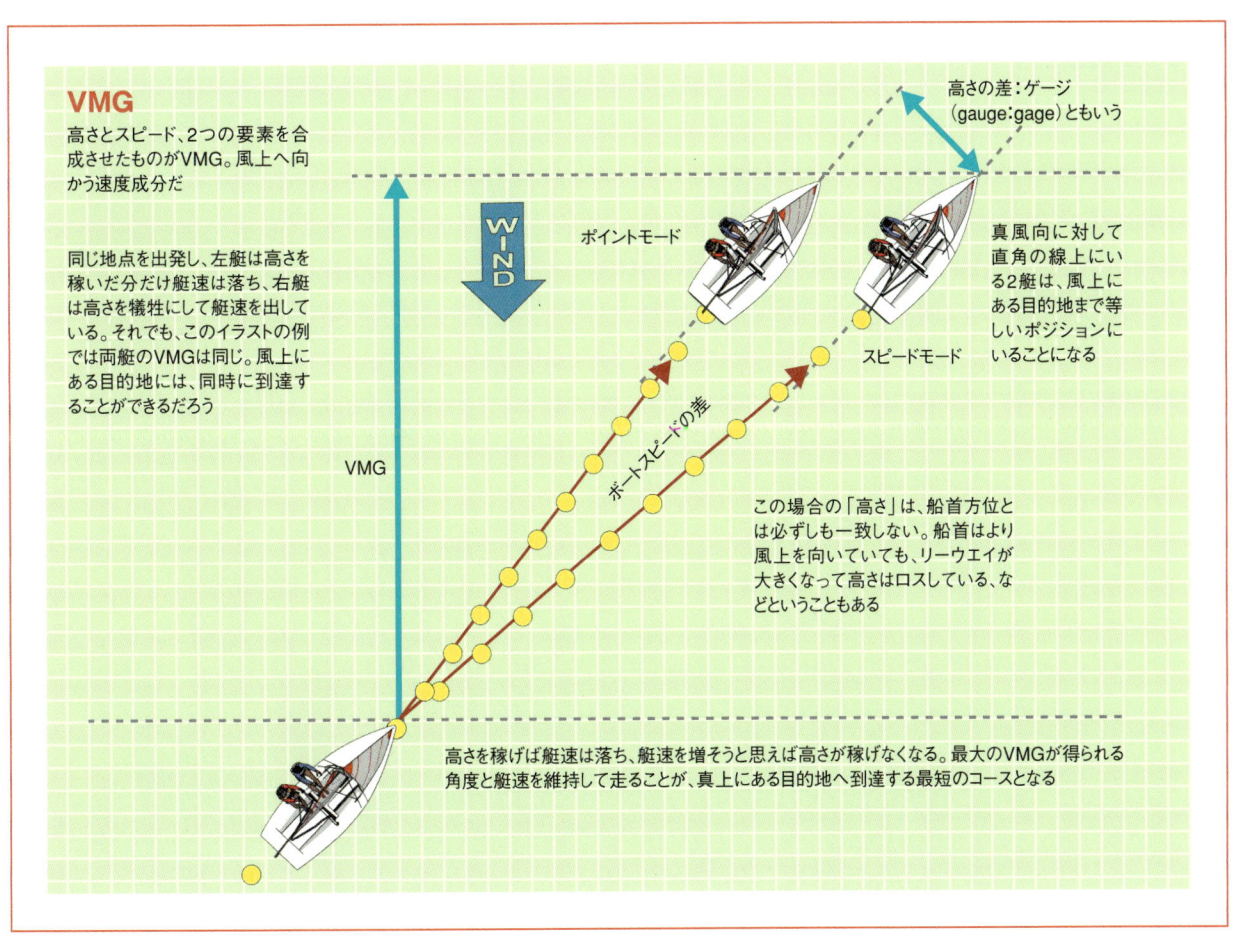

VMG

高さとスピード、2つの要素を合成させたものがVMG。風上へ向かう速度成分だ

同じ地点を出発し、左艇は高さを稼いだ分だけ艇速は落ち、右艇は高さを犠牲にして艇速を出している。それでも、このイラストの例では両艇のVMGは同じ。風上にある目的地には、同時に到達することができるだろう

高さの差:ゲージ(gauge:gage)ともいう

ポイントモード

スピードモード

真風向に対して直角の線上にいる2艇は、風上にある目的地まで等しいポジションにいることになる

VMG

ボートスピードの差

この場合の「高さ」は、船首方位とは必ずしも一致しない。船首はより風上を向いていても、リーウエイが大きくなって高さはロスしている、などということもある

高さを稼げば艇速は落ち、艇速を増そうと思えば高さが稼げなくなる。最大のVMGが得られる角度と艇速を維持して走ることが、真上にある目的地へ到達する最短のコースとなる

第3章 | セーリング
[アップウインドとダウンウインド]

ウエザーヘルムでキール力アップ

ヨットが風上に向かって走るためには、揚力が重要な要素となる。これはここまで何度も出てきた。

アタックアングルが大きいほど、揚力は大きくなるが同時に抗力も増す。

揚力と抗力の比を揚抗比といい、クローズホールドでは抗力は前進力にはならないので、なるべく小さな抗力で大きな揚力を得るべく、セールトリムをすることが重要だ。

同時に、クローズホールドでは、水面下で生じるキール力もセール力に負けないくらい重要な要素になる。

ヨットがわずかでもリーウエイを持つことでフィンキールから揚力が発生し、その揚力によってリーウエイが減る。リーウエイが減るということは、アタックアングルが小さくなってしまうということでもある。

ここでわずかに舵を切った状態で走ることで、ラダーブレードのアタックアングルは増し、ラダーから発生する揚力はより大きくなる。

ラダーを切った状態で直進する状態をヘルムといった。適度なウエザーヘルムが出る状態で走れば、キール力はより大きくなる。

ただし、ウエザーヘルムが強すぎると舵を大きく切らなければならず、これでは揚力が増えると同時に抗力も増してしまう。

クローズホールドでの適切なラダーアングルは2〜5度といわれている。

ラダーを2〜5度程度切った状態で、真っ直ぐ走る程度のウエザーヘルムになるよう調整しよう。

アップウインドのセールトリム

それでは、具体的にクローズホールドでのセールトリムについてみていこう。

基本形とその応用

クローズホールドでの基本となるセッティングを右図に示してみた。

要素は、114ページで説明した、
・ドラフト量
・ドラフト位置
・ツイスト量
の3つ。

中風域(風速10kt前後)での基本形を元に、軽風下ではスピード重視でよりパワーを求め、強風になればより高さを、強風でも波があれば波を乗り越えるためにパワーを求めて、波が無ければ高さを、とバリエーションを加えていく。

また、艇種によって、重いヨットはよりパワーを、スポーティーなヨットはスピードを高さに変えて。

あるいは、タッキング直後など艇速が落ちたときは、まずスピードを付けるためにパワーを。

……と、トリムも変化させていく。

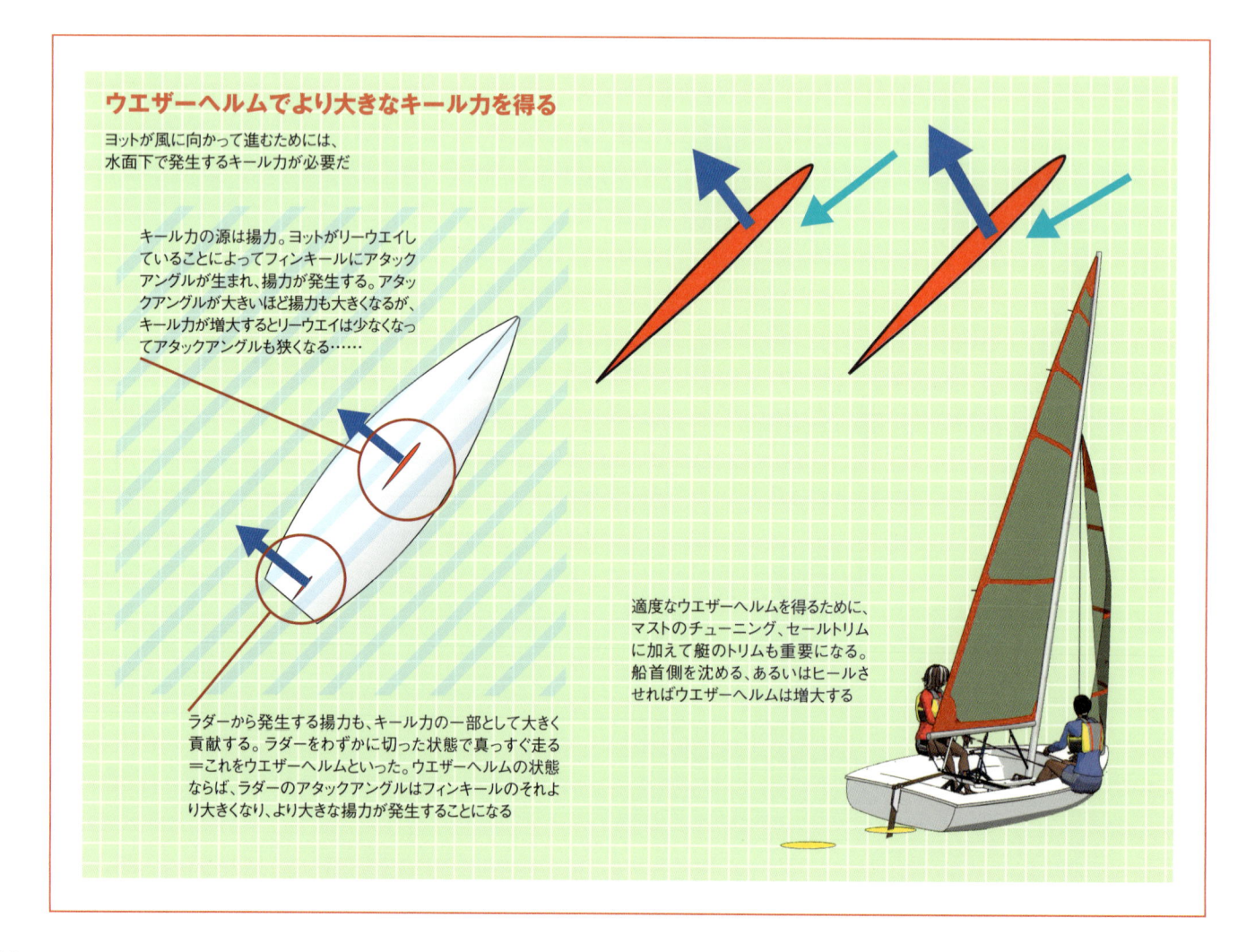

ウエザーヘルムでより大きなキール力を得る

ヨットが風に向かって進むためには、水面下で発生するキール力が必要だ

キール力の源は揚力。ヨットがリーウエイしていることによってフィンキールにアタックアングルが生まれ、揚力が発生する。アタックアングルが大きいほど揚力も大きくなるが、キール力が増大するとリーウエイは少なくなってアタックアングルも狭くなる……

ラダーから発生する揚力も、キール力の一部として大きく貢献する。ラダーをわずかに切った状態で真っすぐ走る=これをウエザーヘルムといった。ウエザーヘルムの状態ならば、ラダーのアタックアングルはフィンキールのそれより大きくなり、より大きな揚力が発生することになる

適度なウエザーヘルムを得るために、マストのチューニング、セールトリムに加えて艇のトリムも重要になる。船首側を沈める、あるいはヒールさせればウエザーヘルムは増大する

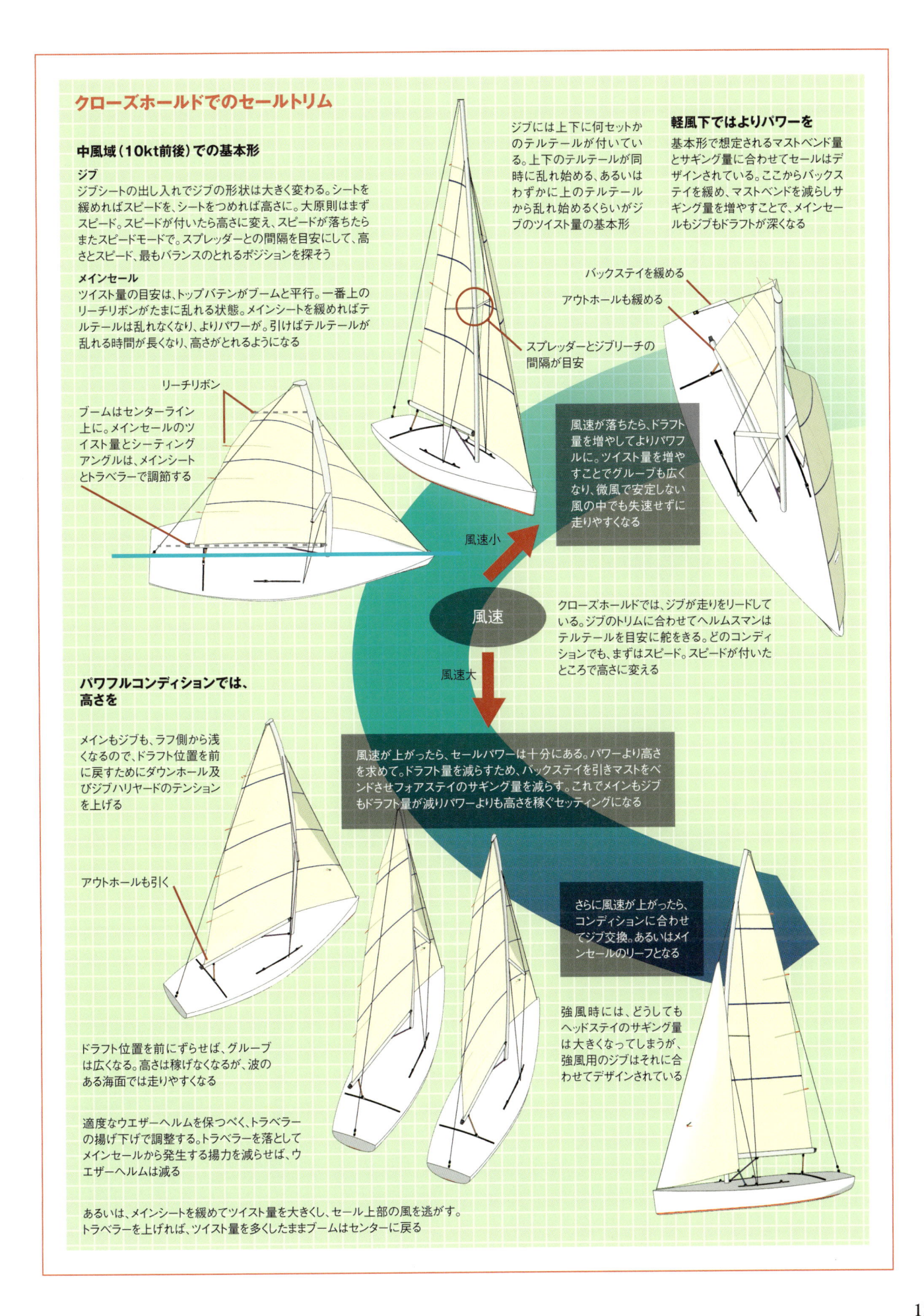

クローズホールドでのセールトリム

中風域（10kt前後）での基本形

ジブ
ジブシートの出し入れでジブの形状は大きく変わる。シートを緩めればスピードを、シートをつめれば高さに。大原則はまずスピード。スピードが付いたら高さに変え、スピードが落ちたらまたスピードモードで。スプレッダーとの間隔を目安にして、高さとスピード、最もバランスのとれるポジションを探そう

メインセール
ツイスト量の目安は、トップバテンがブームと平行。一番上のリーチリボンがたまに乱れる状態。メインシートを緩めればテルテールは乱れなくなり、よりパワーが。引けばテルテールが乱れる時間が長くなり、高さがとれるようになる

リーチリボン

ブームはセンターライン上に。メインセールのツイスト量とシーティングアングルは、メインシートとトラベラーで調節する

ジブには上下に何セットかのテルテールが付いている。上下のテルテールが同時に乱れ始める、あるいはわずかに上のテルテールから乱れ始めるくらいがジブのツイスト量の基本形

スプレッダーとジブリーチの間隔が目安

軽風下ではよりパワーを

基本形で想定されるマストベンド量とサギング量に合わせてセールはデザインされている。ここからバックステイを緩め、マストベンドを減らしサギング量を増やすことで、メインセールもジブもドラフトが深くなる

バックステイを緩める
アウトホールも緩める

風速が落ちたら、ドラフト量を増やしてよりパワフルに。ツイスト量を増やすことでグルーブも広くなり、微風で安定しない風の中でも失速せずに走りやすくなる

風速小

風速

クローズホールドでは、ジブが走りをリードしている。ジブのトリムに合わせてヘルムスマンはテルテールを目安に舵をきる。どのコンディションでも、まずはスピード。スピードが付いたところで高さに変える

風速大

風速が上がったら、セールパワーは十分にある。パワーより高さを求めて。ドラフト量を減らすため、バックステイを引きマストをベンドさせフォアステイのサギング量を減らす。これでメインもジブもドラフト量が減りパワーよりも高さを稼ぐセッティングになる

パワフルコンディションでは、高さを

メインもジブも、ラフ側から浅くなるので、ドラフト位置を前に戻すためにダウンホール及びジブハリヤードのテンションを上げる

アウトホールも引く

さらに風速が上がったら、コンディションに合わせてジブ交換。あるいはメインセールのリーフとなる

強風時には、どうしてもヘッドステイのサギング量は大きくなってしまうが、強風用のジブはそれに合わせてデザインされている

ドラフト位置を前にずらせば、グルーブは広くなる。高さは稼げなくなるが、波のある海面では走りやすくなる

適度なウエザーヘルムを保つべく、トラベラーの揚げ下げで調整する。トラベラーを落としてメインセールから発生する揚力を減らせば、ウエザーヘルムは減る

あるいは、メインシートを緩めてツイスト量を大きくし、セール上部の風を逃がす。トラベラーを上げれば、ツイスト量を多くしたままブームはセンターに戻る

第3章 | セーリング
[アップウインドとダウンウインド]

ウインドグラディエントとツイスト

　山の上やビルの屋上では風が強い。これは回りに抵抗になるようなものが少ないから。地上付近はビルや立ち木などが抵抗となって風速は落ちる。

　同じ理屈で、海面の近くでは海面の抵抗によって上空よりも風速が落ちる。デッキ付近とセール上部では風速が異なることになる。これをウインドグラディエント(wind gradient)と呼ぶ。

　走るヨットの上では、見かけの風を感じている。これは、実際に吹いている風(真の風)と自艇が走ることで生じる風が合成した風だ。

　自艇が走ることで起きる風は海面付近もマストトップ付近でも同じ。しかし、真風速は高度によって異なる。となると、セール上部にいくに従って、見かけの風向は横に回ることになる(下図)。

　セールにツイストを設けることで、セール上部から下部までのアタックアングルを見かけの風向に合わせることができる。

　あるいは、微風下で風向が定まらないようなとき、あるいは波が悪く、ヘディングを一定に保つことが難しいときなどは、さらにツイスト量を増やすことで、セールのどこかで風を捉え続けることができ、艇速を落とさず走り続けることができるようになる。

アップウオッシュ

　風はセールに当たって初めて向きを変える訳ではない。揚力が発生しているセール(翼)では、循環によってセールにあたる前にその向きを変えている。これをアップウオッシュという。飛行機の翼でみるならば、上向きに流れが変わるところだ。

　ヨットの場合、流れは進行方向から横に回る。ということは、メインセールのアップウオッシュによって、ジブに流入する風はより横に回ることなる。

　ジブのシーティングアングルは、艇種によるが、通常は10度くらい。シュラウドに当たってしまうので、これ以上セールを引きこむことはできない。対して、メインはクローズホールドではセンターラインまで引きこみシーティングアングルは0度になっている。

　これでも、ジブにはメインのアップウオッ

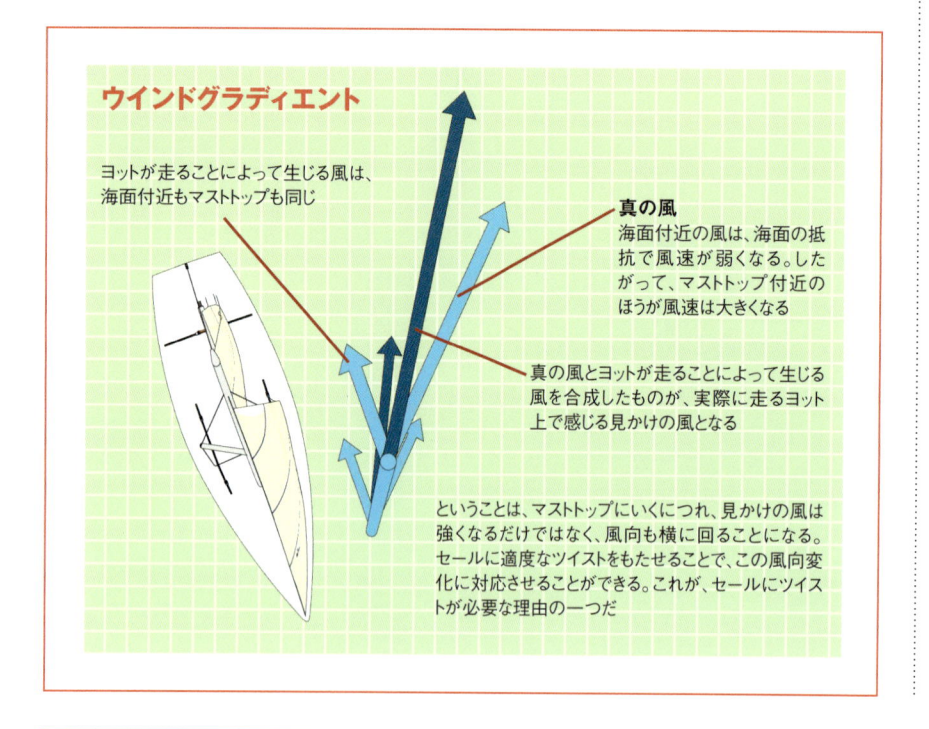

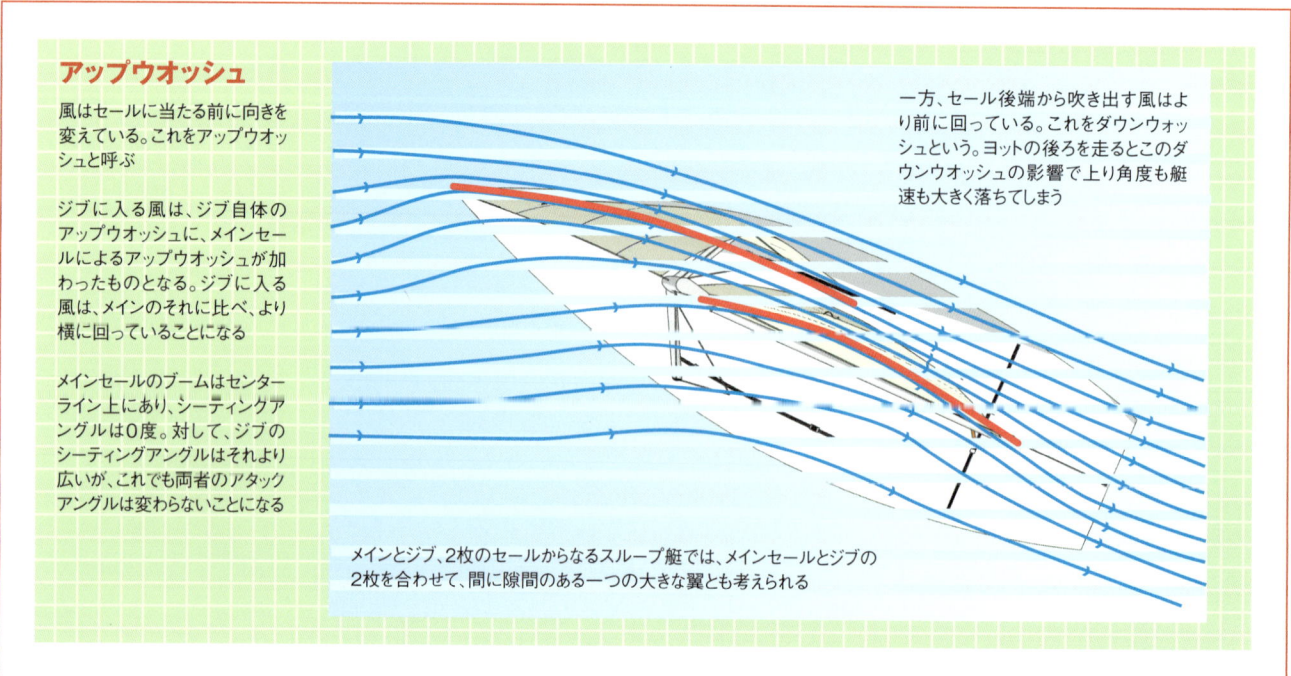

ウインドグラディエント

ヨットが走ることによって生じる風は、海面付近もマストトップも同じ

真の風
海面付近の風は、海面の抵抗で風速が弱くなる。したがって、マストトップ付近のほうが風速は大きくなる

真の風とヨットが走ることによって生じる風を合成したものが、実際に走るヨット上で感じる見かけの風となる

ということは、マストトップにいくにつれ、見かけの風は強くなるだけではなく、風向も横に回ることになる。セールに適度なツイストをもたせることで、この風向変化に対応させることができる。これが、セールにツイストが必要な理由の一つだ

アップウオッシュ

風はセールに当たる前に向きを変えている。これをアップウオッシュと呼ぶ

ジブに入る風は、ジブ自体のアップウオッシュに、メインセールによるアップウオッシュが加わったものとなる。ジブに入る風は、メインのそれに比べ、より横に回っていることになる

メインセールのブームはセンターライン上にあり、シーティングアングルは0度。対して、ジブのシーティングアングルはそれより広いが、これでも両者のアタックアングルは変わらないことになる

一方、セール後端から吹き出す風はより前に回っている。これをダウンウォッシュという。ヨットの後ろを走るとこのダウンウォッシュの影響で上り角度も艇速も大きく落ちてしまう

メインとジブ、2枚のセールからなるスループ艇では、メインセールとジブの2枚を合わせて、間に隙間のある一つの大きな翼とも考えられる

シュによってより横に回った風が流入するので、ちょうどいいことになる。

タッキング

クローズホールドからラフし、そのまま風位を越えて反対タックのクローズホールドで走り続ける動作をタッキングという（下図）。

クローズホールドで走っているだけでは目的地に到達できないので、アップウインドでは必ずこのタッキングが必要になる。クローズホールドとタッキングを繰り返すことで真上にある目的地に到達することができる。

タッキングを略してタックと呼ぶことも多いが、セールの前端もタックだ。あるいは、右舷が風上になっていればスターボードタック、左舷が風上ならポートタックと呼び、タックを変える動作をタッキングという。

タッキングではスターボードタックからポートタックに、あるいはポートタックからスターボードタックにタックが変わる。

この間、なるべく艇速が落ちないように、高さのロスも最低限に抑えるよう、艇種やコンディションによってテクニックも異なる。

中〜軽風下では、ヒールさせて生じるウエザーヘルムで回頭を助け、風位を越えたところで一旦大きくヨットをヒールさせてセールを返し、このときフィンキールで漕ぐようにして回頭を助ける。

走り出したら一気にヒールを起こすことで、フィンキールが再び海水を掻き、セールに流れる風も加速する。これがタッキング時にヨットを大きくロールさせるロールタックだ。

一方、強風下では素早く体重移動しないとタッキング後にオーバーヒールし沈してしまうことになる。また、波のある海面では、タッキングに適したスムーズな海面を探してタッキング動作に入る必要もある。

イラストは2人乗りのセーリングディンギーの例だが、大型艇ではジブシートのリリースとテーリングを別のクルーが分担する場合もある。

タッキングのバリエーションはさまざまだ。アップウインドでの重要な動作になるので、手際よく行おう。

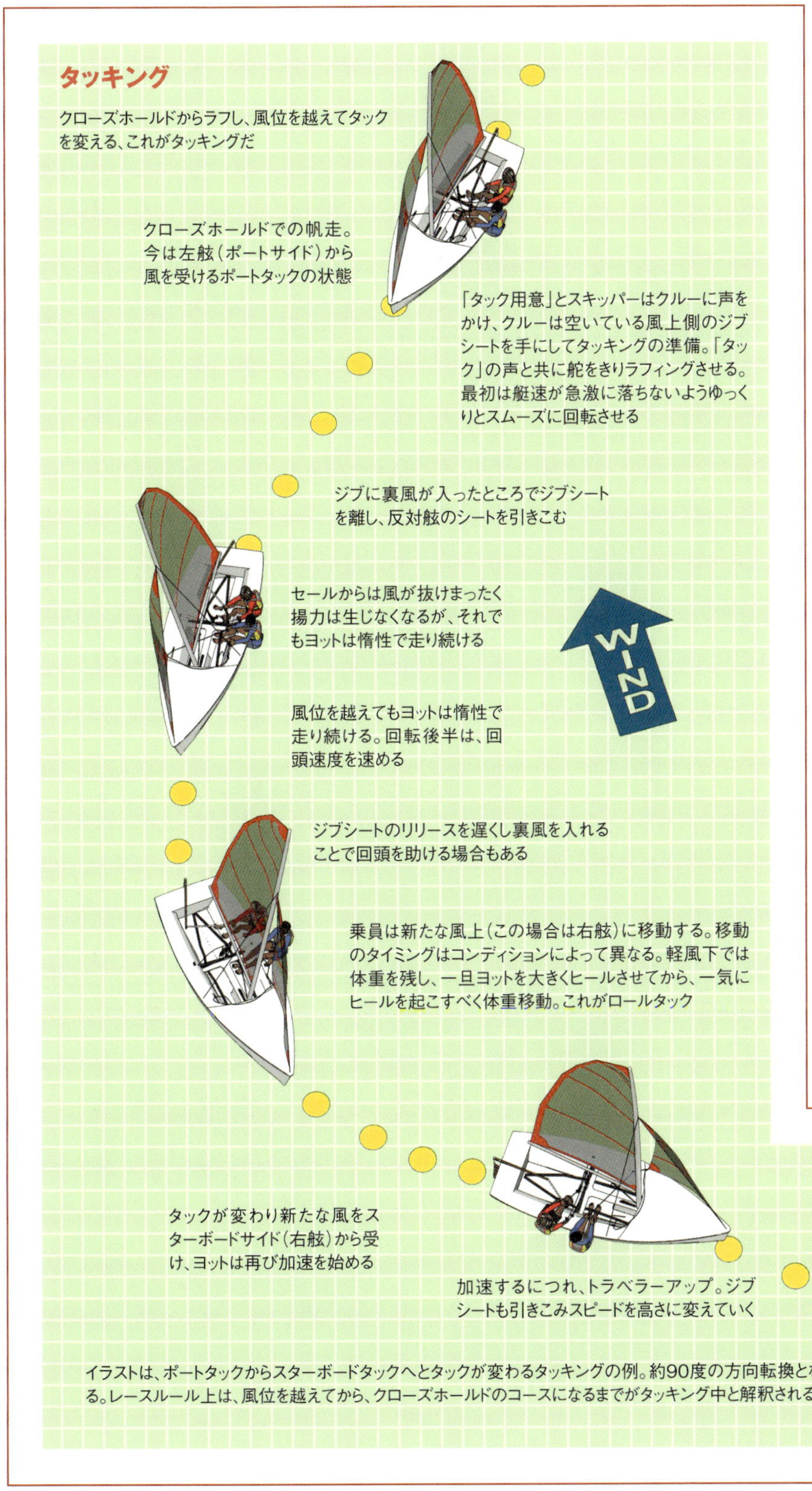

タッキング

クローズホールドからラフし、風位を越えてタックを変える、これがタッキングだ

クローズホールドでの帆走。今は左舷（ポートサイド）から風を受けるポートタックの状態

「タック用意」とスキッパーはクルーに声をかけ、クルーは空いている風上側のジブシートを手にしてタッキングの準備。「タック」の声と共に舵をきりラフィングさせる。最初は艇速が急激に落ちないようゆっくりとスムーズに回転させる

ジブに裏風が入ったところでジブシートを離し、反対舷のシートを引きこむ

セールからは風が抜けまったく揚力は生じなくなるが、それでもヨットは惰性で走り続ける

風位を越えてもヨットは惰性で走り続ける。回転後半は、回頭速度を速める

ジブシートのリリースを遅くし裏風を入れることで回頭を助ける場合もある

乗員は新たな風上（この場合は右舷）に移動する。移動のタイミングはコンディションによって異なる。軽風下では体重を残し、一旦ヨットを大きくヒールさせてから、一気にヒールを起こすべく体重移動。これがロールタック

タックが変わり新たな風をスターボードサイド（右舷）から受け、ヨットは再び加速を始める

加速するにつれ、トラベラーアップ。ジブシートも引きこみスピードを高さに変えていく

タッキング前の艇速と高さが回復した時点でタッキング完了。ヨットはスターボードタックで走り続ける

イラストは、ポートタックからスターボードタックへとタックが変わるタッキングの例。約90度の方向転換となる。レースルール上は、風位を越えてから、クローズホールドのコースになるまでがタッキング中と解釈される

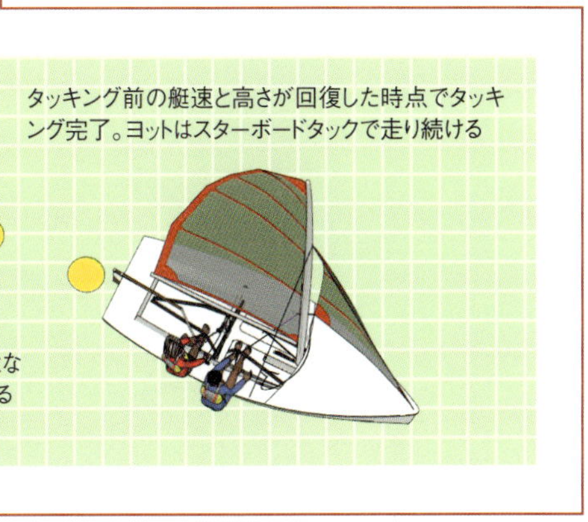

第3章 | セーリング
[アップウインドとダウンウインド]

ポーラーダイアグラム

これまでみてきたように、風上にある目的地へ向かうアップウインドでは、高さかスピードかという問題が重要だった。高さとスピード双方の要素を合わせた風上への接近速度（VMG）が最大となるコースこそが、アップウインドでの近道だ。

これをグラフにすると、下図のようになる。これを、ポーラーダイアグラム（polar diagram）といい、高さ（真風向）と艇速とVMGの関係を分かりやすく表している。

VMGが最大になる部分のカーブは、わりとなだらかで、高めに走れば艇速が落ち、低めに走れば艇速は出るが、VMGはそれほど変わらない、ということも一目でお分かりいただけるかと思う。

さて今回は、フリーの部分にも注目していただきたい。

フリーとは、クローズホールド以外の走り。風上に向かって左右約45度（合わせて約90度）以外の、約270度の範囲での走りになる。

ここでも、真風向が横に回るにつれて艇速は増していく。真風向が横から後ろに回ると、逆に艇速はあまり伸びなくなり、真後ろからの風（真追っ手、ランニング）では艇速は落ちている。

第1章35ページで説明したように、追っ手の風では、見かけの風速は弱くなる。そのうえ、揚力は風向に直角に生じるため、真後ろからの風ではあまり期待できなくなってしまうからだ。

風下へ向かう接近速度もVMGという。風上へのVMGに対して、「下りのVMG」と呼ぶこともある。

ダウンウインド

最大VMGとなるコースよりも目的地が風下にあるなら、直接目的地に向かうよりも、VMGが最大になるコースを維持してジャイビングしながら走ったほうが、より早く目的地に到達することができる（下図）。

下りのVMGが最大となる帆走角度は

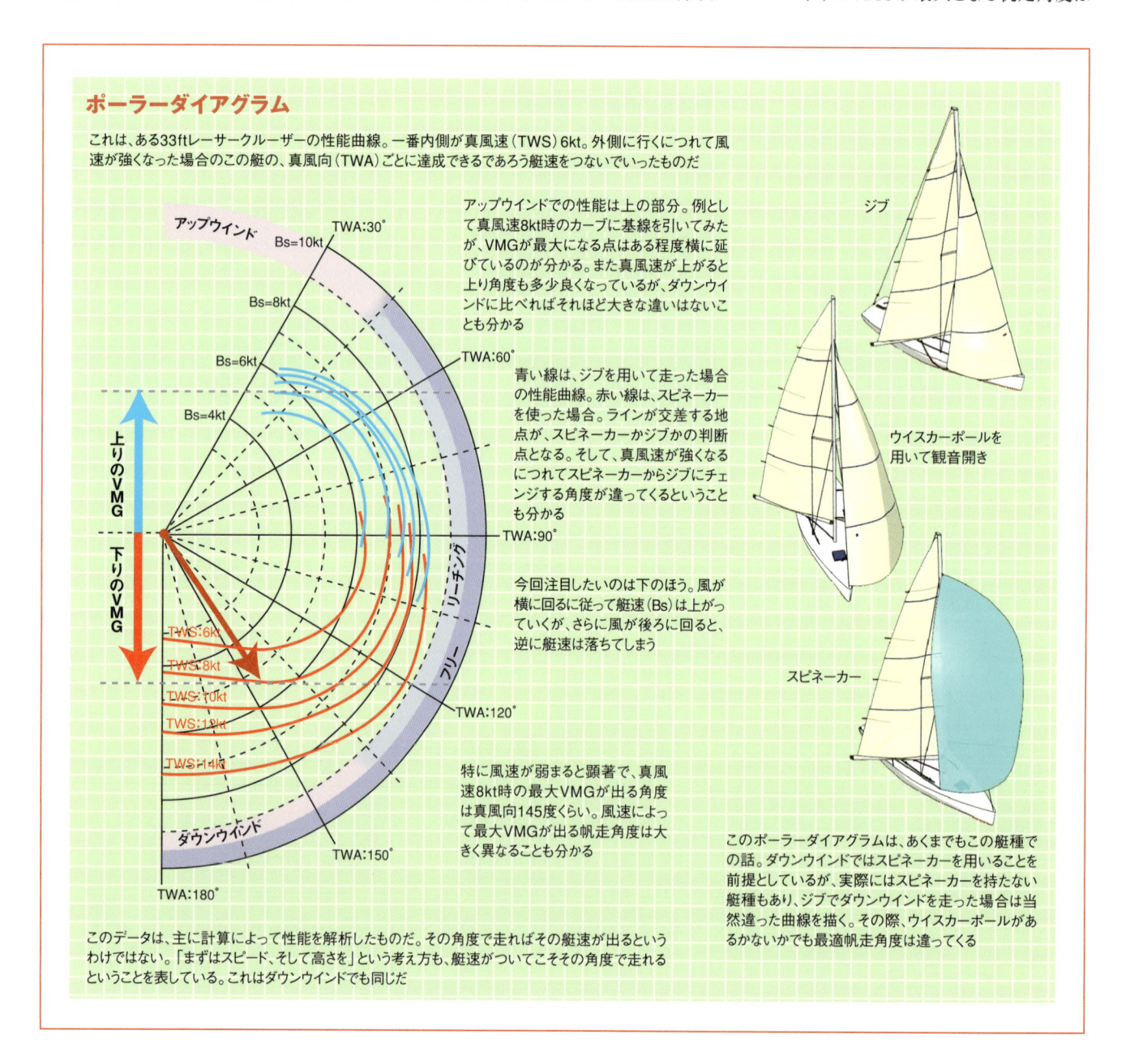

ポーラーダイアグラム

これは、ある33ftレーサークルーザーの性能曲線。一番内側が真風速（TWS）6kt。外側に行くにつれて風速が強くなった場合のこの艇の、真風向（TWA）ごとに達成できるであろう艇速をつないでいったものだ

アップウインドでの性能は上の部分。例として真風速8kt時のカーブに基線を引いてみたが、VMGが最大になる点はある程度横に延びているのが分かる。また真風速が上がると上り角度も多少良くなっているが、ダウンウインドに比べればそれほど大きな違いはないことも分かる

青い線は、ジブを用いて走った場合の性能曲線。赤い線は、スピネーカーを使った場合。ラインが交差する地点が、スピネーカーかジブかの判断点となる。そして、真風速が強くなるにつれてスピネーカーからジブにチェンジする角度が違ってくるということも分かる

今回注目したいのは下のほう。風が横に回るに従って艇速（Bs）は上がっていくが、さらに風が後ろに回ると、逆に艇速は落ちてしまう

特に風速が弱まると顕著で、真風速8kt時の最大VMGが出る角度は真風向145度くらい。風速によって最大VMGが出る帆走角度は大きく異なることも分かる

このデータは、主に計算によって性能を解析したものだ。その角度で走ればその艇速が出るというわけではない。「まずはスピード、そして高さを」という考え方も、艇速がついてこそその角度で走るということを表している。これはダウンウインドでも同じだ

ジブ

ウイスカーポールを用いて観音開き

スピネーカー

このポーラーダイアグラムは、あくまでもこの艇種での話。ダウンウインドではスピネーカーを用いることを前提としているが、実際にはスピネーカーを持たない艇種もあり、ジブでダウンウインドを走った場合は当然違った曲線を描く。その際、ウイスカーポールがあるかないかでも最適帆走角度は違ってくる

艇種や風速によって大きく異なるので、アップウインドよりも理解しにくいかもしれないが、理屈はアップウインドと同じだ。

よって、フリーとはいっても、VMGという数字に縛られながら走っているのはアップウインドと同じことになる。

こちらは、アップウインドに対して、風下へ向かうダウンウインドと呼ばれている。ダウンウインドは、フリーの走りではあるが、アップウインドと同じような要素——高さかスピードか——を持つ。

一方、目的地が目の前にある帆走をリーチングと呼ぶ。ダウンウインドと異なり、高さの要素はない。船首方位は目的地によって決まってくる。

最初に、アップウインドとフリーに分けて説明したが、実際には、アップウインドとダウンウインド、そしてリーチングとの三つに分けて考えたほうが、ヘルムやセールトリムの方法を理解しやすい。

ダウンウインドでのセールトリム

ダウンウインドでは、どのようなセールが使われ、どのようにして走ればいいのだろうか。

ターゲットボートスピード

最大のVMGを得るためには、いった い何度で走ればいいのか。ポーラーダイアグラムを見れば簡単に分かりそうなものだが、実際はそう簡単ではない。そもそも、ポーラーダイアグラム自体も、そのヨットの性能を解析したデータを基にしたものだし、艇速によって見かけの風は大きく変化してしまうので、いったい真風向何度で走っているかということ自体がよく分からないからだ。

そこで、ターゲットボートスピードという概念を使って最大VMGを求めて走らせることになる。

これは、その真風速下でのターゲットとなるボートスピードを決め、それに満たないなら、落としすぎているからだと考

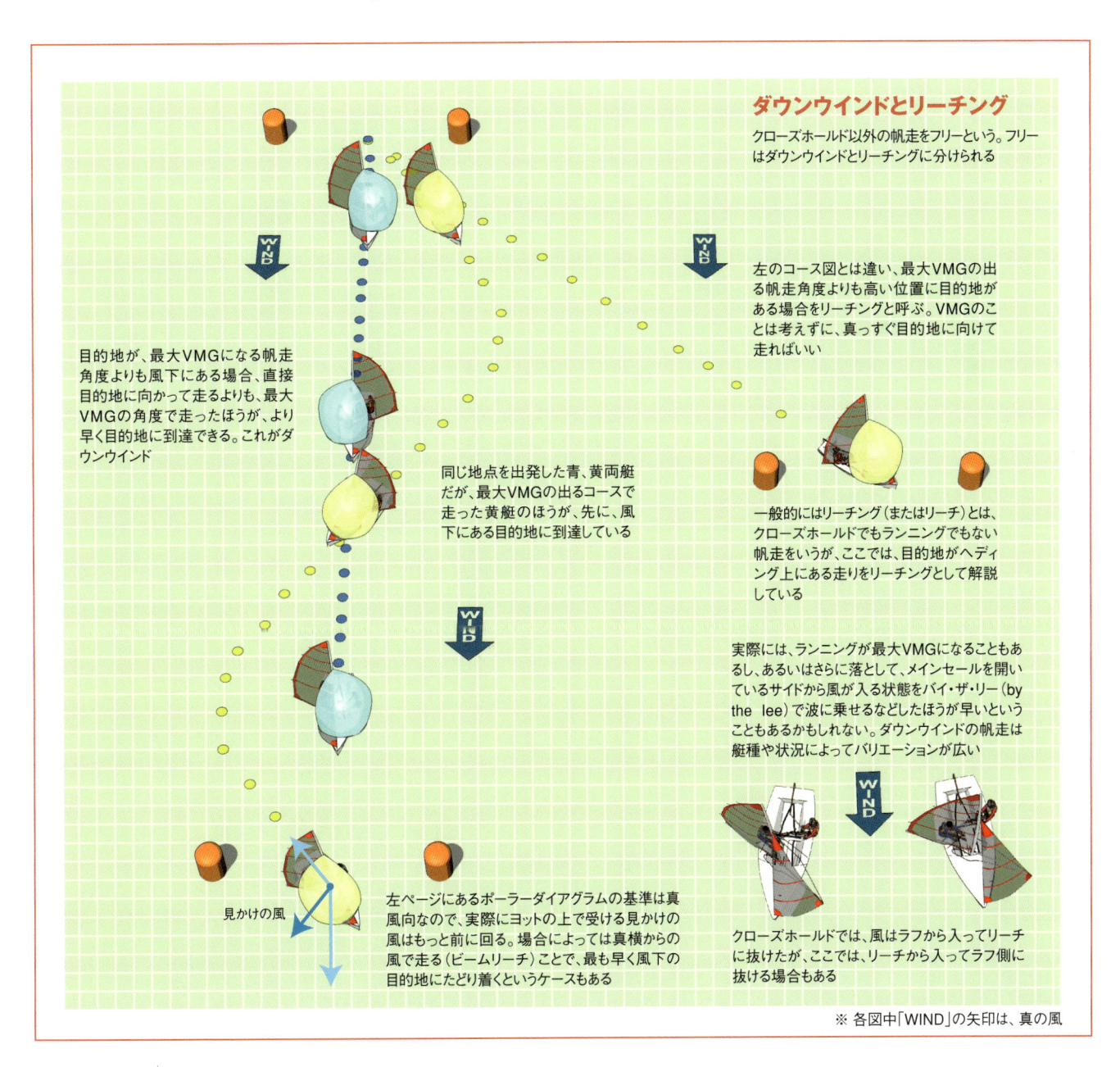

ダウンウインドとリーチング

クローズホールド以外の帆走をフリーという。フリーはダウンウインドとリーチングに分けられる

目的地が、最大VMGになる帆走角度よりも風下にある場合、直接目的地に向かって走るよりも、最大VMGの角度で走ったほうが、より早く目的地に到達できる。これがダウンウインド

同じ地点を出発した青、黄両艇だが、最大VMGの出るコースで走った黄艇のほうが、先に、風下にある目的地に到達している

見かけの風

左ページにあるポーラーダイアグラムの基準は真風向なので、実際にヨットの上で受ける見かけの風はもっと前に回る。場合によっては真横からの風で走る（ビームリーチ）ことで、最も早く風下の目的地にたどり着くというケースもある

左のコース図とは違い、最大VMGの出る帆走角度よりも高い位置に目的地がある場合をリーチングと呼ぶ。VMGのことは考えずに、真っすぐ目的地に向けて走ればいい

一般的にはリーチング（またはリーチ）とは、クローズホールドでもランニングでもない帆走をいうが、ここでは、目的地がヘディング上にある走りをリーチングとして解説している

実際には、ランニングが最大VMGになることもあるし、あるいはさらに落として、メインセールを開いているサイドから風が入る状態をバイ・ザ・リー（by the lee）で波に乗せるなどしたほうが早いということもあるかもしれない。ダウンウインドの帆走は艇種や状況によってバリエーションが広い

クローズホールドでは、風はラフから入ってリーチに抜けたが、ここでは、リーチから入ってラフ側に抜ける場合もある

※ 各図中「WIND」の矢印は、真の風

127

第3章 | セーリング
[アップウインドとダウンウインド]

え、バウアップして加速し、ターゲットボートスピードをオーバーしているなら、バウダウンすることでよりVMGを稼げるだろう、とする走り方だ。

ターゲットボートスピードを用いた帆走は、アップウインドでも用いられる。

共に、真風速とボートスピードが分かるインストルメンツ（航海計器）が必要になる。

スピネーカー

ダウンウインドでは、ジブに代えて、スピネーカーが用いられる。

スピネーカーやその艤装、あるいはジャイビングの仕方については第2章、「スピネーカー艤装」90ページに詳しく書いた。ここではスピネーカートリムについて見ていこう。

スピネーカーは、その扱いがジブとは大きく異なる。一番の違いは、左右対称型であるということ。タックはスピネーカーポール（スピンポール）の先端に固定され、スピネーカーポールを後ろに引けばタックも後ろに移動する。同時にクリューは前に移動し、セール全体が回転することになる。

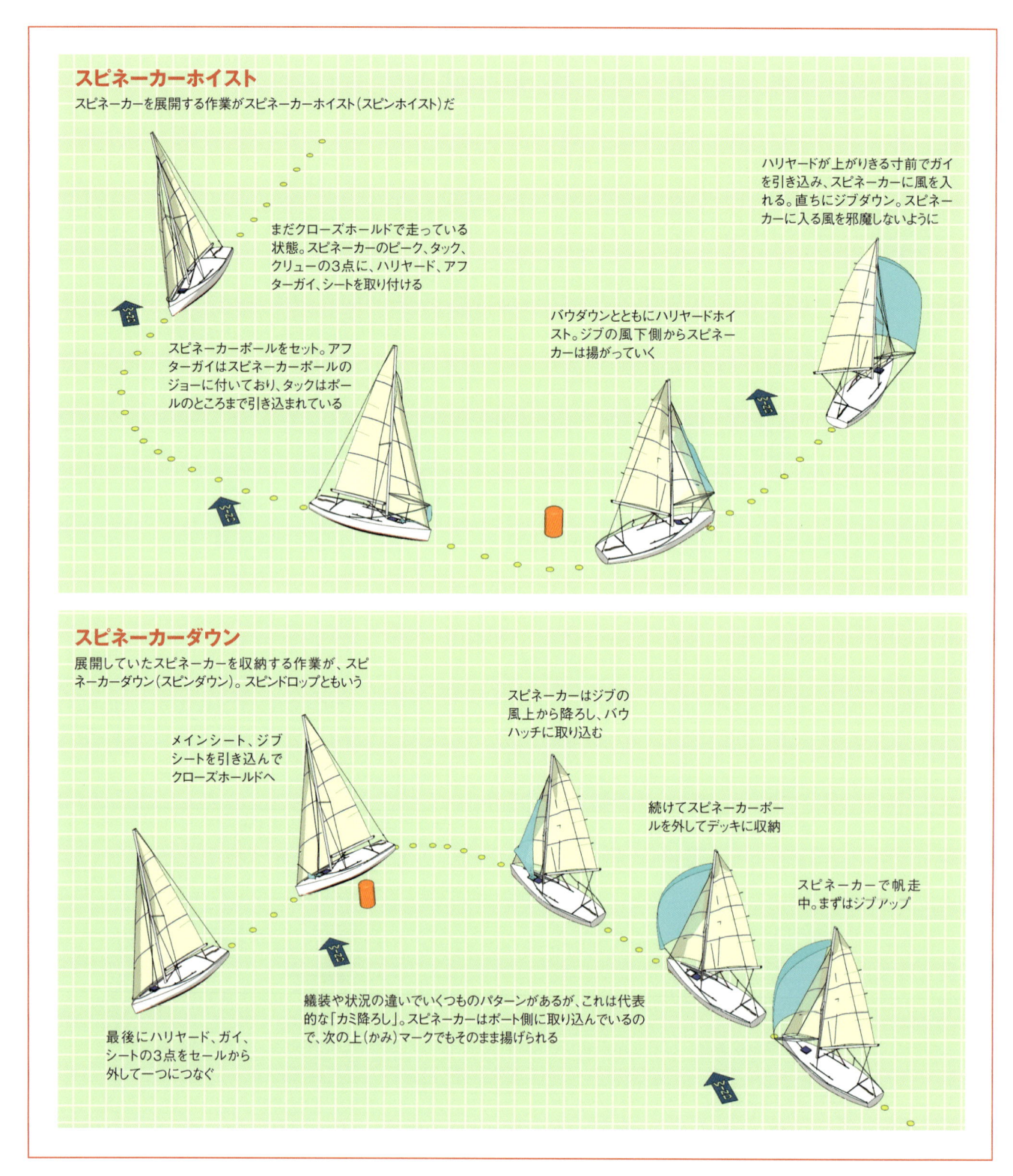

スピネーカーホイスト
スピネーカーを展開する作業がスピネーカーホイスト（スピンホイスト）だ

まだクローズホールドで走っている状態。スピネーカーのピーク、タック、クリューの3点に、ハリヤード、アフターガイ、シートを取り付ける

スピネーカーポールをセット。アフターガイはスピネーカーポールのジョーに付いており、タックはポールのところまで引き込まれている

バウダウンとともにハリヤードホイスト。ジブの風下側からスピネーカーは揚がっていく

ハリヤードが上がりきる寸前でガイを引き込み、スピネーカーに風を入れる。直ちにジブダウン。スピネーカーに入る風を邪魔しないように

スピネーカーダウン
展開していたスピネーカーを収納する作業が、スピネーカーダウン（スピンダウン）。スピンドロップともいう

メインシート、ジブシートを引き込んでクローズホールドへ

スピネーカーはジブの風上から降ろし、バウハッチに取り込む

続けてスピネーカーポールを外してデッキに収納

スピネーカーで帆走中。まずはジブアップ

艤装や状況の違いでいくつものパターンがあるが、これは代表的な「カミ降ろし」。スピネーカーはボート側に取り込んでいるので、次の上（かみ）マークでもそのまま揚げられる

最後にハリヤード、ガイ、シートの3点をセールから外して一つにつなぐ

ダウンウインドでのセールトリム

スピネーカーシート（スピンシート）は、出せるだけ出す。出しすぎるとスピネーカーはつぶれてしまう

目安は、この部分のラフがヒラヒラする程度。まったくヒラヒラしないようなら、スピネーカーシートの引きすぎ（オーバートリム）

メインセールは、見かけの風向に合わせてメインシートでシーティングアングルを調整。ある程度出るとシュラウドに当たってしまってそれ以上は出ないが、それでもいい

ツイスト量はブームバングで調節。目安は、やはりトップバテンのリーチ側がブームと平行

アウトホールは緩めるが、緩めすぎると投影面積が減ってしまうので注意

ツイーカー

タックとクリューが同じ高さになるよう、トッピングリフトでスピネーカーポール先端の高さを調節する

マスト側は、上下にスライドできるなら、先端の高さに合わせ、マストとスピネーカーポールが直角になるように

スピネーカーポールの先端は、トッピングリフト、フォアガイ、アフターガイの3本のコントロールラインで三方に引かれ固定されている

目安は、見かけの風向とスピネーカーポールがほぼ直角になるよう、フォアガイとアフターガイの出し入れで調節する

スピネーカーポールの位置が低ければ、ドラフト中心はより前（ラフ側）に移動する。他のセールと同じ原理だ。スピネーカーは左右対称型なので、クリューとタックの高さが同じならドラフト中心は50％の地点に来るはずだが、実際には風圧で多少後ろに移動する。そこでわずかにポールのほうを低くすることで、ドラフトポジションは50％となる

見かけの風

見かけの風向が横に回ればスピネーカーポール先端を前に出す（ポールフォワード）

スピネーカーのタックも前に回るので、反対側のクリューの位置は後ろに移動する

スピネーカーシートのリーディング位置もそれに合わせて後ろに移動させなくてはならない。そのためにはツイーカーを緩める。ツイーカーを緩めれば、スピネーカーシートのリーディング位置は後ろに移動する。ツイーカーを引き込めば前に移動する

見かけの風

風上側（アフターガイ）のツイーカーは完全に引き込む

スピネーカーシート・トリマーは、シートに伝わる手応えを感じなくなったら、ヘルムスマンに「ノー・プレッシャー」のコールを出し、ヘルムスマンはわずかにバウアップ

上らせることで、見かけの風速は増し、ヨットは加速する

シートに手応えを感じるようになったら、「プレッシャー」のコールで、バウダウン。スピードを高さ（風下航なので低さ）につなげる

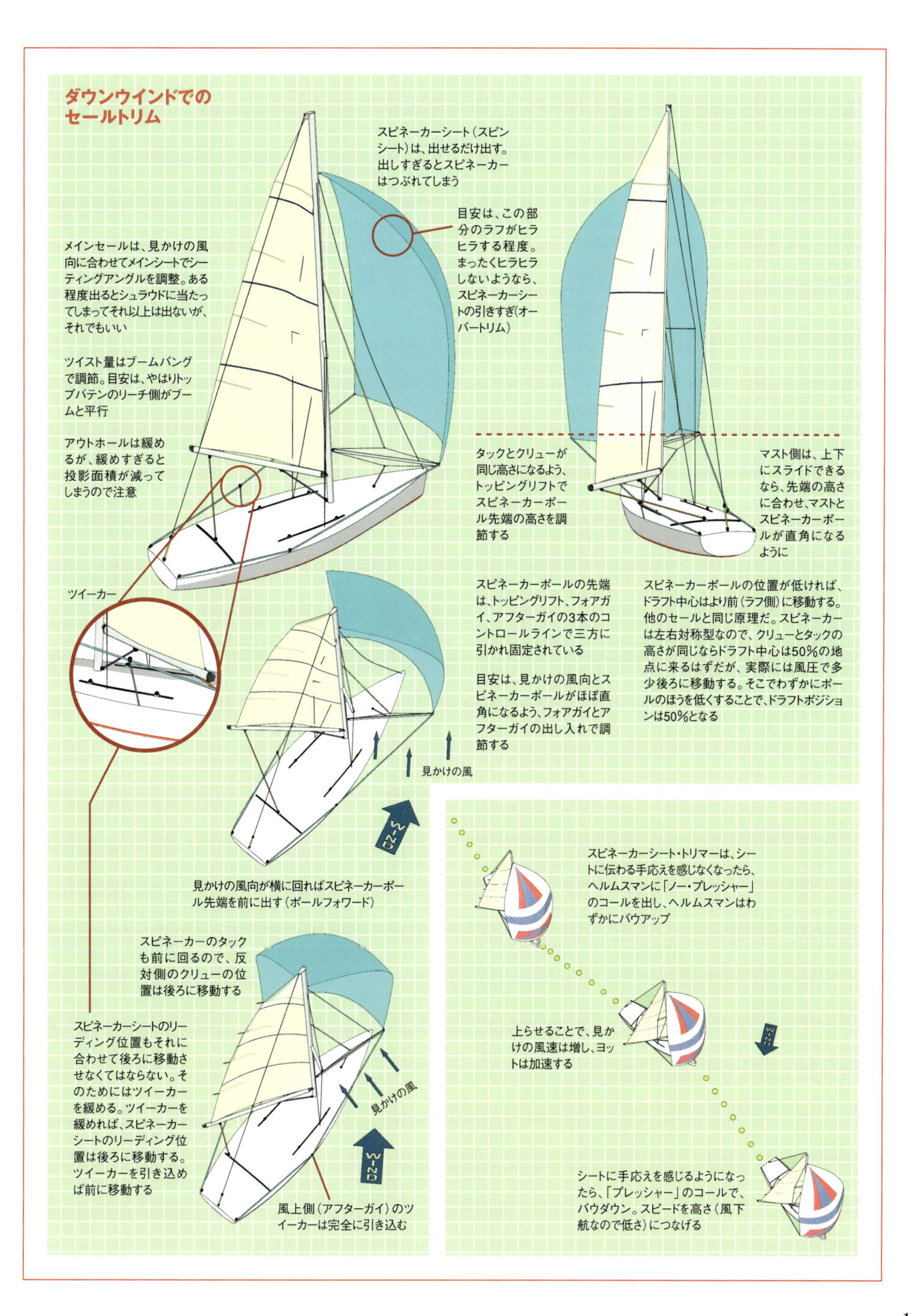

129

第3章 セーリング
[アップウインドとダウンウインド]

またジブと違って、スピネーカーのラフはフォアステイに沿って展開しているわけではない。ラフ側もリーチ同様スピネーカーポールを上下に動かすことで大きく開いたり閉じたりする。

ダウンウインドでのメインセールのトリムと合わせて、129ページに、基本的なトリムの仕方と走らせ方を表してみた。

リーチング

アップウインドでもダウンウインドでもない状態が、リーチング（reaching）だ。

目的地は針路方向にある。目的地を目指すヘディングを決め、決めたヘディングを保つように舵で進行方向を定め、それに合わせてセールをトリムする。

ビームリーチ

リーチングの中でも、特に真横から風を受けて走ることをビームリーチという。アビームと呼ばれることも多い。

見かけの風が真横ということは、真の風向は斜め後ろから吹いていることになる。特に軽量の俊足艇ほど、見かけの風向は前に回るので、軽風下のダウンウインドで最大VMGを得るような走りでも、見かけの風向はほぼ真横というケースもある。

この場合は、見かけの風が真横でもダウンウインドであって、ビームリーチとは呼ばないことが多い。

もっと落として走りたいところだがVMGを求めて上らせている状態と、目的地にヘディングを向けたら見かけの風が真横だった、という状況とでは、走らせ方が違ってくるということだ。

クローズリーチ

見かけの風が真横より前、でも、クローズホールドより横の状態をクローズリーチと呼ぶ。この状態を特にリーチングと呼ぶこともあるようだ。

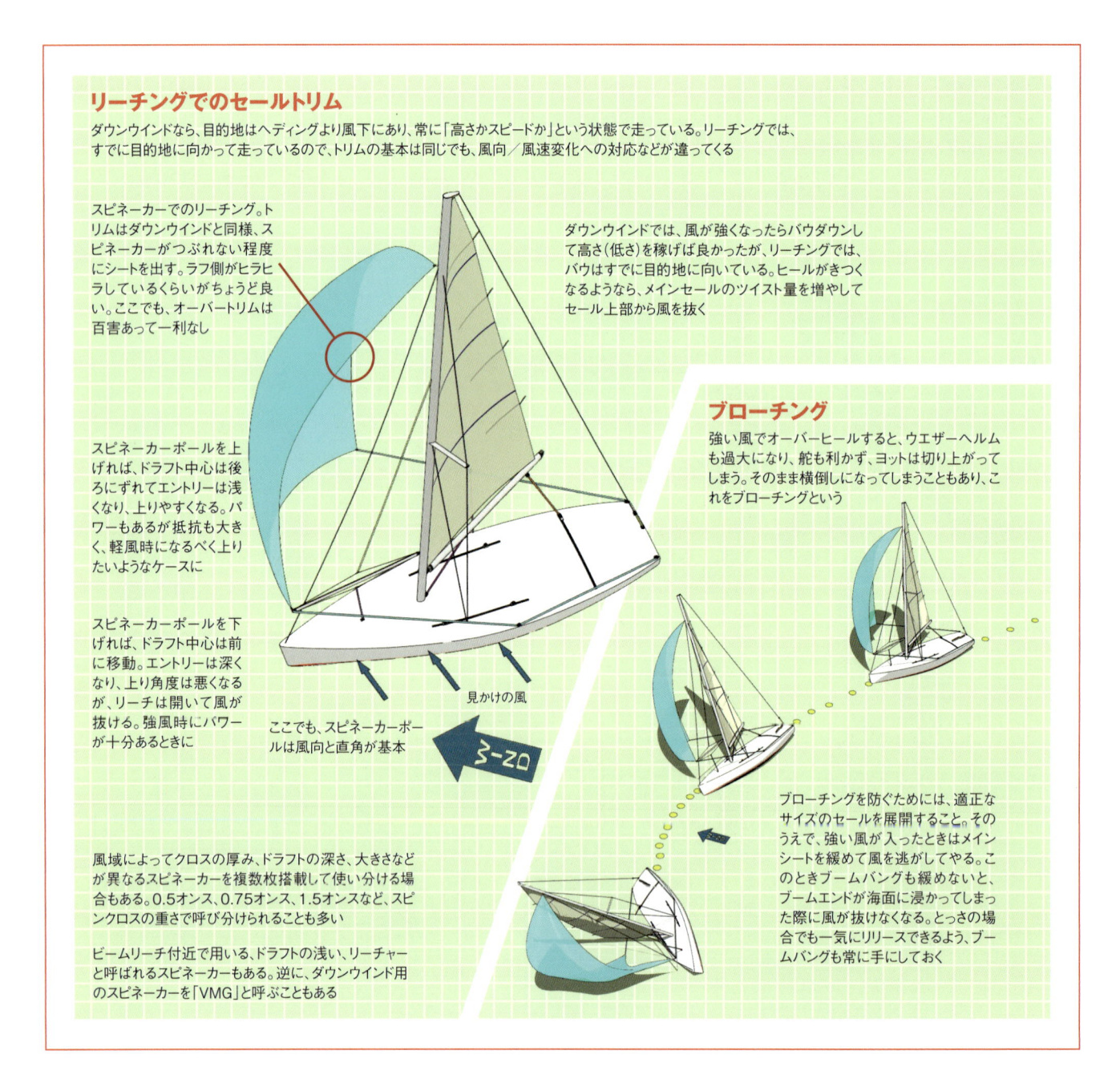

リーチングでのセールトリム

ダウンウインドなら、目的地はヘディングより風下にあり、常に「高さかスピードか」という状態で走っている。リーチングでは、すでに目的地に向かって走っているので、トリムの基本は同じでも、風向／風速変化への対応などが違ってくる

スピネーカーでのリーチング。トリムはダウンウインドと同様、スピネーカーがつぶれない程度にシートを出す。ラフ側がヒラヒラしているくらいがちょうど良い。ここでも、オーバートリムは百害あって一利なし

ダウンウインドでは、風が強くなったらバウダウンして高さ（低さ）を稼げば良かったが、リーチングでは、バウはすでに目的地に向いている。ヒールがきつくなるようなら、メインセールのツイスト量を増やしてセール上部から風を抜く

スピネーカーポールを上げれば、ドラフト中心は後ろにずれてエントリーは浅くなり、上りやすくなる。パワーもあるが抵抗も大きく、軽風時になるべく上りたいようなケースに

スピネーカーポールを下げれば、ドラフト中心は前に移動。エントリーは深くなり、上り角度は悪くなるが、リーチは開いて風が抜ける。強風時にパワーが十分あるときに

ここでも、スピネーカーポールは風向と直角が基本

見かけの風

NO GO

ブローチング

強い風でオーバーヒールすると、ウエザーヘルムも過大になり、舵も利かず、ヨットは切り上がってしまう。そのまま横倒しになってしまうこともあり、これをブローチングという

ブローチングを防ぐためには、適正なサイズのセールを展開すること。そのうえで、強い風が入ったときはメインシートを緩めて風を逃がしてやる。このときブームバングも緩めないと、ブームエンドが海面に浸かってしまった際に風が抜けなくなる。とっさの場合でも一気にリリースできるよう、ブームバングも常に手にしておく

風域によってクロスの厚み、ドラフトの深さ、大きさなどが異なるスピネーカーを複数枚搭載して使い分ける場合もある。0.5オンス、0.75オンス、1.5オンスなど、スピンクロスの重さで呼び分けられることも多い

ビームリーチ付近で用いる、ドラフトの浅い、リーチャーと呼ばれるスピネーカーもある。逆に、ダウンウインド用のスピネーカーを「VMG」と呼ぶこともある

スピネーカーは揚がらないが、セール力とキール力が釣り合っている状態であり、波との当たりもクローズホールドに比べればだいぶ良く、ヨットは安定して走る。

艇速が出るので見かけの風向はかなり前に回っており、真風向が真横でも見かけの風向は斜め前。つまり、同じ地点で行ったり来たりするためには、アビームではなく、クローズリーチで走らなくてはならないことになる。

ブロードリーチ

見かけの風向が真横より後ろならブロードリーチ。クオータリー（クオータリング の訛り）と呼ぶことのほうが多いかもしれない。

これも、ダウンウインドでVMGが最大になるように走っている場合も多くは斜め後ろから風は吹いているわけだが、リーチングでのクオータリーは、あくまでも目的地は船首前方にある。ヨットは真っすぐ走らせ、風の振れに合わせてセールをトリムすることになる。

見かけの風が後ろに回ると、セール力はより前方に向かって生じることになる。となると、クローズホールドのときのようなキール力は必要ないことになる。上げ下げできるセンターボードやバラストキールを持つ艇種なら、それを全部、あるいはある程度引き上げることになるが、横方向への力の釣り合いがなくなるのでヨットはローリングしやすくなる。

波は風によってできる。したがって波の来る方向は風の方向とほぼ同じ。クローズホールドでは前から波が来るが、ブロードリーチ〜ランニングでは後ろから来る。

波の当たりは良くなるが、ヨット自体はバランスが取りにくく、特に強風下ではローリングが大きくなるなど、クローズホールドとはまた違った難しさや危険がある。

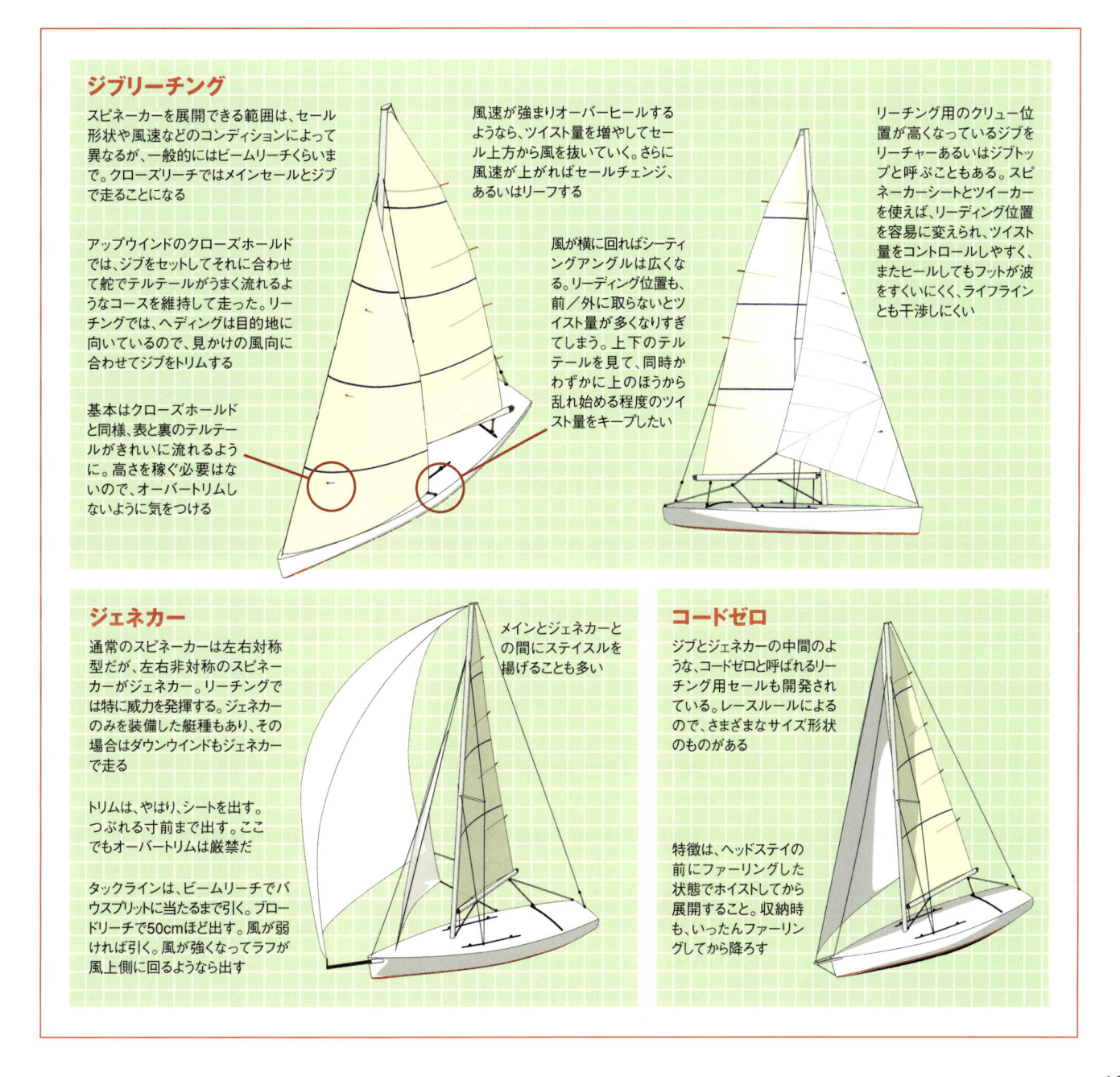

ジブリーチング

スピネーカーを展開できる範囲は、セール形状や風速などのコンディションによって異なるが、一般的にはビームリーチくらいまで。クローズリーチではメインセールとジブで走ることになる

アップウインドのクローズホールドでは、ジブをセットしてそれに合わせて舵でテルテールがうまく流れるようなコースを維持して走った。リーチングでは、ヘディングは目的地に向いているので、見かけの風向に合わせてジブをトリムする

基本はクローズホールドと同様、表と裏のテルテールがきれいに流れるように。高さを稼ぐ必要はないので、オーバートリムしないように気をつける

風速が強まりオーバーヒールするようなら、ツイスト量を増やしてセール上方から風を抜いていく。さらに風速が上がればセールチェンジ、あるいはリーフする

風が横に回ればシーティングアングルは広くなる。リーディング位置も、前／外に取らないとツイスト量が多くなりすぎてしまう。上下のテルテールを見て、同時かわずかに上のほうから乱れ始める程度のツイスト量をキープしたい

リーチング用のクリュー位置が高くなっているジブをリーチャーあるいはジブトップと呼ぶこともある。スピネーカーシートとツイーカーを使えば、リーディング位置を容易に変えられ、ツイスト量をコントロールしやすく、またヒールしてもフットが波をすくいにくく、ライフラインとも干渉しにくい

ジェネカー

通常のスピネーカーは左右対称型だが、左右非対称のスピネーカーがジェネカー。リーチングでは特に威力を発揮する。ジェネカーのみを装備した艇種もあり、その場合はダウンウインドもジェネカーで走る

トリムは、やはり、シートを出す。つぶれる寸前まで出す。ここでもオーバートリムは厳禁だ

タックラインは、ビームリーチでバウスプリットに当たるまで引く。ブロードリーチで50cmほど出す。風が弱ければ引く。風が強くなってラフが風上側に回るようなら出す

メインとジェネカーとの間にステイスルを揚げることも多い

コードゼロ

ジブとジェネカーの中間のような、コードゼロと呼ばれるリーチング用セールも開発されている。レースルールによるので、さまざまなサイズ形状のものがある

特徴は、ヘッドステイの前にファーリングした状態でホイストしてから展開すること。収納時も、いったんファーリングしてから降ろす

［レースとクルージング］

ヨットレース

ここまで、ヨットの種類や構造、そしてセーリングの仕方について見てきた。それでは、ヨットでセーリングをして何をするのか？ 何を楽しむのか？

ヨットでの遊び方は、クルージングとレースに大別できる。そのヨットレースとは、セーリング技術を競うもの。

ひと言でヨットレースといっても、さまざまなものがある。順に見ていこう。

ルール

競技とは、ルールを基に優劣を競うこと。ヨット競技では、国際セーリング連盟（World Sailing）によって規定されている『セーリング競技規則』（RRS：Racing Rules of Sailing）が用いられる。逆に言えば、RRSが適用されるヨット競技をヨットレースと呼ぶ、と考えてもいい。

『セーリング競技規則』はオリンピック開催年を基準にして4年ごとに改訂され、日本セーリング連盟（JSAF：Japan Sailing Federation）によって、日本語に翻訳されたルールブックが出版されている。

ヨットのみならず、ウインドサーフィンやモデルヨットなども含まれるので、「セーリング規則」となっている。

艇種

使用される艇種によって、レースの様相はだいぶ違ってくる。

・ワンデザインクラス

一定の規格に基づき建造された艇によるレースをワンデザインクラスと呼んでいる。

小型艇から大型艇までさまざまで、オリンピック種目となっている470（ヨンナナマル）級、レーザー級などの小型のセーリングディンギーから、スター級、ドラゴン級などの、バラストキールを持つキールボートと呼ばれるもの。さらにはJ/24クラスのようにキャビンを有するもの。さらに大きくなってX-35クラスなどは本格的な外洋艇でもある。

ワンデザインクラスでは着順勝負で勝敗を決める。

・ハンディキャップレース

さまざまなヨットの性能を解析して等級を付けるレーティングシステムの下で、レーティングに応じたハンディキャップを設けて時間修正して勝ち負けを決めるのが、ハンディキャップレースだ。

異なる艇種間でも勝負ができるが、全長、全幅、セールエリア、総重量、復原力などなど、ヨットの性能を決める要素はさまざま。となると、単に性能といっても、強風に強い艇、軽風に強い艇、アップウインドが速い艇もあればダウンウインドが速い艇、あるいはリーチングだけはめっぽう速い艇もある。したがって、レースのコンディションによって有利不利が複雑に出てきてしまう。レーティングからハンディキャップを求めるのは極めて難しい。

外洋艇に関して、これまで、IOR（International Offshore Rule）、IMS（International Measurement System）、CR（Cruiser Rating）、IRC（特に何かの略ではない）など、さまざまなレーティングシステムが考えられ採用されてきた。

詳しく厳密な計測を行うもの、簡単な計測を行うもの、自己申告によるものなど、データ取得の方法はさまざま。そこから、簡単な公式に当てはめてレーティング値を求めるもの、コンピューターを用いて解析するもの、あるいはこの部分をブラックボックスにして根拠は公表されないものなど、その算出方法もさまざまだ。

算出されるハンディキャップ値も、一つの数値をあらゆるコンディションで用いるシングルナンバーと呼ばれるものと、風向風速ごとにいくつかに分けた数値から算出するマルチナンバーとがあり、後者には、より大きなテーブルを設けたパフォーマンスカーブスコアリングという方法を採用するものもある。

・レベルレース

艇が大きくなるとワンデザインで艇数をそろえるのは難しくなり、異なる艇種間で争うハンディキャップレースということになるわけだが、これは、速い艇にはハンディキャップを付けて遅い艇に合わせるということ。前後に散らばったフリートでも、ハンディキャップごとに成績をならすということでもある。

この場合、例えば、大型艇（絶対スピードが速い艇）がフィニッシュした後で風がまったくなくなってしまえば、後続艇は著しく不利になる。逆に後半風速が上がれば、あるいは風向が変われば……と、気象条件によって有利不利が付きまとう。左右に広がった艇団がコンディションによって利害を受けるというなら、それもコース選択の妙という競技のうちだが、艇種ごとの潜在性能の違いによって艇団が前後に広がることは、参加艇側の選択によるものではない。

photo by Rolex / Kurt Arrigo

photo by Mico Maritinez / Audi MedCup

左：均一に建造されたワンデザイン艇。艇の優劣ではなく、乗り手の腕が試されるため、オーナーが舵を持つオーナーヘルムルールになっていることが多い
右：ボックスルールのTP52クラス。限定された規格内で自由に設計建造でき、なおかつ着順勝負。艇と人、すべての要素で競うグランプリ仕様となる

第3章 | セーリング
[レースとクルージング]

クルージング要素の強いレースの一例、トランスサガミヨットレース

このように、ハンディキャップレースでは艇の大小でどうしても有利不利が出てしまう。そこで、こうした艇の大小による不公平をなくすために、レーティングの上限を決めてクラス分けし着順勝負としたのがレベルレースだ。

先に挙げたレーティングシステムを用いるが、ハンディキャップで時間修正はしない。レーティングシステムの中には、本来はこのレベルレースを行うためのシステムとして開発され、より広範囲の参加艇を集めるためにそこからハンディキャップ値を算出したという経緯のものもある。

・ボックスルール

長さや幅、セールエリアなどに上限下限を定め、その範囲内で自由に設計建造した艇を用いて着順勝負をしようというのが、ボックスルールだ。

上記のレベルレースと似ている。共に、設計建造の進化によって、古い艇では勝ち目がないということにもなりやすいが、それはそれでより競技性が高まるともいえる。

このようにさまざまなクラスが存在し、それぞれ、それを規定するルールがある。ワンデザインルール、レーティングルールなど、各クラスはそのルールに従った艇を用いて競技を行うことになる。

インショアレース

沿岸部で行われるヨットレースをインショアレースという。セーリングディンギーのレースはほぼすべてが、このインショアレース。

外洋ヨットはその名のとおり外洋(オフショア[offshore：沖合])を走るために建造されたものだが、外洋ヨットによって沿岸部に設置したブイを周回するレースをインショアレースと呼んでいる。

スタートラインは風向に直角に、本部船とブイとの見通しラインを用いて設定される。

インショアレースは、風上、風下に設置された二つのマークを回航するソーセージコースが主流だ。これはスタートでの公平性と、風の振れによるゲーム性を高めたコース設定になる。

風向の変化によっていちいちマークを設置するのは大変なので、あらかじめ設置されている浮標などを用いてコース設定をすることもある。

インショアレースは、何本かのレースを行い各レースごとの順位に従ってポイントを付け、その合算で総合順位を付けることが多い。

また、次に述べるオフショアレースと組

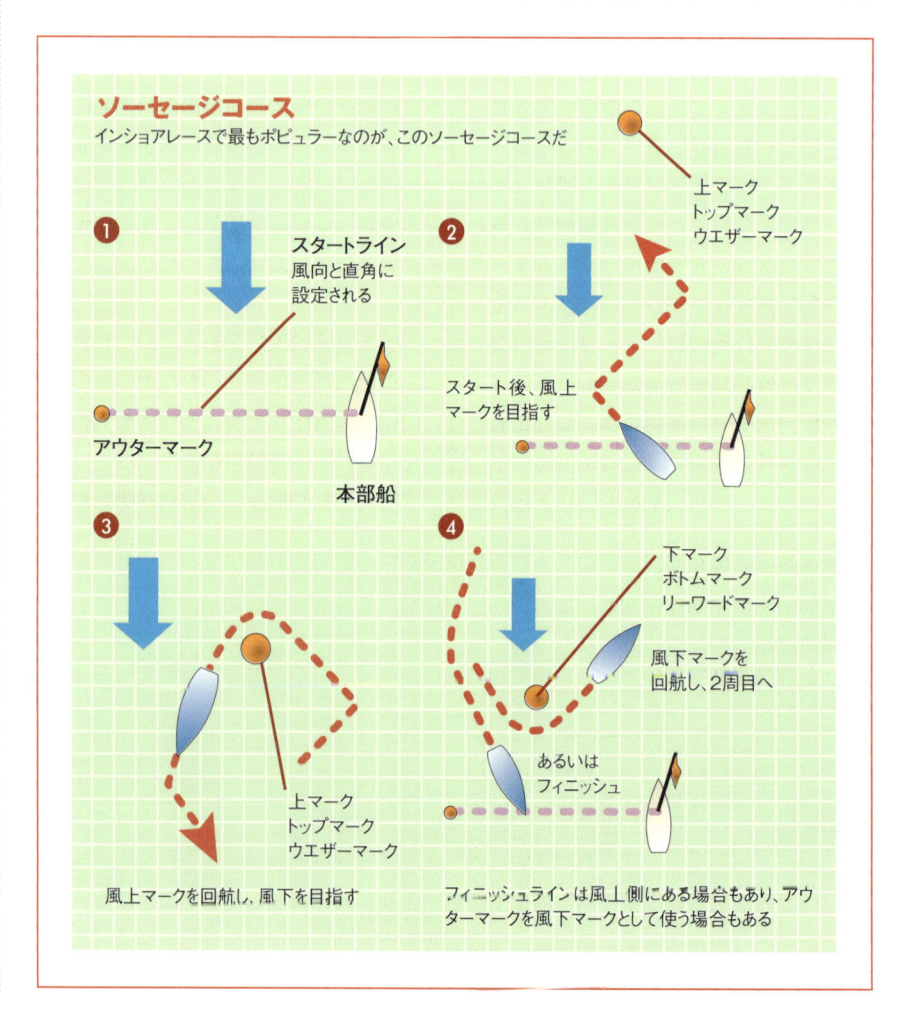

ソーセージコース
インショアレースで最もポピュラーなのが、このソーセージコースだ

❶ スタートライン 風向と直角に設定される / アウターマーク / 本部船

❷ スタート後、風上マークを目指す / 上マーク トップマーク ウエザーマーク

❸ 風上マークを回航し、風下を目指す / 上マーク トップマーク ウエザーマーク

❹ 風下マークを回航し、2周目へ / 下マーク ボトムマーク リーワードマーク / あるいはフィニッシュ

フィニッシュラインは風上側にある場合もあり、アウターマークを風下マークとして使う場合もある

み合わせたシリーズレースもある

オフショアレース

沿岸部から離れた海面で行われるレースが外洋レースだ。オフショアレースともいう。

陸岸からどのくらい離れればオフショアか、という決まりはない。一晩走って翌日フィニッシュするようなものをオーバーナイトレースと呼ぶが、朝スタートして明るいうちにフィニッシュするオフショアレースもある。この場合、ショートオフショアとか、岸沿いをずっと走るならコースタルレースなどと表現することもある。

沖合にある島を回ってスタート地点に戻るようなコース設定のものを島回りレースと呼び、A地点をスタートしてB地点にフィニッシュするような外洋レースとは分けて表現することもある。

また、そうした外洋レースを何本か組み合わせ、A地点からB地点、B地点からC地点といくつかの寄港地を巡って長期間にわたって展開される外洋レースもある。

グランプリレースとオープンレース

本書の冒頭、第1章でも触れたが、レース専用に建造されたレース艇は存在しても、クルージング艇と呼ばれる艇種でもヨットレースに出場すれば、それはレース艇といってもいい。

となるとレース艇とクルージング艇との境界線はきわめて曖昧になるが、それでも、レース艇かクルージング艇かという呼び分けはされている。「クルージング艇でレースに出る」などという表現もされ、あるいは誰でも参加できるオープンヨットレースや、レースそのものよりも付帯するイベントのほうがメインとなるお祭りレースと呼ばれる大会もあり、参加艇数は選手権レースよりも多かったりする。

ヨットレースは、それに出場する参加艇の多様性に合わせて大会運営そのものも多様化し、さまざまな層のセーラーにさまざまな楽しみ方を提供しているというわけだ。

レースも近場のクルージングも両方こなせるプロダクション艇。艤装をレース仕様にすれば、かなりスポーティーにクラブレースを楽しめる

同じプロダクション艇でも、よりクルージングに重きを置いた艇種。長期間の船内生活も可能だが、これでたまにはヨットレースも楽しめる

古い木造艇を手入れしながら使い続けるという楽しみもある。新造艇でもこのようなクラシックなスタイルの艇種も供給されている

クルージング

このように、レース艇とクルージング艇は厳密に分けられるものではないが、セーリングそのものでは、レースとクルージングでは大きく異なる。

ヨットレースは、風を使ったセーリングのみによって行われる。レース中にやってはならないことはルールで厳格に決まっている。

一方、クルージングの場合は、その限りではない。安全確実に目的地に到着することが最重要で、そのためには機走することもある。

127ページにあるようなダウンウインドでのセーリングでも、軽風の追っ手ならVMGなど考えずに機帆走することも多い。その場合、セールが邪魔になるなら降ろしてしまうこともある。レースなら、途中で風速が落ちれば、それはそれで苦しい走りになるわけだが、クルージングなら機走に移って先を急げばいいわけで。

クルージングでは、船内に寝泊まりしながら長距離あるいは長期間の旅をすることになり、となるとセーリング以外にも生活や錨泊、係留といった要素が重要になってくる。

あるいは、定係先のマリーナで仲間を呼んでパーティーを開いたり、ヨットを整備すること自体が楽しみであるというセーラーもいる。もちろん、近場でセーリングそのものを楽しむデイセーリングだってあるわけだ。

クルージングの楽しみも幅が広い。

次のページからは、クルージングでのさまざまな要素について話を進めていこう。

第4章 クルージング

[クルージングのための艤装]

クルージング

クルージングとは、居住性を持つヨットやボートで泊まりがけの航海を楽しむこと。

日本の辞書では、クルージング＝周遊航海とあり、周遊とは「あちこち旅行してまわること」。英語の辞書でも「cruise」は、いくつかの港を巡る航海のこと、などとなっている。

実際には、泊まりがけでなくても、例えば、その日限りのデイセーリングをデイクルージングと呼ぶこともあるが、本来は「あちこち」、「いくつかの」港を巡るヨットの旅がクルージング。クルージングに用いられるヨットをクルージング艇という。

クルージングにおいて、ヨットは目的地までの移動手段であり、同時に移動途中あるいは移動先での宿泊施設でもある。宿泊施設として考えた場合、睡眠、食事、排泄といった日常生活を円滑に行うための設備が必要になる。

キャビン

船の船室をキャビン（cabin）という。デッキ下の居住設備で、高さを稼ぐためにデッキから側面を立ち上げてあることが多く、この部分と屋根で盛り上がっている構造物（コーチルーフ）に囲まれた空間がキャビン（アコモデーション：accommodations）となる。

大型艇では、中央部のメインキャビンと後部のアフトキャビンに分かれていることもあるが、多くはシングルキャビンで、そこが居間兼寝室、食堂とキッチンと、すべての機能が一つに集約された空間となる。

フォクスル

マスト下部には構造上隔壁が付いていることが多い。となると、メインキャビンはこの隔壁で区切られることになる。この隔壁より前のスペースをフォクスルと呼ぶ。

一般船舶では、船首部の暴露甲板より上の構造物が船首楼（forecastle、fo'c's'le）だが、ヨットでフォクスルといえばデッキ下のスペースとなる。

キャビン レース艇とクルージング艇

ヨットのキャビンは用途によって大きく異なる。船内での生活が重要な要素となるクルージング艇では、装備はもちろん、落ち着いてくつろげる全体の雰囲気も大事だ。一方、レース艇のキャビンは実用性が第一。かさばるセールをメインキャビンに置くことになるし、長距離レースでは寝るにしても風上舷しか使わない。あるいは、荷物も常に風上に搭載するといったスピード絶対の世界なので、使い勝手のいいキャビンレイアウトはおのずと異なってくる

クルージング艇のキャビン。ホテル並みといってもいいが、そこはやはりヨットである。食う、寝る、排泄する、それぞれでそれなりの工夫が凝らされている

レース艇のキャビン。船室というより倉庫のような感じ。ダウンビロー（down below）と呼ばれることも多い

こちらはモーターセーラーのキャビン。窓が大きく、多くはキャビン内に操縦席があるので、レイアウトは通常のヨットのそれとは異なる

船首部に行くにつれて幅が狭くなってしまうので、大きな物入れにするか、V字形にマットを敷いて寝台とする。

窓はないことが多いが、天井部分にバウハッチが付き、直接出入りすることができる。

ボンク

船の係留場所をバース（berth）といい、人間を船に見立てて船内の寝床のこともバースと呼ぶ。

ボンク（bunk）ともいうが、ベッドというと普通の家の中にあるイメージで、ヨットの上ではほとんど使われない。わが国では「バース」が一般的だ。

メインキャビンは、リビング、ダイニングルームでもあり、寝室にもなる。バースはソファとの兼用になり、リビングテーブルと組み合わせて幅の広いダブルバースになるなど、狭い空間を有効に使えるようにさまざまな工夫が凝らされている（イラスト参照）。

停泊中はまだしも、帆走中は当然揺れる。ヨットは単に波で揺れるだけではなく、ヒールしながら走る。左右どちらに傾いた状態でも寝やすいように、各バースは前後方向に設置されている。また風下側にズレ落ちないように工夫されているものも多い。

ギャレー

・ジンバル

ヨットの調理スペースをギャレー（galley）と呼ぶ。キッチン（台所）というよりも、リビングの一部に調理スペースも設けたという感じ。

これもヒールしながらでも使えるように、コンロはジンバル（gimbals）に乗っている。ジンバルは、支点となる軸を中心に振れるようになっており、ヨットがヒールしてもコンロが水平に保たれるようになっている。

さらに、鍋ややかんが滑り落ちないようにガイドも付いている。

燃料はプロパンガス、あるいはアルコールなどが用いられる。安全のために、プロパンガスのボンベは外部のロッカーに収納されることも多い。あるいはカセット式のボンベを用いるものもある。

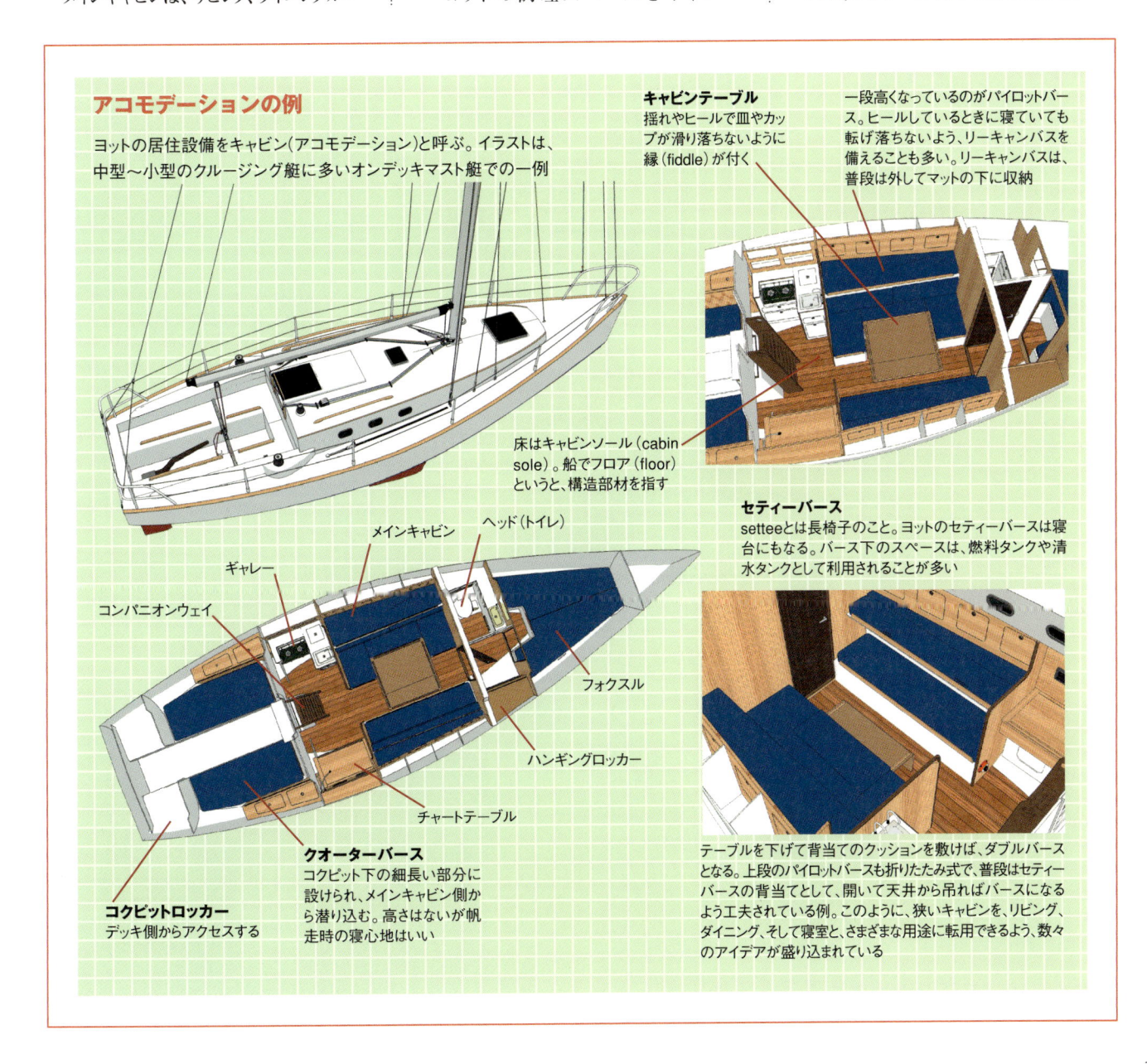

アコモデーションの例

ヨットの居住設備をキャビン（アコモデーション）と呼ぶ。イラストは、中型～小型のクルージング艇に多いオンデッキマスト艇での一例

キャビンテーブル
揺れやヒールで皿やカップが滑り落ちないように縁（fiddle）が付く

一段高くなっているのがパイロットバース。ヒールしているときに寝ていても転げ落ちないよう、リーキャンバスを備えることも多い。リーキャンバスは、普段は外してマットの下に収納

床はキャビンソール（cabin sole）。船でフロア（floor）というと、構造部材を指す

セティーバース
settee とは長椅子のこと。ヨットのセティーバースは寝台にもなる。バース下のスペースは、燃料タンクや清水タンクとして利用されることが多い

メインキャビン
ヘッド（トイレ）
ギャレー
コンパニオンウェイ
フォクスル
ハンギングロッカー
チャートテーブル

クオーターバース
コクピット下の細長い部分に設けられ、メインキャビン側から潜り込む。高さはないが帆走時の寝心地はいい

コクピットロッカー
デッキ側からアクセスする

テーブルを下げて背当てのクッションを敷けば、ダブルバースとなる。上段のパイロットバースも折りたたみ式で、普段はセティーバースの背当てとして、開いて天井から吊ればバースになるよう工夫されている例。このように、狭いキャビンを、リビング、ダイニング、そして寝室と、さまざまな用途に転用できるよう、数々のアイデアが盛り込まれている

第4章 クルージング

[クルージングのための艤装]

・シンク

　流し台（シンク：sink）からの排水は、直接船底部に設けられたスルーハルフィッティングから艇外に排出される。

　スルーハルにはバルブが付いており、開閉できる。シンクの位置によっては、ヨットが大きくヒールした場合に、海水が逆流してしまうこともあるが、そのときはスルーハルのバルブを閉めておく。

　蛇口は、清水と海水と二つ別々に付いていることが多く、海水は直接艇外から、清水は清水タンクから、電動あるいは手動、足踏み式のポンプなどで汲み上げる。

　清水タンクの容量は、クルージングの用途（日数や距離）によって必要量が大きく異なる。長距離用のクルージング艇では清水タンクがいくつかに分かれていて、バルブで切り替えられるようになっているものもある。

　実際には、飲料や調理用にはペットボトルのミネラルウオーターを使うことが多くなってきており、沿岸部の航海では清水タンクの必要性は少なくなってきている。

　また、電動の造水機を備えて、海水から真水を造るケースも増えてきている。

・アイスボックス

　冷蔵庫は、単なるアイスボックスに保冷剤や氷を入れるもの、あるいは電動やエンジンでコンプレッサーを回して冷やす冷蔵庫、さらには冷凍庫を備えるヨットも少なくない。

　クルージングのスタイルや航程、乗艇人数によって、調理のスタイルは違ってくる。用いる食材によって必要とされる冷蔵設備も異なってくるし、逆に冷蔵設備によって搭載できる食材も違ってくる。

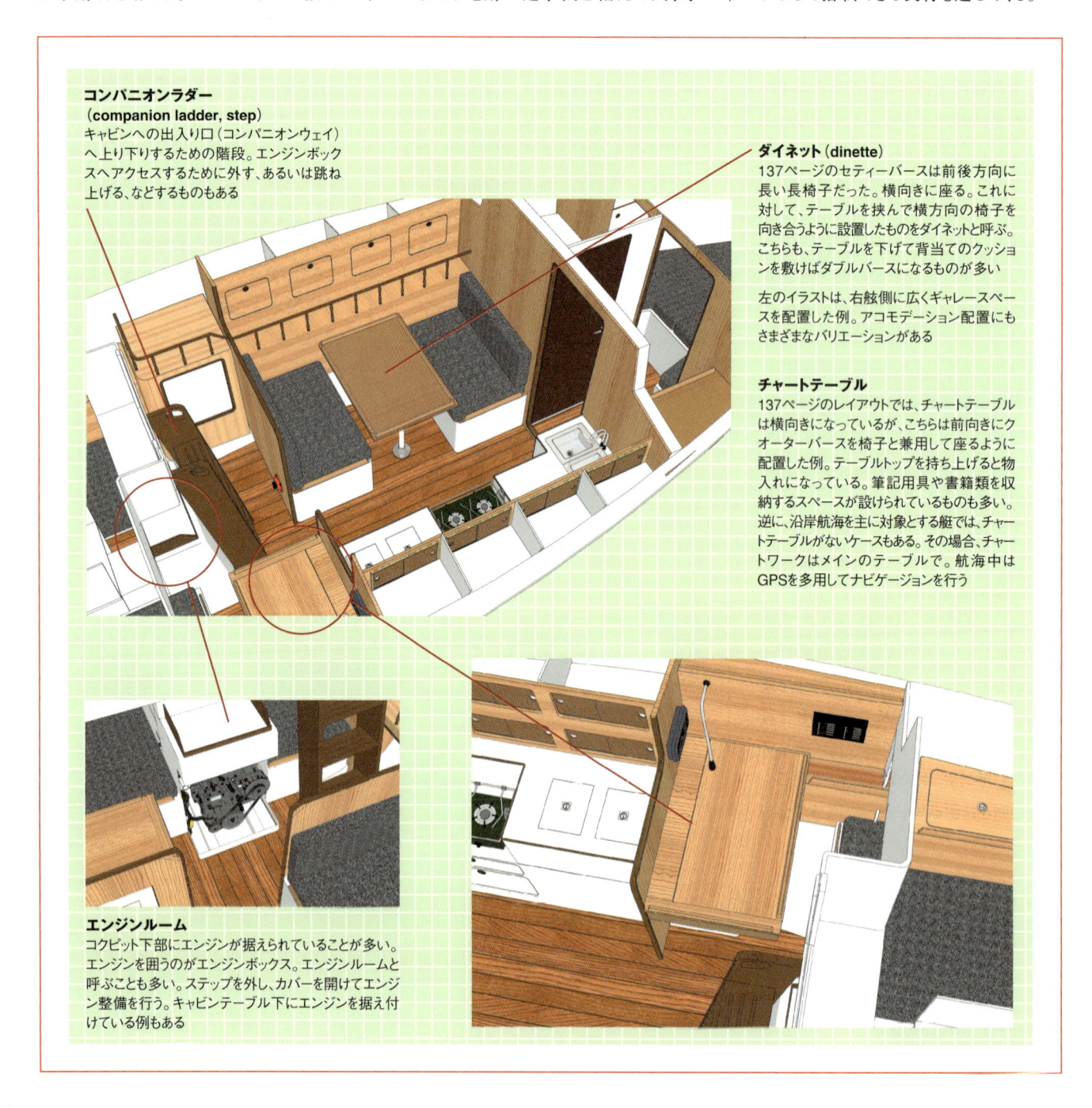

コンパニオンラダー
（companion ladder, step）
キャビンへの出入り口（コンパニオンウェイ）へ上り下りするための階段。エンジンボックスへアクセスするために外す、あるいは跳ね上げる、などするものもある

ダイネット（dinette）
137ページのセティーバースは前後方向に長い長椅子だった。横向きに座る。これに対して、テーブルを挟んで横方向の椅子を向き合うように設置したものをダイネットと呼ぶ。こちらも、テーブルを下げて背当てのクッションを敷けばダブルバースになるものが多い

左のイラストは、右舷側に広くギャレースペースを配置した例。アコモデーション配置にもさまざまなバリエーションがある

チャートテーブル
137ページのレイアウトでは、チャートテーブルは横向きになっているが、こちらは前向きにクオーターバースを椅子と兼用して座るように配置した例。テーブルトップを持ち上げると物入れになっている。筆記用具や書籍類を収納するスペースが設けられているものも多い。逆に、沿岸航海を主に対象とする艇では、チャートテーブルがないケースもある。その場合、チャートワークはメインのテーブルで。航海中はGPSを多用してナビゲーションを行う

エンジンルーム
コクピット下部にエンジンが据えられていることが多い。エンジンを囲うのがエンジンボックス。エンジンルームと呼ぶことも多い。ステップを外し、カバーを開けてエンジン整備を行う。キャビンテーブル下にエンジンを据え付けている例もある

チャートテーブル

　海図（チャート）を広げるための机を特にチャートテーブルと呼ぶ。チャートテーブル周りの壁には、航海計器や無線機、配電盤などが取り付けられている。

　船位を求め、目的地への方位や距離を把握するナビゲーション作業のためのスペースということになるが、GPSの普及でナビゲーションは楽になり、いちいち海図を見なくても済むようになったことから、このスペースを使ってギャレーを拡張するケースも多くなっている。

ロッカー

　キャビン内には、さまざまな物の収納用にいくつかのロッカーが備え付けられている。

　ロッカーの場所や構造によって、濡れにくいか濡れやすいかといった違いがあり、中に何を収納するかを工夫する必要がある。日常の生活空間との大きな違いだ。

　高いところほど濡れにくいように思いがちだが、大きくヒールすると船底に溜まっていた海水（ビルジ）が舷側に沿って上がってくる。ガンネル部まで水に浸かることも少なくないので、壁面最上部のロッカーでも水没することがある。

　エンジンボックスも、エンジンを収納しているロッカーのようなものといえるかもしれない。こちらも、配置や構造によって整備性が大きく異なってくる。

トイレ

　ヨットのトイレはヘッド（head）と呼ぶ。

　ヘッドとは船首のことでもあるが、帆船時代のトイレは船首にあったことから、今でもこう呼ばれている。

　ここにシャワーを備えていることもある。

ギャレー

ギャレーストーブ
ストーブ（キッチンコンロ）はジンバルに乗っているので、ヨットがヒールしてもストーブ面は平らに保たれる

ジンバル

シンク
蛇口は清水と海水に分かれている

冷蔵庫はアイスボックス状になっていて、上面の蓋を開けてアクセスするタイプが多い

収納もギャレーの重要な設備だ。引き出し類は、ヒールしても勝手に開かないようにストッパーが付いている

トイレ

マリントイレには手動と電動がある。いずれも、海水を汲み上げて流す。そのまま海に流すタイプも多いが、海洋汚染を防ぐため、いったん船内のタンク（ホールディングタンク）に溜めてマリーナの汲み取り施設で排出、あるいは沖で艇外に排出するようになっているものもある

開　　閉

トイレは喫水より低い位置にあることが多いので、給水および排水のための開口部（スルーハル：through-hull）にはバルブが付いていることが多い。使わないときは必ず閉めておく。イラストは、レバー式のボールバルブと呼ばれるタイプ。90度ひねることで開閉できる

シンクや海水の取水部にもスルーハルバルブが付く。こちらも、使わないとき、特に帆走中は閉めておく

139

第4章 クルージング
[クルージングのための艤装]

アンカー設備

アンカーとは、アンカーケーブルの先に付けて海底に降ろし、海底に食い込ませることで船をその場に留めるための道具だ。

アンカーを打つ作業を投錨。引き上げは抜錨、あるいは揚錨という。

アンカーやアンカーケーブル、そしてそれらを収納するスペースや、投錨、抜錨のための艤装全体をアンカー設備と呼んでいる。

アンカー

錨という言葉はヨットの上ではほとんど使われない。アンカーと呼ぶのが一般的だ。

一言でアンカーといっても各種ある。アンカーが海底に食い込んで船を引き留める力を把駐力(保持力)といい、アンカーの形状と重さ、また使用されるチェーンの長さによって把駐力は異なる。また、海底の土質(底質)によっても異なり、これを錨かきともいう。

ヨットやボートで用いる場合、把駐力が大きいことも当然だが、軽量で収納しやすく、しかし頑丈でなければならない。

・フルークアンカー(fluke)

プレジャーボートで最も一般的に用いられているアンカー。

ダンフォース社の製品が広く知られているため、似たような形状のものをダンフォースアンカー、あるいはダンフォース型アンカーと呼ぶことが多い。

薄く広い爪(fluke)が海底に刺さることで把駐力を生む。重量の割に把駐力が大きい。

ストックの長さ、フルーク部の形状や、材質によって厚みも異なり、またフルーク部は可動式になっているがその可動範囲(角度)の違いなどで、同じフルークアンカーでも把駐力や耐久性は大きく違ってくるので注意が必要だ。

・プラウアンカー

先端部が鋤(plow、plough)の形状をしている。先端部が左右に稼働するようになっているのが特徴だ。

重くかさばるが、アンカーローラーへの納まりがいい形状なので、クルージング艇ではスタンダードなタイプとなっている。

シンプソン・ローレンス社で開発されたCQRアンカーが代表的で、他社製品も含めてCQRアンカーと呼ばれることも多い。

・クロウアンカー

一体型で可動部や接合部はない。爪の部分の形状からクロウ(claw:鳥の爪)アンカーと名付けられているが、これも商品名からブルースアンカー(Bruce Anchor)と呼ばれることのほうが多い。CQRと並び、クルージング艇の主錨として多く用いられている。

・デルタアンカー

CQRと似たような形状だが、こちらは

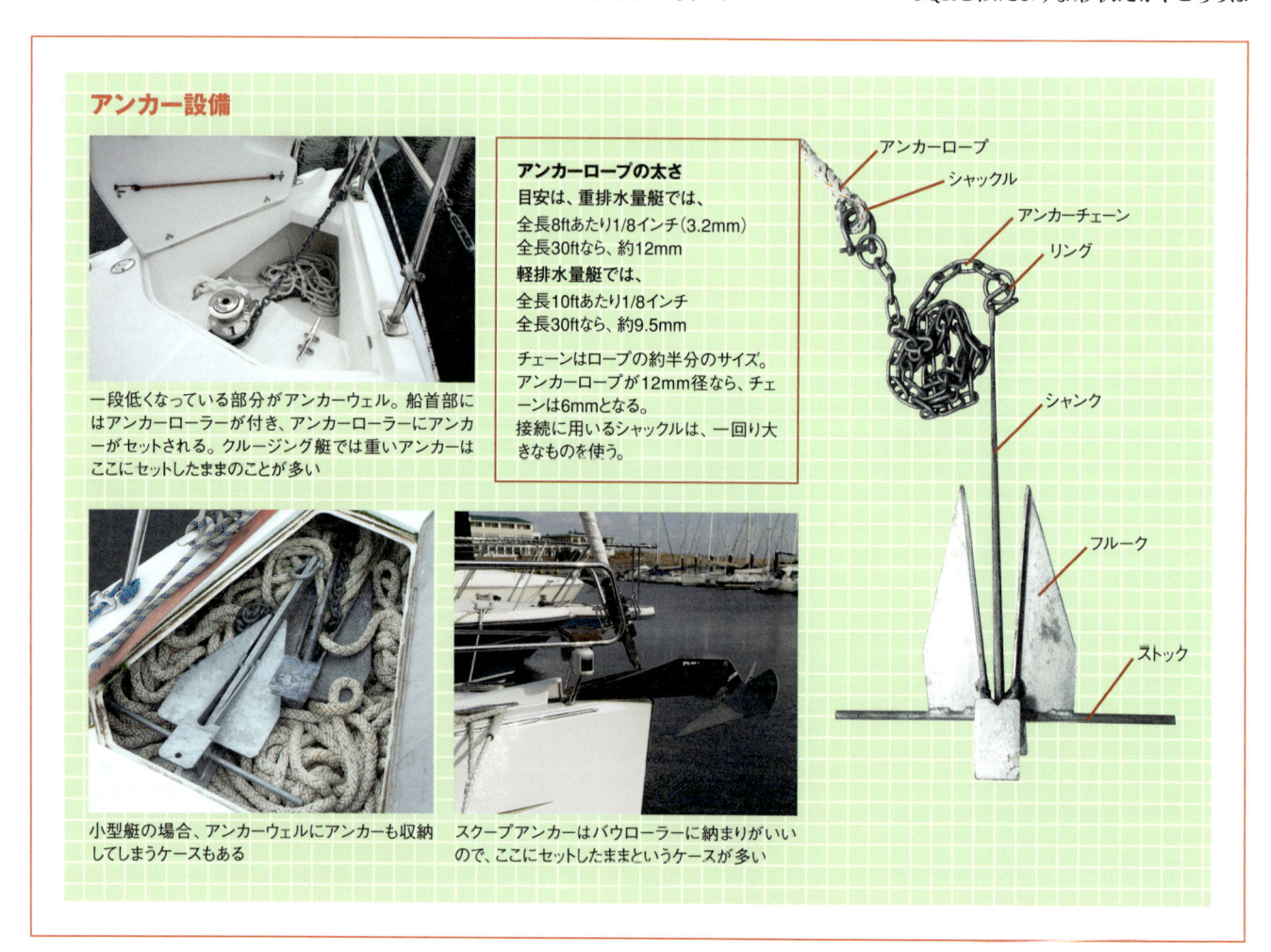

アンカー設備

一段低くなっている部分がアンカーウェル。船首部にはアンカーローラーが付き、アンカーローラーにアンカーがセットされる。クルージング艇では重いアンカーはここにセットしたままのことが多い

アンカーロープの太さ
目安は、重排水量艇では、
全長8ftあたり1/8インチ(3.2mm)
全長30ftなら、約12mm
軽排水量艇では、
全長10ftあたり1/8インチ
全長30ftなら、約9.5mm
チェーンはロープの約半分のサイズ。アンカーロープが12mm径なら、チェーンは6mmとなる。
接続に用いるシャックルは、一回り大きなものを使う。

小型艇の場合、アンカーウェルにアンカーも収納してしまうケースもある

スクープアンカーはバウローラーに納まりがいいので、ここにセットしたままというケースが多い

(ラベル: アンカーロープ、シャックル、アンカーチェーン、リング、シャンク、フルーク、ストック)

可動部がない。Deltaは商品名。

プラウやクロウも含めて、フルークアンカーに対して、スクープアンカー(scoop anchor)と呼ぶこともある。

フルークは平らなので収納しやすく、スクープはかさばるがバウのアンカーローラーには逆に納まりがいい。

クルージング艇では主錨にスクープアンカーを、副錨にフルークアンカーを装備することが多い。

・バルカンアンカー

日本のメーカーが開発したスクープアンカーの一種。

・唐人(とうじん)アンカー

小型漁船で用いられる。プレジャーボートでもまれに使われる。

アンカーケーブル

アンカーに接続するロープやチェーンを総称してアンカーケーブル、アンカーロードあるいは錨索などという。

アンカーケーブルは、ロープとチェーンに分けられる。

・アンカーロープ

クレモナ、ポリエステル、ナイロンなどの三つ撚り、あるいは編みロープで、水に沈むこと(比重が1以上)が重要。さらに、衝撃を吸収するよう、多少の伸びがあるほうがいい。

サイズ(太さ)は、ヨットの大きさ(重量と大きさによる風圧抵抗)によってだいたい決まってくる。長さは水深の5倍以上必要になる。

・チェーン

多くは亜鉛メッキをした炭素鋼の鎖。ステンレスのものもある。

アンカーロープを使う場合でも、アンカー側数メートルはチェーンを使うことが多く、末端まですべてチェーンならフルチェーンという。

ロープ同様、太さはさまざま。また一つ一つのコマの長さによって、ロングとショートがある。

アンカーウインドラスについては、第2章、81ページで説明したが、ウインチ側の爪のサイズに合わせたチェーンを用意する必要がある。

アンカーローラー

甲板上で一段低くなっている部分をウェル(well)という。アンカーやチェーン、アンカーロープを収納する部分はアンカーウェル。

また、アンカーケーブルの繰り出しや引き込みがスムーズに行えるよう回転するローラーがついた金具をアンカーローラーという。

レース艇ではアンカーやアンカーケーブルは船内やアンカーウェルに収納するが、クルージング艇では投錨抜錨がしやすいように、引き上げたアンカーはアンカーローラー上に固定したままにして

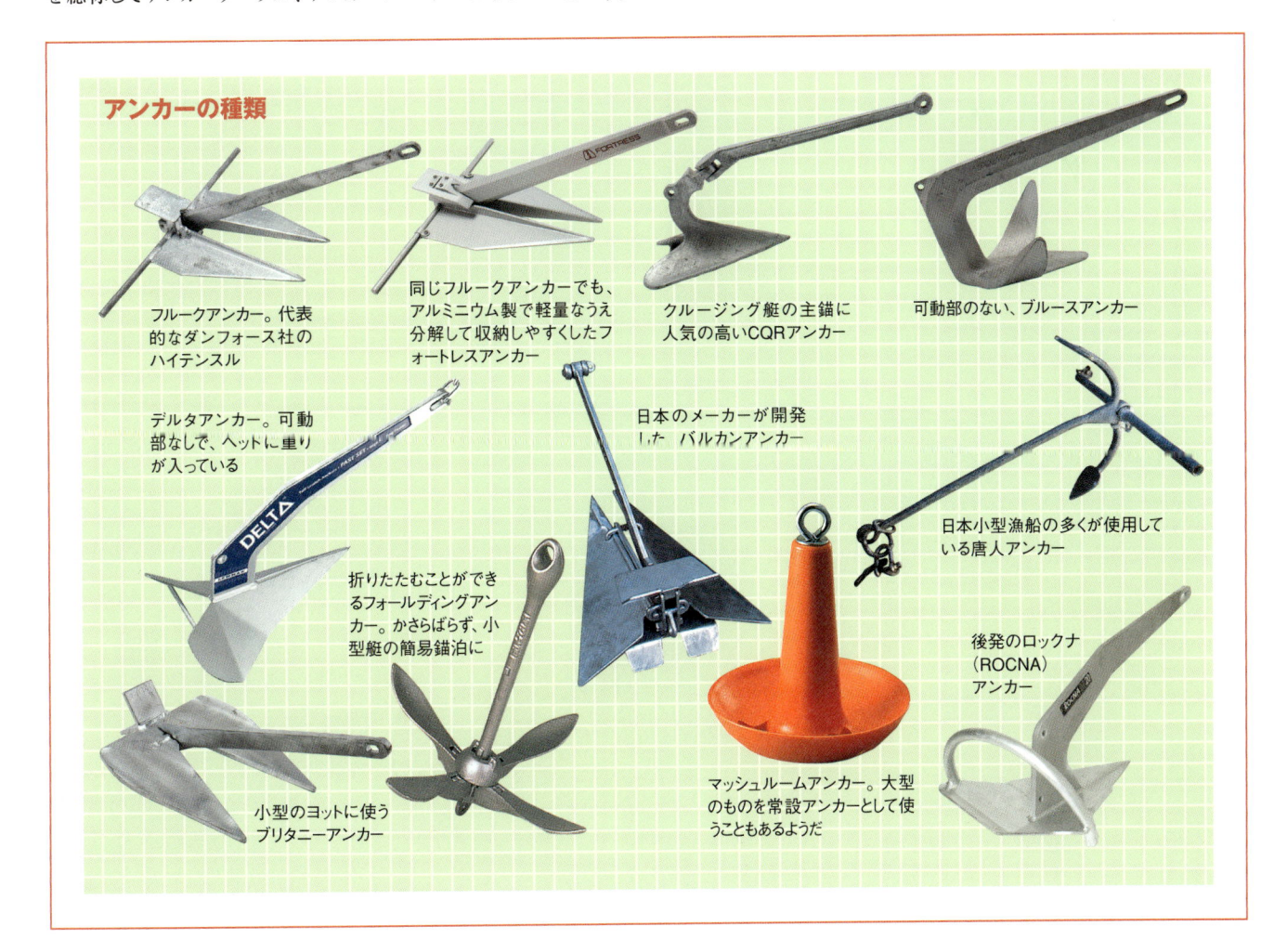

アンカーの種類

フルークアンカー。代表的なダンフォース社のハイテンスル

同じフルークアンカーでも、アルミニウム製で軽量なうえ分解して収納しやすくしたフォートレスアンカー

クルージング艇の主錨に人気の高いCQRアンカー

可動部のない、ブルースアンカー

デルタアンカー。可動部なしで、ヘッドに重りが入っている

折りたたむことができるフォールディングアンカー。かさばらず、小型艇の簡易錨泊に

日本のメーカーが開発した バルカンアンカー

日本小型漁船の多くが使用している唐人アンカー

後発のロックナ(ROCNA)アンカー

小型のヨットに使うブリタニーアンカー

マッシュルームアンカー。大型のものを常設アンカーとして使うこともあるようだ

第4章 クルージング
[クルージングのための艤装]

おくことも多い。

アンカーチェーンを収納する部分をチェーンロッカーと呼ぶ。チェーンの出入り口がチェーンパイプ。

これらのアンカー設備は、セーリングのための艤装同様、安全面でも重要な装備で、メインのアンカー（主錨）以外に複数のアンカーやケーブルを備えている。

自動操舵装置

小人数で長時間帆走するクルージングでは、舵の操作は自動操舵装置に任せることも多い。

オートパイロット

電気でモーターを駆動させ舵を操作する装置がオートパイロット。略して「オーパイ」とも呼ばれる。

電気式のコンパスが接続されており、針路をセットしておけばコースを外れると自動的に舵が切られて針路を一定に保つことができる。

オートヘルム（Autohelm）という商品が普及しており、電動の自動操舵装置を一般的にオートヘルムと呼ぶこともある。

電動のオートパイロットは針路を一定に保つものなので、風向が変化するとセールのトリムが合わなくなってしまう。

風見をセンサーにして、風向に合わせて舵を切る製品もある。

ウインドベーン

ウインドベーンとは、本来は風見の羽、つまり常に風の方向に向くように回転する板のことだが、ウインドベーンを使った自動操舵装置（wind-vane self-steering gear）を一般的にウインドベーンと呼んでいる。

船尾に取り付け、上部の大きな羽を風の方向に合わせてセットする。風が振れる、あるいは針路が変わってしまうと羽の側面に風が当たるようになるため、羽は倒れる。

羽が倒れる力だけでは舵を切るには足りないので、その動きを一旦水中の小さな舵板に伝える。すると前進する水流でこの舵板が強い力で跳ね上がる。こちらは水流なので舵を切るに足るだけの力があり、それをロープなどで直接舵に伝える。

電気を使わずに動き続けるので特に長距離航海に役に立つが、追っ手の風ではうまく作動しないこともある。風向が変わると針路も変わってしまう。

デッキを快適にするために

デッキで過ごすための装備について、

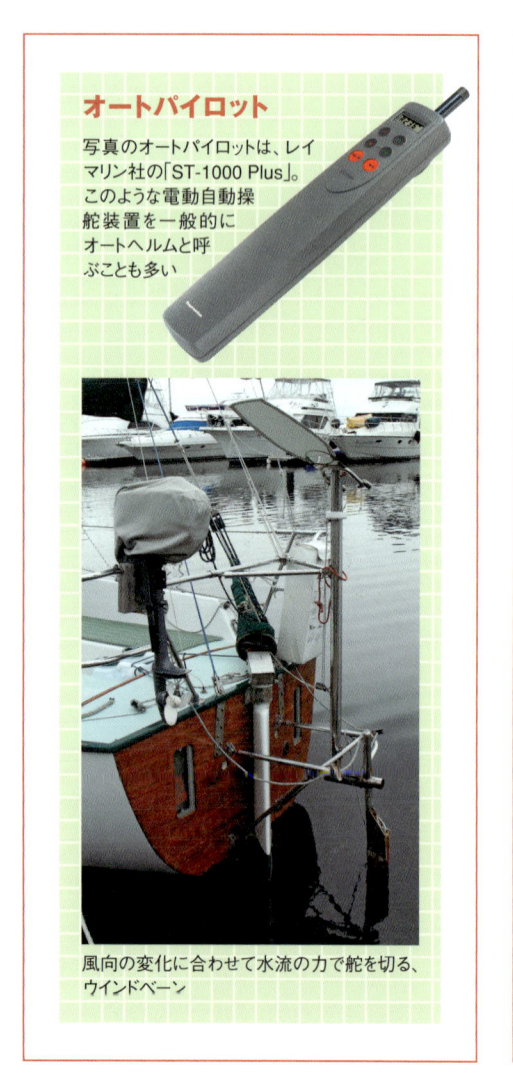

オートパイロット
写真のオートパイロットは、レイマリン社の「ST-1000 Plus」。このような電動自動操舵装置を一般的にオートヘルムと呼ぶことも多い

風向の変化に合わせて水流の力で舵を切る、ウインドベーン

ドジャー

コンパニオンウェイハッチを覆うドジャー。ライフラインの部分に張られたキャンバスがウェザークロス。地域によってはこちらをドジャー、コンパニオンウェイ部のものをキャノピー、あるいはスプレーフードと呼ぶこともある

ドジャーは、金属のフレームにUVクロスを張ったもので折りたたむこともできる。写真のように、中にはFRPなどのハードドジャーもあり、わが国ではあまり例がないが、長距離クルージング艇には人気の装備だ

コクピットの上部を覆うのが、ビミニトップ。これも折りたたむことができる。こちらは特に軽風時、あるいは停泊中に紫外線やちょっとした雨を防ぐためのもの。強風下ではたたむ

中には、コクピット全体を完全に覆うようなオーニングもある。帆走中もこのまま、あるいは海況によっては取り外して荒天準備に入ることもあり

帆走するための装備とはまた違った視点からみてみよう。

ドジャー

ドジャー（dodger）とは、コンパニオンウェイの前方を覆うキャンバス製のカバーで、特にクローズホールド時に前から被る波がキャビン内に打ち込むことを防ぐ。また錨泊時も風は常に船首方向から吹いてくるので、ドジャーがあれば雨のときでもコンパニオンウェイハッチを開けたままにしておくことができる。

金属製のフレームにキャンバスを被せ、また前方は透明のビニールになっていて、ある程度の前方視界も保つことができる。

ドジャーは米語で、英語ではキャノピー（canopy）、スプレーフード（sprayhood）と呼び、英語でドジャー（dodger）は、コクピット脇のライフラインに張るクロスのことを指す。これを米語ではウェザークロス（weather cloth）という（左ページ写真参照）。

また、FRPや木製のドジャーもあり、ハードドジャーあるいはこれをドックハウスと呼ぶこともある。

オーニング

デッキ上を覆う天幕が、オーニング（awning）。乗らない時にデッキやデッキ艤装の日焼けや汚れを防ぐためのカバーもあるし、停泊中に雨や風を防いでキャビン内外の生活を快適にするためのものも同様にオーニングと呼ぶ。

オーニングの中でも、特にパイプのフレームで支える折りたたみ式のものは、ビミニトップ（bimini top）と呼ばれる。

クルージング艇にとって、ドジャーやオーニングは、デッキ上を快適な空間にするための重要な装備だ。

トランサムステップ

水面とデッキまでの距離をフリーボード（乾舷）といった。十分なフリーボードは船の安全上重要な要素となる。

半面、フリーボードが高いと水面からよじ登るのは容易ではない。

そこで、水面に浮いている状態の人間がデッキに這い上がるため、水面ぎりぎりに平らな足場を設けることがある。これを、スイミングステップ、スイミングプラットフォームなどと呼ぶ。船尾のトランサム部に設けられることから、トランサムステップともいう。

さらにはしご（スイミングラダー、ボーディングラダー、アコモデーションラダー）も備えることが多い。

また、埠頭から乗り降りする際に用いるタラップをボーディングラダーと称することもある。

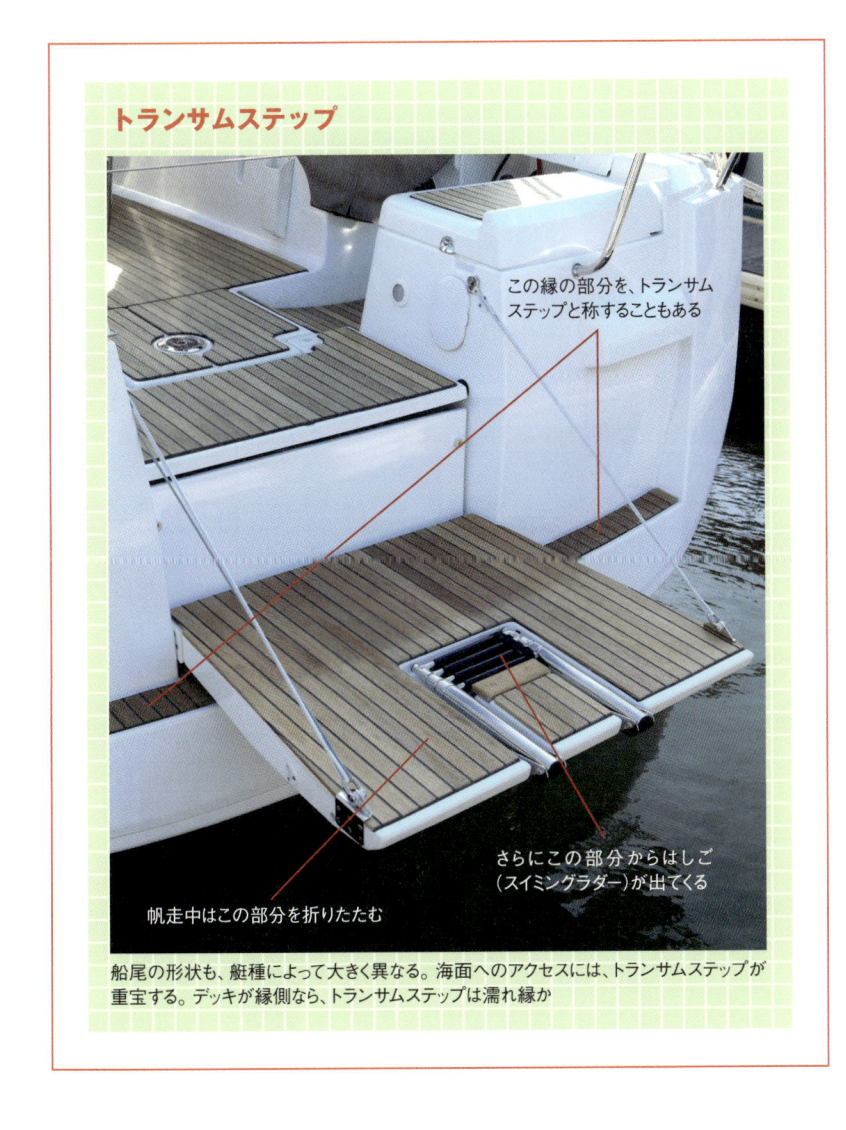

トランサムステップ

この縁の部分を、トランサムステップと称することもある

帆走中はこの部分を折りたたむ

さらにこの部分からはしご（スイミングラダー）が出てくる

船尾の形状も、艇種によって大きく異なる。海面へのアクセスには、トランサムステップが重宝する。デッキが縁側なら、トランサムステップは濡れ縁か

テンダー

錨泊したヨットから陸上へのアクセスにテンダー（ディンギー）は必需品だ

テンダーを搭載する方法や場所も重要だ

第4章 クルージング
[クルージングのための艤装]

主機か補機か

外洋ヨットにはエンジンが搭載されており、出入港や無風のときにはエンジンを使って走る。これを機走という。これに対して、セーリングを帆走といい、セールとエンジンを併用することを機帆走という。

一般的な動力船では推進機関を主機といい、その他の揚錨機や発電機などの機関は補機として呼び分けている。しかし、外洋ヨットの場合、メインの推進機関はあくまでもセールであると考えると、エンジンは出入港のときに用いる補助的な推進機関であるということから、これを補機と呼ぶこともある。

かといって大型の外洋ヨットでは、推進機関とは別に発電機を搭載している例もあり、この場合は発電機が補機で、推進機関であるメインエンジンは主機と呼ばれることになる。

このように、外洋ヨットの補助推進機関であるエンジンは、ケースバイケースで、主機とも補機とも呼ばれているのが実情だ。

いずれにしても、特にクルージング艇では、エンジンは重要な役割を担っている。

船外機

小型のヨットでは、船外機を用いることもある。

船外機（アウトボード：outboard engine、outboard motor、outboard）とは、その名のとおり、船外に取り付けるエンジンのこと。プロペラが一体になっており、船尾のブラケットに取り付け、プロペラ部を水中に沈めて使う。

出入港時の推進力として用い、港外でセールを揚げてセーリングに移ってからは、チルトアップ（引き上げ）したり、あるいは完全に取り外して船内のロッカーにしまうこともある。

船外機にはモーターボート用の大馬力のものもあるが、ヨットでは、小型軽量で、取り付け取り外しが簡単というところがメリットなので、3.5馬力から5馬力程度の小型の4ストロークまたは2ストロークのガソリンエンジンが使われることが多い。燃料タンクは筐体内に装備、あるいは外付けのタンクと切り替えられるものもある。

エンジン始動は手動で、かつては故障が多く安定度に欠けると評価が低かったが、近年は性能も向上し、修理するにしても、そのまま外してショップに持ち込めるし、いざとなれば買い替え（載せ替え）も簡単。プロペラに海藻やビニールが引っ掛かっても容易に外せるなど、メリットも多い。

上げ下げが面倒だが、コクピット内に装着して、チルトアップしたあと、船底部の穴を閉じてそのままセーリングに移れるように工夫されているものもある。

船内機

全長30ft以上になれば、多くは船内にエンジンを装備する船内機となる。船外機のアウトボードに対して、インボードエンジンあるいはインボードとも呼ばれる。

1気筒から3気筒程度の小型ディーゼルエンジンで、海水を吸い上げてエンジ

船外機

船外機は船尾のブラケットに取り付ける

機走時は、プロペラ部分は水中に沈める

帆走時はチルトアップし、抵抗にならないようにする。エンジンブラケット自体が跳ね上がるようになっているものもある

コクピット内に船外機用のウェルが付いているケースもある

船内機

船内機はその名のとおり、船内にエンジンが搭載されている。これはコクピット下のスペースに。コンパニオンウェイステップを開けて整備する

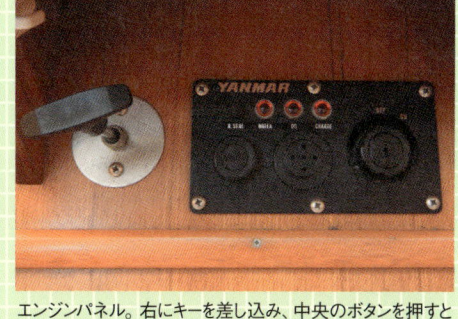

エンジンパネル。右にキーを差し込み、中央のボタンを押すとスターターモーターが回ってエンジン始動。間にあるのは警告ブザー、上には各種警告ランプが付く。左のノブはデコンプレバー。これを引いて圧縮を解除しエンジンを停止させる

左：シングルタイプのスロットルレバー。前に倒せば前進にギアが入り同時にエンジン回転も上がる。後ろに倒せば後進に

右：こちらも同じシングルタイプのスロットルレバー。左写真のタイプは軸中央にある赤いボタンを押すとギアが抜けて空ぶかしができるが、こちらはレバー全体を手前に引くとギアが抜ける

エンジンパネルはコクピットに装備されることもある。上の写真は、エンジンパネルが船内にあるので、エンジン始動や停止はキャビンに下りなければ操作できない

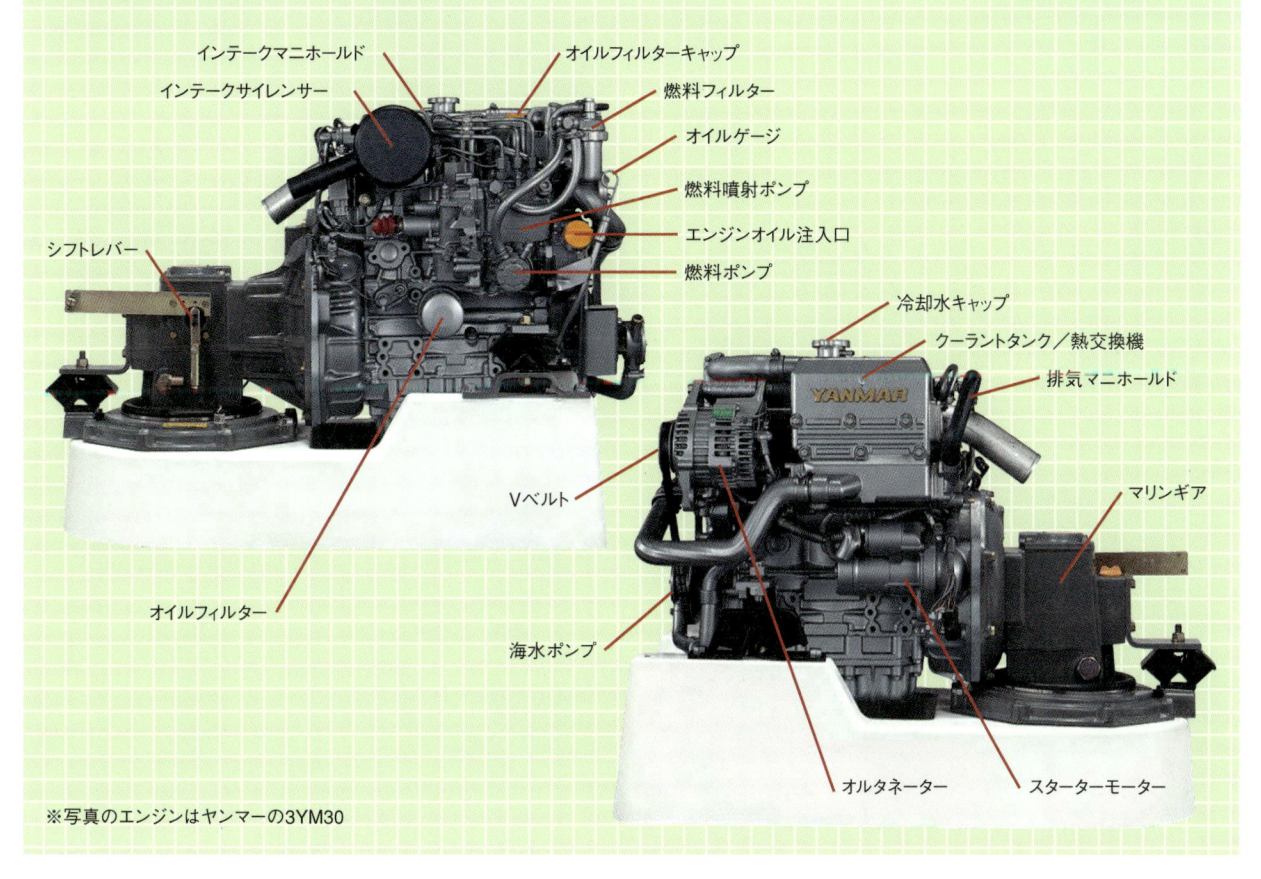

- インテークマニホールド
- インテークサイレンサー
- オイルフィルターキャップ
- 燃料フィルター
- オイルゲージ
- 燃料噴射ポンプ
- エンジンオイル注入口
- 燃料ポンプ
- シフトレバー
- Vベルト
- オイルフィルター
- 冷却水キャップ
- クーラントタンク／熱交換機
- 排気マニホールド
- マリンギア
- 海水ポンプ
- オルタネーター
- スターターモーター

※写真のエンジンはヤンマーの3YM30

第4章 クルージング
[クルージングのための艤装]

ンを冷やす水冷方式。オルタネーターも付いていて発電もでき、推進機関のみならず、発電機としても重要な役割を担う。

ディーゼルエンジンは、点火プラグなどの電気的な装置が必要ないため、海上の過酷な環境に強い。また、燃料の軽油はガソリン燃料に比べ、引火しにくく、調理などで火を使うことも多い外洋ヨット向きであるともいえる。

138ページで紹介したように、エンジンはコクピットの下やキャビンテーブルの下などに装備されている。自動車と異なり、洋上で走りながら整備することもあるので、エンジンへのアクセスのしやすさも重要だ。

以下、本項ではディーゼルの船内機を念頭に置いて解説していく。

プロペラ

エンジンの回転を推進力として伝えるのがプロペラだ。スクリュープロペラ（screw propeller）あるいはスクリューとも呼ばれる。

螺旋面を翼にして回転させ、水を後ろに押し、その反動で推力を発生させる。

外洋ヨットでは2翼か3翼のものが多い。直径をダイヤ、プロペラが1回転で進む距離をピッチといい、プロペラのサイズはダイヤとピッチの数値で表される。

ヨットの大きさや推進抵抗とエンジンの出力によってプロペラの適正サイズが決まってくる。正しいプロペラを使うことで燃費も良くなるが、外洋ヨットの場合、機走性能よりも、帆走時の抵抗軽減を重視することが多い。

・フォールディングペラ

外洋ヨットでは、セーリング中はエンジンを使わない。水中にあるプロペラは、セーリング中は抵抗になるだけの、無用の存在となる。

そこで、抵抗を減らすために、羽根が閉じるようにしたものをフォールディングペラ（folding propeller）という。

・フェザリングペラ

フォールディングペラは、本を閉じるようにして羽根が閉じる。これに対して、羽根のピッチをなくす（進行方向に沿わせる）ようにして閉じるのが、フェザリング（feathering）ペラだ。

フォールディングペラ、フェザリングペラとも、2翼と3翼がある。

スターンチューブ

船内機からは直接プロペラ軸が出ており、船体を貫通して水中に延びたプロペラ軸の先端にプロペラが付く。

船体を貫通する部分にある防水の軸受けをスターンチューブ（stern tube）と

プロペラ

一般的な固定2翼プロペラ

モーターボート用のプロペラは形状がかなり異なる

フェザリングペラ。これは開いた状態

①フォールディングペラの開いた状態
②エンジンを止めてセーリングに移ると、水の抵抗でペラは閉じる
③完全に閉じた状態。縦方向になるように調整する

フェザリングペラが閉じると、こんな感じ

いう。スターンチューブの防水シールにはグランドパッキン(packing gland)が用いられる。

グランドパッキンは四角い断面に織り込まれた繊維の紐で、オイルを含ませてシャフトに巻き付ける。船内側から、押さえ金物を適度にねじ込むことでグランドパッキンが圧縮され、スタンチューブ内で防水と摩擦の調節をしている。船内側に多少海水が染み出るくらいに調節して使う。

セールドライブ

上述のように、スタンチューブを通ってプロペラシャフトが水中に出ているシステムをシャフトドライブという。これに対して、セールドライブとは、ギアを介して垂直に船底を貫通させ、プロペラの回転軸に伝えるシステムのこと(写真)。

セールドライブは、シャフトドライブのようにスターンチューブを必要としないので、防水性が高く、形状も翼状で抵抗が少ないだけでなく、クローズホールド時には、多少なりともキールのように揚力も発生する。フォールディングペラとセットになっていることが多いが、写真のように閉じたペラは縦方向になるのが正しい位置だ。

メインテナンス

いざエンジントラブルとなっても、海上では簡単に修理業者を呼んで修理してもらうわけにもいかない。

外洋ヨットに搭載されるディーゼルエンジンは頑丈さが取りえだが、トラブルを防ぐには、やはり日ごろのメインテナンスが重要だ。

ディーゼルエンジンの消耗品としては、エンジンオイルやVベルト、インペラ(羽根車)、防食亜鉛などがある。

Vベルトは、エンジンの回転を燃料ポンプや冷却用の海水ポンプ、あるいはオルタネーターに伝えるためのもの。むき出しになっているので、チェックしやすいが、切れる前に交換したい。

冷却水ポンプの中にあるインペラもゴム製で、こちらは蓋を開けなければチェックできない。記録を残しておき、定期的に交換したい。

海水中で異なる金属が触れあうと電食を起こす。エンジン内部には電食防止用の防食亜鉛が付いている。これも、取り外さないとチェックできない。

燃料にごみや水分が混入することもある。フィルターで除去するようにはなっているが、それらのチェックも欠かさずに。

また、基本的なことだが、燃料の残量にも注意が必要だ。ディーゼルエンジンでは、いったん燃料切れでエンジンが止まると、エア抜きをしないと再起動できない。強風下であわてないようにしたい。

冷却用の海水を吸い込むスルハル部とシーコック。排水は排気と共に艇外に排出されるが、それらは目の届きにくい狭い場所に配置されていることが多い。まず、自艇の構造を熟知しておくことが、トラブル対処の第一歩となる。

スターンチューブ

シャフトドライブでは、プロペラ軸がスターンチューブを通って直接船外に出る。プロペラ軸に付いている白っぽいものが電食対策の防食亜鉛

スターンチューブ内にはグランドパッキンが詰め込まれており、船外側からネジで締め込み、摩擦と防水を調節する

ボルボペンタ社の「ゴムパッキンボックス」。グランドパッキン仕様以外にもさまざまなものが出ている

スターンチューブのないセールドライブ。水中の抵抗も少なく、ヨット向きだ

防水シールにカーボン製フランジを使用したP.S.S.仕様。蛇腹状の部分を押し下げて円盤同士で防水するタイプ

メインテナンス

エンジン内に取り付ける防食亜鉛。写真は新品。これが電食で減っていく

海水ポンプ内にあるインペラ。ゴム製で、これが回転して、冷却用の海水を汲み上げる

第4章 クルージング
[クルージングのための艤装]

電気装備

夜間の航海には航海灯が必要になる。コンパスを照らすコンパスライトも必須だ。

室内灯にラジオや無線機、あるいは水道も電気ポンプを使うことがあるし、アンカーウインドラスやオートパイロットなど、ヨットの上では、なにかと電気が使われている。

直流と交流

電気の仕事を水の流れにたとえるならば、電圧とは水が流れるときの落差であり、そのとき流れる水の量が電流ということになる。

電圧の単位はV（ボルト）、電流の単位はA（アンペア）で表される。

電気がなす仕事率は、

　　電圧（V）×電流（A）＝電力（W）

で表される。

電流は電気の流れであり、流れには方向がある。その方向と量が時間とともに周期的に変化するものを交流（AC: alternating current）、一定のものを直流（DC: cirect current）という。

乾電池は直流で、電圧は1.5V。電極のプラスとマイナスは決まっている。

これに対して、日本の家庭のコンセントは交流100Vで、関東地方ではプラスとマイナスが1秒間に50回入れ替わる。これを周波数といい、Hz（ヘルツ）という単位で表す。関西ではこれが60Hzとなっている。

外洋ヨットに搭載されるエンジンにはオルタネーター（交流発電機）が付いていて、エンジンで生じる回転運動を電気エネルギーに変換している。

生じた交流電気はコンバーター（整流器、変換器）で直流に変換され、レギュレーターで電圧・電流を調整し、バッテリーに送られる。

バッテリー

化学的な反応によって起電力を発生させる装置のことを電池という。乾電池のように直流電気の放電のみが可能な一次電池と、充電可能な二次電池（蓄電池）とに分けられる。

電池の構成はさまざまで、先に「乾電池は直流1.5V」と書いたが、実際には各種ある。

外洋ヨットの上で「バッテリー」といえば、エンジンで発電した電気を溜めておくための電池（二次電池）のことだ。

外洋ヨットの場合、セーリング中はエンジンは止めている。その間は発電されないので、バッテリーに蓄えられた電気を使うことになる。放電が進んでも、再びエンジンを始動すれば、バッテリーを充電することができる。

しかし、バッテリーが完全に放電してしまうと、エンジンを始動することができなくなってしまい、当然ながら再充電もできない。

そこで、複数のバッテリーを搭載し、エンジン始動用と、そのほかの用途とで使い分けることが多い。

一部の小型船舶では24V仕様のものもあるが、プレジャーボートではほとんどが12V仕様となっている。

バッテリーの放電容量はアンペア時（Ah）で表される。「50Ah」というのは、5Aを10時間流せるという意味。12Vで5Aということは、計算上、60Wの機器を10時間使えることになる。

同じ容量でも、低電流を長時間使い、完全放電に近い状態からの回復に向いているディープサイクルバッテリーもある。瞬間的に大きな電力を必要とするエンジン始動用と、そのほかの用途でバッテリーの種類や容量を使い分ける例も多くなってきている。

電池の性能向上は目覚ましい。携帯電話が小型化したのも、一つは電池の小型高性能化によるともいえるわけで、ヨットの上で使われる電池も、今後さらに進化していくことだろう。

太陽電池

太陽電池とは、電力を蓄えるものではなく、光を電力に変える装置だ。シリコーンなどの半導体を用いたものが開発されている。

コストの問題から、陸上での普及はあまり進んでいないが、ヨットの上ですべてを賄わなければならない外洋ヨットの長距離航海においては有効で、これまでも多く利用されてきた。

大きなパネルを固定して用いる場合もあるし、停泊中の補充電用にマット状のセルをデッキに置くだけというケースもある。

いずれも、太陽電池で発電し、バッテリーを充電することになる。

価格や寿命、発電効率も向上しており、今後はさらに普及するものと思われる。

陸電

停泊中のヨットで使う、陸上からの引き込み電気を陸電（ショアパワー：shore power）という。

設備の整ったマリーナなら、浮桟橋に陸電ポストが設置されていて、そこからケーブルで艇内に引き込んで使う。

陸電は交流電源なので、バッテリーを充電するならコンバーターを使ってDC12Vに変換しなければならない。あるいはそのまま交流家電を稼働させることもできる。

　　　　　　＊

ヨットに搭載されたバッテリーと、エンジンからの発電は直流12V。陸電から得られる交流電気は100Vから国によっては230〜240Vと違いがある。加えて、太陽電池から得られるその他の直流電気等々、給電側は多系統になっている。

用いられる電気機器も増加の一途をたどっており、直流12Vのマリン用に開発された機器ばかりではなく、交流家電を使うこともある。となると、陸電の交流電気を直流に変換するコンバーターのみならず、その逆に、直流電源から交流家電を使うためのインバーター（逆変換器）を装備する例も少なくない。

航海で重要な役目を担う電気機器を含め、そのほかすべての電気設備をコントロールする電気系統は、その構成が複雑になってきている。洋上でのトラブルに対処するためにも、その構造をすべて頭の中に入れておきたい。

バッテリー

フォクスルのバース下に収納されたバッテリー。これは容量が異なる三つのバッテリーが搭載されている例

複数のバッテリーは、バッテリー切り替えスイッチで切り替えて使う

同じメインスイッチでも、こちらはバッテリーごとにスイッチが分かれている例。マイナス側にもスイッチが付いている

さらには、各機器あるいは系統ごとにブレーカーやオン／オフスイッチが配置された配電パネルが付く。陸電の切り替え、電圧のチェックもできる

太陽電池パネル。用途によってはかなり大きなパネルを設置するケースもある

風力発電のユニット。こちらは夜でも充電可能

陸電

左：マリーナの浮桟橋に設置された陸電ポスト。水道の蛇口、照明などとセットになっている
上：カバーを開けると、このように陸電のプラグが設置されている。電圧や周波数の違いに注意

陸電ケーブルを差し込むと、こんな感じ。コネクター形状もいろいろあるので注意

ソケット形状を変換するアダプターも各種ある。とにかく、電圧の違いに注意

第4章 クルージング

［船を舫う］

係留

船をつなぎ留めることを、係留あるいは係船という。係留する場所によって、状況は変わってくる。

岸壁

岸壁とは、船舶を係留するために港湾に設けられた施設で、特に大型船用のものは埠頭、小規模のものは桟橋と呼び分けることも多い。

港の中といっても波はある。また潮の満ち干で海面は上下するため、岸壁の高さは時間とともに変化する。特に船体が繊細なプレジャーボートを係留するには、さまざまな注意が必要だ。

横着け

桟橋に沿って係留することを横着け（alongside）という。

バウライン、スターンライン。バウスプリング、スターンスプリングの4本で固定するのが基本だ。

船体が岸壁に押し付けられるのでトラブルも多い。沖側にアンカーを打ち、船体が岸壁から離れるようにすることもある。

槍着け

船尾からアンカーを打ち、船首を岸壁に着けるのが槍着け。日本の狭い漁港に係留する際はよく行われる。海外では船尾側を岸壁に着けるほうが多いかもしれない。本来、メインアンカーは船首側にあるので、船首が沖側、船尾が岸壁側になるのは理にかなっている。

一方、岸壁側は海底に障害物があることもある。船尾にはラダーがあり、これが海底の障害物と接触して大きなダメージを受ける危険性もある。

槍着けの場合、船尾から予備アンカー（ケッジアンカー）を打ち、頑丈でドラフトの浅い船首が岸壁側になる。これはこれで理にかなっているともいえる。

槍着けをメインとするならば、船尾側にもアンカーローラーやウインドラスなどを備える艇もある。

浮桟橋

岸壁は海底から立ち上がった構造物だが、海面上に浮いている桟橋が浮桟橋。ポンツーン（pontoon）とも呼ばれる。

潮の満ち干とともに浮桟橋も上下するので、桟橋面とヨットのデッキとの高さは常に同じ。潮の満ち干に左右されないので、小型船にとってはより楽に係留できる。ヨットハーバー、マリーナでの係留の多くはこれ。

ブイ係留

あらかじめ海底に沈めたアンカー（シンカー）にワイヤを渡すなどして取った常設のアンカーケーブルを使って係留することもある。船が出て行った後は、係留索は浮きに付けて海面に浮かべておくので、ブイ係留とも呼ばれる。

船首からの一点取りで振れ回しにする、あるいは前後にアンカーケーブルを取ることもある。

フェンダー

岸壁との擦れで船体が傷つかないようにするのが防舷材。フェンダーと呼ばれる。

空気で膨らませ、ロープでライフラインなどから吊り下げて使うものが一般的だが、さまざまなサイズ、形状、材質のものがある。

船体にフェンダー自体の跡が付くこともあるため、フェンダーを覆う布製のカバーも用意されている。また、円筒形のものは、フェンダー自体が回転して岸壁側の砂や砂利を巻き込み、船体に細かい傷を付けてしまうこともある。回転しないような板状のフェンダーもあるし、広いマットフェンダーを船体側に吊るし、その外側に円筒形のフェンダーを当てることもある。

岸壁側が平面であるとも限らない。岸壁は、本来ヨットのような華奢な小型ボートを係留するためにあるわけではない。岸壁側に合成ゴム製の頑丈な防舷材が付いていることもあり、これらがかえって邪魔になり、うまくフェンダーを当てられないことも多い。

この場合は、幅の広い木の板などを用意しておき、ヨット側のフェンダーと岸壁との間に当てるなどの工夫が必要だ。

係留索

係留に用いられるロープが係留索。もやい索、もやい綱、ムアリングロープなどと呼ばれる。

ロープについては、第2章、46ページで詳しく説明した。セーリングに用いるロープは、伸びが少なくて軽いものが適しているが、係留に用いられるロープは、ある程度伸びのある材質のほうが衝撃を吸収してくれる。

このため、セーリング用のロープ、シート、ライン類とは別に、係留索として用意するのが一般的だ。

また、係留索は長すぎると使いにくい。全長の1.5倍から2倍くらいのものを何本か用意したい。これに対してアンカーラインは、継ぎ足しでは使いにくいので、50m、100mといった単位のものになる。よって、アンカーラインと係留索はそれぞれ別に用意することになる。

係留のいろいろ

岸壁や埠頭は、本来、大型船を係留するために造られている。ここに外洋ヨットを係留する場合、それなりの工夫が必要になる

岸壁への横着け（alongside）
○ 離着岸が楽　　○ 乗り降りが楽
× 岸壁をより長く占有する　× 潮の満ち干の影響を大きく受ける
× 岸壁にこすり付けられる

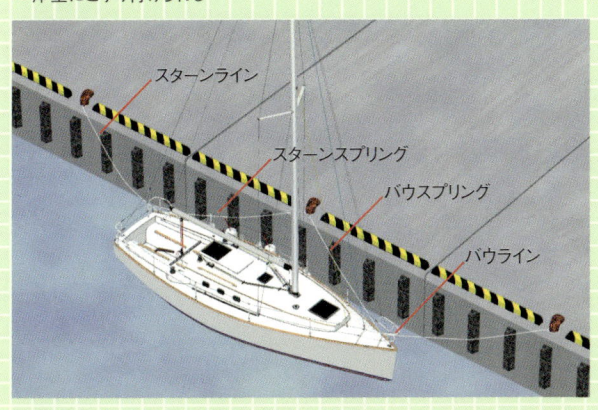

スターンライン
スターンスプリング
バウスプリング
バウライン

沖側にアンカーを打って、岸壁から離すこともある

槍着け
○ 横着けに比べ、狭い岸壁スペースで済む。ただし沖アンカーが必須
○ 船首部は比較的頑丈で喫水が浅いので、岸壁下の水深が浅くなっていてもリスクは低い
× 乗り降りしにくい

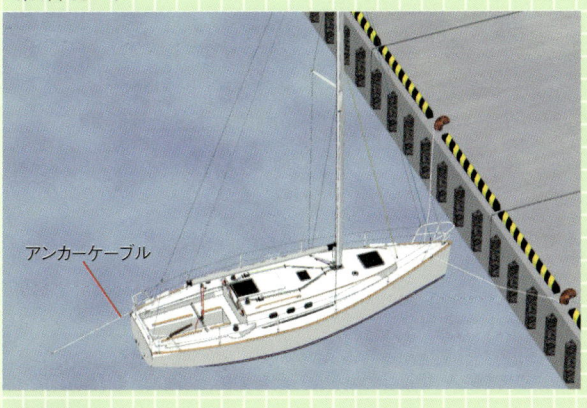

アンカーケーブル

船尾着け
○ 槍着けに比べ乗り降りしやすい　○ 船首の主錨を使うことができる
× 後進で進入　× ラダーなど繊細な部分が岸壁寄りにあるリスク

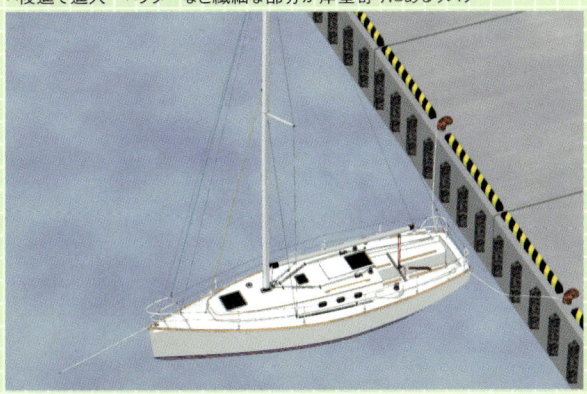

× 漁港の船溜まりでは、すでに地元船用にアンカー（シンカー）からワイヤを取るなどしてあり、下手にアンカーを打つと、海底で引っ掛かってアンカーが上がらなくなってしまうことも少なくない

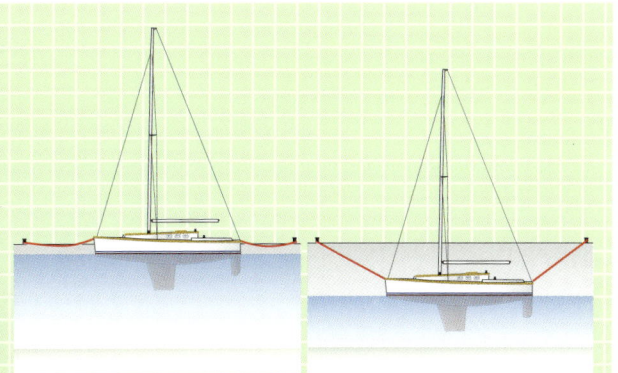

潮の満ち干で岸壁とデッキ（係留用クリート）との距離が違ってくる。ムアリングロープをなるべく長く取ることで、満ち干に対応させる。沖側にアンカーを打って、岸壁から離すこともある

浮桟橋
○ 潮の満ち干に左右されない　○ 乗り降りが楽
× 桟橋の配置によっては、離着岸がやや難しい場合もある
× 設備にお金がかかる　× 荒天対策が必要

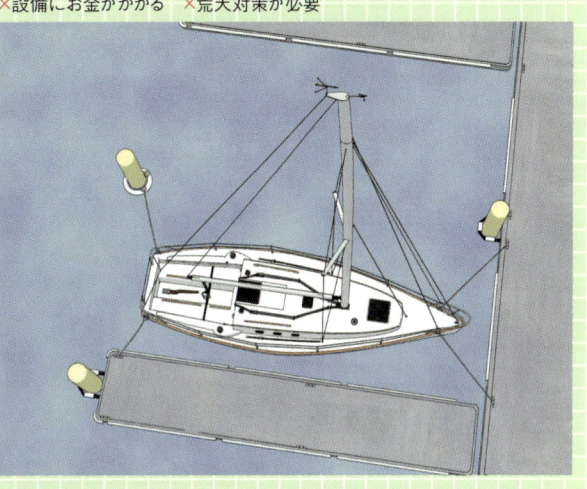

ブイ係留
○ 設備が比較的簡単にできる
× ヨットまではテンダーで渡らなければならない

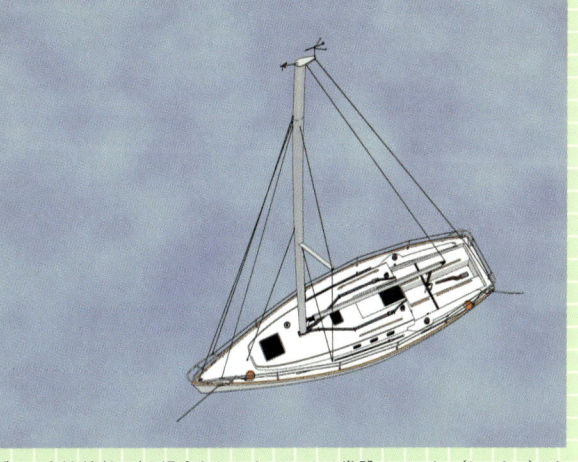

ブイに直接舫（もや）う場合もあるが、イラストは常設のアンカー（シンカー）から取った前後2本の係留索を使うもの。2本の係留索は細索でつなぎ、浮きブイを付けておき、離れる際は海面に浮かべておく

第4章 クルージング
[船を舫う]

ボートフック

海上に浮かんでいるブイを拾う、あるいは岸壁を突き放す、などという用途に用いる、軽合金製の長い棒がボートフックだ。

先端には、押したり引いたり引っ掛けたりといった用途に合う形状のフックが付いている。

長さを調整できたり、先端部を取り外してブラシに付け替えてデッキブラシとしても使えるように工夫された商品もある。

離岸と着岸

桟橋を離れる操作が離岸。係留するのが着岸だ。どちらもその手順は状況によって異なる。特に強風下で狭い桟橋への離岸、着岸は難しい作業になる。

シングルアップ

離岸する際に、最低限必要な係留索のみを残した状態をシングルアップ（single up）という。

係留索はすべてが利いているわけではない。風向によって、力がかかっている係留索とそうでもない係留索とに分かれる。離岸の際には、利いていない係留索から外していく。

デッドスロー

港内では最微速（デッドスロー：dead slow）で。機関中立でも、行き足はある。逆に、ブレーキはないので、機関後進で行き足を止める。

エンジンと係船索とをうまく使って、離着岸を行おう。

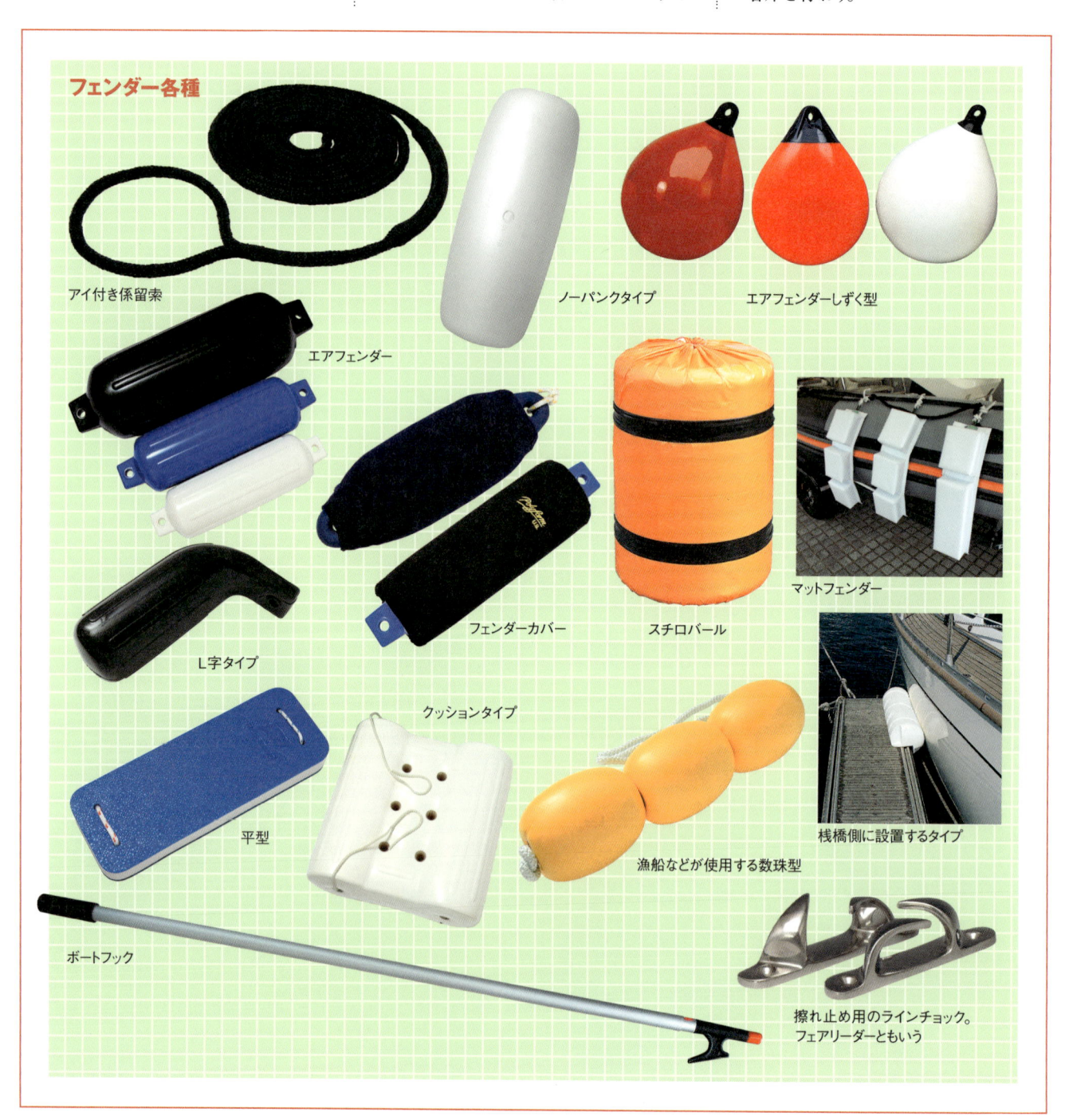

フェンダー各種

- アイ付き係留索
- ノーパンクタイプ
- エアフェンダーしずく型
- エアフェンダー
- マットフェンダー
- L字タイプ
- フェンダーカバー
- スチロバール
- 平型
- クッションタイプ
- 漁船などが使用する数珠型
- 桟橋側に設置するタイプ
- ボートフック
- 擦れ止め用のラインチョック。フェアリーダーともいう

離岸

ホームポートの浮桟橋では、係留索は桟橋側に残していく。風向によって、係留索には利いているものと利いていないものとがあるので、解く順番に注意が必要だ

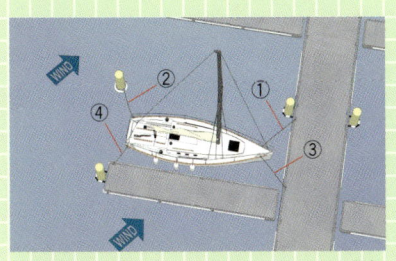

この風向では①はまったく利いていないので最初に解く。④は最後まで残す。次に②も解けるが、これを解くとヨットは前に出るかもしれない

③を解くと船首が風下側へ振れる。微風〜軽風なら、そのまま後進で出て行けるかもしれないが、風が強いときはイラストのような状態になってしまうこともある。隣には別の艇がいるわけで……

ヨット側からスプリングラインを取り、船首が流されないように、あるいはヨットが前に出てしまわないようにする。このロープはバイトに取っておく(U字型に取る)ことで、ヨット側から解ける。これで準備完了。機関後進で離岸する

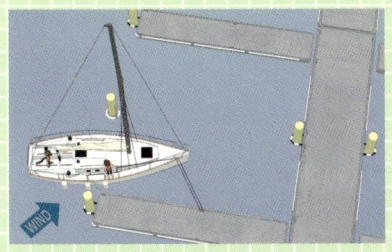

ラダー形状によっては、後進時にいったん船尾が振れ始まるともう修正できなくなってしまうこともあるので注意。係留索をうまく扱って、まずは真っすぐ後進。小さな舵角で回頭させていく

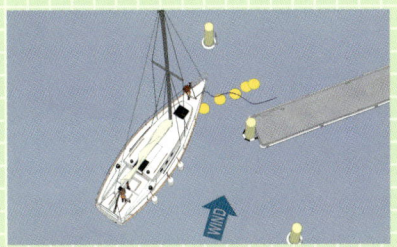

後進し始めたらギアはいったん中立に。それでも、勢いでヨットは後進し続ける。行き足が足りないようなら再度後進に入れる。解いたスプリングラインは、ヨット側から回収する

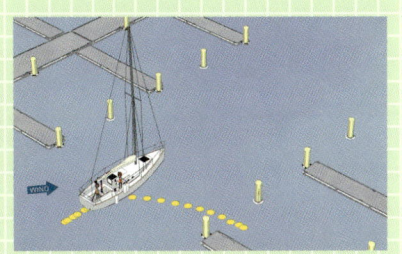

停止位置より前でギアは前進に。それでもまだヨットは後進し続けている。エンジン回転を上げ、行き足が止まって前進し始めたことを確認してから舵を切り返す。前進し始めたら回転を落とし、港内では最微速(デッドスロー：dead slow)で

着岸

桟橋側の状況や風向風速、ヨットの大きさや乗員数によって、さまざまなケースが考えられる。これはその一例にすぎない。着岸前に作戦を立て、乗員に知らせ、手順を確認してから行動に移そう

ホームポートの浮桟橋では、係留索はちょうどの長さでエンドの輪をクリートに掛けるだけになっていることが多い。この場合、ヨット側で仮の係留索を用意しておくとよい

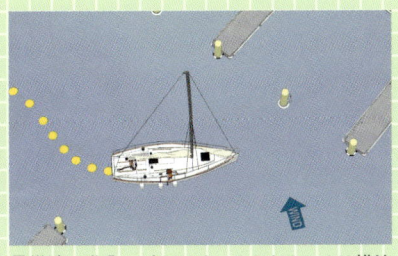

最微速で進入。バラストキールのあるヨットは横流れしにくい。機関中立、惰性で走っているだけでも舵は利く。狙いを定めて桟橋へ

船首が浮桟橋に最接近。この段階で船首から桟橋へ飛び移るのはなかなか難しい。ここから舵を切ると船首は桟橋から離れていく

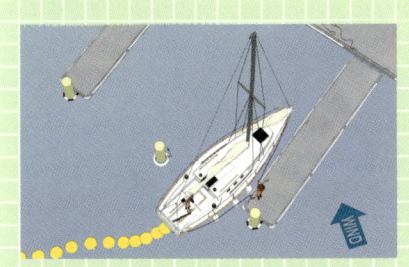

ここでクルーは仮の係留索を持って桟橋へ下り、桟橋側のクリートに掛ける。クリートに掛ければ力は殺されるので、ヨットが流されそうになっても片手で操作できるはずだ

エンジン後進で、行き足を止める。仮の係留索2本でヨットは落ち着くはず。必要なら船尾側の仮係留索のテール側は、手の空いたヘルムスマンに渡してもいい

ヨットが落ち着いてから桟橋側の係留索を掛ける。沖側の係留索は細索で吊っておくなどして、ボートフックで引っ掛ければ簡単にたぐり寄せられるようにしておく

第4章 クルージング
[船を舫う]

錨泊

船首から投入したアンカーだけで停泊することを錨泊という。船体は風に流されてアンカーの風下側に位置する。風が振れれば、アンカーを中心にして船体は振れ回る。ここから、錨泊のことを振れ回しともいう。

スコープ

錨泊ではアンカーだけが頼りだ。

アンカー設備については、140ページで詳しく紹介した。アンカーにもさまざまな種類があり、条件によって効果は異なる。

いずれにしても、海底にアンカーの爪が食い込んで留まっているだけなので、場合によってはうまく利かず流されてしまうこともある。これを走錨という。錨が抜ける、錨が引ける、などとも表現する。

アンカーはなるべく海底と平行に引かれたほうが、食い込みは良くなる。そのためには、アンカーケーブルを長くすること。アンカーケーブルの長さを水深で割った数値をスコープといい、水深の4倍から5倍、状況によってはさらに長くアンカーケーブルを繰り出す必要がある。

ただし、錨泊の場合、必要以上にアンカーケーブルを繰り出しても、ヨットが振れ回る範囲が広くなってしまう。アンカーの種類やチェーンの長さ、底質や海象などの条件を考慮し、適切なスコープを判断しなければならない。

アンカーチェーン

アンカーケーブルはアンカーロープとアンカーチェーンに分けられる。アンカーチェーンを長く取ることによって、その重さでアンカー本来が持つ保持力が発揮される。

すべてをチェーンにすればフルチェーン。錨泊を中心としたクルージングを行うケースでは、いざ走錨してしまうと致命的な事故になってしまう。そこで、フルチェーンにしているヨットも多い。クルージングのスタイルによっては、50m、100mとチェーンを用意している外洋ヨットもある。

ロープと違ってチェーンのコマ一つ一つがアンカーウインドラスの爪に噛み込むので、ボタン一つでアンカーの上げ下げができる。全体の重量は大きくなってしまうが、電動ウインドラスとフルチェーン、そしてアンカーローラーとの組み合わせで、操作は楽で走錨のリスクも減らせるということになる。

アンカーレッコ

わが国では錨泊はあまり一般的ではないが、本来外洋ヨットは錨泊するようにできている。

錨泊には、まずはいい泊地があることが重要だ。波や風を遮る奥まった入江がいい。こうした海面のデータをチェックするには、海図からの情報だけでは不十分かもしれない。実際にヨットでゆっくりと回り、正確な水深を確かめる。錨泊には水深計は必須だ。

潮の満ち干にも注意し、干潮時の水深がどのくらいになるかを計算し、アンカーを打つ場所、ヨットが留まるであろう場所を確認する。

場所を決めたら、投錨位置まで行き、ゆっくりと後進しながら投錨。投錨作業は「let go the anchor」が訛って「レッコアンカー」、「アンカーレッコ」などと呼ばれることが多い。

海に物を投げ込むことも「レッコ」で、さらに転じて、ゴミ箱に捨てることも「レッコ」といって、ヨットの上ではかなり一般的に使われている。

アンカーレッコの後も、微速で後進しながらアンカーケーブルを繰り出していく。ある程度出したところでいったんエンジン回転を上げ、確実にアンカーを海底に食い込ませる。そこからさらにアンカーケーブルを繰り出してアンカー作業終了。

これは錨泊のみならず、先に挙げた槍着けなどでアンカーを用いる場合も同じだ。

振れ回り

アンカーが利いた状態では、ヨットはアンカーの風下側に船首を風に立てるかたちで留まることになる。

実際には、風の強弱でアンカーケーブルには力がかかったり緩んだりする。緩めばヨットは前に出てわずかに船首を左

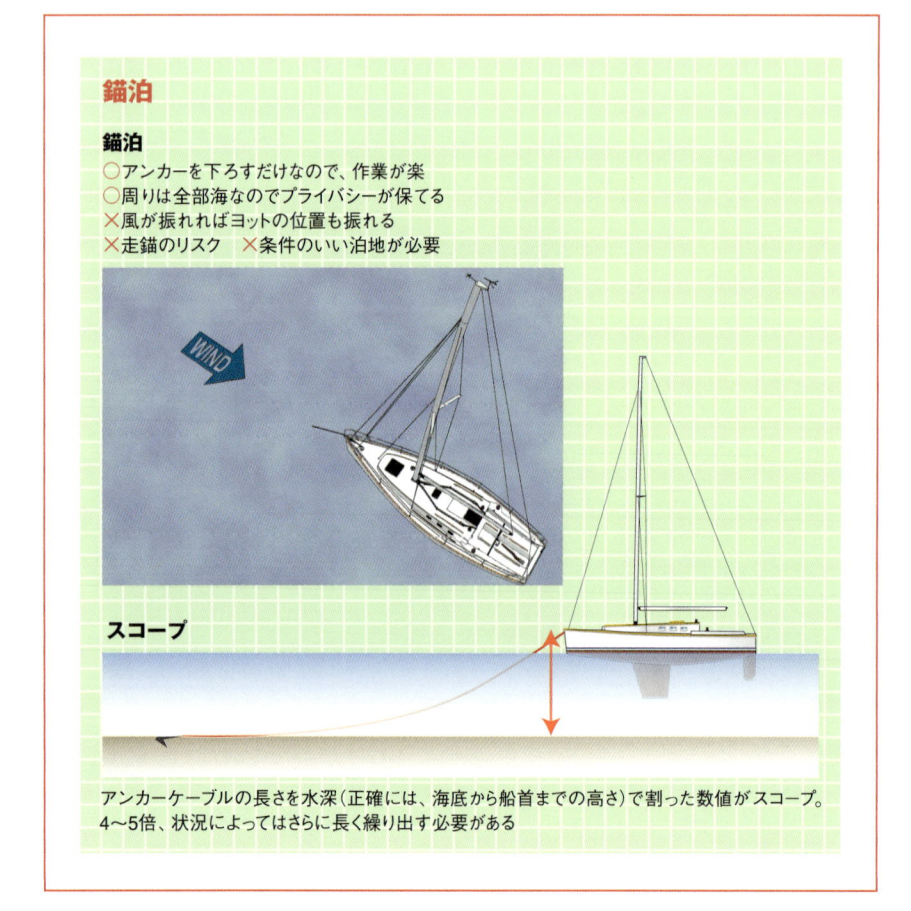

錨泊
- ○アンカーを下ろすだけなので、作業が楽
- ○周りは全部海なのでプライバシーが保てる
- ×風が振れればヨットの位置も振れる
- ×走錨のリスク　×条件のいい泊地が必要

スコープ

アンカーケーブルの長さを水深（正確には、海底から船首までの高さ）で割った数値がスコープ。4～5倍、状況によってはさらに長く繰り出す必要がある

右どちらかに振り、また風に押されてアンカーケーブルに引っ張られて船首が振られ……と、8の字を描いて振れ回る。

アンカーが利かずに走錨していると、これが船首を斜めにした形でそのまま。実際は風下側に流されることになる。

上架

上架とは、ヨットを陸上の船台に上げること。

メインテナンス作業やオフシーズンの間上架するというケースもあれば、日本では常時上架保管しておくマリーナも少なくない。この場合、ヨットに乗るたびに下架し、乗り終わったら上架する。

クレーン

上下架の方法もさまざまだ。

斜路（スリップ：slip）に沿って車輪付きの船台を海中に沈め、そこにヨットを乗り入れ、トレーラーなどで船台ごと引き上げるもの。

掘割にヨットを入れ、ベルト（スリング：sling）を掛けてクレーンで吊り上げるもの。この場合、クレーンが自走式になっていて、保管場所までクレーンごと移動して船台に下ろすものもある。これをトラベルリフト（travel-lift（英）、traveling lift（米））という。

あるいは、クレーンは岸壁に固定されていて、吊り上げた後に前後に移動させ、フォークリフトで運んできたキャスター付きの船台に下ろす。船台に載せたら、船台ごとフォークリフトで定位置まで運ぶ（右のイラスト）。

陸置き艇と水置き艇

普段は船台の上に上架してあるヨットを陸置き艇という。これに対して、桟橋に係留してあるヨットを水置き艇と呼んでいる。

いつでもヨットを出せる水置き艇に比べ、陸置き艇はいちいちマリーナに頼んで下架しなければならないが、その分、船底が汚れない。しかし、上架中はデッキに上がるのに長いはしごが必要になる、など、それぞれ一長一短がある。

上架作業

マリーナによって手順は異なる。イラストは一例。作業はマリーナ職員が行うので、指示に従って準備しよう

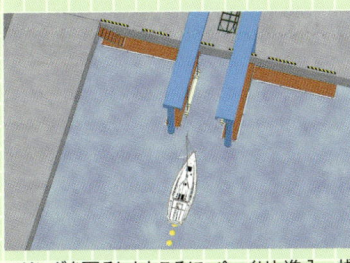

スリングを下ろしたところに、ゆっくりと進入。桟橋側でマリーナ職員がアシストしてくれる

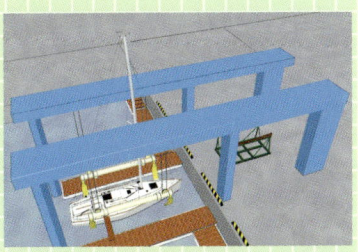

ヨットを落ち着かせたところでクレーンを巻き上げ、スリングが利いたあたりで乗員は下船

乗員が下りてからクレーンで吊り上げる。クレーンはアームに沿って前後に移動もできる

完全に吊り上げてから前に移動。船台の上に下ろし、スリングを外せば上架作業は完了

陸置き

普段は船台に載せて陸上に保管する
○船底が汚れない
○トイレやスターンチューブからの浸水で沈没するなどのリスクがない
×乗艇のたびに上下架作業が必要
×上架中は、デッキへの乗り降りがおっくう。船中泊もできなくはないがムードはない

船台には車輪が付いていて、専用のフォークリフトなどで引っ張って定位置まで移動。上架中の乗り降りには、はしごを使う

陸置き艇の場合は、船体に合わせた専用船台を使う。ほかに、船体形状に合わせて調節可能な船台もあり、作業船台、自在船台などと呼ばれる

こぼれ話 Column クルージングの魅力とは

穴蔵のような落ち着いた空間——キャビンと、360度海に囲まれたかなり贅沢なバルコニー——デッキ。ここで過ごす日々こそが、クルージングの魅力なのだ。

バルコニーか縁側か

ちょっと調べてみたところ、バルコニー（balcony）は屋根がなくて手すり付き、ベランダ（veranda）は通常屋根付き……なんだそうな。他にも、ポーチ（porch）なんてのもある。いずれも、西洋建築における屋内と屋外を分ける境界層に位置する空間で、生活の中に太陽と風を感じたい、ということなんだろう。

一方、日本家屋には縁側がある。都内にあった祖父の家。大邸宅というわけではないけれど、庭に面して縁側があった。

縁側は廊下でもある。奥の障子戸を開ければ居間があり、片や庭に面した側は開放空間になっている。

小さな庭も、縁側から見ればずいぶん広く感じる。景観に奥行きを与える日本建築独特の素敵な空間だったように思う。

あの開放感。そう、停泊中のヨットのデッキというのは、縁側とかベランダみたいなものなんじゃなかろうか。

セーリング中は主にコクピットで操船にあたる。デッキはヨットの操縦席のようなものだ。ところが、停泊中はこのコクピットもデッキも、重要な生活の場となる。

ヨットのキャビンは狭い。窓は小さく風通しも悪い。それが故に、雨や風を防ぐ狭くて暖かな閉鎖空間となるわけで、必要な物はだいたい手の届く範囲にあってなにやら妙に居心地がいい……という穴蔵的な良さはある。それでも穴蔵は穴蔵。天気の良い日はデッキに出てくつろいだほうがずっと爽やかで、ということになる。

ヨットでのクルージングが楽しく開放感に溢れているのは、デッキでの快適な時間あればこそ、なのだ。

海に包まれた隔絶感

船首からアンカーを打ち、ヨットをその場に留める、これが錨泊。

岸壁や浮き桟橋への係留とは異なり、錨泊中のヨットの回りは360度海ということになる。

素の人間は海の上では生きていけない。野宿はできても、海の上にただ浮かんだ状態で生きながらえることはできない。しかし、外洋ヨットがあれば、海の上で長期間生きていくことができる。生きながらえるどころか、海に浮かぶ外洋ヨットのデッキの上には、下界から隔絶され海に包まれているような心地よさえある。この人間世界から隔絶された開放感こそが、船旅の魅力の大きな部分を占める。

しかも、外洋を走っているときのそれとは違い、入り江の中は波穏やかだ。より安全な海面でこの隔絶された開放感を味わえることになる。デッキの上でくつろぐにはこれ以上ない環境なのだ。

そしてこのデッキの居心地の良さは、その奥にキャビンがあるからこそ。これがデッキだけだったら、イカダの上にいるようなものだ。ちょっと想像してみていただきたい。イカダに乗って海の上で漂っているところを。開放感がありすぎて、心細いったらありゃしない。

やはり、風雨を防ぐ穴蔵的なキャビンが控えているからこそ、デッキは開放感のある生活スペースになるわけだ。

キャビンがあるからデッキが生きる。デッキにいるとキャビンがありがたい。デッキとキャビン、この2つがそろって、初めて、統合的で魅力的な空間となる。

入り江で過ごす

入り江から入り江を泊まり歩くクルージングをガンクホーリング（gunkhouling）という。自分自身、何年かニュージーランドでクルージング生活をしていたのだが、錨泊にいい入り江はいくらでもあった。入り江に住んでいたといってもいいくらい。

日本の海岸線も地形的にはニュージーランドと変わらないのだが、錨泊に適した入り江は養殖漁業に適した海面でもあり、わが国ではすでにいけすやカキ棚が設置されていることが多い。そのため、クルージングといっても多くは、漁港の片隅に係留することになる。となると、デッキに出てもすぐ目の前には漁港の町並が広がっていることになるわけで……、まあ、それはそれでまた雰囲気があるわけだが、デッキでの開放感は大きく損なわれる

とはいえ、日本国内でも探せばまだまだ錨泊に適した海面をみつけることができはずだ。泊地を開拓するのも、クルージングの楽しみの一つなのではあるまいか。

緊張感のある自由

アンカーがガッチリ効いているうちは

いいが、これは絶対ではない。風向の変化で、安住の入り江が危険な暴露海面になってしまうこともある。回りに誰もいない入り江にアンカー1本で留まっているというのは、やはりなかなか緊張感がある。いざとなったら錨地を移動しなければならないこともある。移動してみたら、条件に合った錨地はすでに先客で一杯かもしれない。

錨泊中は、普段デッキでゴロゴロしていてもどこかで常にさまざまな状況変化に対応すべく気を使っていなければならない。

これが、リゾートホテルのプールサイドとの違いだ。

やっぱりプールサイドのほうがいいじゃない、という方もいるだろう。いやいや、この緊張感がいいのです、という方もいるだろう。そう、この緊張感を楽しめることが、錨泊を楽しめるか否かの境目になるんじゃなかろうか。

外洋ヨットの場合、船ごと移動ができる。その気になれば海の続く限り、どこまでも行けるという自由がある。

自由があるぶん苦労もある。苦労があるから自由がより豊かに感じられる。ときには風が吹き雨が降り。今、表を走っていたら、シンドイだろうなぁ。いい入り江を選んで良かったなぁ。なんて思いながら、キャビンの中に籠もってバロメーターを見ながら時化の収まるのを待つちょっと不安な時間もまたこれ、いいもんである。

で、クルージングを終えて母港に帰り、安全にもやいをとったときの安堵感というのも、これまたなんだか至福なもので……。

緊張感と安堵感の連続が、クルージングの魅力なのかもしれない。

第4章 クルージング

[ナビゲーション]

ナビゲーションの3要素

ナビゲーションとは、操船術とはまた別の、航海術のこと。「船を安全に目的地まで導く技術とその基礎を与える学術」とある。

ナビゲーションの基本は、「位置」、「距離」、「方位」の3要素だ。

位置

海の上に道路はない。目印は少ないし、地名といっても海域を指すものしかない。

そこで、緯度と経度の座標によって特定の位置を明示する。

・緯度

赤道面との角度が緯度。地球の表面を南北に測る座標で、北を北緯、南を南緯と呼ぶ。

同じ緯度の地点を結んだ線を緯線という。海図上では緯線は横方向に延びる直線となる。

・経度

北極と南極をつなぐ仮想の線を子午線(経線)という。イギリスのグリニッジ天文台跡を通る子午線を本初子午線(prime meridian)と呼び、これを基準に各子午線までの角度が経度となる。

東回りに東経、西回りに西経と呼び分け、東経・西経180度の子午線を基に日付変更線が設けられている。

距離

緯度の1分を1海里(nautical mile)とし、海上での距離を表す単位とする。

緯度の1分が地表上で成す距離は、赤道上でも極点近くでも変わらない。これに対して、経線(子午線)の間隔は、緯度が高くなるほど狭くなり、極点ではすべての経線が交わり、その間隔はゼロになってしまう。よって、経度の1分は距離の単位としては使えない。

厳密に言うと地球は完全な球体ではないので、緯度の間隔も赤道付近と極点の近くとではわずかに違ってくる。それぞれの緯度における緯度1分の長さをsea mileと呼び、sea mileの平均値を取って1.852kmを1海里、NM：nautical mile、略して単にマイル(M)とも呼ぶ。

陸上で1マイルといえば、約1.6km(1,760ヤード)だが、船の上で1マイルといえば、1海里、1.852kmのことになる。

さらにここから、1時間に1海里進む速力が1ノット(kt、またはkn)だ。これは船速のみならず風速にも用いられる。

方位

ある地点における水平面での方向を、基準点との関係で表したものを方位、ベアリングと呼ぶ。

と、文字にするとややこしいが、船の上では北を基準とし、時計回りに360度。東は90度、南は180度、西は270度となる。

ベアリングはコンパスで測る。船首が向いている方位を、船首方位、針路、あるいはコンパスコースと呼ぶ。

コンパスについては、第2章、104ページで詳しく解説したが、プレジャーボートで用いられるコンパスは主に、磁石を用いたマグネットコンパスだ。

子午線の基準となる北極と南極は地球の自転軸を基にしており、磁石が指し示す磁北とはわずかに異なる。自転軸を基にした真方位と、磁北を基準とする磁針方位との差を偏差(バリエーション：variation)と呼ぶ。

マグネットコンパスを搭載したヨットの上では、当然ながら磁針方位を用いることになる。

これら3要素を基に、出発地点からの航走距離と針路から現在位置を推測する。あるいは、灯台などの物標の方位から、現在位置するであろう「位置の線」を求めることができ、複数の位置の線を重ねることで現在位置を求めることもできる。

これがナビゲーションの基本となる。

チャートワーク

航海に用いる地図を海図(チャート：chart)といい、海図上で作図して目的地までの方位や距離を調べたり、自艇の現在位置を記入していく作業をチャートワークという。

海図

航海に用いる印刷物をすべて合わせて水路図誌といい、海上保安庁が刊行し、(財)日本水路協会が複製・頒布している。また水路協会ではプレジャーボート用の書誌も刊行している。

水路図誌の中でも地図状になっているものが海図。海図の中でも、ナビゲーションに用いる海図を航海用海図という。

航海用海図は、縮尺によって以下のように分かれている。

港泊図(Harbour Plan)
海岸図(Coast Chart)
航海図(General Chart of Coast)
航洋図(Sailing Chart)
総図(General Chart)

縮尺が大きい(同じ長さをより長く表示する)ものでは、狭い範囲を詳しく表示できる。縮尺が小さければ、より広い範囲を見渡せる。状況によって、異なる縮尺の海図を使い分ける必要がある。

・水深

航海用海図の基本となるのが水深だ。もちろん、水深がゼロとなる海岸線(海だけとは限らないので、正式には「岸線」という)も描かれているが、水上岩、干出岩、洗岩、暗岩など、潮の満ち干によって変化するので、海岸線は最高水面(おおよそ満潮時の水面)を基準に、水深は最低水面からの深さとすることなどで、干出部も分かりやすく記載されることになる。

・航路標識

冒頭、「海の上に道路はない」と書いたが、実際には、安全に航行するための航路が存在する。

そのための道しるべとなるのが航路標識だ。

灯台をはじめ、浮標や灯浮標、導灯など、わが国の沿岸部には、くまなく航路標識が整備されている。

色や形、夜間は光でその位置が分かり、またその灯り方(灯質)で個々を識別

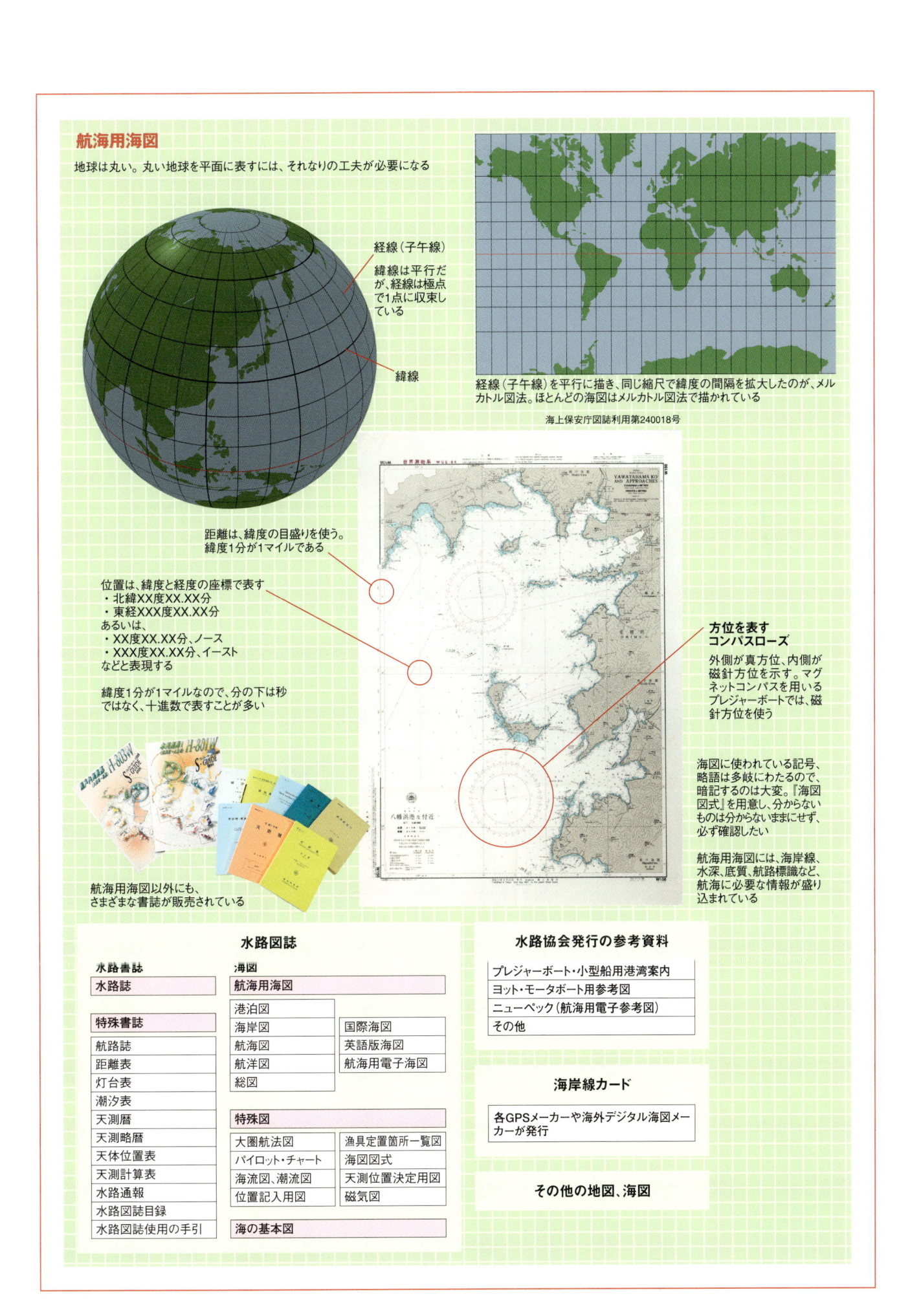

航海用海図

地球は丸い。丸い地球を平面に表すには、それなりの工夫が必要になる

経線(子午線)

緯線は平行だが、経線は極点で1点に収束している

緯線

経線(子午線)を平行に描き、同じ縮尺で緯度の間隔を拡大したのが、メルカトル図法。ほとんどの海図はメルカトル図法で描かれている

海上保安庁図誌利用第240018号

距離は、緯度の目盛りを使う。緯度1分が1マイルである

位置は、緯度と経度の座標で表す
・北緯XX度XX.XX分
・東経XXX度XX.XX分
あるいは、
・XX度XX.XX分、ノース
・XXX度XX.XX分、イースト
などと表現する

緯度1分が1マイルなので、分の下は秒ではなく、十進数で表すことが多い

方位を表すコンパスローズ

外側が真方位、内側が磁針方位を示す。マグネットコンパスを用いるプレジャーボートでは、磁針方位を使う

海図に使われている記号、略語は多岐にわたるので、暗記するのは大変。『海図図式』を用意し、分からないものは分からないままにせず、必ず確認したい

航海用海図には、海岸線、水深、底質、航路標識など、航海に必要な情報が盛り込まれている

航海用海図以外にも、さまざまな書誌が販売されている

水路図誌

水路書誌	海図	
水路誌	航海用海図	
	港泊図	
特殊書誌	海岸図	国際海図
航路誌	航海図	英語版海図
距離表	航洋図	航海用電子海図
灯台表	総図	
潮汐表		
天測暦	特殊図	
天測略暦	大圏航法図	漁具定置箇所一覧図
天体位置表	パイロット・チャート	海図図式
天測計算表	海流図、潮流図	天測位置決定用図
水路通報	位置記入用図	磁気図
水路図誌目録	海の基本図	
水路図誌使用の手引		

水路協会発行の参考資料

プレジャーボート・小型船用港湾案内
ヨット・モータボート用参考図
ニューペック(航海用電子参考図)
その他

海岸線カード

各GPSメーカーや海外デジタル海図メーカーが発行

その他の地図、海図

159

第4章 ｜ クルージング
[ナビゲーション]

できるようになっている。

・**海図図式**

そのほか、海図にはさまざまな情報が、記号、略号などを使って記載されている。これら式は多岐にわたり、『海図図式』という書籍にまとめられている。

図法

球体である地球を平面に表すと、ゆがみが生じてしまい、面積、角度、距離を同時に正しく表示することはできない。さまざまな図法（投影法）が考案されているが、あちら立てればこちらが立たず。そこで、用途によって、異なる図法の地図を用いることになる。

航海用海図には、主にメルカトル図法が用いられる。

距離の項で説明したように、経線（子午線）の間隔は、赤道上で最も広く、緯度が高くなるにつれて狭くなり、極点ではすべてが交わる。メルカトル図法では、これを平行線として表してある。よって、緯線と経線は直交して描かれる。

その代わり、緯度が高くなるにつれて、縮尺が大きくなってしまう。そのままでは形がゆがんでしまうので、縦方向にも同縮尺で拡大している。

1枚の海図上でも上下で縮尺が違っているわけだが、緯度の1分を1海里としたことで、その緯度における緯度目盛りを読めば、正しい距離を測れることになる。

コンパスローズ

海図上に記された方位目盛りをコンパスローズと呼ぶ。真方位を外側に、磁針方位は内側に記されている。

偏差は経年変化するので、その増減も記されている。

そのほかにも、航路標識が変更される場合もあるし、埋め立てなどによって実際の地形が変化することもある。海図は最新のものを使いたい。

定規

海図への書き込みには、消しゴムで消せるように鉛筆を使い、直線を引くときは定規を用いる。

海図上での作図には、線を平行移動させる操作が多い。三角定規の場合は二等辺三角形の小さいほうの定規をベースにして、大きいほうの定規をスライドさせる（下の図）。

また、チャートワーク用に平行定規や、分度器が付いた特殊な定規も販売されている。

ディバイダー

海図上で長さ（距離）を測る道具がディバイダー。コンパスと呼ばれることもあるかもしれないが、こちらは方位磁石のコンパスとは違って、開閉できる2本の脚の先が針になっている。

チャートワーク

海図上で作図をするのがチャートワーク。航海計画を立てる際に、あるいは地文航法でも、チャートワークが重要になる

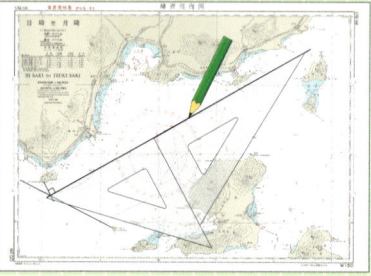

航程線（ラムライン）を引く
鉛筆で直接、線を引く。海図上ではラムラインは直線になる。長い線を引く場合は、こんな感じ

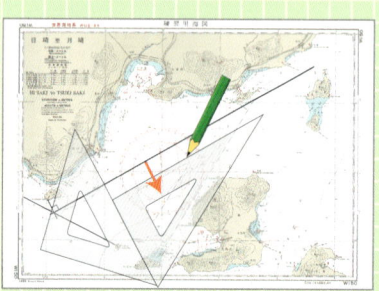

方位を調べる
大きいほうの三角定規をずらして、コンパスローズの内側（磁針方位）の目盛りを読む

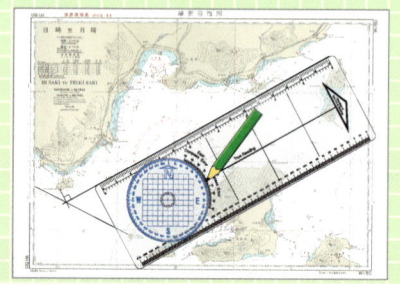

分度器付き定規
分度器付き定規なら、中央のダイヤルを緯線か経線に合わて回転させるだけ

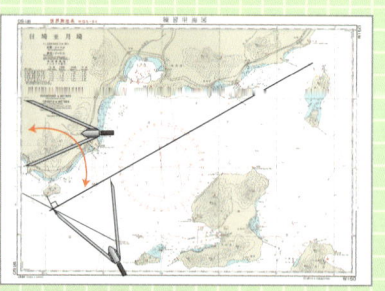

2地点間の距離を測る
距離は、ディバイダーを使って、なるべく同緯度の緯度目盛りを読む

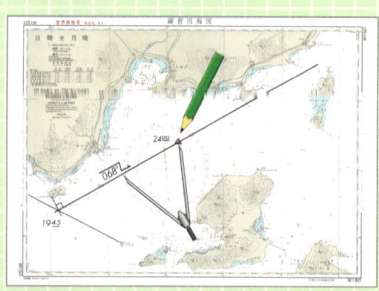

推測航法
出発地点からの針路と航走距離から現在位置を推測する。潮や風で流されるため、必ずしもここにいるとは限らない

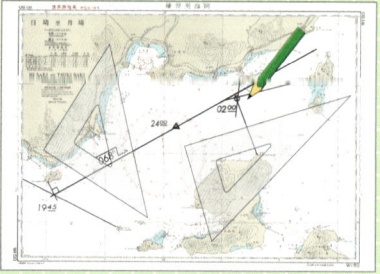

地文航法
物標などから「位置の線」を出し、複数の位置の線を重ねて現在位置を特定するクロスベアリング

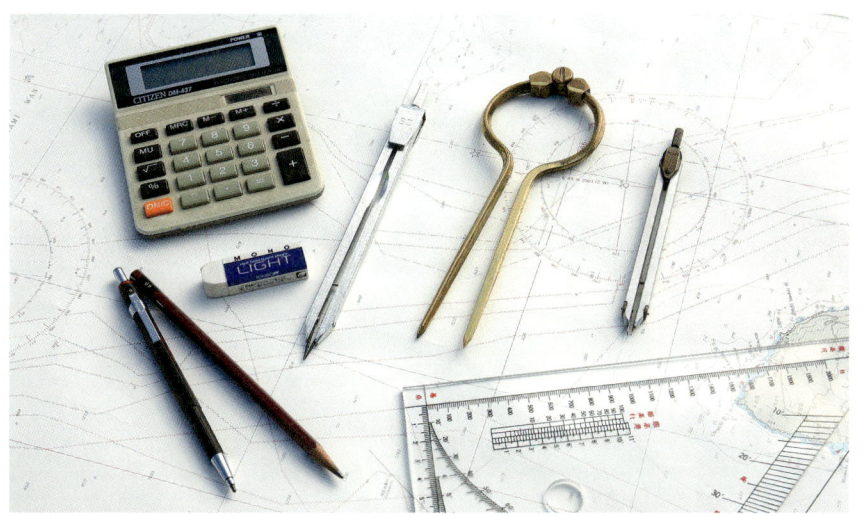

チャートテーブル周りで活躍する小物たち。左端は、ボールペンではなく、鉛筆型の芯ホルダー。芯を削るのが簡単なので便利。ディバイダーも形、サイズともいろいろある。計算が多いので電卓も必需品

製図用のディバイダーを使うこともあるが、片手で開け閉めできるように工夫された航海用のディバイダーもある。

航法

航法には、推測航法、地文航法、天文航法、そして電波航法がある。

ラムラインと大圏航路

メルカトル図法で描かれた海図上の2地点間をつないだ線をラムライン（rhumb line：航程線）という。針路を一定に保って走り続ける線でもある。

厳密に言うと最短距離ということではないのだが、沿岸航海の基本はラムラインであり、潮や天候を考慮して、ラムラインを外した「岸べた」、あるいは「沖出し」といったコースに対して、最短距離という意味でラムラインという言葉を使うこともある。

実際には地球上の2地点間を結ぶ最短距離は、地球の中心を通った面の縁になる。これを大圏航路（great-circle track、またはgreat-circle route）という。大圏航路では針路は一定ではない。

推測航法

A地点を出発し、一定の針路を保って何マイル進んだか、という条件から現在位置を推測することができる。これが推測

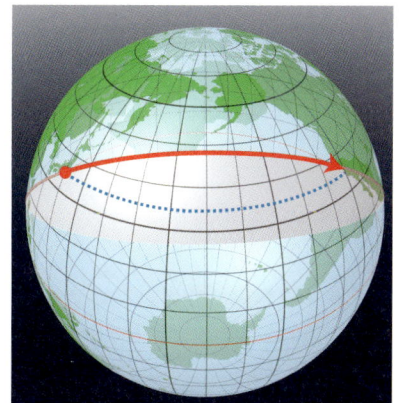

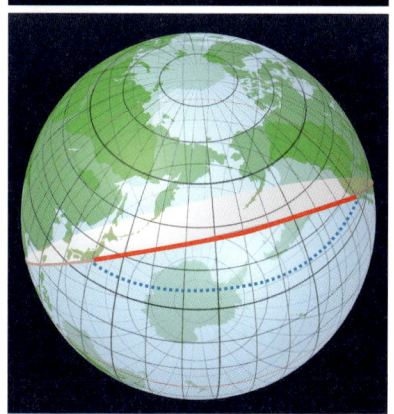

青い線がラムライン。同緯度上でなければ、らせん状になって極点に達する。赤い線が、この2地点間の最短距離である大圏航路

航法だ。針路を示すコンパスと、船速あるいは航走距離を示すスピードメーター（ログ、航程儀）、そして時計が必要だ。

地文航法

推測航法で用いた針路は、単に船首

GPSでも海図を使う

GPSに付随するナビゲーション機能を使えば、それだけでも、ある程度の航海は可能になってしまうが、航海用海図を併用することで、より確実なナビゲーションができる

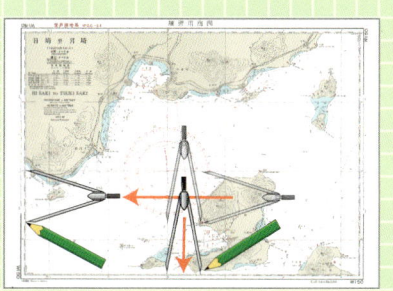

目的地登録
GPSに目的地登録をするためには、海図上の地点の緯度経度を調べる必要がある。ディバイダーを使って、緯度経度の目盛りを読む

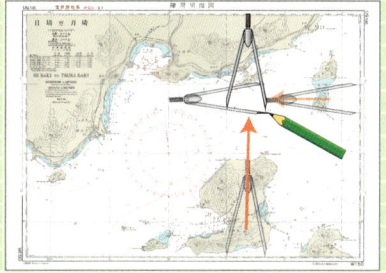

緯度経度から現在位置をプロット
GPSなどで得た現在位置を海図上に落とす。通常は、GPSに表示される緯度経度を読んで記入する

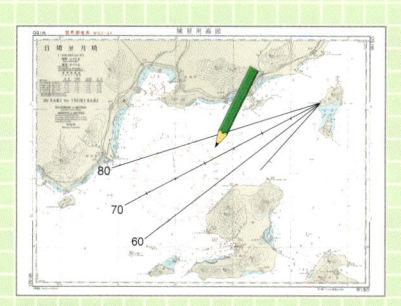

方位線の利用
目的地への方位と距離から、現在位置を海図上で把握する方法もある

第4章 クルージング
[ナビゲーション]

が向いている方向である。一方、ヨットは潮や風で流されるため、実際に進んでいる方向(これを進路という)とは必ずしも一致しない。また速力も、ヨットのスピードメーターに表れるのは対水速力で、実際に移動している速度は対地速力といい、これも必ずしも一致しない。

つまり、推測航法で導き出された船位は、その名の通り、推測にすぎない。

より正確な船位を求めるために、航路標識や陸地の物標の方位や見通し線などから現在位置を特定する航法を地文航法という。

沿岸航海では、推測航法でだいたいの位置を出し、陸地が見えたところで地文航法で位置を確定し目的地を目指す。

天文航法

太陽などの天体の高度を観測して現在位置を求める航法が天文航法だ。

ずっと陸地を見ずに走り続ける長距離航海では、なくてはならない技術であったが、GPSの普及ですっかりその必要性がなくなってしまった。

とはいえ、風の力でどこまでも走り続けるという外洋ヨットの魅力とどこか似たような、この天測技術を、趣味として続けていってもいいような気がする。

電波航法

電波を使う航法が電波航法。かつては、ロランやオメガといった、地上局から発射される電波を専用受信機で受けるものだったが、現在は人工衛星を用いたGPSが普及。GPSとその受信機に備わったナビゲーション機能を使った航法が一般的になっている。

GPS受信機用の電子海図も進化しているが、まだまだ紙の海図にはかなわないものが多い。レーダーを使ったり航海計画を練るときのことを考えても、上記の地文航法や推測航法とチャートワークの技術や知識は必要だ。

気象と海象

ヨットは風で走る。波は行く手を阻み、雨は視界を遮る。大自然の中で行われるセーリングゆえ、気象や海象といった自然現象に大きく左右される。

気象

風の強弱や風向、あるいは晴れか曇りか、はたまた雨か。ヨットが海の上を走る際、気象の変化を把握することは非常に重要になる。

・低気圧と高気圧

大気圧が周囲より低いところを低気圧、高いところを高気圧という。共に相対的なもので、同じ気圧の地点をつないだものが等圧線である。

風は、気圧の高いところから低いところに向かって吹く。気圧差が大きなところでは、より強い風となる。

赤道付近にできる低圧帯へ恒常的に吹き込む風を貿易風といい、中緯度では偏西風がある。

これらは、太陽エネルギーが不均衡に伝わることによって生じている。

・気団

暖かい、冷たい、乾いている、湿っているといった性質が一様な大気の固まりを気団という。異なる性質の気団の境目が前線となる。これも、気温や雨、風といった天候を大きく左右する要素だ。

・熱帯低気圧

偏西風帯で発生する温帯低気圧は、寒気と暖気が接触することによって生じる。単に低気圧とも呼ばれ、偏西風に乗って移動していく。

これに対して、熱帯地方に発生する低気圧を熱帯低気圧という。温帯低気圧は前線を伴うが、熱帯低気圧には前線はなく、暖気のみで構成される。

熱帯低気圧が発達したものを、地域によってハリケーン、サイクロン、日本近海では台風と呼ぶ。日本は台風の通り道になっており、海で遊ぶプレジャーボートにとっても、大きな脅威となる。

・天気図

各地の天気、風向風速、気温、気圧、等圧線、前線などを記載した地図を天気図という。実況天気図、予想天気図、あるいは高層天気図など、さまざまなものがある。

海象

大気における自然科学的現象が気象なら、海洋における現象を海象という。

・波とうねり

海上を吹く風によって水面が上下に運動することを波という。船上から見ると、波はある方向に進んでいるように見える。

波の谷から山までの高さを波高という。風が強ければ、あるいは長時間、長距離を吹き渡れば、波高は高くなる。

波の山から山までの長さを波長といい、同じ波高でも波長が短いと、波の斜面はより急になり険悪な波となる。波頭が白く砕けると白波、あるいは砕波と呼ばれる。

風によって波が立ち、その波が遠くに伝わると、うねりとなる。波とうねりは違うものなので、風がなくてもうねりは残る、といった状態もある。土用波というのも、遠方の台風によって起きた波が伝わってきたうねりである。

このように、うねりのことも波と呼ぶことがあるので、風によって直接引き起こされた波を風波と呼び分けることもある。

・潮流と海流

月と太陽の引力によって起きる海面の周期的な昇降を潮汐という。海面が高いときが満潮。低いときが干潮。干満の差が大きいときが大潮、小さいときが小潮となる。このときの海水の流れを潮流という。

一方、同じ海水の流れでも、普遍的な風や水温変化によって起きるものを海流という。日本の近海では、暖流の黒潮と、寒流の親潮がある。

潮流と海流を合わせて潮と呼ぶこともあり、異なる潮の境目を潮目という。

気象と海象

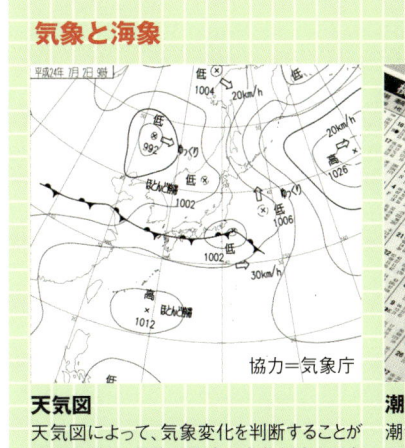

天気図
天気図によって、気象変化を判断することができる。特に、風向と風速の変化が大きな意味を持つヨットでの航海では、天気図の入手とその活用は重要だ。各種の天気図はインターネットで入手できる。写真は地上実況天気図。予想図と共に活用したい

潮汐表
潮汐は周期的に変化するが、海水の流れによるので、場所によっても異なる。日付、時間ごとの各地の潮高を記したものが潮汐表だ。記された時間は潮止まりとなり、ここから潮が流れ始める。水道では、潮流の転流時と最強時、その流速が記されている

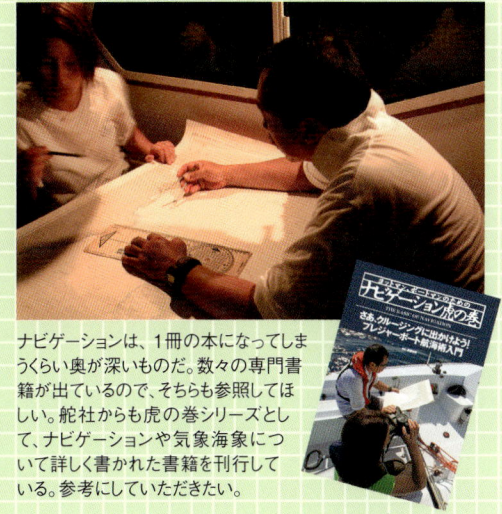

ナビゲーションは、1冊の本になってしまうくらい奥が深いものだ。数々の専門書籍が出ているので、そちらも参照してほしい。舵社からも虎の巻シリーズとして、ナビゲーションや気象海象について詳しく書かれた書籍を刊行している。参考にしていただきたい。

気象情報

航海に当たって、気象情報の入手は極めて重要だ。

一般的に、テレビやラジオで報じられる天気予報は主に陸上で活動する人のためにあり、ヨットやボートで航海する際に必要となるデータをあまねく紹介しているわけでもない。天気図などの情報を総合して自ら判断しなければならないケースも多くなる。

テレビやラジオの天気予報に加え、電話やインターネットでのサービスなど、さまざまな気象情報をより多く入手し航海計画に生かすということも、ナビゲーションの大きな要素となる。

航海計画

どういう航程を経てどこまで行くか、気象や海象、障害物や目印など、あらゆる要素から、最適な航海計画を組み立てる必要がある。

オーバーナイト

目的地まで何マイルあり、何時に出れば何時に着くかという計算をすること、これが航海計画の基本となる。

外洋ヨットは夜でも走ることができる。夜通し走り続けることをオーバーナイトという。

夜間も走れるように、航路標識は整備されているが、夜間の入港はリスクが大きい。そこで、明るいうちに目的地に到着するためには何時に出ればいいのか。あるいは、夜通し走って、入港は夜が明けてからと計画を立てることもある。

途中の険礁や通航量の多い水路、天候変化など、広く情報を集めて航海計画を練る。

その上で、必要な燃料、水、食料なども手配し航海の準備をしていくことになる。

長距離航海

何日以上の航海なら長距離なのかという決まりはないが、沿岸部の航海と、海の真っただ中を何日も走り続ける航海とでは、その様相は大きく異なる。

長距離航海では、沿岸部の航海のように、浅瀬への乗り上げや行き交う船舶との衝突といったリスクは少ない分、天候変化にも正面からぶつかっていかなくてはならず、いざとなっても助けは呼びにくい。通信手段も限られるし、長距離航海での備えはより多岐にわたって必要になる。

ワッチ

艇上では、操舵（ヘルム）やセールのトリム、セール交換といった作業と共に、見張りも重要だ。

オーバーナイトで走り続ける場合、乗員は交代で当直に当たる。これをワッチ（ウオッチ：watch）という。

4時間交代。昼間6時間、夜4時間。など、さまざまな方式がある。

多人数で乗り込む場合は、艇長（スキッパー）に加え、各ワッチの責任者であるワッチキャプテンも設けられる。

また、航海日数が長くなれば、食事や睡眠、排泄といった日常生活をいかにスムーズにこなしていくかも、重要な要素となっていく。

航海日誌

航海日誌といっても、日常付ける日記とはちょっと違う。各時刻の針路や速力、船位、風向風速などの航海記録で、ログブック（logbook）ともいう。

一般船舶では海難の際などに法的な意味を持ち、記入が義務付けられているが、プレジャーボートでは、生活の記録としての日記的な意味合いも大きい。

ヨットでの航海には、セーリング技術以外にも上記のようなさまざまな要素が含まれ、技術や経験を基にそれらに適応する資質が必要になる。

第5章 | 安全

[海難]

photo by Rolex / Carlo Borlenghi

荒天帆走

　荒れた海を走る。これは外洋レースでもクルージングでも、あるいは外洋レースのための回航でも遭遇することであり、ヨットの種類によって対処の方法も違ってくる。もちろん海象によっても異なる。となると、その対処方法はきわめて多岐にわたる。

荒天とは

　一般的には、風雨の激しい天候を荒天というが、ヨットの世界では、いくら晴れていても、風が強く波が高ければ荒天である。時化、さらに状況が厳しくなれば大時化ともいう。逆に、穏やかで波がない状態を凪、さらに静穏な状況をベタ凪という。

　第4章、「気象と海象」(162ページ参照)のページでもふれたように、通常、強風になれば波は高くなる。強風が続けばさらに波は高くなるし、海上を吹きわたる距離が長いほど波は高くなる。陸風の場合、沿岸部の波は小さいが、海から吹く風では、沿岸部でも波が高くなるということだ。

　さらに、同じ波でも波長が短くなれば、波の斜面がより急峻で険悪な波となり、時化模様はより厳しくなる。

　どこから先を荒天と呼ぶのかはっきり決まっているわけではないが、海上での風の強さを目視で判断できるように表した「ビューフォート風力階級」(Beaufort wind scale)というものがある(右表)。

　「ビューフォート風力階級」では「時化」「荒天」という言葉は使われていないが、だいたい風速20kt前後ではっきりとした白波が出現し始めた時点で時化模様」、25ktくらいになって一面の白波になれば「時化」「荒天」と判断されることが多い。

　多くの外洋ヨットでは、操船はデッキ上で行う。ヨットのデッキには屋根がないことが多く、雨が降ればずぶ濡れとなる。波もかぶる。視界も悪くなるのでさらに操船には困難を伴う。時化、荒天という言葉は、こうした苦境に陥る状況も含まれる。

リーフとセールチェンジ

　第1章、「ヨットはなぜ風上に進むのか？」(28ページ参照)に示したように、ヨットはさまざまな力のバランスが釣り合うことで走っている。

　風が強くなるにしたがってセールエリアを小さくすることで、このバランスを保ち続ける。

　具体的に言えば、ジブのセールチェンジ、あるいはメインセールのセール面積縮小作業ということになり、これらを合わせて縮帆(リーフ)と呼ぶ。

　縮帆のタイミングは艇種によっても違ってくる。復原力の大きいヨットは、それだけ大きなセールを展開することができるし、復原力の小さなヨットは、より早く縮帆しなければならなくなるだろう。

　具体的には、クローズホールドでは、ヒール角が大きくなりウエザーヘルムが過大になったら縮帆のタイミングだ。

　ダウンウインドでは、ウエザーヘルムが出にくく波も後ろから来るので、波に乗って走ることができる。見かけの風も弱くなり、乗り心地はいいが、ヨット上の力学的には横方向の釣り合いが取れていないのでバランスが悪く、横揺れは大きくなる。そして、いよいよとなると急激に

164

ビューフォート風力階級

風力階級	名称（風の分類）	地上10mの平均風速 kt	地上10mの平均風速 m/s	海上の状態
0	静穏 Calm	<1	0〜0.2	鏡のような海面
1	至軽風 Light Air	1〜3	0.3〜1.5	うろこのようなさざなみができるが、波頭に泡はない
2	軽風 Light Breeze	4〜6	1.6〜3.3	小波の小さいもので、まだ短いが、はっきりしてくる。波頭はなめらかに見え、砕けていない
3	軟風 Gentle Breeze	7〜10	3.4〜5.4	小波の大きいもの。波頭が砕け始める。泡はガラスのように見える。ところどころに白波が現れることがある
4	和風 Moderate Breeze	11〜16	5.5〜7.9	波の小さいもので、長さが長くなる。白波がかなり現れる
5	疾風 Fresh Breeze	17〜21	8.0〜10.7	波の中くらいのもので、いっそうはっきりして長くなる。白波が多く現れる。しぶきを生ずることもある
6	雄風 Strong Breeze	22〜27	10.8〜13.8	波の大きいものができる。至る所で白く泡だった波頭の範囲がいっそう広がる。しぶきを生じることが多い
7	強風 Near Gale	28〜33	13.9〜17.1	波はますます大きくなり、波頭が砕けてできた白い泡は、筋を引いて風下に吹き流され始める
8	疾強風 Gale	34〜40	17.2〜20.7	大波のやや小さいもので、長さが長くなる。波頭の端は砕けて水煙となり始める。泡は明瞭な筋を引いて風下に吹き流される
9	大強風 Strong Gale	41〜47	20.8〜24.4	大波。泡は濃い筋を引いて風下に吹き流される。波頭は、崩れ落ち、逆巻き始める。しぶきのため視程が損なわれることもある
10	暴風 Storm	48〜55	24.5〜28.4	波頭が長く、のしかかるような、非常に高い大波。かたまりとなった泡は、非常に濃い白色の筋を引いて風下に吹き流され、海面全体が白くなる。波の崩れ方は、激しく衝撃的になる。視程が損なわれる
11	烈風 Violent Storm	56〜63	28.5〜32.6	山のように高い大波。海面は、風下に吹き流された長く白い泡のかたまりで完全に覆われる。視程はさらに損なわれる
12	颶風（ぐふう） Hurricane	≧64	≧32.7	大気は泡としぶきが充満する。海面は、吹き飛ぶしぶきのために完全に白くなる。視程は著しく損なわれる

これまで見てきたように、実際に吹いている風と、走るヨットの上で感じる見かけの風とは異なる。同じ風力でも、アップウインドかダウンウインドかで艇上の雰囲気は大きく異なるし、適したセールエリアも異なる。右のガイドは、あくまでも目安として表してみた

メインセールのリーフィングとさまざまなヘッドセールのコンビネーションで、気象海象に対応していく

セーリングできるだけの風が吹いていないケースでは、セールがバタバタ暴れるだけなので、セールを降ろしてエンジンで進む機走状態もある

フルメインとジェノア、最も大きなセールを展開している状態がフルセール。レース艇では、同じジェノアでも、ライト、ミディアム、ヘビーと、セールカーブやクロスの厚みが異なるものもある

ウエザーヘルムが過大になったところで、メインセールを1ポイントリーフ。ケースによってはフルメインのままでレギュラージブにセールチェンジすることもある。あるいはクルージング艇では、最初からフルメイン＋レギュラージブで走ることも

レギュラージブは#3と呼ぶこともある。#1ジェノア→#2→#3とそろっている場合もある

メインセールを2ポイントにリーフ。#4ジブを持つヨットもある

レギュラージブ→ストームジブへ。艇によっては、メインセールに3ポイントリーフがあるものも。あるいは、2ポイントと3ポイントは同じエリアになる場合もある

メインセールを全部降ろして、ストームトライスルを展開。風上へは上りにくくなるが、ブームを使わないのでワイルドジャイブのダメージは少ない。さらには、ストームジブのみ、ストームトライスルのみという選択肢もある

最後はセールを全部降ろしたベアポールに。沿岸航海なら、このような状況になる前に避難する必要があるが、大洋横断ではそうもいかない。マストに受ける風の抵抗だけでもかなりの艇速が出る場合もあり、逆に艇速を落とす工夫も必要になる（本文に後述）

第5章 | 安全

[海難]

プレーニングする外洋レーサー。普通の外洋ヨットではここまでの強烈なプレーニングはまずないが、サーフィングをきっかけにプレーニングに至ることはままある

ウエザーヘルムが過大になりブローチングに至る。……ということで、縮帆のタイミングを見計らうのが難しい。縮帆作業では、いったん風に立てなければならないことも多く、ここで一気に見かけの風速は増し、縮帆のタイミングが遅れたことで事故につながることもままある。

これに対して、クローズホールドでは、波にたたきつけられ、波もかぶるので、乗り心地は悪いが、バランス的には横方向への釣り合いが取れているので、ヨットは安定して走っているともいえる。風が強くなればヨットは大きくヒールするので、縮帆のタイミングはつかみやすいし。

そのほか、作業のしやすさを勘案して明るいうちに縮帆作業を済ませておく、などといった、さまざまな要素から最適な縮帆のタイミングを計ることが、荒天対策の第一歩となる。

プレーニング

船は水を押しのけて走っている。ある程度の船速に達すると、造波抵抗が急激に大きくなり、船速は伸びなくなる。これをハルスピードという。ハルスピードは、水線長によって決まってくる。

水線長をLフィートとすると、$\sqrt{L} \times 1.40$〜1.45（kt）あたりが限界速力とされる。

軽量のモーターボートの場合、大馬力エンジンを搭載することで、ハルスピードを超えて海面上を滑走させることができる。これがプレーニングだ。

風だけを用いるヨットでも、軽量で大きな面積のセールを展開することで、プレーニングを可能にしている艇種もある。

バラストキールを持たないセーリングディンギーでは、プレーニングディンギーと呼ばれる艇種も存在する。

バラストキールを持つ外洋ヨットでも、艇種とコンディションによってはプレーニングに至ることがある。

サーフィング

波の斜面は坂道と同じ。上るときは減速し、波の斜面を駆け下りるときにはヨットは加速する。

波は水面の上下動だが、波の頂上は風下側に移動していく。波頭が動いているように見えるが、この速度と同じ速力で走れば、その間、波の斜面を駆け下り続けていることになる。

これがサーフィングだ。サーフボードに乗って磯波に乗るサーフィンもこれと同様。外洋ヨットの場合、サーフィングがきっかけとなってプレーニングに至ることもあり、エキサイティングではあるが艇のバランス自体は決して安定しているわけではない。ブローチング（第3章、130ページ参照）の状態に至る危険も含んでいる。

ワイルドジャイブ

強風下では、タッキングよりもジャイビングのほうが、リスクが高くなる。

セールにパンパンに風をはらんだ状態で、大きく開いたブーム。ジャイビング時には、ブームはここから一気に180度近く回転し、再び強い風を受けるわけで、特に重くて艇速が遅いクルージング艇は、高速で走るレース艇よりも、見かけの風は強くなり、ジャイビング時の衝撃もより大きくなる。

デッドラン（真追っ手）に近い状態から突然の風の振れや自艇の針路の変化などで予期せずにジャイブしてしまうことをワイルドジャイブ（involuntary jibe、accidental jibe、uncontrolled jibe）という。単に「ワイルド」といえばワイルドジャイブのこと。

ワイルドジャイブ時の大きな衝撃でグースネックやブームバングが壊れたり、乗員がなぎ倒されたりと、大きな被害や事

故につながることもある。

ワイルドジャイブを防ぐため、容易にブームが返らないようにブームを風下側に引き付けておくこともある。このための艤装をジャイブプリベンター、あるいはブームバングと呼ぶ。

ただし、これは軽風下にヨットが波でローリングする際に生じるワイルドジャイブを防ぐことはできるが、強風下でのワイルドジャイブでは、かえってトラブルが大きくなることもある。

荒天下にメインセールに代えて用いるストームトライスルは、通常はブームなしで展開するため、ワイルドジャイブといってもその衝撃はわずか。ブームを壊したり乗員がケガしたりといった危険は少なくなるというメリットもある。

キャプサイズ（転覆）

ブローチングが起きるのは、スピネーカーなど大きなセールを展開して走っているときとは限らない。強風大波の中で波に乗って走っていたヨットがブローチングすると、横倒しになったところで波を食らい、そのまま転覆してしまうこともある。

第1章、「船の動揺とヒール」(28ページ参照)でも解説したように、外洋ヨットは大きな復原力を持つが、復原力消失角を超えると復原力はマイナスとなり、そのまま裏返しになってしまう。

レース中のヨットなら、ブローチングのリスクがあっても、まだフルスピードで走り続けることもあるだろう。サーフィングとプレーニングで艇速を稼ぎ、より早くフィニッシュするためには、ここでのテクニックが勝利への重要な鍵となる。

しかしクルージング艇では、何も先を急ぐ必要はない。常にスピードよりも安全を優先した走りをすることになる。

一方、ブローチングをきっかけとせずに、大波で船尾を持ち上げられて船首が海中に突っ込み、前転状態で回転してしまう状態をピッチポール(pitchpole)という。

下にピッチポールとノックダウン（横転）との二つの転覆の違いをイラストにしてみたが、実際にはより複雑な動きとなり、両者の違いはあまり定かではないのかもしれない。いずれにしても、バラストキールを持つ外洋ヨットでも、完全に裏返しになってしまう可能性はあるということだ。

完全に裏返しになってしまっても、裏返しの状態では安定しにくく、そのような荒れた海上では別の波で再び大きく揺れ、なんとか正立状態に戻る可能性は高い。復原力消失角が大きいほど、裏返しの状態での安定は悪いということでもある。

ただし、転覆している間に船内には大量の海水が入るだろうし、転覆の際にマストが折れることもあるだろう。その後、再帆走できるかどうか、それどころか、船体が損傷し、そこから浸水、沈没に至る可能性もある。

そこまでいかなくても、転覆の際にはデッキ上の乗員の落水、あるいは、船内にいる乗員がケガをする可能性もある。

こうした事態を見越して、落水対策、船内の重量物を固縛しておくことや、ハッチの水密、あるいは船底部にある開口部（シンクの排水口など）を閉じておくなどの備えを怠らず、その上で転覆させないような操船が重要になる。

転覆の違い

ノックダウン

ピッチポール

ヨットが横倒しになり、舷側およびマストが海水に浸かった状態がB1ノックダウン(knockdown)。完全に裏返しになり、あるいはそのまま360度回転してしまうことをB2ノックダウンという

前のめりに転覆するのがピッチポール。ノックダウン、ピッチポール、合わせてキャプサイズ（転覆）と呼ばれる。キャプサイズ(capsize)には沈没の意味が含まれることもあるようだ

第5章 | 安全

[海難]

サバイバルモード

レース中のレース艇でも、ブローチングやピッチポールのリスクが大きくなれば、スピードモードからサバイバルモードに切り替えることになる。無理にスピードを追求してヨットを壊してしまっては、なんにもならないからだ。

また、同じレース艇でも、レースのフィニッシュ後や、スタート地点までレース艇を回す回航の際は、安全第一で、レース中とは違い小人数で乗り込むことになる。同じ安全第一でも、クルージング艇とレース艇とでは艇そのものの性質が異なるため、荒天への対処の仕方はそれぞれ違ってくるケースも多い。

このあたり、性能の異なる100艇のヨットが100の異なる状況に遭遇すれば、1万通りの対処方法があるということで、荒天対策に正解はない。次々に訪れる状況変化に対応して、やり過ごしていくしかない。

ヒーブツー

小人数で乗るクルージング艇の長距離航海では、常に誰かが舵を持ち続けることはできない。オートパイロットに任せてキャビン内で寝てしまうことも多くなる。

大時化の海でオートパイロットで走り続けると、ワイルドジャイブやブローチング、ピッチポールの危険はより高くなる。

そこで、セールを揚げたまま、船を止めて漂泊するヒーブツー(heave to)という対処方法を取ることもある。

タッキングの要領で風に立て、ジブが返ったところで再び舵を戻す。ジブシートは風上側を利かせて裏帆に風を入れた状態で、適当な舵角で舵を固定すれば、ヨットは、そのまま斜め45度から風を受けた状態でゆっくりと風下に流されていく。

ヒーブツーは、荒天時のみならず、通常の天候でも、入港予定地に未明に到着してしまった場合の時間稼ぎなどにも使われる。

ライツー(lie to、lying to)と呼ばれることもあるようだが、ライ・アハル(lie ahull、lying ahull)は、セールを全部降ろした状態で漂うことをいう。

ベアポール

セールを全部降ろし、マストやリギンに当たる風の力だけでヨットを走らせることを、ベアポール(bare poles)という。

風が弱いときは、単に漂泊しているようなものだが、強風下では、これでもかなりの艇速が出てしまう。

当然ながら、風下に向かって走ることになる。セールはないのでワイルドジャイブの可能性はないが、ブローチングやピッチポールの危険は十分にある。

ドローグ

ベアポールでは、横倒しになって波に巻かれる危険性も高い。

そこで、ヨットを風に立てて波を船首から受けて漂うために、シーアンカーが使われる。

シーアンカーは、抵抗になるよう布製のパラシュート型をしていることから、パラシュートアンカーとも呼ばれる。海底にアンカーを食い込ませるのではなく、海水の抵抗で船首を風位に立たせる。

ただし、これでもヨットは安定して風位に立っていられるかは、なんともいえない。風速と波、潮の状況、そしてそのヨットの性向によっては、安定しないことも多い。

パラシュートアンカーは船首から流すが、船尾から流す抵抗物をドローグ(drogue)という。

こちらは、風下に向かってベアポールで走るヨットの艇速を落とし、ブローチングからヨットが横波を受けて横転することを防ぐものだ。

ドローグとして商品化されているものもあれば、艇内にある長いロープをつなぎ、Uの字に流すこともある。

これも、状況次第で、有効度はまちまちで、はっきりとしたメソッドは確立されていないといってもいい。

荒天対策

荒天帆走という表題で書き始めたが、最後のベアポールでシーアンカーを使ったりドローグを流したりという状況は、すでに走れない状態となっている。帆走というより、いかにして荒天を乗り切るかという話になる。

沿岸部の航海なら、こういう状況になる前に最寄りの港に避難することが常道となる。

日本の沿岸には多くの港があり、常に避難港を頭に入れて航海を続ける必用がある。「逃げる」というのも、極めて効果的な荒天対処の方法なのだ。

となると、ストームトライスルを展開した経験がない、あるいはストームトライスルを持たないという方も多いだろうが、長距離航海になると話が違ってくる。陸地をはるか離れて大洋を渡航する航海では、50ktを超える暴風に遭遇する可能性は高い。

その場合の対処の仕方は100艇100様で、冒頭に書いたように答えは出ない。

筆者がグアム島の近海で台風に巻き込まれたときには、ストームトライスルを揚げた上で機走も併用して波に立てるという対処の仕方で乗り切った。

65kt以上吹いていたが、全長54ftの頑丈なレーサーに屈強なクルーが6人乗艇しているという状況だったため、常に誰かが舵を持って一波一波乗り越えることができた故の好結果だったのかもしれない。小人数の航海なら、ずっと舵を持ち続けるということもできないだろうし、あそこでエンジンが壊れたらどうしていたか、あれで本当に良かったのか、永遠に答えは出ない。

太平洋横断中に、セールを全部降ろして、船尾からありったけのロープを流して漂ったこともある。

専用のドローグを使っていたらどうだったか、やってみたことがないのでなんともいえないが、さまざまな記事を読むとその有効性が科学的に記されているものもある。流すときはいいが、引き上げるときはどうなるのか、興味深いこともいろいろある。

荒天対策には答えはない。それがまた、ヨットと外洋航海の楽しさなのかもしれない。

ヒーブツー

荒天への対応は、走り続けることだけとは限らない。セールを揚げた状態で、なるべく風下に流されにくく漂うのがヒーブツーだ

まずはタッキングの要領で舵を切り、ジブシートはそのままでジブには裏風を入れる

風位を越えたら舵を切り返し、適当なところで固定する。ジブシートは風上側が利いたまま、裏帆の状態

ジブに裏風が入ると、ヨットはゆっくりバウダウンし、やがてメインセールに風が入ってヨットはゆっくり動き始め、舵を下側に切った状態なのでヨットは再びゆっくりとラフィングし、風が抜けて再びバックする、という動作を繰り返し、斜め風下方向にゆっくりと流されながら漂う。これがヒーブツー

ベアポール

すべてのセールを降ろしてマストのみの状態にすることをベアポールという。イラストは、シーアンカーで風に立て、船首から波を受けるようにしてしのいでいる状態。状況によっては、うまく風位に立たなかったという報告もある

船尾から流すのがドローグ。強風下では、ベアポールでもかなりの艇速が出てしまうので、船尾から抵抗物を流して艇速を落とし、なおかつ船尾を風上側に引っ張ることでブローチングしにくくする

photo by Dave Pelissier / Ace Sailmakers
photo by Dave Pelissier / Ace Sailmakers

シーアンカー。その形状からパラシュートアンカーとも呼ばれる。写真は藤倉航装のもの。パラシュートの先に重りが付き、その先にブイがつながる構造だ

ドローグはさまざまなものが商品化されている。左の写真は「THE JORDAN SERIES DROGUE」という、ドローグ専用に開発された商品。小さなパラシュート（写真上）が数珠つなぎに連なっている

169

第5章 | 安全
[海難]

乗り上げ

海難はなにも荒天の場合でのみ起きるとは限らない。たとえば乗り上げ。船は浅瀬に乗り上げてしまうと身動きできなくなってしまう。うまく離礁できても、船底の損傷から浸水し、沈没に至ることもある。

険礁

水深の浅い部分が浅瀬。錨泊(びょうはく)中に走錨し浅瀬に乗り上げてしまうこともあるだろう。航行中に流されてコースを外れ、浅瀬に入り込んでしまうこともあるかもしれない。

船から見て風下側にある陸岸をリーショア(lee shore)という。岩場なら当然、遠浅の砂浜では巻き波が立つこともあり、流されて近づくと座礁の危険は増す。リーショアには十分な距離を取るよう注意が必要だ。避難するにしても、リーショアの港は避けたほうがいいケースも多い。

危険な岩場を険礁という。主な航路は険礁を避けて設けられているが、小型の外洋ヨットは航路外でも走れてしまう。いや、衝突を避けるためにわざわざ一般商船の少ない航路外を走ることも多い。そこで、航海計画を練る場合は、険礁に注意。特に、ぽつんと離れたところに位置する離険礁や、見えない暗礁など、まずは海図をよく見てチェックし、潮汐(ちょうせき)や気象状況も合わせてリーショアに余裕を持ったコースを引こう。

その上で第4章で示したナビゲーションを正しく行い、自船位置を正確に把握することで、乗り上げ事故を防ぐことになる。

漁網

日本の沿岸部では至るところで漁業が行われており、各種の漁網や生け簀(す)などの漁具が設置されている。これらもヨットにとっては通行の障害となることが多い。どんな種類があるのか知っておこう。

・刺し網

刺し網とは、網の目に魚の頭部が刺さって抜けなくなったところを網ごと引き上げるもの。

網自体は海底や海中にあり、引き上げるためのロープが付いたブイが海面に浮いている。

ほかにもタコつぼ、カニ籠、ホッケ籠なども同様で、網や籠自体が水面にあるわけではないので、水面上に浮くブイとブイの間を通ることができるものがほとんどだ。

とはいえ、ロープは真下に延びているとは限らないし、ロープがプロペラに絡まると機走不能になるので、見張りは欠かせない。灯火のないブイがほとんどで、沖合や航路内にも仕掛けてあることがあり、特に夜間は注意が必要だ。

・定置網

定置網は、細かい網の目で魚の通り道

浅瀬への乗り上げは、しっかりした航海計画と確実なナビゲーションで防げるはずだ。問題は漁具への乗り上げ。特に、大がかりな定置網は、視点の低いヨット上から確認するのが難しい。どこがエンドかもよく分からず、また港への入り口近くにあって、すぐ横を通らざるを得ないケースもままある。できるだけ情報を収集し、特に夜間の接近は避けるなどの心構えが重要になる

定置網の模型図。湘南海岸から三浦海岸にかけてよく見られる猪口(ちょこ)型(写真提供=神奈川県水産技術センター 相模湾試験場)

をふさいで誘導して囲い込み、網から出られなくして一網打尽に引き上げるもの。

網は海面上に点々と浮かぶ浮きで支えられ、海底に固定されている。大がかりなものでは、幅は数十メートル、長さは数百メートルにも及ぶものがある。

こちらは乗り上げてしまうと身動きできなくなってしまうし、網を切ってしまえば大きな漁業被害を与えてしまうことにもなる。

近づかないに越したことはないが、湾口近くに設置されていることも多く、灯火が備えられているにしても、大規模なものだと、どこからどこまでつながっているのか、目線が低いヨットのデッキ上からは視認しにくく、同様の定置網がいくつか連なっているような海面では、どこを通っていいのか判断できない場合もある。事前に情報を収集するなどの備えが必要だ。

また、複数の漁船で船団を作り魚群を網で囲って絞り込んで魚を捕らえる巻き網漁や、流し網、底引きなどの引きずりといった、沖合を走る漁船での漁。あるいは、沿岸部での養殖漁業など、日本近海は至るところで漁業が行われており、われわれプレジャーボートはそれらを避けて海で遊ぶことになる。

衝突

わが国の沿岸は世界でも有数の交通錯綜地帯となっている。主要航路はもちろん、遠州灘あたりの沖合を夜中に走れば、行き交う船の数に圧倒されるだろう。

法律

海の上にもルールがある。衝突を避けるためには、まずはルールを知り、それに従うことから始めよう。

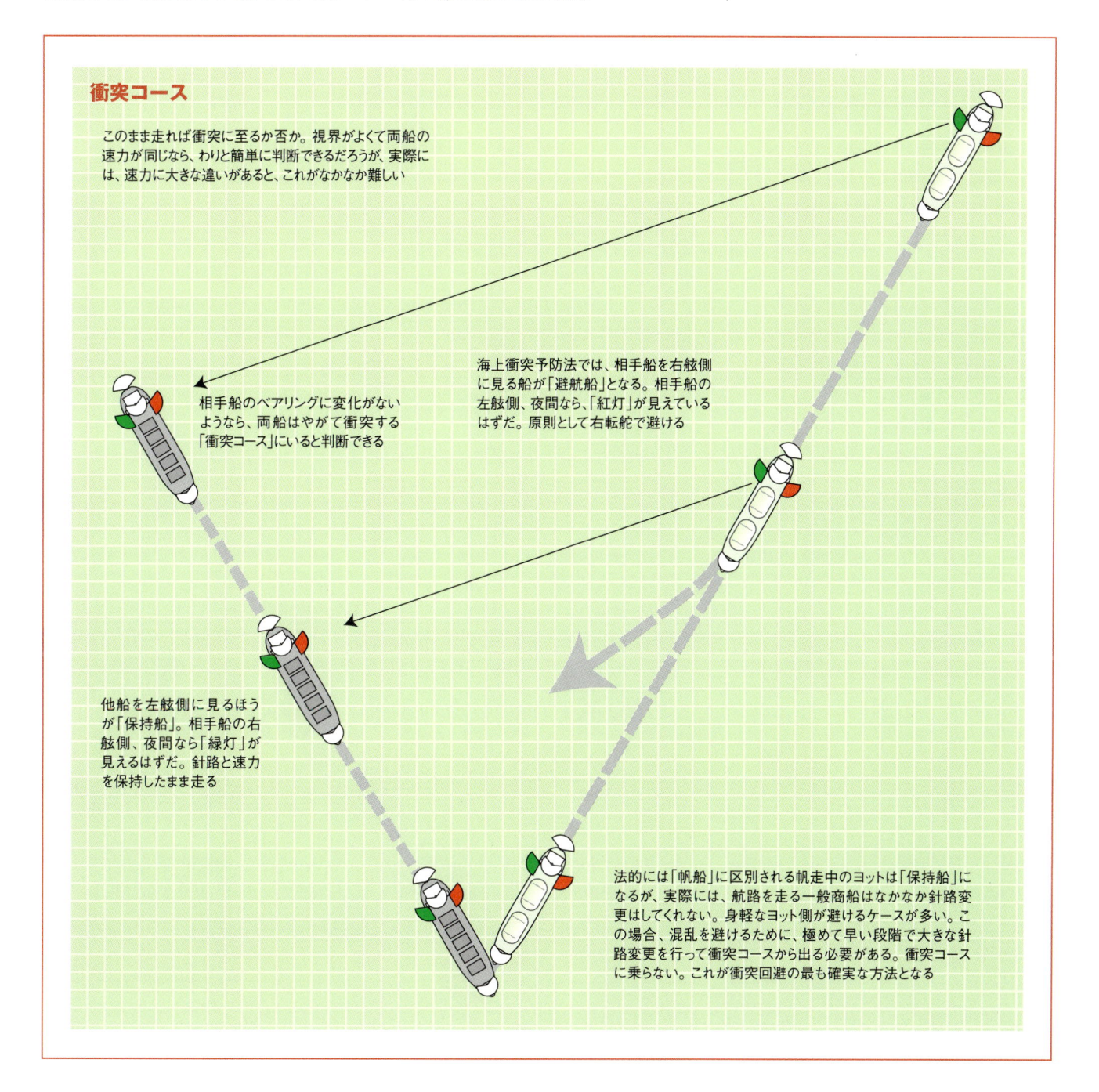

衝突コース

このまま走れば衝突に至るか否か。視界がよくて両船の速力が同じなら、わりと簡単に判断できるだろうが、実際には、速力に大きな違いがあると、これがなかなか難しい

相手船のベアリングに変化がないようなら、両船はやがて衝突する「衝突コース」にいると判断できる

海上衝突予防法では、相手船を右舷側に見る船が「避航船」となる。相手船の左舷側、夜間なら、「紅灯」が見えているはずだ。原則として右転舵で避ける

他船を左舷側に見るほうが「保持船」。相手船の右舷側、夜間なら「緑灯」が見えるはずだ。針路と速力を保持したまま走る

法的には「帆船」に区別される帆走中のヨットは「保持船」になるが、実際には、航路を走る一般商船はなかなか針路変更はしてくれない。身軽なヨット側が避けるケースが多い。この場合、混乱を避けるために、極めて早い段階で大きな針路変更を行って衝突コースから出る必要がある。衝突コースに乗らない。これが衝突回避の最も確実な方法となる

第5章 安全

・海上衝突予防法

国際法（国際海上衝突予防条約）に基づき海の交通規則を定めた日本の法律が「海上衝突予防法」だ。

海上衝突予防法では、避けなければならない側の船を「避航船」といい、早い段階で大きく舵を切り、避ける動作に入っていることを相手船に認知させること。

避けられる側の船を「保持船」と呼び、避航船側が避けないことが明らかにならない限り、針路と速力を保持して走り続けることになる。

基本的には右側通行で、相手船を右舷側に見る側（相手の左舷が見える状態）が避航船となり、右転舵でこれをかわす（171ページの図）。

また、動力船と帆船なら動力船が避航船になる。あるいは漁労に従事している船舶や運転不自由船に対しても、避航する義務があるなど、海上衝突予防法で航法が決められている。

外洋ヨットでも、機走中、あるいは機帆走中は「動力船」として分類され、実際には、帆走中の「帆船」として保持船の立場にあっても、小回りの利く外洋ヨット側が避けるケースが多い。この場合、本来は保持船にあたり、針路と速力を維持して走らなければならない立場にいるわけで、避航船側が混乱しないよう、ヨット側は避けるというより、極めて早い段階で余裕を持って衝突コースから外れる必要がある。

・海上交通安全法

船舶交通が輻輳する海域、
○浦賀水道航路、中ノ瀬航路
○伊良湖水道航路
○明石海峡航路
○備讃瀬戸各航路
○宇高各航路
○水島航路
○来島海峡航路

で適用される特別のルールで、海上衝突予防法に優先して適用される。

基本的に大型船のための規則であり、小型のプレジャーボートにおいては、できる限りこれらの特定航路外を通行すること。横切らざるを得ない場合は横切りの規則があるので要注意だ。

・港則法

港内における船舶交通の安全と港内の整頓を目的とする法律で、主に一般船舶のためのものだが、プレジャーボートに関しては、「汽艇等は、港内においては、汽艇等以外の船舶の進路を避けなければならない。」とある。

ここでいう「汽艇等」とは、「汽艇」（総トン数20トン未満の汽船）に加え、はしけおよび端舟、その他櫓や櫂で走る船のこと。

また「帆船は、港内では、帆を減じ又は引船を用いて航行しなければならない。」とも記されている。

適用される港およびその区域（港域）は別途政令で定められ、その境界線となる「港界」は海図に記載されている。

港則法が適用される区域では、海上衝突予防法よりこちらが優先される。

灯火

夜間（日没から日の出まで）他船からの視認性を上げるために、海上衝突予防法で灯火の表示が義務づけられている。

具体的には右ページの図の、左右のげん灯、船尾灯、マスト灯。見え方によって、夜間でもその船舶がどの方向を向いているのかが分かるようになっている。

逆に、これら法定灯火と誤認されるような灯火を表示してはならないとも規定されている。

また、視界不良時には音響信号も用いられる。あるいは、相手船のレーダーに映りやすいようにするレーダーリフレクターなども、衝突防止には有効だ。

漂流物

浅瀬や漁網以外にも、例えば南氷洋では氷山との衝突などの危険も考えられる。そこまで遠くに行かなくても、コンテナ船から落ちたコンテナが海面ギリギリに浮いているなどというケースも、ごくまれではあるが報告されている。

また、クジラとの衝突でヨットはあっという間に沈没、長期間漂流して救助されたという例もある。

特に夜間は、こうした漂流物を常に見張ることは困難で、可能性は低いとはいえ衝突した後のリスクは大きい。

そこで、船首部に水密隔壁を備えて不沈構造としたヨットも出ている。

故障

乗り上げや衝突以外でも、自船のトラブルで遭難に至ることもある。

ディスマスト

マストは前後左右からステイで支えられている。どこか1本でも切れてしまうとバランスは崩れ、マストは容易に曲がったり折れたりする。

ステイそのもの、あるいはその接続部の劣化、あるいはステイのテンションが緩すぎても、マストは大きく曲がり、ディスマストにつながることもある。

ディスマストに至ればもちろん帆走はできなくなるが、エンジンで機走することはできる。とはいえ、強風下では、折れたマストが船体を傷つけてそれが沈没につながることもあるし、ここで折れたマストを切り離す作業も楽ではない。

残ったマストやブームを利用し応急的に立てたリグをジュリーリグ（jury rig）という。大洋渡航の最中なら、こうしてなんとかセーリングして目的地まで走りきることもある。

ラダートラブル

ラダーのトラブルといっても、ラダーブレードやラダーストックが折れる、あるいは、それを駆動するステアリングシステムのトラブルと、さまざまなケースが考えられる。

いずれも、舵が利かなくなればその後の航行には支障をきたす。マストが折れても機走できるが、舵を失うと、真っすぐ走ることさえ難しくなり、自力での生還はより困難になるだろう。

ラダーおよびステアリングシステムのトラブルに対処するため、応急ラダーや応急ティラーを搭載しているヨットも多い。

灯火

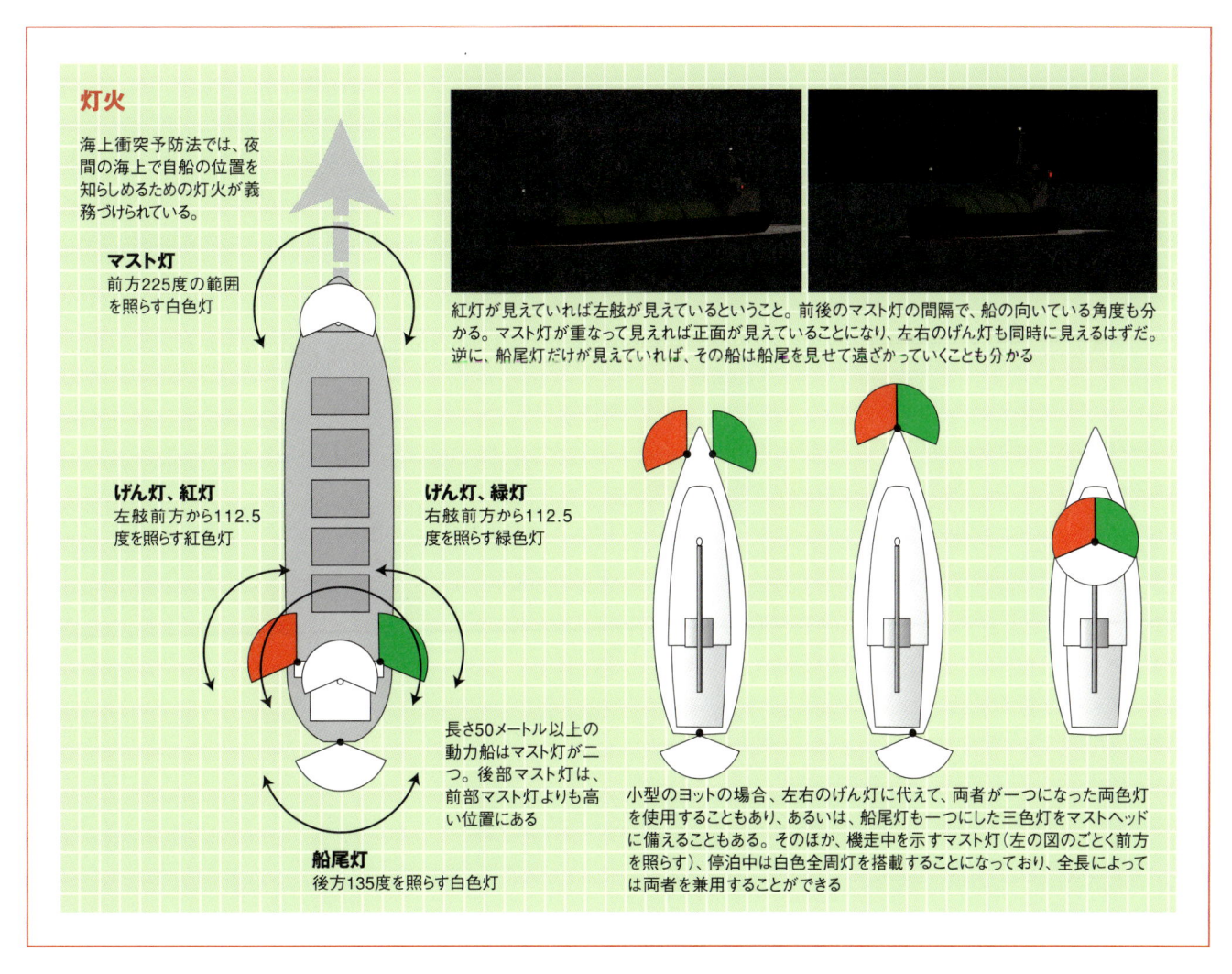

海上衝突予防法では、夜間の海上で自船の位置を知らしめるための灯火が義務づけられている。

マスト灯
前方225度の範囲を照らす白色灯

げん灯、紅灯
左舷前方から112.5度を照らす紅色灯

げん灯、緑灯
右舷前方から112.5度を照らす緑色灯

長さ50メートル以上の動力船はマスト灯が二つ。後部マスト灯は、前部マスト灯よりも高い位置にある

船尾灯
後方135度を照らす白色灯

紅灯が見えていれば左舷が見えているということ。前後のマスト灯の間隔で、船の向いている角度も分かる。マスト灯が重なって見えれば正面が見えていることになり、左右のげん灯も同時に見えるはずだ。逆に、船尾灯だけが見えていれば、その船は船尾を見せて遠ざかっていくことも分かる

小型のヨットの場合、左右のげん灯に代えて、両者が一つになった両色灯を使用することもあり、あるいは、船尾灯も一つにした三色灯をマストヘッドに備えることもある。そのほか、機走中を示すマスト灯（左の図のごとく前方を照らす）、停泊中は白色全周灯を搭載することになっており、全長によっては両者を兼用することができる

キール脱落

大きな力がかかるバラストキールは特に頑丈に取り付けられているが、経年劣化や座礁後の修理の不備などで、帆走中の脱落や、取り付け部分からの多量の浸水などといったトラブルも報告されている。

バラストキールのトラブルは、転覆から沈没へとつながる重大な事故に直結するので、不断のチェックが重要だ。

また、そのほかの船底開口部、排水、吸水のスルーハルやスターンチューブからの浸水も、併せてチェックしたい。

機関不良

動力船の場合、機関不良はそのまま漂流、遭難につながるケースも多いわけだが、セーリングで長距離を走ることができる外洋ヨットでは、機関不良に陥っても、最後に着岸するときに苦労する程度で済むかもしれない。

しかし、外洋ヨットの機関は推進機関であると同時に発電機でもあるわけで、機関不良に陥れば、以後はバッテリーの充電ができなくなり、やがて電気が使えない状態になる。

エンジンや電気系統のトラブルは比較的頻繁に起きるが、洋上では、自動車と異なり、簡単にロードサービスを呼ぶわけにもいかない。航行中に自力で修理できるような予備部品や工具を搭

photo by Yann Riou / Groupama Sailing Team / Volvo Ocean Race

マストが折れても、残ったマストやスピンポールなどの棒材（スパー）を利用して応急的なマストを立てて、なんとかセーリングすることも可能だ。これをジュリーリグという

第5章 | 安全

[海難]

載し、なにより修理のための知識を身につけておく必要がある。

船検

わが国には、船舶の安全を確保するための法律（船舶安全法）があり、船舶の所有者は、その要件を満たし、定期的に国の船舶検査を受けることが義務づけられている。外洋ヨットなどの小型船舶については、日本小型船舶検査機構（JCI）が国の代行機関としてこれを代行している。

航行区域

総トン数20トン未満の機関を有する小型船舶は、以下の航行区域によって検査を受ける。

- **平水**
  河川、湖沼や港内と、東京湾など法令に基づいて定められた51カ所の水域。
- **沿岸**
  おおむねわが国の陸岸から5海里以内の水域。
- **沿海**
  おおむねわが国の陸岸から20海里以内の水域。
  沿海区域の一部に限定した「限定沿海」で船検を取得しているヨットが多い。
- **近海**
  東経175°、東経94°、北緯63°、南緯11°の線で囲まれた水域
- **遠洋**
  すべての水域。外国の沿岸も遠洋になる。

定期検査は有効期間6年。3年目に中間検査が入る。
船舶検査は、その船舶の船体や機関などの構造が、航行する海域の状況に耐え得るものかを検査するもので、別にその小型船舶の所有権を公証するのが「小型船舶登録制度」。こちらも、日本小型船舶検査機構が国の代行機関として実施している。
これらの検査や登録は、ヨットやボートなどのプレジャーボートのみならず、漁船や客船にも適用される。

法定備品

航行区域によって、それぞれ求められる船体の規格、搭載する法定備品は異なる。
法定備品には以下のようなものがある。

- **係船設備**
  係留索やアンカー設備。
- **救命設備**
  救命胴衣や救命いかだ。信号設備やEPIRB（イーパーブ）など。
- **無線設備**
- **消防設備**
  消火器。
- **排水設備**
  ビルジポンプ。
- **航海用具**
  コンパス、航海灯、汽笛、レーダーリフレクター、双眼鏡、ラジオなど。
- **一般備品**
  工具類など。

ケガ

ヨットの上では、セールやそれを操作するシート、あるいはアンカーケーブルなどに大きな力がかかっている。擦過傷、切り傷、打撲、骨折といったケガに至るリスクは高い。また揺れる船内で調理をするため、火傷もある。単に船の動揺で体が投げ出され骨折したという例もある。航行区域によって、適切な医療設備と治療の処方を記したガイドブックを用意しておく必要がある。

落水

走っているヨットから人が海中に転落することを落水という。
視界の悪い夜はもちろん、昼間でも落水者を見つけることは容易ではなく、死につながるアクシデントとなる。まずは落水しないようにすることが一番だ。

ジャックステイ

乗員はセーフティーハーネスを身に着け、テザーと呼ばれるラインの片端を船体側に固定するが、固定するための頑丈なアイ（クリッピングポイント）が必要になる。
基本的にライフハーネスとテザーは、体が海中に転落しないように留めおくものなので、取り付け位置はなるべく船体中央寄りに設置したい。特に、コンパニオンウェイハッチから顔を出した状態ですぐに取り付けられるように。また、舵を持っている状態でテザーを掛け、外すことなく反対タックでも走れるように。あるいは、デッキには前後にジャックステイと呼ばれるワイヤあるいは布のテープが張られる。

ライフブイ

それでも落水してしまった場合に、すぐに投入して落水者の位置を視認しやすくするのがライフブイ（救命浮環）。もちろん、落水者がこれにしがみつくことで浮力の足しにもなる。
ライフブイは、旗の付いた長い竿（ダンブイ）と自己点火灯を結び付けて視認性を上げ、風で吹き飛ばされないように小型のシーアンカーも備え、すぐに投入できる状態で後部デッキに取り付けられる。

ヒービングライン

落水者に近づいても、荒天下ではすぐ横にヨットを寄せるのは至難の業になる。そこで、落水者を引き寄せるために投げ与えるロープがヒービングラインだ。
ポリプロピレンなどの浮く素材で、エンドは船体に固定する。同様の用途で、最終的に落水者を引き上げることを考えて作られたライフスリングという商品もある。
一見、前述のライフブイと似ているが、こちらはラインのエンドをヨットに固定して船尾から引き、円を描くようにして落水者に近づき、囲い込むようにして確保する。

法定備品

小型船舶検査の際には、その航行区域や船の大きさによって搭載備品が法で定められている

ライフラフト。膨張式で、ヨットが沈没した際に乗り移る

ライフラフトの代用となる浮器。大きさはかなり違い、こちらは、上に乗るというより周りにつかまるという感じ

photo by RFD Japan

EPIRB。GPSが内蔵されており、手動あるいは、沈没した際に自動的にその位置を人工衛星経由で通報する装置

運転不自由時に掲げる黒色球形象物(写真右)。夜間は紅灯(写真左)2個。全長や条件によって省略できる

救命胴衣

沿海セット。左から発煙浮信号、自己発煙信号、信号紅炎、火せん

他船のレーダー反射を良くして自船位置を明確にするレーダーリフレクター

消火器。船火事も極めて深刻な海難につながる

※法改正はわりと頻繁に行われるので、航行区域や必要な安全備品、規格の詳細は、小型船舶検査機構にお問い合わせください

落水防止と落水救助

ヨット側に設けたクリッピングポイントやジャックラインにテザーの先端を留める

ジャックライン

それでも落水者が発生した場合、直ちに海に投げ入れるのがダンブイ。ライフスリングは落水者を引き上げるために用いる

ダンブイ

ライフスリング

ライフブイ

クリッピングポイント

小型船舶検査機構が実施する船検では、落水対策に関する規則や備品はほとんど求められていない。別に、国際セーリング連盟(World Sailing)で安全のための特別規則が設けられており、こちらにはその他の安全規則が子細に定められている。これはヨットレースのための規則ではあるが、一般的なクルージングでも役に立つ。日本セーリング連盟(JSAF)で一部日本語訳されており、以下から参照できる
http://jsaf-anzen.jp/

第5章｜安全

落水救助

さてそれでは、落水してしまった場合はどうするか。

落水者側では、体力を温存しつつ自分の位置が目立つよう、ホイッスルを吹き鳴らしたりストロボライトを発光させたりといった努力をする。そのためには、まずは十分な浮力のあるライフジャケットや装備が重要になるわけだ。

ヨット側では、落水者を見失わないよう、一人がワッチ（見張り）し続ける。ヨット側から強いライトで照らすのも有効なようだ。

いかにして落水者に近づくか。実際の操船に関しては、状況によって、これまたさまざまなケースが考えられる。

ヨットの大きさや種類。何人乗っているのか。乗員一人一人の錬度は。そして天候と風向。落水した人の体力などでもまた対応は違ってくるのかもしれないし。

いくつかのベーシックな落水救助の方法をイラストに示してみた。よく教科書に載っているメソッドや実際に成功した例などだが、いずれもどれが正解なのかは分からない。

一つ言えるのは、何度も練習をしておくこと、くらいか。

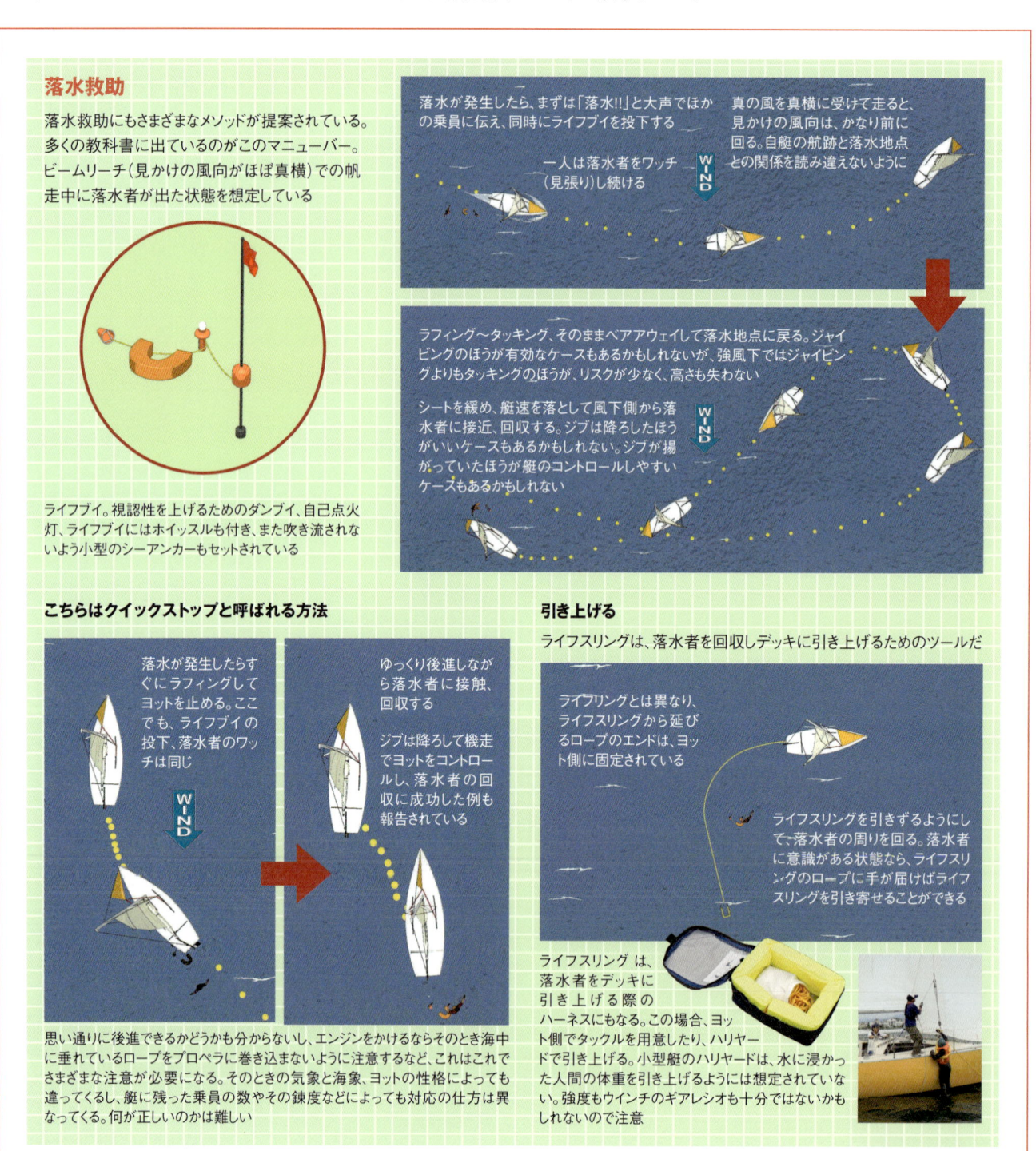

落水救助

落水救助にもさまざまなメソッドが提案されている。多くの教科書に出ているのがこのマニューバー。ビームリーチ（見かけの風向がほぼ真横）での帆走中に落水者が出た状態を想定している

ライフブイ。視認性を上げるためのダンブイ、自己点火灯、ライフブイにはホイッスルも付き、また吹き流されないよう小型のシーアンカーもセットされている

落水が発生したら、まずは「落水!!」と大声でほかの乗員に伝え、同時にライフブイを投下する

一人は落水者をワッチ（見張り）し続ける

真の風を真横に受けて走ると、見かけの風向は、かなり前に回る。自艇の航跡と落水地点との関係を読み違えないように

ラフィング～タッキング、そのままベアアウェイして落水地点に戻る。ジャイビングのほうが有効なケースもあるかもしれないが、強風下ではジャイビングよりもタッキングのほうが、リスクが少なく、高さも失わない

シートを緩め、艇速を落として風下側から落水者に接近、回収する。ジブは降ろしたほうがいいケースもあるかもしれない。ジブが揚がっていたほうが艇のコントロールしやすいケースもあるかもしれない

こちらはクイックストップと呼ばれる方法

落水が発生したらすぐにラフィングしてヨットを止める。ここでも、ライフブイの投下、落水者のワッチは同じ

ゆっくり後進しながら落水者に接触、回収する

ジブは降ろして機走でヨットをコントロールし、落水者の回収に成功した例も報告されている

思い通りに後進できるかどうかも分からないし、エンジンをかけるならそのとき海中に垂れているロープをプロペラに巻き込まないように注意するなど、これはこれでさまざまな注意が必要になる。そのときの気象と海象、ヨットの性格によっても違ってくるし、艇に残った乗員の数やその錬度などによっても対応の仕方は異なってくる。何が正しいのかは難しい

引き上げる

ライフスリングは、落水者を回収しデッキに引き上げるためのツールだ

ライフリングとは異なり、ライフスリングから延びるロープのエンドは、ヨット側に固定されている

ライフスリングを引きずるようにして、落水者の周りを回る。落水者に意識がある状態なら、ライフスリングのロープに手が届けばライフスリングを引き寄せることができる

ライフスリングは、落水者をデッキに引き上げる際のハーネスにもなる。この場合、ヨット側でタックルを用意したり、ハリヤードで引き上げる。小型艇のハリヤードは、水に浸かった人間の体重を引き上げるようには想定されていない。強度もウインチのギアレシオも十分ではないかもしれないので注意

［個人装備］

個人用安全装備

いざ落水してしまうと、いくら泳ぎの達者な人でも、波のある海面で長時間泳ぎ続けるのは容易なことではなく、ヨット側からしても、夜間はもちろん、昼間でも波の高い状況では、すぐに落水者を見失ってしまうことが多く、落水救助は困難を極める。

これまで見てきたように、外洋ヨットの堪航性(こうせい)は非常に高く、めったなことでは沈没に至るような事故にはならないが、ヨットのほうは大丈夫でも、落水からそのまま行方不明、あるいは死亡につながる事故は、少なからず起きている。

事故防止に向けて、国際セーリング連盟が策定している外洋特別規定(Offshore Special Regurations：OSR)で子細に対策が練られている。

対して、日本小型船舶検査機構(JCI)が行う船検では、落水についてはあまり対策が講じられていない。そこでここでは外洋特別規定の基準を基に、まずは落水しないこと、それでも落水してしまったらどうするか、この二つに分けて考えてみる。

セーフティーハーネス

落水防止のためのヨット側の装備、ジャックラインとクリッピングポイントについては175ページで説明した。ここでは、乗員が装備するセーフティーハーネス(safety harness)について、詳しく見ていこう。

落水事故を防ぐためには、まずはヨットから落ちないこと。落水防止のため、舷側にはパルピットやライフラインが張り巡らされており、デッキにはノンスリップ加工が施されている。それに加えて、体と艇をつないでおくための装備がセーフティーハーネスだ。

セーフティーハーネスを身に着け、接続したベルト(セーフティーライン、テザー)でデッキとつなぐ。

テザー(tether)とは、本来は牛馬をつなぐロープや鎖のこと。まさに牛馬のごとくセーラーの体をヨットとつないでおくということだが、セーフティーハーネスとテザーは、海中に落ちてしまった乗員を引きずるようには考えられていない。テザーによって体がデッキから外に落ちないように、落ちても水中に没する部分が最小限になるよう、テザーの長さはなるべく短く、ヨット側のクリッピングポイントはなるべく船体中心線に近い部分に設ける必要がある。

外洋特別規定ではセーフティーラインの長さは1m以下、あるいは2mのラインの中間にスナップフックが付いたもの、となっている。

スナップフックには、ロック装置が付いているものを用い、不意に外れないようにする。逆に、荷重がかかった状態でも簡単に解除できる必要もある。これは、ヨット側が水没した場合に、体も一緒に海中に引きずり込まれないように、ということだ。そのために専用のナイフが装備されたハーネスも発売されている。

ライフジャケット

それでも落水してしまった場合、救命胴衣を身に着けているかいないかで、生存率は大きく異なってくる。

救命胴衣とは、溺れないように着用する浮力体のこと。ライフジャケット(life jacket、life vest)ともいうが、両手を通して着用するベスト型以外にもさまざまな形態のものがあるので、すべて合わせてPersonal Floatation Device：PFDとも呼ばれる。

船が遭難し、沈没の可能性が高くなり、いよいよ退船する、などという危急のときになって初めて着用するケースと、プレジャーボートのように普段から着用してセーリングを続けるケースとでは、形状や耐久性、必要とされる浮力などが異なってくる。あるいは同じプレジャーボートでも、種類によって使い勝手はかなり違う。使用目的に合ったPFDを選びたい。

・法定備品

商船、プレジャーボートにかかわらず、船舶には法定備品として救命胴衣の搭載が義務づけられている。

加えて、2018年2月から、小型船舶の暴露甲板上では、特別な場合を除き救命胴衣の着用が義務化された。

法定備品としての救命胴衣は、正式には「小型船舶用救命胴衣」と呼ばれ、国土交通省の型式承認基準に適合している必要がある。

浮力は7.5kg以上。これは質量7.5kgの鉄片を吊(つ)って淡水中で24時間以上浮いていられることの意で、その他さまざまな規則があり、すべて合格すると桜の印が押される。そこから桜マークとも呼ばれる。

桜マークの救命胴衣にはタイプAからタイプGまであり、航行区域が限定沿海以上の小型船舶ならタイプAの救命胴衣を搭載し、乗員に着用させる義務が船長に課されている。

・セーリングディンギー用

推進機関を持たないセーリングディンギーは、小型船舶の検査対象ではない。操縦士免許も必要ないので法的には救

第5章 | 安全

セーフティーハーネスとライフジャケット

まずはヨットから海に転落しないように、セーフティーハーネスで体とヨットをつなぐ

実際にヨットと体をつなぐのがセーフティーライン。セーフティーハーネス自体は、下に挙げるライフジャケットと一体型になったものを使用することが多くなった。となると、セーフティーラインの性能が重要になってくる。フックの性能やラインの長さなど、さまざま。しっかり選ぼう

固形式ライフジャケット

法定備品としての救命胴衣。特に首掛け型（右）は着用した状態でセーリングするには適さないが、遭難時に着用するという用途なら、顔が水面上に出やすく、着用も簡単で、収納はかさばらない

セーリングディンギー用のライフジャケット。動きやすさや耐久性が重視されている。セーリングクルーザーでも、インショアレースならセーフティーハーネスは必要ないので、このようなディンギー用のライフジャケットのほうが、使い勝手はいいかもしれない

膨張式ライフジャケット

普段はかさらばず、いざというときは膨らんで大きな浮力を持つ膨張式のライフジャケット。ライフジャケット着用義務化をうけて、膨張式のライフジャケットにも検定品が各種発売されている。首掛け式がメインだが腰に巻くタイプなどもあり

固形式のライフジャケットにセーフティーハーネスが付いたオフショア用ライフジャケット。ガス漏れのリスクがなく、冬季は保温性もある

セーフティーハーネスと一体型になったオフショア用膨張式のライフジャケット。浮力も大きく、股紐やフードも付いたOSR基準の輸入品も普及している。日ごろの整備が重要だ

命胴衣の着用義務は無いが、クラスルールやセーリング競技規則でライフジャケットの着用が義務づけられていることが多い。常時ライフジャケットを着た状態でセーリングをすることになり、レース中でなくても乗艇時には常にライフジャケットを着用することがなかば常識になっている。

先に挙げた法定備品の救命胴衣を流用することもあるが、特にセーリングディンギー用に、動きやすく体へのフィット感もいい、さまざまな製品が販売されており、法定備品ではなくスポーツ用品としてこれらを用いることが多い。

セーリング用以外にも、水上スキーやカヌー、釣り用にそれぞれ機能を工夫した製品が各種販売されている。

・セーリングクルーザー用

ライフジャケットには、膨張式と固形式がある。固形式は、従来のスチロールなどの固形の発泡体が仕込まれたもので、セーリングディンギー用はすべてこれ。

一方膨張式とは、炭酸ガスボンベが組み込まれており、落水時には自動的に、あるいは手動でこれが作動し浮力体を膨らませるものだ。

浮力体は普段は折りたたまれているので、かさばらない。しかし膨らめば大きな浮力が得られるため、常に身に着けてセーリングするのに適している。

救命胴衣の着用義務化を受けて、法定備品でも膨張式の日常使用に適した製品が各種出ているが、膨張式の場合、いざというときに膨らまない、あるいは不意に膨張してしまうというトラブルもある。膨らんでも浮体に穴が開いていてガスが漏れるというトラブルもある。機能を維持させるためには、日頃のメンテナンスが重要になる。

一方、ヨットレースの国際的なルールである外洋特別規定（OSR）では、PFD（救命胴衣）は国際規格であるISO 12402-3（Level 150）に適合したものを搭載せよとなってる。

Level 150とは浮力が150ニュートン以上という意味で、法定備品として求められる桜マークの救命胴衣の浮力は換算すると約73ニュートン、つまり、OSRでは倍以上の浮力が求められている。

ヨット用に開発され浮力も大きいISO 12402-3（Level 150）のPFDでも、桜マークが無ければ国内では救命胴衣としては認められないので注意が必要だ。

ただし、国内法でも命綱を装着していれば救命胴衣着用義務は適用しないとあるので、セーフティーハーネス付きのPFDなら桜マークがなくてもよい。この場合、救命胴衣というよりも、落水防止のセーフティーハーネスで、いざ落水してしまったときにはPFDにもなる装備、ともいえる。

また、安全管理（落水を防止するための設備、落水に対応するための装備および落水者を救助するための準備等）が整った船舶による競技大会でも、法定備品の救命胴衣着用義務は適用されない。

この場合はその大会の規定、ヨットレースなら外洋特別規定などに従って、セーリング用のPFDを用いる例もある。

法定備品として艇に搭載するならメンテナンスが楽な固形式を。普段使い用には着心地のよい桜マークの膨張式を。これは船に残さず持ち帰り、各自でメンテナンスをする。

あるいは、外洋を走るならセーフティーハーネスは必須なので、ならばセーフティーハーネス付きの高機能のPFDを。あるいはインショアレースでは、誤作動の恐れがなく動きやすいヨットレース用の固形式もあり。と、用途に合わせたPFDを選ぶ時代になっている。

トーチ

セーリングクルーザー用のライフジャケットには、反射材（リフレクター）が縫い付けられており、落水時にヨット側からトーチで照らした際に反射して落水位置を知らせるようになっている。同様にホイッスル（呼び子）も付いており、これは落水者が吹き鳴らすことで音で位置を知らせる。さらには落水者側で小型の防水灯を携帯していれば、救助される可能性は高まるだろう。

衛星通信を介した落水時の個人用位置指示装置（Personal Locator Beacon：PLB）も国内使用が認められ、徐々にではあるが普及しはじめている。

個人用位置指示装置（PLB）

衣類

個人が着用する衣類についても見ていこう。海の上では、ファッション性よりも機能が一番。雨や波を防ぐ防水性と、蒸れないような通気性。肌に触れる部分は常に乾いているように、そして保温性。一部では相反するような機能をすべて併せ持たせるよう、3（スリー）レイヤーシステムと呼ばれるメソッドが確立されている。

防水着

3レイヤーの一番外側に着る防水用のウエアがヘビーウエザーウエア、オイルスキン（oilskin）。主に米語では、ファウルウエザーギア（foul weather gear）とも呼ばれる。日本ではカッパ（合羽）と呼ぶのも一般的だ。「ギア」はそのほかの衣類、例えば、レースチームのクルーに配給されるユニホームをクルーギアと呼んだりする。

防水着はジャケットとズボンに分かれていて、ズボンのほうは股上が深く、肩から吊るようになっており、トラウザーズ（trousers）とも呼ばれる。フード付きのジャケットと上下でペアになる。

雨のみならず波しぶきからも身を守らなければならず、これが単なる飛沫にとどまらず、荒天時にはほとんど海中にいるのと変わらないような水量となるため、陸上で用いる雨ガッパよりも数段高い防水性が求められる。その上、長期間にわたって着続け、その状態でデッキ作業を行うので耐久性も必要だ。

丈夫であるほど、動きにくくなるということでもあり、可動部分はそれなりに、尻や膝など、凹凸のあるデッキで擦れる

第5章 | 安全

[個人装備]

ような部位には、容易には破れないように厚手のパッチが当てられているものもある。

カッパを着たまま激しい動作をするということは、通気性が悪いと、外からの雨や波の浸入を防いでも、蒸れで結局内側から衣類がびっしょり濡れてしまうことになる。そこで、防水性を保ちながら透湿性をも兼ね備えたゴアテックスなどの素材を用いた商品も多数開発されている。

これは、水の分子より小さく水蒸気の分子より大きい微細な穴を多数開けた生地で、ほかにもドライテック、エントランなど各社各商標で発売されており、それぞれ特性は異なる。

防水生と透湿性。生地全体の厚みや、ジャケットやトラウザーズそのものの構造などで重量や柔軟性、耐久性もさまざまで、インショアやオフショア、さまざまな用途によって万能ではない。適した用途のものを選びたい。

保温衣類

直接素肌に当たる衣類がアンダーウエア。乾きの早いポリエステル繊維を用いたものが多く使われる。ポリエステル繊維そのものは吸湿性が低いため乾きが早いわけだが、その分、汗を吸わない。ウインドブレーカーなどもポリエステル100％のものがあるが、直接素肌に着るとペッタリくっついてしまう。

そこで、同じポリエステル繊維でも、繊維の断面や織り方を工夫し、毛細管現象を使って汗を吸い上げ体外に排出する機能を持たせて肌触りを良くしたアンダーウエアが開発され、海の上のみならず登山やさまざまなスポーツウエアとして販売されている。

その上にフリースの防寒着、そして一番外は防水着という3レイヤーシステムが一般的になっている。

フリースはすでに街着としておなじみだが、やはりポリエステル製で、保温性が高く、軽量で簡単に洗え、すぐ乾く。フリースが登場する前は、ウール（羊毛）製品が使われていたが、今では安価なフリースにすべて置き換わっている。

フリースのジャケットも各種の厚さや表面の仕上げ、襟の形や袖のないベストなどの形状で、保温性や使い勝手が大きく違ってくる。

これも、状況に合わせて組み合わせ、自分だけのレイヤーシステムを完成させてほしい。

帽子

防水着のジャケットにはフードが付いており、波しぶきや雨を防ぎ、保温も兼ねる。このフードやそれに続く襟の形状で、防水ジャケットの性能は大きく違ってくる。

フードは使わず、防水の帽子、サウウエスター（sou'wester）をかぶることもある。フードは、首を回したときに視界を遮ることがあるが、帽子ならそのまま頭の回転についていくので視界は確保される。逆にフードを工夫し、視界を遮らないように顔の回転についてくるものもある。

また、日差しを防ぐため、帽子をかぶることも多い。多くはツバ付き。多少の雨も防ぐ。また、冬季は防寒のため、毛糸あるいはフリースのキャップも重宝される。

デッキシューズ

デッキはノンスリップペイント、あるいはノンスリップパターン、あるいはチーク材などで、滑らないような工夫がされている。

さらに、デッキ上で使用すべく、滑らないような特殊な靴底（ソール）を持ったものがデッキシューズだ。

普通のスニーカーで済ませることもあるが、底が黒いゴムだとデッキに色が移ることもあるので注意。アッパーは、布、化学繊維、皮といろいろ。

デッキシューズは、上からかぶった海水が素早く排出されるように穴を開けてあるものもあるが、逆に防水防寒を考えて外からの水の浸入を防ぐためにブーツを用いることもある。通常の長靴とは異なり、靴底はやはりノンスリップパターンになっている。

こうなると、靴下もそれなりの機能が必要になる。場合によっては、ポリエステルの靴下にゴアテックスのオーバーソックスを重ね、ショートブーツ、あるいはスニーカータイプのデッキシューズという組み合わせもある。あるいは、防水透湿性のある蒸れないロングブーツも販売されている。

グローブ

ロープを扱う際に、手が擦れないようにセーリンググローブを使う。

革製で、ロープで擦れる手のひら部分は補強されている。ネジを締めたりという細かい仕事もできるように指先が切り取られたものが多い。

その他

紫外線から目を守るサングラス。偏光グラスなら、海面の変化も見やすい。

腕時計や、マルチツールなども各自で用意しておきたい。

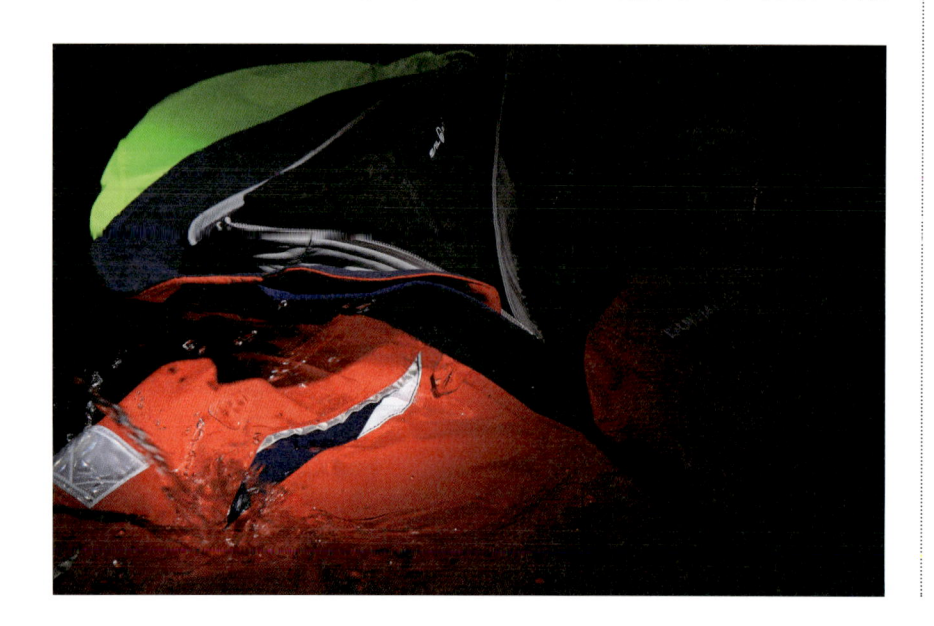

身を守る道具

アウタージャケット

アウタージャケットは、インショア用のライトなものからオフショア用のヘビーなものまでさまざま。デッキの上でむき出しの体を守ってくれるのはこれ。シーズンや用途によって、使い分けよう

ミドルレイヤー

ミドルレイヤーはアウトドア用品を使い回せるので、それこそ多種多様。生地の厚み、長袖かベストか、前開きかかぶり(プルオーバー)か。あるいはフリースでも外シェルに簡単な防風防水コーティングをほどこしたものもある。冬季はミドルレイヤーを重ね着することもあり

アンダーレイヤー

直接肌に触れるのがアンダーレイヤー。この部分の機能次第で体感は大きく異なる。半袖のTシャツ類も、木綿のものよりも速乾性の生地でできているもののほうがいい。これもアウトドア用品に各種あり

ボトム

ズボンは基本的に半ズボン。寒い季節なら、その下にアンダータイツをはき、吹いてきたらカッパのズボン(トラウザーズ)をその上にはくというスタイル。一番下のパンツ(ブリーフ or トランクス or ボクサー)も、速乾性のものを選びたい

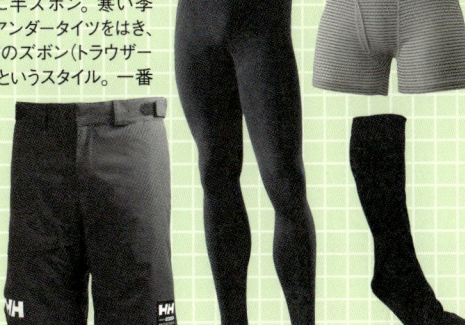

トラウザーズ

アウターでは、特にトラウザーズは重要。ジャケットは着なくてもトラウザーズだけ着用というコンディションも多い。これも、インショア用のライトなものからオフショア用のヘビーなものまで各種ある。が、アウターのジャケットとトラウザーズは、登山用とは根本的に機能が異なるので、ヨット用にデザインされたものを選びたい

帽子

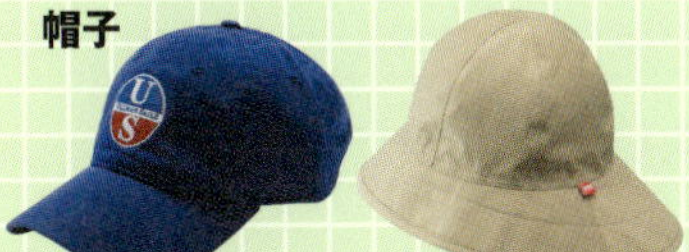

雨、風、紫外線を防ぐ帽子類。冬はフリース地のネックウオーマーが、帽子代わりにもなって重宝する

サングラス

昔は、サングラスというと、ならず者の小道具だったが、海の上では紫外線から目を守る重要な防具である。特にヨット用でなくてもいいが、偏光グラスだと海面の変化を見分けやすい

セーリンググローブ

フットウエア

足元は、まずは濡れたデッキでも滑らないものを。デッキシューズか、寒くなったらブーツで。釣り用のブーツもあるが、やはりヨット用のブーツはセーリングを考えて作ってある。これも、防水透湿タイプのオーバーソックスを組み合わせる手もあり。真冬のセーリングでは、足元の防寒は大きい

あとがき

本書は、ヨット、モーターボートの雑誌『Kazi』の連載記事をまとめたものです。

ヨットにまつわるあれやこれやを集めて百科にしてみたわけですが、連載を始めるにあたり、そもそもヨットとはなんなのか、まずはそこから改めて調べてみました。

*

日本で最も権威のある『ヨット、モーターボート用語辞典』（舵社刊）、あるいは、英語版のヨット用語辞典である『The Sailing Dictionary』、さらにはいくつかの英和辞典、英英辞典と、いろいろ調べてみましたが記述はまちまち。セールで走る船をヨットという。いやいや、セールがなくても遊び用の船はみなヨットなのだ。とはいえ、小型のセーリングボートはヨットには入らない。……などなど、いろいろな解釈があるようで、どうもはっきりしません。

見えてきたのは、英語の「yacht」と、外来語としての日本語の「ヨット」は、ちょっと違うのではないか、ということ。

「yacht」のほうは、いわゆるセーリングディンギーは含まない、大型の遊び用の船のことでも、日本語の「ヨット」は、そのセーリングディンギーのことも指す……というように。

ならば一般的なイメージとしてはどうなのか？　ということで、近所の子供にヨットの絵といって描いて貰ったのが、下のイラスト。現物を間近で見たこともない純真無垢な少年たちがイメージする「ヨット」の絵には、セールとおぼしきものが描かれており、それもやけにカラフルで、スピネーカーのイメージか。さらに、どれも手すりが描かれていて、セーリングディンギーではなく外洋ヨットのように見える。そう、英語での「yacht」のイメージに近いということなのか。

ちなみにyachtとは、オランダ語の古語

by Saryu

jaghtschipに由来するそうな。これはそもそも、軍用などに用いられる、小型で小回りの利く俊足の帆船のことを指していたようです。

*

「ヨットマン」という呼び方もありますが、実際にヨットに乗っている人たちからすると、「ヨットマン」なんていわれると、なんだかこそばゆく。いや、英英辞典にもちゃんと載っているので、和製英語ではなさそうだけど、米国人でも、あまり自分のことを「yachtsman」とはいわないように思います。「sailor」が一般的かと。でも、日本で「セーラー」というと、ポパイみたいな水兵さんをイメージしてしまう人が多いのかもしれず、わが国では「ヨット乗り」と称するのが一般的なのではないでしょうか。これは英語だと「yachtie」にあたるのか。

これらは、ヨット界内での話だと思いますが、この場合、モーターボートに乗る人は、ヨット乗りとはいわないわけで、となると、やはり「ヨット」というのはあくまでもセールで走る船。それも、ディンギーもクルーザーもひっくるめて。これが、わが国で用いられる「ヨット」の姿なのかもしれません。

*

ことほどさように、まずはこの本のタイトルである「ヨット」という言葉の意味すること自体でも説明するのがなかなか難しく、それにまつわるヨット用語となるとこれは膨大です。英語由来のものばかりではなく、「舵」とか「艫」のように、日本語由来の船乗り言葉のほうが一般的に使われることもあるし、さらには「レッコ」のように外来語がひどく日本語訛りになっているものもあり。地域によってその意味が変わってくるものもあるでしょうし、新たに登場するものもあれば、時代とともに消えゆくものもあり。

そんな用語を使い分け、ヨットを運用していく技術がシーマンシップ（seamanship）です。このシーマンシップという言葉も、日本では「船乗り魂」的な意味に用いられることも多いのですが、本来は、ロープの結び方に始まって操船からメインテナンスまで、船舶の運用術全体を指す言葉なのです。

本書『ヨット百科』は、ヨットにおけるシーマンシップのあれこれを一冊の本としてまとめたものです。用語の説明そのものからしても前述のように難しいもので、今回、なんとか出版にこぎ着けましたが、今後もずっと時代を追い続け、時代とともに改訂していかなければならないものと思っています。

2013年2月15日
高槻和宏

by Shimba

高槻和宏
（たかつき・かずひろ）

1955年生まれ。東海大学海洋学部船舶工学科卒。ヨットの修理会社、セールメーカーでのアルバイトを経て、ヨットの回航や撮影ロケーションを行う株式会社 海童社を設立。太平洋一円にわたる長距離航海も多く経験し、ニュージーランドに係留した自艇での長期クルージングを行う一方で、レース艇〈エスメラルダ〉に乗り組み、国内および米国でのレガッタを転戦した。海童社解散後も昭和企画としてITビジネスおよび、Kazi誌などで執筆活動中。著書に、『実践ヨット用語ハンドブック』（舵社）、『クラブレーサーのためのクルーワーク虎の巻』（舵社）など。

本書に登場するヨット用語の総索引を、ウェブサイト上に設けました。本書と合わせてご活用ください。
『ヨット百科　総索引』
http://www.kazi.co.jp

セーリングと艤装のすべて

ヨット百科
The Handbook of Sailing

著　者	高槻和宏
写　真	Kazi編集部
イラスト	高槻和宏
発 行 人	大田川茂樹
発 行 所	株式会社 舵社
	〒105-0013 東京都港区浜松町1-2-17
	ストークベル浜松町3F
	TEL: 03-3434-5342
	FAX: 03-3434-5184
編　集	中村剛司
装　丁	鈴木洋亮
カバー写真	矢部洋一
印　刷	株式会社 大丸グラフィックス

2013年3月20日　第1版第1刷発行
2014年5月10日　第1版第2刷発行
2019年6月27日　第1版第3刷発行

定価はカバーに表示してあります。
不許可無断複写複製
ISBN978-4-8072-1046-6